飞行技术专业新工科系列教材

飞行原理

叶露　主编

清华大学出版社
北京

内 容 简 介

本书共分为 3 篇、10 章内容。第 1 篇为空气动力学,包括空气动力学基础和空气动力学应用两部分,介绍了流体的基本属性、流体静力学与动力学、飞机的低速和高速空气动力及螺旋桨的空气动力。第 2 篇为飞行力学,包括飞机的操纵、稳定特性和正常类飞机飞行性能两部分,介绍了飞机的平衡、稳定性和操纵性,以及正常类飞机飞行性能。第 3 篇为飞行技术,包括基本飞行、特殊飞行和机动飞行三部分,介绍了起飞,着陆,平飞、上升、下降、转弯及"四态互换"等基本驾驶术的操纵原理,失速、螺旋、多发飞机不对称拉力飞行及复杂气象条件飞行等特殊飞行,以及小速度飞行、懒"8"字、UPRT 等机动飞行。

本书主要作为高等航空院校飞行技术专业本科生的专业教材,也可作为交通运输专业和相关专业学生的教材,还可作为非航空院校学生及飞行爱好者的参考用书。

图书在版编目(CIP)数据

飞行原理/叶露主编. —北京:清华大学出版社,2022.8(2024.8重印)
飞行技术专业新工科系列教材
ISBN 978-7-302-61173-8

Ⅰ. ①飞… Ⅱ. ①叶… Ⅲ. ①飞行原理-高等学校-教材 Ⅳ. ①V212

中国版本图书馆 CIP 数据核字(2022)第 110412 号

责任编辑:王 欣
封面设计:常雪影
责任校对:赵丽敏
责任印制:丛怀宇

出版发行:清华大学出版社
　　　　　网　　　址:https://www.tup.com.cn,https://www.wqxuetang.com
　　　　　地　　　址:北京清华大学学研大厦 A 座　　　邮　　编:100084
　　　　　社 总 机:010-83470000　　　　　　　　　　邮　　购:010-62786544
　　　　　投稿与读者服务:010-62776969,c-service@tup.tsinghua.edu.cn
　　　　　质量反馈:010-62772015,zhiliang@tup.tsinghua.edu.cn
印 装 者:三河市铭诚印务有限公司
经　　销:全国新华书店
开　　本:185mm×260mm　　　印　张:27.25　　　　　　字　　数:659 千字
版　　次:2022 年 8 月第 1 版　　　　　　　　　　　　印　　次:2024 年 8 月第 4 次印刷
定　　价:88.00 元

产品编号:097817-02

本书编委会

主　编：叶　露
副主编：王　亮　王　杰　马　姗　闫东峰
主　审：杨　俊

FOREWORD

总序

习近平总书记多次强调"民航业是重要的战略产业,新机场是国家发展一个新的动力源",这意味着国家对民航业增强动力功能、更好地服务国家战略的要求进一步提高,新时代的民航发展必须不断丰富内涵和外延,承担起国家赋予的新的历史使命。

《新时代民航强国建设行动纲要》中指出,民航作为国家战略性产业,在开启全面建设社会主义现代化强国的新征程中发挥着基础性、先导性作用。建设民航强国,既是更好地服务国家发展战略,满足人民美好生活需求的客观需要,也是深化民航供给侧结构性改革,提升运行效率和服务品质,支撑交通强国建设的内在要求。如今,我国民航对世界民航增长贡献率超过 20%,位居全球第一。我国民航在安全水平、行业规模、服务能力、地位作用等方面取得了巨大发展成就,基本实现从民航大国向单一航空运输强国的跨越,但距离多领域民航强国乃至全方位民航强国还具有很大差距,在民航创新、人才培养等方面仍然任重而道远。

《"十四五"民用航空发展规划》将"人才强业工程"设置为六个重大工程专栏之一,更是提出了民航人才队伍建设具体任务举措。按照民航强国建设新目标要求,飞行技术专业需培养高层次、复合型、应用型的专业人才,以有效应对运行环境的深刻变化对飞行员能力要求带来的长期挑战。

2017 年以来,教育部积极推进新工科建设,提倡以立德树人为引领,以应对变化、塑造未来为建设理念,以继承与创新、交叉与融合、协调与共享为主要途径,以一流人才培养、一流本科教育、一流专业建设为目标,培养未来多元化、创新型卓越工程人才。基于新工科的飞行技术专业人才培养模式为新时期飞行人才培育提供了良好的教育实践。

作为全球民航职业飞行员培养规模最大、能力最强、质量过硬,享誉国内、在世界民航有着较高影响力的高等学府,中国民用航空飞行学院以民航可持续发展为己任,结合自身的办学特色,整合飞行技术专业人才培养资源优势,在多年教学实践、探索与总结的基础上,组织编写了"飞行技术专业新工科系列教材"。

该系列教材既满足新工科建设的教学目标和要求,体现了"面向工业界、面向世界、面向未来"的工程教育理念,凸显了新工科的人才培养特色,又紧扣飞行技术专业特色,高度契合飞行技术专业"理论+实训"的培养模式,适应现代民航运输航空飞行员核心胜任能力教学体系,兼具实践性与专业性。

期冀本系列教材为我国民航飞行人才培养做出贡献,探索形成领跑全球的基于新工科的飞行技术专业人才培养的中国模式和中国经验,推动多领域民航强国建设,助力高等教育强国建设!

是为序!

编委会

2022 年 6 月

PREFACE

前言

本书是飞行技术专业的教材,是根据教育部关于新工科人才培养目标和中国民用航空规章61部(CCAR-61)《民用航空器驾驶员、飞行教员和地面教员合格审定规则》的要求进行编写的。教材内容能够满足"学历+执照"双重教育的要求。

中国民用航空飞行学院创建于1956年,是全球民航职业飞行员培养规模最大、能力最强、水平最高,享誉国内,在世界民航界有着较高影响力的高等学府。中国民航70%以上的飞行员、80%以上的机长毕业于该校,被称为"中国民航飞行员的摇篮"。"飞行原理"作为飞行技术专业核心课,已历经60多年的建设和发展,目前,该课程被评为2018年四川省精品在线开放课程、2020年四川省"课程思政"示范课程、2021年四川省线上一流课程,自建教材曾入选国家"十二五"规划教材,始终作为行业示范教材。党的十八大以后,党中央把教育放在改善民生和加强社会建设之首,明确提出"努力办好人民满意的教育",为我国教育改革发展指明了方向。高等教育也随之发生了根本性变革,对教材编写工作提出了新要求。本教材在原有教材的基础上,增加了本学科国际前沿知识及学科发展最新成果,贯彻了"两性一度"的课堂教学要求,融入了"课程思政",成为教书与育人相统一、信息技术与传统课程相融合、理论知识和实际操纵相结合、知识获取与能力达成相促进的高阶教材。

全书共分为3篇、10章内容。第1篇为空气动力学,对应第1~5章,包括空气动力学基础和空气动力学应用两部分,介绍了流体的基本属性、流体静力学与动力学、飞机的低速和高速空气动力及螺旋桨的空气动力。第2篇为飞行力学,对应第6、7章,包括飞机的操纵、稳定特性和小型飞机飞行性能两部分,介绍了飞机的平衡、稳定性和操纵性,以及正常类飞机飞行性能。第3篇为飞行技术,对应第8~10章,包括基本飞行、特殊飞行和机动飞行三部分,介绍了起飞,着陆,平飞、上升、下降、转弯及"四态互换"等基本驾驶术的操纵原理,失速、螺旋、多发飞机不对称拉力飞行及复杂气象条件飞行等特殊飞行,以及小速度飞行、懒"8"字、UPRT等机动飞行。

　　本书在编写过程中得到了原教材主编杨俊教授、杨军利副教授的悉心指导,他们对本教材的重新编写提出了许多宝贵意见。另外,本书的编写还得到了中国民用航空飞行学院教务处、飞行技术学院及飞行力学教研室的大力支持,也参阅了许多专家的相关著作,在此深表谢意。

　　由于编写时间仓促,加之编者水平有限,错误和不妥之处在所难免,恳请广大读者批评指正。

叶　露

2022 年 3 月

SYMBOL DESCRIPTION

符号说明

a——加速度；

a_x,a_y,a_z——流体质点（微团）加速度沿坐标轴 x、y、z 三个方向的分量；

A——机翼的诱导阻力因子；

A'——飞机的诱导阻力因子；

AC　　焦点；

b——弦长；

b_t——翼尖弦长；

b_r——翼根弦长；

b_A——平均空气动力弦弦长；

B_{AVG}——平均弦长；

BA——平衡力臂；

c——翼型厚度/音速；

c^*——临界音速；

c_{max}——最大厚度；

$\bar{c}$——相对厚度/厚弦比；

c_V——比定容热容；

c_p——比定压热容；

C_l——滚转力矩系数；

C_m——航向力矩系数；

C_n——俯仰力矩系数；

C_p——压力系数；

C_L——升力系数；

C_{Lb}——抖动升力系数；

C_L^α——升力系数曲线斜率；

C_{Lmax}——最大升力系数；

C_D——阻力系数；

C_{Dmin}——最小型阻系数；

C_{D0}——零升阻力系数；

C_{DI}——诱导阻力系数；

C_{Df}——摩擦阻力系数；

$C_{D\Delta p}$——压差阻力系数；

C_R——总空气动力系数/叶素空气动力系数；

CG——重心；

CP——压力中心；

$\mathrm{d}x, \mathrm{d}y, \mathrm{d}z$——沿坐标轴 x、y、z 三个方向上的长度；

$\mathrm{d}V$——微小三维空间的体积/体积的全微分；

$\mathrm{d}m$——微小三维空间内所包含的介质质量；

$\mathrm{d}\rho$——密度的全微分；

$\mathrm{d}p$——静压强的全微分；

$\mathrm{d}v$——两层气流的速度差；

$\mathrm{d}t$——微分时段；

$\mathrm{d}w$——诱导速度；

$\mathrm{d}L$——涡线上的微段长度；

$\mathrm{d}\sigma$——涡管截面面积上的微元面积；

$\mathrm{d}F$——流体微团受到的质量力；

D——阻力/螺旋桨直径；

D_f——摩擦阻力；

$D_{\Delta p}$——压差阻力；

D_I——诱导阻力；

E——能量；

f——单位质量流体上受到的质量力/弧高/摩擦系数；

$f_{\max}$——最大弧高；

$\bar{f}$——相对弯度；

f_x, f_y, f_z——单位质量力沿坐标轴 x、y、z 三个方向上的分量；

F——摩擦力；

g——重力加速度；

h——焓；

$h_{翼}$——机翼高度（机翼弦平面与通过机身纵轴水平面之间的距离）；

H——高度；

i, j, k——沿坐标轴 x、y、z 三个方向上的单位向量；

I——转动惯量；

K——体积弹性模量/升阻比；

K_q——速度阻滞系数；

l——翼展/距离；

L——升力/滚转力矩；

L_d——横侧阻尼力矩；

m——质量；

$\dot{m}$——质量流量；

M——动量/俯仰力矩；

M_d——俯仰阻尼力矩；

M_dt——平尾产生的阻尼力矩；

M_r——气体的摩尔质量；

Ma——马赫数；

M_cr——临界马赫数；

M_dd——阻力发散马赫数；

M_MO——最大马赫数；

$M_阻$——旋转阻力矩；

$M_扭$——旋转扭力矩；

MAC——平均空气动力弦；

$\bar{n}$——前缘钝度；

n——载荷因数；

n_y——立轴方向的载荷因数；

N——功率/地面支持力/偏转力矩；

N_d——方向阻尼力矩；

$N_桨$——螺旋桨的有效功率；

$N_{有效}$——发动机的有效功率；

p——流体静压强/压力；

p_x，p_y，p_z——沿坐标轴 x、y、z 三个方向上的静压强；

P——拉力；

q——单位时间内通过单位面积的热量；

$\dot{Q}$——体积流量；

r——半径；

$\bar{r}$——相对半径；

r_q——前缘半径；

$\bar{r}_\mathrm{q}$——相对前缘半径；

R——总空气动力/气体常数；

R_m——摩尔气体常数；

R_max——机身旋成体最大直径；

Re——雷诺数；

s——熵；

S——机翼面积；

t——时间；

T——温度/推力/盘旋的周期；

T_C——摄氏温度，℃；

T_F——华氏温度,℉;

T_K——开氏温度,℃K;

T_R——兰氏温度,℃R;

u——内能;

v——速度;

v_x,v_y,v_z——流体质点(微团)沿坐标轴 x、y、z 三个方向的分速度;

v_∞——远前方来流的气流速度;

v_2——起飞安全速度;

v_A——机动速度;

v_{FE}——襟翼放下时的最大速度;

v_{LO}——收放起落架时的最大速度;

v_{LE}——起落架放下时的最大速度;

v_{max}——平飞的最大速度;

v_{min}——平飞的最小速度;

v_{MC}——空中最小操纵速度;

v_{MD}——最小阻力速度;

v_{MP}——最小功率速度;

v_{NO}——结构强度限制的最大巡航速度;

v_{NE}——极限速度;

v_R——起飞抬前轮的速度;

v_{REF}——着陆进场参考速度;

v_S——失速速度;

v_X——陡升速度;

v_Y——快升速度;

w——下洗速度/桨叶剖面的合速度;

W——重力;

x_{cg}——重心在平均空气动力弦上的投影到其前缘的距离;

x_{cp}——压力中心距前缘的距离;

$X_{f型}$——翼型焦点距前缘的距离;

$\overline{X}_c$——最大厚度位置;

$\overline{X}_f$——最大弯度位置;

X_{CG}——重心位置;

X_{CP}——压力中心位置;

α——迎角;

α_{cr}——临界迎角;

α_t——有效迎角;

α_b——抖动迎角;

α_0——零升迎角；

$\alpha_身$——机身迎角；

β——侧滑角；

γ——比热比/坡度角/入流角；

Γ——环量；

δ——附面层厚度/压比；

∇——哈密顿算子；

ΔS——流体微团上任一微元处的面积；

ΔR——作用在流体微团上任一微元的表面力；

ΔT——作用在流体微团上任一微元处平行于微元面的切向力；

ΔP——作用在流体微团上任一微元处垂直于微元面的法向力；

$\Delta \rho$——密度变化量/扰动密度；

ΔV——体积变化量；

Δp——静压强变化量/扰动压强；

Δt——时间变量；

Δm——流体质量的变化量；

Δs——熵的增量；

Δv——扰动速度；

ε——下洗角；

$\varepsilon_x,\varepsilon_y,\varepsilon_z$——流体微团沿坐标轴 x、y、z 三个方向的线性变形速率；

η——根梢比/螺旋桨效率；

θ——性质角/飞行航径角；

ϑ——俯仰角；

λ——展弦比/导热系数/速度系数/相对进距；

λ_c——有效展弦比；

μ——黏性系数/马赫角；

ξ——梢根比；

ρ——密度；

$\bar{\rho}$——平均密度；

σ——涡管截面面积/密度比；

τ——切应力/后缘角；

φ——桨叶角；

ϕ——安装角；

χ_0——机翼后掠角；

$\omega_x,\omega_y,\omega_z$——流体微团旋转角速度沿坐标轴 x、y、z 三个方向的分量/滚转角速度、偏转角速度、俯仰角速度；

ω——转弯角速度。

CONTENTS
目录

绪论 ·· 1

第1篇　空气动力学

第1章　流体的基本属性 ·· 14

1.1　连续介质假设 ·· 14

1.2　作用在流体微团上的力 ·· 15

　　1.2.1　质量力 ·· 15

　　1.2.2　表面力 ·· 15

1.3　流体的密度、压强、温度及完全气体假设 ································ 16

　　1.3.1　流体的密度 ·· 16

　　1.3.2　流体的压强 ·· 17

　　1.3.3　流体的温度 ·· 19

　　1.3.4　完全气体 ··· 19

1.4　流体的压缩性、黏性和传热性 ·· 19

　　1.4.1　流体的压缩性 ·· 19

　　1.4.2　流体的黏性 ·· 20

　　1.4.3　流体的传热性 ·· 22

1.5　流体的模型化 ·· 23

　　1.5.1　理想流体 ··· 23

　　1.5.2　不可压流体 ·· 23

　　1.5.3　绝热流体 ··· 24

　　1.5.4　定常流体 ··· 24

复习思考题 ·· 24

第2章　流体静力学与动力学 ·· 25

2.1　流体静力学基础 ·· 25

2.1.1 流体静平衡微分方程 ·············· 25

2.1.2 重力场中静止流体的压强分布规律 ·············· 26

2.1.3 大气的一般介绍 ·············· 29

2.1.4 ISA 偏差的计算 ·············· 33

2.2 流体动力学基础 ·············· 35

2.2.1 流体运动的描述方法 ·············· 35

2.2.2 流体微团的运动分析 ·············· 40

2.2.3 流体运动的基本方程 ·············· 45

2.2.4 一维定常流动的基本方程 ·············· 49

2.3 旋涡运动 ·············· 55

2.3.1 涡线与涡管 ·············· 55

2.3.2 涡管强度、速度环量及斯托克斯定理 ·············· 56

2.3.3 直旋流的诱导速度 ·············· 59

2.4 低速附面层 ·············· 60

2.4.1 附面层的基本概念 ·············· 60

2.4.2 低速平板附面层的摩擦阻力 ·············· 65

2.4.3 低速曲面附面层 ·············· 67

复习思考题 ·············· 68

第 3 章 飞机的低速空气动力 ·············· 70

3.1 机翼形状描述 ·············· 70

3.1.1 机翼的剖面形状(翼型) ·············· 70

3.1.2 机翼的平面形状 ·············· 74

3.2 翼型的低速空气动力 ·············· 76

3.2.1 相对气流与迎角 ·············· 76

3.2.2 翼型的升力 ·············· 78

3.2.3 翼型的阻力 ·············· 94

3.2.4 翼型的压力中心与焦点 ·············· 98

3.3 机翼的低速空气动力 ·············· 100

3.3.1 气流绕有限翼展机翼的流动 ·············· 100

3.3.2 有限翼展机翼的阻力 ·············· 102

3.3.3 有限翼展机翼的升力特性 ·············· 107

3.3.4 有限翼展机翼的失速特性 ·············· 108

3.3.5 翼梢小翼 ·············· 110

3.4 全机的低速空气动力 ·············· 112

3.4.1 单独机身的空气动力 ·············· 113

3.4.2 飞机各主要部件之间的空气动力干扰 ·············· 115

3.4.3 全机的空气动力 ·············· 119

3.4.4 飞机配平时的空气动力 ·············· 124

　　　3.4.5　地面效应 ·· 124
　3.5　飞机的增升装置 ·· 125
　　　3.5.1　前缘缝翼 ·· 126
　　　3.5.2　后缘襟翼 ·· 127
　　　3.5.3　前缘襟翼 ·· 130
　3.6　扰流板和反推装置 ·· 131
　　　3.6.1　扰流板 ·· 131
　　　3.6.2　反推装置 ·· 132
　复习思考题 ·· 132

第4章　飞机的高速空气动力 ·· 134
　4.1　高速空气流动的基本规律 ·· 135
　　　4.1.1　热力学的基础知识 ··· 135
　　　4.1.2　高速气流特性 ·· 138
　　　4.1.3　高速定常一维流 ·· 141
　　　4.1.4　激波和膨胀波 ·· 145
　　　4.1.5　高速附面层 ·· 150
　4.2　翼型的高速空气动力特性 ·· 153
　　　4.2.1　翼型的亚音速空气动力特性 ·· 153
　　　4.2.2　翼型的跨音速空气动力特性 ·· 155
　　　4.2.3　高速翼型 ·· 161
　　　4.2.4　高速抖动和低速抖动 ··· 164
　4.3　后掠翼的高速空气动力特性 ·· 167
　　　4.3.1　后掠翼的空气流动特性 ··· 167
　　　4.3.2　后掠翼的亚、跨音速空气动力特性 ·· 173
　复习思考题 ·· 176

第5章　螺旋桨的空气动力 ·· 178
　5.1　螺旋桨简介 ·· 178
　　　5.1.1　螺旋桨桨叶的几何参数 ··· 178
　　　5.1.2　螺旋桨的运动 ·· 181
　5.2　螺旋桨的拉力和旋转阻力 ·· 184
　　　5.2.1　螺旋桨的拉力和旋转阻力的产生 ··· 184
　　　5.2.2　影响螺旋桨拉力的因素 ··· 186
　5.3　螺旋桨的负拉力 ··· 189
　　　5.3.1　螺旋桨常见的工作状态 ··· 189
　　　5.3.2　发动机正常工作时负拉力的产生 ··· 190
　　　5.3.3　发动机空中停车时负拉力的产生 ··· 192
　5.4　螺旋桨的有效功率和效率 ·· 193

5.4.1 螺旋桨的有效功率 ··· 193

5.4.2 螺旋桨的效率 ·· 195

5.5 螺旋桨的副作用 ··· 197

5.5.1 螺旋桨的进动 ·· 197

5.5.2 螺旋桨的反作用力矩 ·· 199

5.5.3 螺旋桨的滑流扭转作用 ·· 199

5.5.4 螺旋桨因素 ·· 201

复习思考题 ·· 202

第 2 篇　飞 行 力 学

第 6 章　飞机的平衡、稳定性和操纵性 ··································· 206

6.1 飞机的平衡 ·· 206

6.1.1 飞机的重心和坐标系 ·· 206

6.1.2 飞机的俯仰平衡 ·· 211

6.1.3 飞机的方向平衡 ·· 215

6.1.4 飞机的横侧平衡 ·· 217

6.2 飞机的稳定性 ·· 218

6.2.1 稳定性的概念及条件 ·· 218

6.2.2 俯仰稳定性 ·· 220

6.2.3 方向稳定性 ·· 228

6.2.4 横侧稳定性 ·· 230

6.2.5 飞机方向稳定性和横侧稳定性的关系 ································ 233

6.2.6 从力矩系数曲线看飞机的方向、横侧稳定性 ·························· 234

6.2.7 影响飞机稳定性的因素 ·· 235

6.2.8 高空飞行稳定性的特点 ·· 236

6.3 飞机的操纵性 ·· 237

6.3.1 操纵性的概念 ·· 237

6.3.2 俯仰操纵性 ·· 237

6.3.3 方向操纵性 ·· 245

6.3.4 横侧操纵性 ·· 247

复习思考题 ·· 249

第 7 章　正常类飞机飞行性能 ·· 250

7.1 平飞 ·· 250

7.1.1 平飞时的受力分析 ·· 250

7.1.2 平飞拉力曲线和平飞功率曲线 ······································ 251

7.1.3 平飞性能参数 ·· 253

7.1.4 影响平飞性能的因素 ·· 254

7.1.5 平飞性能图表的使用 ………………………………… 256

7.2 上升 ……………………………………………………………… 261

7.2.1 上升时的受力分析 …………………………………… 261

7.2.2 上升性能参数 ………………………………………… 262

7.2.3 影响上升性能的因素 ………………………………… 263

7.2.4 上升性能图表的使用 ………………………………… 265

7.3 下降 ……………………………………………………………… 267

7.3.1 下降时的受力分析 …………………………………… 267

7.3.2 下降性能 ……………………………………………… 268

7.3.3 影响下降性能的因素 ………………………………… 270

7.3.4 下降性能图表的使用 ………………………………… 271

7.4 转弯(盘旋) …………………………………………………… 271

7.4.1 转弯时的受力分析 …………………………………… 271

7.4.2 转弯拉力曲线 ………………………………………… 272

7.4.3 转弯性能参数及其影响因素 ………………………… 274

7.5 起飞 ……………………………………………………………… 276

7.5.1 小型飞机起飞的定义及受力分析 …………………… 276

7.5.2 起飞性能参数 ………………………………………… 280

7.5.3 影响起飞性能的因素 ………………………………… 280

7.5.4 起飞性能图表的使用 ………………………………… 282

7.6 着陆 ……………………………………………………………… 284

7.6.1 小型飞机着陆的定义及受力分析 …………………… 284

7.6.2 着陆性能参数 ………………………………………… 286

7.6.3 影响着陆性能的因素 ………………………………… 287

7.6.4 着陆性能图表的使用 ………………………………… 288

7.7 性能相关的限制 ………………………………………………… 289

7.7.1 飞机的结构强度限制 ………………………………… 290

7.7.2 飞行的速度限制 ……………………………………… 292

7.7.3 飞机的重量、重心限制 ……………………………… 296

复习思考题 ……………………………………………………………… 297

第3篇 飞 行 技 术

第8章 基本飞行 ………………………………………………………… 300

8.1 滑行和起飞 ……………………………………………………… 300

8.1.1 起落航线 ……………………………………………… 300

8.1.2 滑行阶段的操纵原理 ………………………………… 301

8.1.3 起飞操纵原理 ………………………………………… 303

8.2 平飞、上升、下降和转弯 ……………………………………… 305

8.2.1　平飞加减速操纵原理 ·· 305

8.2.2　上升操纵原理 ·· 306

8.2.3　下降操纵原理 ·· 308

8.2.4　转弯操纵原理 ·· 310

8.3　着陆 ·· 315

8.3.1　着陆的操纵原理 ·· 315

8.3.2　着陆中常见的偏差及修正 ··· 317

8.3.3　着陆目测 ·· 319

8.4　风对起飞、着陆的影响及修正 ··· 323

8.4.1　顺、逆风起飞、着陆的特点 ·· 324

8.4.2　侧风情况下滑行 ·· 325

8.4.3　侧风情况下滑跑 ·· 325

8.4.4　空中侧风导致的偏流及其修正 ····································· 325

8.4.5　侧风情况下的起飞 ··· 328

8.4.6　侧风情况下的着陆 ··· 329

8.4.7　侧风极限 ·· 331

复习思考题 ··· 331

第 9 章　特殊飞行 ··· 333

9.1　失速 ·· 333

9.1.1　失速原因 ·· 333

9.1.2　失速警告 ·· 334

9.1.3　失速的种类 ·· 335

9.1.4　失速的改出 ·· 336

9.2　螺旋 ·· 337

9.2.1　螺旋产生的原因分析 ·· 337

9.2.2　螺旋的阶段 ·· 338

9.2.3　螺旋的改出 ·· 339

9.3　双发飞机一发失效后的飞行 ··· 340

9.3.1　一发失效后飞机飞行状态的变化 ··································· 340

9.3.2　一发失效后的飞行操纵原理 ·· 343

9.3.3　一发失效后的飞行性能 ··· 345

9.4　复杂气象条件下的飞行 ··· 345

9.4.1　颠簸 ·· 345

9.4.2　积冰 ·· 351

9.4.3　低空风切变 ·· 355

9.5　尾流 ·· 360

9.5.1　尾流的物理特性 ·· 360

9.5.2　前机尾流对后机飞行的影响 ·· 363

　　　9.5.3　预防进入前机尾流的措施 ································· 365

　　9.6　特殊情况下的起飞、着陆 ······································· 365

　　　9.6.1　不放襟翼着陆 ··· 365

　　　9.6.2　在高温高原机场起飞、着陆 ···························· 366

　　　9.6.3　在积水和冰雪跑道上起飞、着陆 ···················· 367

　　　9.6.4　在短跑道上起飞、着陆 ································· 367

　　　9.6.5　在软道面上起飞、着陆 ································· 369

　　　9.6.6　复飞 ·· 371

　　　9.6.7　起落架故障着陆 ··· 372

　　　9.6.8　停车迫降 ··· 373

　　复习思考题 ··· 377

第 10 章　机动飞行 ··· 379

　　10.1　小速度飞行 ··· 379

　　10.2　大坡度盘旋 ··· 380

　　10.3　急盘旋下降 ··· 381

　　10.4　急上升转弯 ··· 382

　　10.5　懒"8"字飞行 ·· 383

　　10.6　"S"形转弯 ··· 384

　　10.7　围绕地标转弯 ·· 384

　　10.8　双标点"8"字飞行 ·· 385

　　10.9　复杂状态的预防和改出 ·· 388

　　　10.9.1　飞机复杂状态的定义 ································· 388

　　　10.9.2　飞机进入复杂状态的原因 ···························· 389

　　　10.9.3　预防飞机进入复杂状态的措施 ···················· 389

　　复习思考题 ··· 391

参考文献 ··· 392

附录 ··· 393

绪 论

1 课程介绍

"飞行原理"作为飞行技术专业的专业核心课程,是私用飞机飞行员(private pilot,PP)、商用飞机飞行员(commercial pilot,CP)及航线运输机飞行员(airline transport pilot,ATP)必须掌握的基础理论知识。该课程主要解决"飞机为什么能飞""飞机怎样飞"及"飞机怎样飞得更好"这三个问题,主要涉及空气动力学、飞行力学及飞行技术学科。下面简要介绍这三个学科。

1) 空气动力学

空气动力学主要解决"飞机为什么能飞"这个问题。空气动力学就是研究物体与空气之间相对运动规律的一门学科,即研究物体在空气中运动或者物体不动而空气流过物体时,空气的运动规律及作用力(空气内部的和空气对物体的)所服从的规律。飞机是重于空气的航空器,它离地升空的条件之一是必须有一个力来克服自身的重力,这个力就是空气动力。飞机空气动力学主要研究空气与飞机之间的相对运动规律,以及产生在飞机上的空气动力。由于本教材的研究对象为飞机,因此,本教材所涉及的空气动力学为飞机空气动力学。

2) 飞行力学

飞行力学主要解决"飞机怎样飞"及"飞机怎样飞得更好"这两个问题。飞行力学是以空气动力学为基础,研究飞行器运动规律和特性的系统性、综合性学科,在飞行器设计等领域有着广泛的应用。

飞行力学包括飞行品质和飞行性能:

飞行品质是指飞行员能够安全、舒适地驾驶飞机,使其在整个飞行包线内较好地完成飞行任务时所呈现出来的特性。飞机只有具有良好的飞行品质,飞行员才能得心应手地操纵飞机。飞行品质可以从狭义和广义两个方面来定义。狭义的飞行品质是指飞机的稳定性和操纵性,广义的飞行品质是指飞机的品质或特性,它决定了飞行员能够顺利地、精确地完成指定任务所要求的具体操纵性能。飞行品质从某种意义上来说,反映了对人机系统特性的效果。好的飞行品质指飞机的人机系统特性好,飞行员飞行时感觉很舒适,飞行强度合适。因此,飞行品质不仅包括飞机本身的特性,还包括飞行员本身的动态特性,以及影响飞行员完成飞行任务的各种因素。本教材仅讨论飞机本身的特性,即飞机的稳定性和操纵性。

飞行性能是指飞机在气动力和发动机拉力/推力等外力作用下所表现出来的运动能力。飞机性能分为设计性能(也称为适航性能)和运行性能。设计性能主要与所能携带的商载及完成的飞行任务剖面有关,是表征飞机飞行能力最直观的总体性指标,通常描述为飞机设计的吨位数及能飞多高、多快、多远、多久等能力技术特征。在飞机的设计阶段,设计性能指标的确定主要依靠风洞试验、数值计算及工程估算等方法,并以此确定飞机的气动特性,结合发动机地面试验及数学模型分析确定的装机后推力、油耗特性,最终确定飞机的性能。运行性能是指当飞机交付运营人后,在执行每一次飞行任务时所表现出来的性能。运行性能不仅与设计性能有关,还取决于执行飞行任务时的实际条件,如起降机场条件、航线情况、气象条件、实际商载等。在民用航空领域,无论是设计性能还是运行性能,均需满足民航航空规章的要求,这也是民用飞机与军用飞机的最大区别之一。和飞行性能相关的规章内容将在后面详细介绍。本教材仅讨论正常类飞机的飞行性能。

3) 飞行技术

飞行技术主要解决实际飞行训练中具体飞行科目的操纵原理问题。例如,基本飞行中的直线平飞、平飞转弯、爬升和爬升转弯、下降和下降转弯(即所谓的"四个基本飞行机动"),机动飞行中的小速度飞行、大坡度盘旋、懒"8"字等和特殊飞行中的失速、螺旋、多发飞机一发失效后的飞行等科目的操纵原理。本教材仅讨论单发陆地飞机私用驾驶员执照、仪表等级及多发陆地飞机商用驾驶员执照训练中所涉及的科目。

2 与本课程相关的民航规章介绍

所有的民用航空活动是在规章体系之下进行的。目前,中国民航也有一套完整的规章体系。中国民用航空规章是由中国民用航空主管部门——中国民用航空局依据《中华人民共和国民用航空法》和《国际民用航空公约》制定和发布的关于民用航空活动各个方面的专业性、具有法律效力的行政管理法规。在中国境内从事民用航空活动的任何个人或单位必须遵守其各项规定。这些规章覆盖了民用航空的各个方面,涉及航空器管理、参与民航活动的人员执照管理、机场管理、航行管理、航空营运、空中交通管理、搜寻救援、事故调查等。下面重点介绍与飞机性能相关的规章。如前所述,飞机性能分为适航性能和运行性能。飞机的适航性能包含了按照 CCAR-23、CCAR-25 等规章取证的数据。飞机的运行性能包括飞机运行所需的限制、程序和性能数据,它必须满足 CCAR-91、CCAR-135、CCAR-121 等相应的规章要求。

1) 与飞机适航性能相关的规章

CCAR-23 部——《正常类飞机适航规定》。用于颁发和更改正常类飞机型号合格证的适航标准。按照中国民用航空规章第 21 部的规定申请正常类飞机型号合格证或申请对该合格证进行更改的法人,必须表明符合本部中适用的要求。现行有效的版本为 CCAR-23-R4,与前一版本 CCAR-23-R3 相比,改动较大。CCAR-23-R3 于 2004 年制定,名字为《正常类、实用类、特技类和通勤类飞机适航规定》,主要规定小型飞机适航审定的技术性要求,对提高我国小型飞机的安全水平、促进民用航空事业的稳步健康发展发挥了重要作用。在 CCAR-23-R3 中,明确给出了四种类别的定义。

随着航空科学技术的进步、航空工业和航空运输业的发展以及人们对航空安全性认识的深化,小型飞机适航要求在不断发展和更新,该规章中部分内容难以适应行业发展需要。为此,中国民航局全面修订了该《规定》,以进一步强化民航安全管理,确保民航飞行安全。原《规定》按照座位数量、起飞重量、动力装置等将小型飞机划分为正常类、实用类、特技类和通勤类。新规定中将所有小型飞机统称为正常类飞机,同时按座位数量划分为 4 个审定等级、按飞行速度划分为 2 个性能等级,对各等级飞机的飞行性能、结构设计等规定了相应的审定要求,规章名称也相应调整为《正常类飞机适航规定》。

CCAR-25 部——《运输类飞机适航标准》。用于颁发和更改运输类飞机型号合格证的适航标准。根据中国民用航空规章的规定申请或更改运输类飞机型号合格证的申请人必须表明符合本规定中适用的要求。目前,全球运输类飞机主要的制造商有美国的波音公司、法国的空中客车公司及中国的中国商用飞机有限责任公司。

波音公司是全球最大的航空航天业公司,也是世界领先的民用和军用飞机制造商。波音公司建立初期以生产军用飞机为主,并涉足民用运输机。其中,以其 20 世纪 30 年代研制开发的 P-26 驱逐机及波音 247 型民用客机比较出名。1938 年研制开发的波音 307 型是第一种带增压客舱的民用客机。20 世纪 60 年代以后,波音公司的主要业务由军用飞机转向商用飞机。1957 年在 KC-135 空中加油机的基础上研制成功的波音 707 是该公司的首架喷气式民用客机,共获得上千架订单。自此波音公司在喷气式商用飞机领域一发不可收拾,先后发展了波音 717、波音 727、波音 737、波音 747、波音 757、波音 767、波音 777、波音 787 一系列型号,逐步确立了全球主要商用飞机制造商的地位。其中,波音 737 是在全世界被广泛使用的中短程窄体民航客机,分为 737 经典型(737-300/400/500)和 737NG(600/700/800/900)。波音 747 一经问世就占据了世界最大的远程宽体民航客机头把交椅的位置,直到 2008 年才被空中客车公司的 A380 取代。

空中客车公司是欧洲一家飞机研发、制造公司,1970 年 12 月成立于法国。空中客车公司作为一家欧洲航空公司的联合企业,其创建的初衷是为了同波音公司竞争。空中客车公司首款民用飞机是 A300,这是在法国、德国、英国、荷兰和西班牙等国政府支持下研制的双发宽体客机。之后陆续研制了 A300 系列、A310 系列、A320 系列、A330 系列、A340 系列、A380 系列和 A350 系列。其中,A320 系列是该公司研制的双发中短程 150 座级客机,包括A318、A319、A320 及 A321 四种客机。A320 是一种真正的创新型飞机,为单通道飞机建立了一个新的标准。A320 由于较宽的客舱给乘客提供了更大的舒适性,因而可采用更宽的座椅和更宽敞的客舱空间,它比其竞争者飞得更远、更快,因而具有更好的使用经济性。在此基础上又发展了较大型和较小型,即 186 座的 A321、124 座的 A319、107 座的 A318。A320 系列客机在设计中采用"以新制胜"的方针,采用先进的设计和生产技术,以及新的结构材料和先进的数字式机载电子设备,是世界上第一种采用电传操纵系统的亚音速民航运输机。

中国商用飞机有限责任公司(Commercial Aircraft Corporation of China Ltd,COMAC)(以下简称"中国商飞")。于 2008 年 5 月 11 日在上海成立,是我国实施国家大型飞机重大专项中大型客机项目的主体,也是统筹干线飞机和支线飞机发展、实现我国民用飞机产业化的主要载体。主要的民机产品有:ARJ21(Advanced Regional Jet for the 21st Century),是 70~90 座级的中、短航程新支线涡扇飞机,是中国首架拥有自主知识产权的涡扇支线飞机,适应以中国西部高温高原机场起降和复杂航路越障为目标的营运要求。C919

4

为国产中短程干线客机,基本型布局为 168 座,标准航程为 4 075km,增大航程为 5 555km,经济寿命达 9 万飞行小时,与空客 A320、波音 737 属于同级别飞机。C 是 China 的首字母,也是中国商用飞机有限责任公司英文名称缩写 COMAC 的首字母,同时还寓意着立志跻身国际大型客机市场,与 Airbus(空中客车公司)和 Boeing(波音公司)一道在国际大型客机制造业中形成 ABC 并立的格局。第一个"9"的寓意是天长地久,"19"代表的是中国首型大型客机最大载客量为 190 座。C919 项目于 2008 年 11 月启动,2017 年 5 月 5 日成功首飞。C919 客机的发展目标是为 8~10 年后的民用航空市场提供安全、舒适、节能、环保、具有竞争力的中、短程单通道商用运输机。CR929 宽体客机是中俄两国企业的重大战略性合作项目。2016 年 6 月 25 日,在两国元首见证下,中国商飞与俄罗斯联合航空制造集团公司(UAC)签署了项目合资合同。2017 年 5 月 22 日,双方的合资企业——中俄国际商用飞机有限责任公司(CRAIC)在上海成立。2018 年 3 月 22 日,CR929 项目正式启动发动机及主要机载系统联合概念定义(JCDP)工作。2018 年 5 月 30 日,合资公司完成推进系统方案征询书(RFP)的全部回收工作。CR929 复合材料的使用量将超过 50%,UAC 将负责建造复合材料机翼,而中国商飞将负责制造复合材料机身。中国商飞将全力打造安全、经济、舒适、环保的大型客机,让中国的大型客机早日飞上蓝天。中国商飞将以钢铁般的意志和百折不挠的精神,努力实现自主创新、体制机制创新和管理创新,建设国际一流的航空企业,最终目的是挑战波音与空中客车在全球大型客机市场的垄断地位。

2) 与飞机运行性能相关的规章

CCAR-91 部——《一般运行和飞行规则》。在中华人民共和国境内实施运行的所有民用航空器(不包括系留气球、风筝、无人火箭、无人自由气球和民用无人驾驶航空器)应当遵守本规则中相应的飞行和运行规定。对于公共航空运输运行,除应当遵守本规则适用的飞行和运行规定外,还应当遵守公共航空运输运行规章中的规定。

CCAR-135 部——《小型商业运输和空中游览运营人运行合格审定规则》。在中华人民共和国境内依法设立的航空运营人所实施的以取酬为目的的下列商业飞行活动应当遵守本规则中相应的飞行和运行规定。(1)使用下列小型航空器实施的定期、不定期载客或者载货飞行,以及长途空中游览飞行:①正常类、实用类、特技类和通勤类飞机;②正常类直升机。(2)使用下列运输类飞机实施的载货或者不定期载客飞行:①旅客座位数(不包括机组座位)30 座及以下;②最大商载在 3 400kg 及以下。(3)使用运输类直升机实施的定期、不定期载客或者载货飞行。(4)下列短途空中游览飞行:①除自由气球外,航空器的起飞和着陆满足下列条件之一的空中游览飞行:a.在同一起降点完成,并且航空器在飞行时距起降点的直线距离不超过 40km;b.在两个直线距离不超过 40km 的起降点间实施。②使用自由气球在运营人的运行规范中经批准的飞行区域内实施,并且每次飞行的起飞和着陆地点应当包含在该区域之内的空中游览飞行。

CCAR-121 部——《大型飞机公共航空运输承运人运行合格审定规则》。在中华人民共和国境内依法设立的航空运营人实施的公共航空运输运行,应当遵守本规则中相应的飞行和运行规定。主要的公共航空运输运行包括:(1)使用最大起飞全重超过 5 700kg 的多发飞机实施的定期载客运输飞行;(2)使用旅客座位数超过 30 座或者最大商载超过 3 400kg 的多发飞机实施的不定期载客运输飞行;(3)使用最大商载超过 3 400kg 的多发飞机实施的全货物运输飞行。

空气动力学

1 空气动力学的研究任务

空气动力学是研究物体与空气之间相对运动规律的一门学科,即研究物体在空气中运动或者物体不动而空气流过物体时,空气的运动规律及作用力(空气内部的和空气对物体的)所服从的规律。它广泛应用于各种工程技术领域,如汽车、高速列车、风机、汽轮机、船舶制造,建筑物、桥梁建造,矿井通风、天气预报等,而对于航空(飞机、直升机等)和航天(火箭、导弹、航天飞机、宇宙飞船、卫星等)领域则有特别重要的意义。

众所周知,飞机是重于空气的航空器,它之所以能够在大气中持续飞行,全靠空气的反作用力来克服其自身的重力;与此同时,空气还会产生一个阻碍飞机前进的力。飞机空气动力学主要研究空气与飞机之间的相对运动规律,以及产生在飞机上的空气动力。空气动力是当飞机在空气中运动时,空气分子撞击在飞机表面形成的,即压力分布。将总空气动力进行分解,用于克服飞机重量的力称为升力,分解出来的另一个与运动方向相反的力称为阻力,如图 1 所示。

因此,飞机空气动力学的研究任务是掌握空气和飞机之间的相对运动规律,以及作用在飞机表面的空气动力的产生机理,即升力和阻力的形成原因。

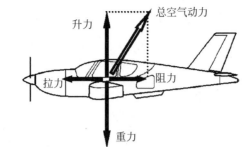

图 1　飞机运动时,作用在飞机上的力

2　空气动力学的发展概况

空气动力学是现代流体力学的一个分支,是从流体力学发展而来的。流体力学可分为流体静力学和流体动力学,其中前者研究的是流体静止时,其中的作用力规律;后者研究的是流体运动时,其运动的规律和作用力的规律。空气动力学则是将流体动力学应用于研究飞行器运动的进一步发展。流体力学包含的内容和研究领域大致如图 2 所示。

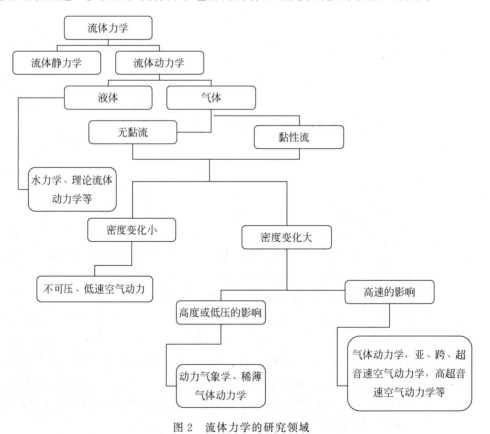

图 2　流体力学的研究领域

1) 国外空气动力学发展概况

最早对空气动力学的研究可以追溯到人类对鸟或弹丸在飞行时的受力和力的作用方式

的种种猜测。17世纪后期,荷兰物理学家惠更斯首先估算出物体在空气中运动的阻力;1726年,英国科学家牛顿(Isaac Newton,1642—1727)应用力学原理和演绎方法得出:在空气中运动的物体所受的力,正比于物体运动速度的二次方、物体的特征面积及空气的密度。这一工作可以看作空气动力学经典理论的开始。

瑞士科学家伯努利(Daniel Bernoulli,1700—1782)于1738年建立了无黏流的流速和压力之间的关系,即伯努利方程。1755年,瑞士数学家欧拉(Leonard Euler,1707—1783)得出了描述无黏性流体运动的微分方程,即欧拉方程。这些微分形式的动力学方程在特定条件下可以积分,得出很有实用价值的结果。到了19世纪,流体力学的基础理论得到了全面的发展。苏格兰的物理学家兰金(William John Macquorn Rankine,1820—1872)于1858年提出了涡核模型,1868年又提出将匀直流动叠加到源(汇)、偶极子等流动上,构成了理论分析的奇点法。德国物理学家亥姆霍兹(Herman Ludwig Ferdinand Von Helmholtz,1821—1894)于1858年创立了旋涡运动理论。

上述理论建立在理想流体即无黏流假设的基础上。法国与爱尔兰科学家纳维(L. M. H Navier,1785—1836)和斯托克斯(S. G. G Stockes,1819—1903)分别于1827年和1845年独立推导出黏性流体运动的不可压缩流体动量守恒的运动方程,后称为纳维-斯托克斯方程(N-S方程),至今仍是研究黏性流动的基础。英国物理学家雷诺(Osborne Reynoids,1819—1903)于1883年从黏性流体在小直径圆管中的流动实验中发现,实际黏性流动有两种流态,即层流和紊流,其相应的阻力规律也不相同,决定流态的是个无量纲参数,即来流速度乘以物体特征长度与运动黏度之比,此参数后来定名为雷诺数(Re)。

到19世纪末,经典流体力学的基础已经形成。20世纪以来,随着航空事业的迅速发展,空气动力学便从流体力学中独立出来并形成力学的一个新分支。20世纪是空气动力学蓬勃独立的时期,并逐渐形成了完整科学体系。

航空要解决的首要问题是如何获得飞行器所需要的升力,减小飞行器的阻力和提高它的飞行速度。这就要从理论和实践上研究飞行器与空气相对运动时作用力的产生及其规律。1894年,英国人兰彻斯特首先提出无限翼展机翼或翼型产生升力的环量理论,以及有限翼展机翼产生升力的涡旋理论等。但兰彻斯特的理论在当时并未得到广泛重视。

1901—1910年,库塔和茹科夫斯基分别独立地提出了翼型的环量和升力理论,并给出升力理论的数学形式,建立了二维机翼理论。1904年,德国的普朗特发表了著名的低速流动的边界层理论,该理论指出,在不同的流动区域中控制方程可有不同的简化形式。

边界层理论极大地推进了空气动力学的发展。普朗特还把有限翼展的三维机翼理论系统化,给出它的数学结果,从而创立了有限翼展机翼的升力线理论。但它不能适用于失速、后掠和小展弦比的情况。1946年,美国人琼斯提出了小展弦比机翼理论,利用这一理论和边界层理论,可以足够精确地计算出机翼上的压力分布和表面摩擦阻力。

近代航空和喷气技术的迅速发展使飞行速度迅猛提高。在高速运动的情况下,必须把流体力学和热力学这两门学科结合起来才能正确认识和解决高速空气动力学中的问题。1887—1896年,奥地利科学家马赫在研究弹丸运动扰动的传播时指出:在小于或大于音速的不同流动中,弹丸引起的扰动传播特征是根本不同的。

在高速流动中,流动速度与当地音速之比是一个重要的无量纲参数。1929年,德国空气动力学家阿克莱特首先把这个无量纲参数与马赫的名字联系起来,10年后,马赫数这个特征参数在气体动力学中得到广泛引用。

小扰动在超音速流中传播会叠加起来,形成有限量的突跃——激波。在许多实际超音速流动中也存在着激波。气流通过激波流场时,参量发生突跃,熵增加而总能量保持不变。

英国科学家兰金在 1870 年、法国科学家许贡组在 1887 年分别独立地建立了气流通过激波应满足的关系式,为超音速流场的数学处理提供了正确的边界条件。对于薄翼小扰动问题,阿克莱特在 1925 年提出了二维线化机翼理论,以后又相应地出现了三维机翼的线化理论。这些超音速流的线化理论圆满地解决了流动中小扰动的影响问题。

在飞行速度或流动速度接近音速时,飞行器的气动性能发生急剧变化,阻力突增,升力骤降。飞行器的操纵性和稳定性极度恶化,这就是航空史上著名的音障。大推力发动机的出现冲破了音障,但并没有很好地解决复杂的跨音速流动问题。直至 20 世纪 60 年代以后,由于跨音速巡航飞行、机动飞行,以及发展高效率喷气发动机的要求,跨音速流动的研究受到重视,并有了很大的发展。

远程导弹和人造卫星的研制推动了高超音速空气动力学的发展。在 20 世纪 50 年代到 60 年代初,确立了高超音速无黏流理论和气动力的工程计算方法。60 年代初,高超音速流动数值计算也得到了迅速的发展。通过研究这些现象和规律,发展了高温气体动力学、高速边界层理论和非平衡流动理论等。

2)我国空气动力学发展概况

新中国成立前,我国没有独立完成的航空工业,飞机都是从国外购买的,当时国内只有飞机修理厂,1934 年后我国才有几所高校设立了航空工程系。新中国成立后,我国的航空和航天工业获得很大发展,有力地促进了我国空气动力学的发展。20 世纪 50 年代初,我国在经历了空气动力仿型设计以后,很快走上了自主设计的道路。在空气动力学的发展中,从对不同飞行速度阶段的翼型配置研究,发展到对不同机翼平面形状气动布局形式的研究,解决了飞机设计中面临的重大空气动力问题,保证了我国自行制造的不同类型的飞机能够安全投入使用。随着自行研制的逐步发展,我国在空气动力学方面的研究也不断深入。飞机与发动机进气道的空气动力研究也经历了由亚音速、跨音速到超音速飞机发动机不同形式进气布局的发展阶段,并取得了可喜的进展。

在外流方面,由钱学森和郭永怀带领的科学家团队成功地发展了我国的火箭、导弹与航天飞行器技术及相关的空气动力学理论。在内流方面,吴仲华的三元流面理论推动了世界航空动力及叶轮机械气动热力学的发展,为新型动力机械,尤其是新型大功率、高推重比的航空动力设计奠定了坚实的理论基础,为我国争得了荣誉。

总的来说,空气动力学的发展经历了低速、高速和新变革三个时期。

(1)低速时期。自古人类就渴望能够像鸟一样飞行,但流传下来的许多关于飞行的传说并没有提供空气动力学的思想和经验。18 世纪以前,人类尚未掌握空气动力学的知识。在达·芬奇绘制扑翼机和直升机的草图时,也没有计算过它们的空气动力特性。1726 年,牛顿根据质点撞击平板时的动量损失,提出了计算气动升力的第一个理论,结果,过低地估计了升力(后来人们发现这相当于马赫数趋于无穷大时的情况)。1876 年,瑞利根据平板后面形成空穴的假设而提出的理论同样不符合实际。直到 20 世纪初,在航空事业发展的推动下,英国的兰彻斯特、德国的库塔和俄国的茹科夫斯基等人,在研究环流的基础上提出了正确估计二维机翼升力的公式。接着,德国人普朗特和兰彻斯特利用涡系代表机翼,创立了有限翼展的机翼理论。与此同时,1904年普朗特提出了边界层概念,解决了当时无黏空气动力学的实验结果之间的矛盾。在实验方面,1871年,英国人韦纳姆建造了第一座开路式风洞,美国莱特兄弟于1900年建造了一座截面为406mm×406mm、长1.8m的风洞,用天平测出了机翼升力、全机阻力和压力中心数据,在这座风洞的空气动力实验的基础上,实现了人类第一次动力飞行。随后,艾菲尔在法国、普朗特在德国分别建造了开口和闭口的回路风洞。1928年,英国国家物理实验室建造了直径为78mm的超音速风洞。

(2)高速时期。第二次世界大战前后,由于军用航空的需要和航天技术的兴起,高速空气动力学得到了迅速的发展。在这一阶段建立了亚音速、跨音速、超音速和高超音速无黏流和高速边界层的系统理论,研究了各类飞行器在不同速度范围的气动特性,将空气动力学的研究内容从力扩展到热、光和电磁等效应。这些研究成果对突破高速飞行的音障和热障起到了决定性的作用。在这一过程中,卡门和他的学生作出了重要的贡献。1939年,卡门和钱学森开创了著名的亚音速流近似处理方法(见卡门-钱学森公式)。1941年,钱学森将卡门的超音速流中的细长体近似推广到有迎角情况。1946年,钱学森和郭永怀合作进行了跨音速混合流动的研究。同年,钱学森提出了高超音速相似律和稀薄空气动力学的区域划分。1953年,郭永怀研究了激波边界层的相互作用,在这项研究中成功地发展了一种有效的奇异摄动法。在这一时期,各类风洞得到了发展,但跨音速风洞由于气流壅塞效应(见高速一维管流)遇到了困难。1947年,美国国家航空咨询委员会首先建造了试验段尺寸为304mm的开槽壁高速风洞,消除了壅塞,建立了近音速流,为发展跨音速风洞奠定了基础。早在第二次世界大战期间德国就开始建造常规高超音速风洞,但直到20世纪60年代,各类超高速实验设备才日臻成熟。

(3)新变革时期。20世纪60年代后期,航天飞机综合运用了航空和航天技术,在飞行器的设计中出现了飞机与发动机一体化的需要。同时,空气动力学还与控制技术结合起来。另一方面,计算机的发展改变了理论空气动力学的现状,计算空气动力学的出现使飞行器的空气动力设计产生了重大变革。计算机作为气体流动的数学模拟设备,代替了部分风洞的作用,并且正在与风洞实验结合起来。在空气动力实验中,计算机已成为风洞不可分离的伙伴。

3　空气动力学的分类

空气动力学按照研究的对象可以分为飞行器空气动力学和工业空气动力学,详见图3。

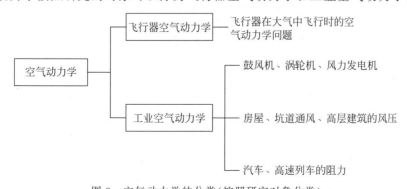

图3　空气动力学的分类(按照研究对象分类)

如果按照空气介质的运动速度来划分,可以分为低速和高速空气动力学。低速和高速空气动力学是以马赫数(Ma)0.4为界进行划分的,$Ma < 0.4$的称为低速流动,$Ma > 0.4$的称为高速流动,详见图4。

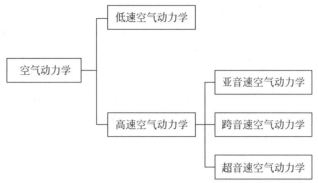

图4 空气动力学的分类(按照空气介质的运动速度分类)

4 空气动力学的研究方法

空气动力学研究是航空和航天技术研究的重要组成部分,是飞行器气动布局与气体设计的理论依据。其研究方法和物理学各个分支的研究方法一样,包括实验研究、理论分析和数值计算三种,如图5所示。与此相对应,就产生了实验空气动力学、理论空气动力学和计算空气动力学三个分支学科,如图6所示。这三种方法并不是互相排斥的,而是相互补充的。另外,通过恰当的空气动力学分析还可以寻求最佳的飞行器气动布局形式,确定整个飞行范围作用在飞行器上的力和力矩,以得到其最终的性能,并保证飞行器的稳定、操纵性与飞行安全。

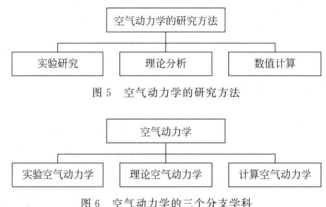

图5 空气动力学的研究方法

图6 空气动力学的三个分支学科

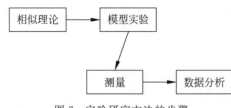

图7 实验研究方法的步骤

空气动力学的实验研究主要是依靠风洞、水洞、激波管及测试设备进行模型试验或飞行试验。实验研究方法的优点在于,依据相似理论能在与所研究的问题完全相同或大体相同的条件下,进行模拟与观测,因此所得结果较为真实、可靠,具体步骤如图7所示。实验研究方法的缺点在于,会受到模型尺寸的限制和实验条件的影响,此外,实验测量的手段也会影响所得结果的精度,并且实验要耗费大量的人力和物力,使成本较高。世界上第一座风洞建成至今,适用于各种模拟条件、目的、用途和测量方式的风洞已有数十种之多,风洞实验的内容也极为广泛,如图8所示。水洞作为一种流体力学实验设备也被广泛采用,可用来研究边界层、尾流、湍流、空化、水弹性等现象,如图9所示。

11

图 8 风洞的应用

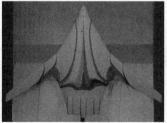
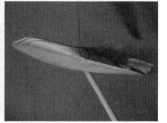

图 9 水洞的应用

空气动力学的理论分析方法一般包括以下几个步骤:①通过实验或观察,对问题进行分析和研究,确定其影响的主要因素,忽略次要因素,从而抽象出近似合理的理论模型;②运用基本的定律、定理和数学分析,建立描写问题的数学方程,以及相应的边界条件和起始条件;③利用各种数学方法准确地或近似地解出方程;④对所得结果进行分析、判断,并通过必要的实验与之对比,确定其精度和适用范围;⑤考虑未计及的因素,对公式或结果进行必要的修正,具体如图10所示。理论分析方法的特点在于它的科学抽象性,能够利用数学方法求得理论结果,以揭示问题的内在规律。然而,往往由于受到当时数学发展水平的

```
建立模型 ──→ 推导方程
                 │
                 ↓
求解方程 ──→ 解释结果
```

图 10　理论分析方法的步骤

限制及理论模型抽象的简化,难以得到工程上认为满意的有价值的结果。

在理论空气动力学的研究方面,主要基于自然界的三大基本定律,即质量守恒定律、动量守恒定律和能量守恒定律,对气体的流动特性进行研究分析,建立了连续性方程、动量方程(N-S 方程)及能量方程,再配合其他的一些方程,如理想气体状态方程等,可以将空气的基本状态参数(密度、压强、温度)有机地联系起来并通过解方程求解出每个参数值。这样就可以掌握气流流过物体表面的定性的气动现象及定量的气动力。然而,所建立的这些方程均是高阶的非线性的偏微分或积分方程,要想求得方程的解析解非常困难,因为真实空气是具有黏性的,其基本状态参数(密度、压强、温度)在不同时间、不同地点均不相同。为了求解这些方程,不得不对其中的一些基本状态参数进行简化处理,这种处理称为流体的模型化。

空气动力学的数值计算方法是伴随着高速计算机产生的。大型高速电子计算机的不断更新发展及一系列有效的近似计算方法(例如有限差分法、有限元素法等)的发展使数值方法在空气动力学的研究方法中的作用和地位不断提高,并逐渐形成了计算空气动力学或计算流体力学(CFD)这一分支。目前,利用高性能计算机、现代计算求解技术及空气、气体动力学知识,不但可以实现从飞行器部件、组合体到全机(弹)的复杂绕流流场计算,而且计算结果的精确度和可靠性也随着计算机、计算技术及空气动力学、流体力学的发展,以及实验验证技术的进步与完善而不断提高,并直接应用于飞行器设计,大大缩短了新型飞行器研制的周期,并大幅度降低了研制成本。可以预见,计算空气动力学、计算流体力学将进一步发展,并在实际工程技术问题中发挥越来越大的作用。与实验方法相比,其研究所需费用较小,对有些无法进行实验而又难以做出理论分析的问题,采用数值模拟的方法可以得到解决,如图 11 所示。

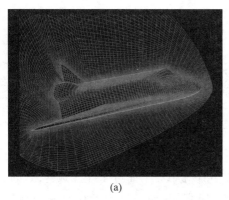 

(a)　　　　　　　　　　　　　(b)

图 11　计算空气动力学研究方法

(a)计算网格图;(b)全机表面压力系数的分布

总之,实验研究、理论分析和数值计算三种方法各有利弊,只有扬长避短、相互促进、相互补充、协同共进,才能更好地推动空气动力学的研究与发展。

由于本书主要面向民航专业的学生,因此,针对目前民用飞机的特点,重点讲述飞机的空气动力学,包括低速空气动力学、亚音速空气动力学和跨音速空气动力学。

空气动力学是流体力学的一个分支,它是从流体力学发展而来的。流体力学可分为流体静力学和流体动力学:前者研究的是流体静止时,其中的作用力规律;后者研究的是流体运动时,其运动的规律和作用力的规律。空气动力学则是将流体动力学应用于研究飞行的器运动的进一步发展。因此,本篇主要介绍三部分内容:一是空气动力学基础,包括流体的基本属性、流体静力学和动力学等内容;二是空气动力学应用,即飞机空气动力学,包括低速和高速流动下翼型、机翼及全机的空气动力产生机理及特性等内容;三是螺旋桨的空气动力。

第1章

流体的基本属性

空气动力学的任务之一是为飞机设计服务。设计飞行器时不仅需要知道作用在飞机表面上的压力,还需要知道这些压力分布在全机表面后所形成的力(升力、阻力)和力矩(俯仰力矩等),而这些分布在飞机表面上的压力是由于空气流过飞行器后形成的。研究人员只需要根据气流流过飞机时各参数的变化情况,就能得到分布在飞机表面上的力和力矩。气流流动的具体情况不仅取决于飞机的具体情况,还取决于空气的具体属性。

对于低速运动的空气来说,其流动规律与液体相似,因此基于流体特征所建立的大部分运动规律既适用于气体,也适用于液体。鉴于本书有关流体的研究对象为空气,因此在不做特殊说明的情况下,气体和流体都可以认为是空气。

1.1 连续介质假设

流体力学和空气动力学中常用"介质"这个名词来表示该学科的研究对象——流体,流体是液体和气体的总称。在本门课程中,介质主要指的是空气;而在其他的研究中,介质有可能是水、酒精等。因此,用介质这个词更贴切,更具有概括意义。

在物理学中,我们知道流体是由大量分子组成的,每个分子在不间断地做不规则的热运动,各分子间会不时地发生碰撞,交换着动量和能量。一个气体分子从一次碰撞到下一次再碰撞所走过的距离称为自由程。当然,一个气体分子每次发生碰撞之后的自由程并不都是相等的。因此,在一定状态下就有了平均自由程的概念:该气体中所有分子的自由程的平均值。这个值越小,表明气体分子从一次碰撞到下一次再碰撞所走过的距离越短,气体的密度越大。

但是,在流体力学中,详细地去研究分子的微观运动是不必要的。因为工程上所研究的物体总是有一定的体积,其特征尺寸一般以 m 计,至少以 cm 计,这比流体分子的平均自由程大得多(标准海平面大气在气压为 101.325kPa、温度为 15℃ 时,平均自由程 $l = 10^{-8}$ mm),即 $l \ll L$,其中 L 为所研究物体的某一尺寸,对于飞机来说,可以是机翼的翼展长度,也可以是机翼上某个位置处的翼型弦长。

流体的运动既然是由物体的相对运动引起的,那么流体因受到物体扰动而发生显著变化的范围一般说来也是和飞机的尺寸 L 属于同一数量级,且远远大于分子平均自由程 l。这样,空气受飞机的扰动而运动时,就不会以分子为单位进行活动,而是大量空气分子一起运动;空气所表现出来的性能特征就不会是每个分子的行为,而一定表现出空气的总体属性。正是在这一前提下,空气动力学常采取"连续介质假设"的概念研究流体的宏观运动。这一概念把介质看作连绵一片的、没有间隙的连续介质,并假设介质所占据的空间里到处密布了这种介质。

低速空气动力学、高速空气动力学,甚至高超声速空气动力学都是在连续介质这一假设前提下进行研究的。只有到了外层大气中,l/L 才会等于甚至大于 1,例如在 150km 的高空,空气变得稀薄,就需要用稀薄空气动力学来研究飞行问题了。

1.2 作用在流体微团上的力

作用在流体微团上的力有质量力和表面力。取一小块浸于水中的流体微团,它不仅受到来自地球的引力作用,还受到周围水所产生的浮力作用。由于流体微团具有一定的质量,因此其受到的引力大小就是质量与重力加速度的乘积;而浮力就是周围的水作用在流体微团表面的合力。也就是说,一个流体微团通常会受到两种力:一是质量力,它是由于流体微团本身具有质量而产生的力,如重力、惯性力;二是表面力,它是流体微团外界的流体通过微团表面作用在流体微团上的力。

1.2.1 质量力

由于流体微团具有质量,在静止状态会受到重力作用;当流体微团在做加速运动或旋转运动时,还会受到惯性力和向心力的作用,这些与流体微团质量有关的力统称为质量力。根据牛顿第二定律,质量力的大小与质量和加速度有关。

假设质量为 Δm 的流体微团受到的质量力为 ΔF,则单位质量流体上受到的质量力为

$$f = \lim_{\Delta m \to 0} \frac{\Delta F}{\Delta m} = f_x \boldsymbol{i} + f_y \boldsymbol{j} + f_z \boldsymbol{k} \tag{1-1}$$

式中　$\boldsymbol{i}, \boldsymbol{j}, \boldsymbol{k}$——沿坐标轴三个方向上的单位向量;

　　　f_x, f_y, f_z——单位质量力沿坐标轴三个方向上的分量。

1.2.2 表面力

表面力是指作用在所取流体微团表面上的力。对于一个封闭的流体微团来说,与其接触的流体或物体会对其表面施力,该力的大小与两者的接触面积成正比。由于流体微团所受表面力方向不确定,因此,在研究时通常将表面力分解为法向力和切向力。如图 1-1 所示,在一流体微团上任取一微元面,面积为 ΔS,作用在该面积上的表面力为 ΔR,将该力分解为平行于微元面的切向力 ΔT 和垂直于微元面的法向力 Δp。

单位面积上的切向力 ΔT 被称为切应力 τ,定义为

$$\tau = \lim_{\Delta S \to 0} \frac{\Delta T}{\Delta S} \tag{1-2}$$

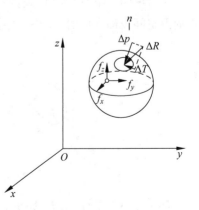

图 1-1　流体微团表面力分解

流体所受切向力完全是由于流体的黏性作用(下文有详细讲解)导致的,而流体的黏性力只有在流动时才会体现出来。因此,静止的流体是不能承受切向力的。对于理想流体(忽略黏性作用的流体,下文有详细讲解)来说,由于其忽略了黏性作用,因此不论其是静止的还是运动的,都忽略了切向力,认为只受到法向力作用。

静止流体的切向力 $\Delta T = 0$,流体微团的表面力只存在法向力 Δp。这时,作用在流体微团单位面积上的法向力就为该表面处所受到的法应力,即流体静压强,也叫作压力,表示为

$$p = \lim_{\Delta S \to 0} \frac{\Delta p}{\Delta S} \tag{1-3}$$

在气流里的物体,其表面上所受的力也是两种力:法应力(压力)和切应力(摩擦力)。在气流内部,远离物体表面的地方切应力是很小的,在研究整个流动时往往可以忽略。到了物体表面附近,切应力就大很多了。不过即使在物体表面上,切应力比法应力仍小得多。比如某飞机以 250m/s 的速度飞行,机翼上的正压力可达 38 000Pa,而切应力却只有 150Pa 左右。因此在计算机翼的蒙皮强度时可以忽略切向力,只计算法向力的作用就可以了。但在整个机翼的阻力中,摩擦力却占很大的比重,所以在计算飞机阻力时,必须考虑切向力。

1.3 流体的密度、压强、温度及完全气体假设

1.3.1 流体的密度

在连续介质假设的前提下,可以讨论介质内部某一空间位置 P 处的密度。如图 1-2 所示,围绕着 P 点取一块微小的三维空间,这个空间的容积用 ΔV 表示,该空间内所包含的介质质量用 Δm 表示,则该空间内的平均密度可以表示为

$$\bar{\rho} = \frac{\Delta m}{\Delta V} \tag{1-4}$$

而对于三维空间内某一位置处的介质来说,其分子体积非常小,可以令 $\Delta V \to 0$,此时的平均密度 $\bar{\rho}$ 表示该质点的介质密度,即

$$\rho_P = \lim_{\Delta V \to 0} \frac{\Delta m}{\Delta V} \tag{1-5}$$

式(1-5)中 $\Delta V \to 0$ 时,反映的是真实的平均密度变化情况。图 1-3 中的曲线反映了 P 点周围空间内部介质的平均密度 ρ_P 随 ΔV 的变化情况。当 ΔV 的值相当大时,平均密度的

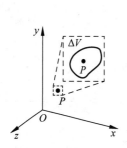

图 1-2 某一空间位置 P 处密度的定义

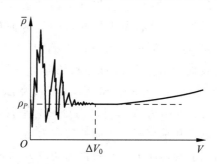

图 1-3 平均密度随 ΔV 的变化

值大于 P 点处的介质密度。随着 ΔV 的缩小，平均密度逐渐向 ρ_P 靠近，直到减小到某一个值 ΔV_0 时，平均密度保持在某一个稳定的值上，即 ρ_P。这里所谓的"稳定"是指：当 ΔV 略大于或略小于 ΔV_0 时，平均密度 ρ_P 都保持不变。当 ΔV 继续缩小、趋于 0 时，P 点周围空间内部所包含介质的平均密度就不是常数了，而是出现了显著波动。这是因为此时所选择的空间范围较小，其内部所能包含的质点也随之减少，则每一个质点的运动对该体积内的密度变化存在较大影响。例如，从某一瞬间来看，恰好有几个分子飞出该空间，则平均密度就会突然显著变小；反之，如果恰好有几个分子飞进该空间，则平均密度又会突然显著变大。ΔV 越小，这种忽大忽小的情况就越严重。

我们在连续介质假设的前提下所说的某一空间点 P 的密度就是 ΔV 等于 ΔV_0 时的平均密度，而不是 ΔV 真正无限缩小时的情况。而这个 ΔV_0 的尺寸肯定是和分子的平均自由程属于同一数量级的，相对于飞机的几何尺寸来说，就可以把它当作一个几何点来看待，即

$$\rho_P = \lim_{\Delta V \to \Delta V_0} \frac{\Delta m}{\Delta V}$$

空气动力学研究所用的密度为质量密度，即单位容积中介质的质量有多少。本教材执行国际单位制，则质量密度的单位是 kg/m^3。在多数分析里，往往要取一块尺寸极微小的体积内的介质来研究其运动情况或受力情况。既然做了连续介质假设，就不能以单个分子作为研究对象，而必须针对某一小块介质进行研究，这样的一块微量介质被称作"流体微团"。流体微团的尺寸是很小的，所以相对于飞机的尺寸而言，可以设想其是一个包含了一定量流体介质的微小质点，其体积无限微小。

1.3.2 流体的压强

作用在流体微团单位面积上的法向力即为流体静压强，简称压强。压强的单位为力/长度的二次方，在国际单位制中，压强的单位为帕斯卡，简称帕（Pa），$1Pa = 1N/m^2$。本书后面常提到的压力，实际上是指压强（流体静压强），因为我们研究的受力范围通常取单位面积。流体静压强有两个重要特点：一是流体静压强的方向总是和作用面相垂直并且指向作用面。这是因为静止流体或者理想流体中没有切向力，并且流体分子之间引力较小，导致其几乎不能承受拉力，所以只存在指向作用面的静压强。二是在静止流体或运动的理想流体中，某点处静压强的大小与所取作用面的方位无关，即流体内部任意一点处的压强是各向同性的。

下面我们来证明在无黏流体中，无论流体静止还是运动，压强仅是位置的函数 $p = p(x, y, z)$，不随受压面位置的不同而变化。若讨论空间点 P 处的压强，可相对于 P 点建立一个笛卡儿坐标系 O-x, y, z，如图 1-4 所示。在 P 点四周取一个微元四面体，四面体的四个顶点分别是 $OABC$，P 点被包裹在四面体中间。该四面体的三条棱线 OA、OB、OC分别沿着坐标系的三条轴 x、y、z，长度分别为 dx、dy、dz。假设作用在 BOC 面上的压强为 p_x，AOC面上的压强为 p_y，AOB 面上的压强为 p_z，斜面

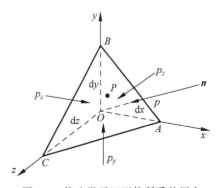

图 1-4 静止微元四面体所受的压力

ABC 上的压强为 p，可建立沿三个方向的力的平衡关系式。由于压力是法向力，因此作用在任何一个面上的压力都垂直于该平面。就 x 方向来看，共受到两个产生作用的压力：一个是作用在 BOC 面上的压力，大小为 $p_x \cdot \dfrac{1}{2}\mathrm{d}y\mathrm{d}z$，方向指向 x 轴的正方向；另一个是作用在斜面 ABC 面上的压力，其值是 $p \cdot \mathrm{d}S$，$\mathrm{d}S$ 代表斜面 ABC 的面积，该力在 x 方向上的分量为 $p \cdot \mathrm{d}S \cdot \cos(\boldsymbol{n},x)$，$(\boldsymbol{n},x)$ 指向量 $\boldsymbol{n}$ 和坐标轴 x 之间的夹角，方向指向 x 轴的负方向。

对于运动着的流体来说，该微元四面体内的流体有可能在做加速度运动，加速度乘以质量等于惯性力，而质量等于该微元四面体的体积 $\dfrac{1}{6}\mathrm{d}x\mathrm{d}y\mathrm{d}z \times$ 流体密度，所以该惯性力是一个比 $p_x \cdot \dfrac{1}{2}\mathrm{d}y\mathrm{d}z$ 和 $p \cdot \mathrm{d}S$ 高一阶的微量，由此可得 x 方向的力的平衡方程为

$$\frac{1}{2}p_x\mathrm{d}y\mathrm{d}z - p\cos(\boldsymbol{n},x)\mathrm{d}S + 三阶小量项 = 0 \tag{1-6}$$

同理可得 y 方向和 z 方向的力的平衡方程为

$$\frac{1}{2}p_y\mathrm{d}z\mathrm{d}x - p\cos(\boldsymbol{n},y)\mathrm{d}S + 三阶小量项 = 0 \tag{1-7}$$

$$\frac{1}{2}p_z\mathrm{d}x\mathrm{d}y - p\cos(\boldsymbol{n},z)\mathrm{d}S + 三阶小量项 = 0 \tag{1-8}$$

$OABC$ 为一微元四面体，可以认为 $\mathrm{d}x$、$\mathrm{d}y$、$\mathrm{d}z$ 趋于零，三阶小量项被省略后可得

$$\begin{cases} \dfrac{1}{2}p_x\mathrm{d}y\mathrm{d}z - p\cos(\boldsymbol{n},x)\mathrm{d}S = 0 \\[2mm] \dfrac{1}{2}p_y\mathrm{d}z\mathrm{d}x - p\cos(\boldsymbol{n},y)\mathrm{d}S = 0 \\[2mm] \dfrac{1}{2}p_z\mathrm{d}x\mathrm{d}y - p\cos(\boldsymbol{n},z)\mathrm{d}S = 0 \end{cases} \tag{1-9}$$

由几何关系可知

$$\begin{cases} \dfrac{1}{2}\mathrm{d}y\mathrm{d}z = \cos(\boldsymbol{n},x)\mathrm{d}S \\[2mm] \dfrac{1}{2}\mathrm{d}z\mathrm{d}x = \cos(\boldsymbol{n},y)\mathrm{d}S \\[2mm] \dfrac{1}{2}\mathrm{d}x\mathrm{d}y = \cos(\boldsymbol{n},z)\mathrm{d}S \end{cases} \tag{1-10}$$

根据式(1-9)和式(1-10)可得

$$\begin{cases} p_x = p \\ p_y = p \\ p_z = p \end{cases} \tag{1-11}$$

即

$$p_x = p_y = p_z = p \tag{1-12}$$

图 1-4 中的坐标系本来就是随意选定的，所以式(1-12)的结果说明：对于无黏流体来说，其内部任意一点的压强大小与压力方向无关。无论流体是静止的还是流动的，这个结论都是成立的。

1.3.3 流体的温度

流体的温度是指流体的冷热程度。对于空气来说,空气温度的高低表明了空气分子做不规则运动的平均速度大小。

空气温度的高低可以用温度表来测量。我国和大多数国家一样,采用摄氏温度 T_C(℃)来衡量温度的高低。在摄氏温度的表示中,水的冰点温度为 0℃、沸点温度为 100℃。有些国家和地区则使用华氏温度 T_F(℉),如美国。在华氏温度的表示中,水的冰点温度为32℉、沸点温度为 212℉。

两种温标的换算关系为

$$T_F = \frac{9}{5}T_C + 32 \quad 或 \quad T_C = \frac{5}{9}(T_F - 32) \tag{1-13}$$

在热力学计算中常用流体的绝对温度,即将空气分子停止做无规则运动时的温度作为绝对温度的零度。绝对温度有两种单位,如果其刻度增量与摄氏温度相同,则称为开氏温度 T_K(K);如果其刻度增量与华氏温度相同,则称为兰氏温度 T_R(°R)。

1.3.4 完全气体

"完全气体"在现实中并不存在,是气体分子运动论中所采用的一种假设的模型气体。其分子被假设为完全弹性的球形粒子,并忽略十分微小的分子间引力,忽略各分子的实际总体积。大部分气体基本上符合这些假设,空气也是如此。因此,在研究空气动力学时,可以认为空气是完全气体。

在任何状态下,真实气体的压强、密度、温度之间都存在一定的函数关系,可以表示为

$$p = p(\rho, T) \tag{1-14}$$

式(1-14)称为气体状态方程。而对于完全气体来说,其状态方程可表示为

$$p = \frac{R_m}{M_r}\rho T \tag{1-15}$$

式(1-15)为克拉伯龙(Clapeyron)方程的一种形式,p 的单位是 Pa,ρ 的单位是 kg/m³,T 的单位是 K。式中,R_m 为摩尔气体常数,该值不仅与气体所处的状态无关,与气体的种类也无关,因此又称为通用气体常数,在标准状态下,该常数值为 8 314J/(kmol·K)。M_r 为气体的摩尔质量,不同气体的 M_r 是不同的,如空气的摩尔质量 M_r 为 28.97kg/kmol,氧气的摩尔质量 M_r 为 32kg/kmol。通常用气体常数 R 代表 $\dfrac{R_m}{M_r}$,则完全气体状态方程可表示为

$$p = \rho R T \tag{1-16}$$

不同气体的 M_r 不同,R 也不同。空气的气体常数 $R = 287.1$J/(kg·K),氧气的气体常数 $R = 259.8$J/(kg·K)。

1.4 流体的压缩性、黏性和传热性

1.4.1 流体的压缩性

气体相比于固体来说,其内部各分子间的距离更大。当温度一定,作用在气体上的压强

增大时,气体分子间的距离就会缩短,宏观上表现为气体的体积缩小、密度增大。我们将气体体积、密度随着压强的变化而改变的特性称为气体的压缩性或弹性。

通常采用体积弹性模量 K 来衡量气体的压缩性,它表示在一定温度下升高单位压强时,流体体积的相对缩小量,即

$$K = -\frac{\mathrm{d}p}{\mathrm{d}V/V} \tag{1-17}$$

式中　K——体积弹性模量,Pa;

　　　V——一定量气体的体积,m^3;

　　　$\mathrm{d}p$——压强变化量;

　　　$\mathrm{d}V$——体积变化量。

对于一定质量的气体来说,体积和密度的变化量成反比关系。因此有

$$\frac{\mathrm{d}\rho}{\rho} = -\frac{\mathrm{d}V}{V}$$

由此可得,气体的体积弹性模量可变为

$$K = \rho \frac{\mathrm{d}p}{\mathrm{d}\rho} \tag{1-18}$$

体积弹性模量越大,气体越不容易被压缩。在相同的压强增量下,气体相对体积(或密度)的变化量与体积弹性模量的值有关。不同气体的体积弹性模量不同,其压缩性也不同。例如,常温下水的体积弹性模量约为 $2.1 \times 10^9\,\mathrm{Pa}$,当压强增大一个大气压时,对应的密度变化为

$$\frac{\Delta\rho}{\rho} = \frac{\Delta p}{K} \approx 0.5 \times 10^{-4} \tag{1-19}$$

由式(1-19)可知,变化一个大气压,引起的水的相对密度变化值只有 0.5/10 000。因此,通常情况下,水被视为不可压流体。而空气的体积弹性模量很小,约是水的 1/20 000,因此,变化一个大气压,引起的空气的相对密度变化值大约为 1,也就是说,空气的密度很容易随压强的变化而改变,空气具有可压缩性。

对于具体的流动问题,是否应该考虑空气的可压缩性,应该根据流动过程中所产生的压强变化是否引起了密度的显著变化确定。一般情况下,当空气流动速度较低时,压强变化引起的密度变化很小,可以不考虑空气的可压缩性对流动特性的影响。

1.4.2　流体的黏性

上文中已经提到,流体所受切向应力完全是由于流体具有的黏性导致的,而流体的黏性力只有在流动时才会体现出来。因此,静止的流体不能承受切向应力。换句话说,黏性是流体的固有属性,由于流体有黏性,其在运动的过程中才能将黏性力体现出来,这一黏性力就是流体内部所承受的切向应力,简称切应力。

任何一种流体都具有黏性,只是不同流体所反映出的黏性力各不相同。空气和水的黏性都不大,其产生的作用在日常生活中不容易被人们所注意。例如,通过观察河道内部的流动可以发现,河流近岸处的水流速度比河心处慢。通过观察水面上漂浮物的运动速度就可以说明这一点。这种速度的差别就是因为水具有黏性,与河岸直接接触的水层因为黏性力的存在而产生了阻滞作用,导致靠近河岸的水流流速变慢。

为了说明黏性力作用的情况,我们把一块无限薄的静止平板放在气流速度为 v_∞ 的匀速气流中,且气流运动方向与板面平行。如图 1-5 所示,为了便于理解,假设匀速运动的气流从下往上分层流动,每一层气流的速度大小用箭头长度表示。图 1-5(a)为气流还未流过平板时,沿平板法线方向上气流速度的分布情况。此时,平板对气流没有扰动,由下往上的气流速度等于 v_∞。

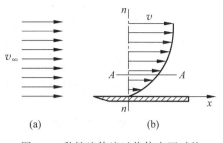

图 1-5 黏性流体流过物体表面时的速度分布

当气流流过平板时[图 1-5(b)],由于气流具有黏性,物体表面又不可能是绝对光滑的,因此,紧贴平板表面的那层气流完全贴附在平板表面上,气流速度降为零。稍外一层的气流与板面没有接触,因此不直接受到板面的影响使速度降为零。但空气具有黏性,空气层与空气层之间的相对运动会产生黏性力的作用,使得稍外的一层气体受到紧挨板面那层气体的牵制,速度减小,但不至于减为零。距离平板表面越远,气流速度越大,直到离平板表面一定距离以后,气流速度才基本恢复到原来的速度 v_∞。由此可见,气流流过平板上方时,到平板的距离不同,对应的气流速度也不同。因此,气流速度 v 是气流到平板表面距离 n 的函数,即 $v=f(n)$,各层气流速度之间存在差别。

流经平板的气流速度之所以有上述变化,正是气体具有黏性的表现。而造成流体黏性的主要原因是分子不规则运动的动量交换和分子间引力。

对于气体来说,气体分子始终在做不规则运动,各层气体之间的空气分子相互掺混,使得不同速度的气体层之间发生质量交换和动量交换。上层流动速度较大的气体分子进入下层时,就会带动下层气体加速;同样,当下层流动速度较小的气体分子进入上层时,也会阻滞上层气体使其减速。也就是说,相邻的两个流动速度不同的气体层之间存在着互相牵扯的作用力,这种作用力就是黏性力,也可以叫作黏性阻力或内摩擦力。

在标准状态下,水的密度是空气的 770 多倍。因此,水分子间的距离远小于空气,水流在产生相对运动时,黏性的影响不仅与分子不规则运动的动量交换有关,还和分子间引力有关。由于本书的主要研究对象是空气,因此主要考虑气体分子不规则运动的影响。

牛顿在总结了大量实验结果后,指出:相邻两层流体在发生相对运动时所产生的黏性阻力与两层流体间的速度梯度成正比,与两层流体的接触面积成正比,与流体的物理属性有关,与接触面上的压强无关。

速度梯度是指相邻两层气流的速度差 $\mathrm{d}v$ 与两层气流之间的距离 $\mathrm{d}y$ 之比,如图 1-6 所示。

速度梯度越大,表示相邻流体层之间的动量差别越大,黏性力也就越大;反之,速度梯度越小,黏性力越小。

牛顿将流体的上述属性总结为

$$\tau = \mu \frac{\mathrm{d}v}{\mathrm{d}y} \tag{1-20}$$

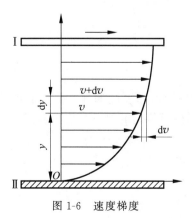

图 1-6 速度梯度

式(1-20)被称为牛顿内摩擦定律。

式中 τ——单位表面上的摩擦力,即切应力,Pa;

μ——比例常数,一般称为黏性系数、动力黏性系数或动力黏度等,$N \cdot s/m^2$。

事实上,并不是所有的流体都遵循式(1-20),牛顿实验所用的流体是满足这个关系的,基本上所有气体和黏性小的液体也满足这个关系,这些流体被称为牛顿流体。因为这种流体的切应力与速度梯度之间呈线性关系,因此有时也称为线性流体。

自然界中存在着大量不满足式(1-20)的流体,这一类流体统称为非牛顿流体。一般来说,牛顿流体的黏性比较小,那些黏性比较大的诸如油漆、蜂蜜、血液等基本上属于非牛顿流体。可以看出,非牛顿流体一般对应着大分子液体,这些液体的分子在有速度梯度的流场中会相互纠缠,因此黏性力与速度的关系更复杂。所有非牛顿流体的切应力与速度梯度不呈线性关系,有些非牛顿流体的切应力不但与速度相关,还与作用时间相关。

黏性系数 μ 是流体黏性大小的一种度量,不同流体介质有不同的黏性系数。温度对流体黏性有很大影响。对于气体来说,黏性主要来自分子不规则运动的动量交换,当温度升高时,气体分子的不规则运动加剧,导致速度不同的相邻气体层之间的质量交换和动量交换更加频繁,黏性系数增大。而对于液体来说,黏性主要来自分子间引力,当温度升高时,液体分子的不规则运动加剧,分子间距离增大、引力减小、黏性系数减小。

空气黏性系数 μ 随温度的变化关系有多种近似公式,其中最常用的是萨特兰公式,即

$$\frac{\mu}{\mu_0} = \left(\frac{T}{288.15}\right)^{1.5} \frac{288.15 + C}{T + C} \tag{1-21}$$

式中 μ_0——温度为288.15K时空气的黏性系数值;

C——常数,其值为110.4K。

更简单些的近似式有指数律式,即

$$\frac{\mu}{\mu_0} = \left(\frac{T}{T_0}\right)^n \tag{1-22}$$

式中 T_0——温度为288.15K时的 T。

式(1-22)中的指数 n 在不同温度范围内应取不同值。温度在 $90 \sim 300$K 时,指数 n 可取 $8/9$;温度越高,n 值越小,温度在 $400 \sim 500$K 时,指数 n 约为 0.75。

在空气动力学的许多问题里,惯性力总是和黏性力并存的。做计算时,黏性系数和密度常常以组合的形式出现,用它们的比值来表示气体的黏性更为方便,即

$$\nu = \frac{\mu}{\rho} \tag{1-23}$$

式中 ν——流体的运动黏性系数,m^2/s。

当温度为288K、密度为 $1.225 kg/m^3$ 时,空气的运动黏性系数为 $1.4607 \times 10^{-5} m^2/s$。

1.4.3 流体的传热性

当流体中沿某一方向存在着温度梯度时,热量就会自发地由温度高的地方传向温度低的地方,这种性质称为流体的传热性。实验表明,单位时间内所传递的热量与传热面积成正比,与沿热流方向的温度梯度成正比,即

$$q = -\lambda \frac{\partial T}{\partial n} \tag{1-24}$$

式中 q——单位时间内通过单位面积的热量,$kJ/(m^2 \cdot s)$;

$\partial T/\partial n$——温度梯度,K/m;

λ——比例系数,即导热系数,kJ/(m·K)。

式(1-24)中的负号表示热流量传递的方向永远和温度梯度的方向相反。

流体的导热系数值随流体介质不同而改变,同一种流体介质的导热系数值随温度变化而略有差异。在通常的温度范围内,空气的导热系数为 2.47×10^{-5} kJ/(m·K)。由于空气的导热系数很小,当温度梯度不大时,可以忽略空气的传热性对流动特性的影响。

1.5 流体的模型化

实际气体有着多方面的物理属性,严格来说,这些物理属性对于流体的流动有不同程度的影响。所以,在研究某一具体的流动问题时,如果把流体的所有物理属性考虑进去,必然使问题变得非常复杂,想要通过分析、计算方法得到整个流动空间中各参数的变化就变得非常困难,很多时候也是没有必要的。

事实上,在分析某些具体问题时,流体各方面的物理属性并不具有同等重要的地位。因此,对于一些具体问题来说,可以选择那些起主导作用的物理属性,忽略一些次要的物理属性。这样处理可使我们能更清楚地看清问题的本质,抓住问题的关键。同时,问题的简化有利于进行数学处理和求解。这种根据所研究问题的特点,突出影响流体的主要问题,忽略流体某些影响较弱的物理属性,从而建立简化的流体模型的方法叫作流体的模型化。

1.5.1 理想流体

忽略黏性作用的流体被称为理想流体。在该模型中,流体微团不承受黏性力的作用。由于空气的黏性系数很小,在实际流动中,只有在紧贴物体表面的很薄的空气层内部,其各层气流速度差异很大、速度梯度很大、黏性力比较大。而在这一薄层以外的区域,各层气体之间的流动速度变化较缓、速度梯度不大、黏性力很小。因此,通常可以将受到黏性力很小的气体的黏性忽略。

当相对气流流过飞机时,只有在紧贴飞机表面的空气薄层(即附面层)内部需要考虑黏性,附面层以外的部分按理想流体处理。附面层的形成与黏性有关,其形成过程将在后文中详细讲述。一般来说,在确定飞机升力问题时,根据理想气体模型计算出来的流体属性与实验结果比较一致,由此得到的升力和力矩值也比较可信。而在确定飞机阻力问题时,用理想流体模型得到的计算结果与实验结果差别较大,就是因为附面层的形成与黏性阻力密切相关。因此,在确定飞机阻力时,必须考虑流体的黏性影响。这种考虑流体黏性作用的流体被称为黏性流体。

1.5.2 不可压流体

不考虑气体压缩性或弹性的流体被称为不可压流体。可以认为该流体的体积弹性模量为无穷大或密度为常数。液体是十分接近这种情况的,前文中已经讲到,变化一个大气压,引起的水的相对密度变化值只有 0.5/10 000。因此,在通常情况下,水被视为不可压流体。

当飞机在空中飞行时,其周围的空气会因为飞机的出现有所变化,这部分空气的压强、密度等参数也会随之改变。如果飞机的飞行速度较低,即来流马赫数不大时,绕飞机的流场中各点速度变化不大,因而压强、密度变化也不大。因此,可以把这种密度变化很小的流动近似地当作密度不变的流动,即把低速流动的流体当作不可压流体来处理。实际应用表明,用不可压流体模型来处理低速情况下的空气动力学问题,所得的结果与实际情况基本一致,是可信的。通常,当飞机飞行速度或者说来流速度 $Ma<0.4$ 时,可以忽略流体的密度变化,把流体视为不可压流体。

如果飞机的飞行速度较大,即来流马赫数较大,绕飞机的流场中各点的速度变化较大,因速度变化引起的压强变化及密度变化也很显著,则必须如实地把空气看作密度可变的可压缩流体来处理,才能获得与实际情况相吻合的结果。通常,当来流速度 $Ma>0.4$ 时,必须考虑密度变化对流体参数的影响。

马赫数可以综合反映空气的压缩性,用气流速度与当地音速之比来表示:

$$Ma = \frac{v}{c}$$

与马赫数有关的详细内容将在第 4 章呈现。

1.5.3　绝热流体

不考虑热传导性的流体被称为绝热流体,即把流体的导热系数看作零。导热系数是指在稳定传热条件下,1m 厚的材料两侧表面的温差为 1K,在一定时间内,通过 $1m^2$ 面积传递的热量,单位为 W/(m·K)。常温下(20℃),空气的导热系数非常小,只有 0.026 7W/(m·K)。

因此,在低速流动中($Ma<0.4$),除了专门研究传热问题的场合外,一般不考虑流体的热传导性质,把流体看成绝热的,所得到的结果与实际情况基本一致。在高速流动中($Ma>0.4$),在温度梯度不太大的地方,气体微团间的传热量也是微乎其微的,忽略气体微团间传热量对流动特性的影响不大,因此,也可以不考虑传热作用。

1.5.4　定常流体

流场中任一点处的流动参数——速度、压强、温度、密度等,不随时间改变的流体被称为定常流体,或稳态流动。对应的,流场中任一点处的流动参数随时间改变的流体被称为非定常流体。真实流体在运动时,不同空间位置处的各参数基本随着时间而改变。而在实际工程中,不少非定常流体问题的各参数随时间变化非常缓慢,可视为定常流体。

定常流体流动的数学表达式为

$$\frac{\partial \eta}{\partial t} = 0 \tag{1-25}$$

式中　η——任意物理量。

复习思考题

1. 什么是连续介质假设?
2. 流体内部一点处的密度是如何定义的?其单位是什么?
3. 请说出作用在静止流体微团上的力及各力的定义。
4. 请结合图 1-4 描述理想流体微团与黏性流体微团在静止状态下的受力。
5. 请写出完全气体状态方程,对各参数进行解释,并写出空气的气体常数。
6. 简述流体模型化的意义。
7. 说出本章提到的四种简化的流体模型,并描述其含义。

第2章

流体静力学与动力学

　　本章主要介绍了流体静平衡微分方程、重力场中静止流体的压强分布规律、ISA 偏差的计算等流体静力学基础知识；流体动力学基础相关的流体运动的描述方法、流体质点运动特征(流线、迹线)、流体微团的运动方程；对流体微团旋涡运动的研究可为进一步研究飞机的升力、阻力提供必要基础；低速附面层的产生与飞行阻力的产生有直接关系，通过对附面层的介绍，分析了摩擦阻力的产生。

2.1　流体静力学基础

2.1.1　流体静平衡微分方程

　　在静止的流体区域的中建立一个笛卡儿坐标系 $O\text{-}x,y,z$，如图 2-1 所示，坐标轴的方位可以任意选取。在流体内部的任意位置取一点 $P(x,y,z)$，以点 P 为中心，沿坐标轴三个方向分别取长度 dx、dy、dz，得到一个微元六面体，P 点位于微元六面体的中心。一般来说，不同位置处的压强 p 是不同的，所以，可以设点 P 处的压强是坐标位置的函数，即 p 可以表示为

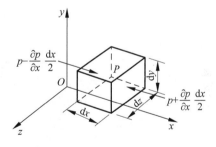

图 2-1　微元六面体的受力

$$p = p(x,y,z)$$

　　作用在该六面体上的力由质量力和表面力组成，可借助物体受力平衡原理，建立流体静平衡方程。

　　前文中已经提到，单位质量力 f 沿坐标轴三个方向上的力可分解为 f_x、f_y、f_z。那么对于图 2-1 中的微元六面体来说，在 x 方向上受到的质量力可以表示为

$$f_x \Delta m = f_x \rho \Delta V = f_x \rho \, dx \, dy \, dz$$

式中　Δm——微元六面体的质量，kg；

　　　ΔV——微元六面体的体积，m^3；

　　　ρ——流体的密度，kg/m^3。

　　已知静止的流体只能承受法向力，则该微元六面体在 x 方向上受到的表面力有两个：

垂直于 P 点左侧面的力和垂直于 P 点右侧面的力。已知 P 点的压强为 $p(x,y,z)$，P 点到左侧面的距离为 $\dfrac{\mathrm{d}x}{2}$，沿 x 轴方向的压力梯度为 $\dfrac{\partial p}{\partial x}$，则左侧面中心点处的压强为

$$p(x,y,z) - \frac{\partial p}{\partial x}\frac{\mathrm{d}x}{2}$$

由于左侧面的面积很小，可以认为该面上的压强是均匀且相等的，则得到左侧面上的压力为

$$\left[p(x,y,z) - \frac{\partial p}{\partial x}\frac{\mathrm{d}x}{2}\right]\mathrm{d}y\mathrm{d}z$$

同理，右侧面上的压力为

$$\left[p(x,y,z) + \frac{\partial p}{\partial x}\frac{\mathrm{d}x}{2}\right]\mathrm{d}y\mathrm{d}z$$

此时，作用在该微元六面体上沿 x 方向上的质量力和表面力已求出，得到 x 方向的静平衡方程为

$$\left[p(x,y,z) - \frac{\partial p}{\partial x}\frac{\mathrm{d}x}{2}\right]\mathrm{d}y\mathrm{d}z - \left[p(x,y,z) + \frac{\partial p}{\partial x}\frac{\mathrm{d}x}{2}\right]\mathrm{d}y\mathrm{d}z + f_x\rho\,\mathrm{d}x\mathrm{d}y\mathrm{d}z = 0$$

简化后可得

$$f_x = \frac{\partial p}{\partial x}\frac{1}{\rho} \tag{2-1a}$$

同理，可得沿 y 方向和 z 方向上的静平衡方程

$$f_y = \frac{\partial p}{\partial y}\frac{1}{\rho} \tag{2-1b}$$

$$f_z = \frac{\partial p}{\partial z}\frac{1}{\rho} \tag{2-1c}$$

方程(2-1a)~(2-1c)表明，当流体保持静止的平衡状态时，单位质量力为沿某方向的分量压强沿该方向的偏导数除以密度。这个平衡方程组是由瑞士科学家欧拉于 1755 年推导出来的，称为欧拉静平衡微分方程组。

该方程组的矢量表达式为

$$\boldsymbol{f} = \nabla p \frac{1}{\rho} \tag{2-2}$$

式中 ∇——矢量微分算子，也称为哈密顿算子，即

$$\nabla = \frac{\partial}{\partial x}\boldsymbol{i} + \frac{\partial}{\partial y}\boldsymbol{j} + \frac{\partial}{\partial z}\boldsymbol{k} \tag{2-3}$$

2.1.2　重力场中静止流体的压强分布规律

1. 静压强基本方程

我们知道流体是有质量的，因此流体在静止状态就会受到重力的作用。根据流体在重力作用下的受力规律，可以得到地球表面重力场中静止流体内的压强分布规律。

取一装有液体的封闭容器，液体在重力场的作用下处于平衡状态，并建立如图 2-2 所示的坐标系，$z=0$ 为基准面。液体上端自由面处的压强为 p_0，距离基准面的高度为 z_0。以液

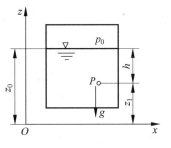

图 2-2 重力作用下静止液体的
压强分布

体中某一点 P 为例,计算该点处的压强。P 点到基准面的距离为 z_1,其单位质量力只有重力,表示为

$$f_x = 0, \quad f_y = 0, \quad f_z = -g \tag{2-4}$$

将式(2-4)代入式(2-1)可得

$$\mathrm{d}p = -\rho g\,\mathrm{d}z \tag{2-5}$$

对于不可压缩均质流体,其密度为常数,对式(2-5)积分可得

$$p = -\rho g z_1 + C \tag{2-6}$$

或

$$z_1 + \frac{p}{\rho g} = C \tag{2-7}$$

式中 C——常数。

式(2-6)或式(2-7)为重力作用下静止液体的平衡积分方程。将自由面处各参数($z = z_0$,$p = p_0$)代入式(2-6)可得

$$C = p_0 + \rho g z_0 \tag{2-8}$$

将式(2-8)代入式(2-6)有

$$p = p_0 + \rho g(z_0 - z_1)$$

即

$$p = p_0 + \rho g h \tag{2-9}$$

式(2-9)为流体静力学基本方程,表明在重力作用下的静止流场中,压强大小随深度呈线性变化。

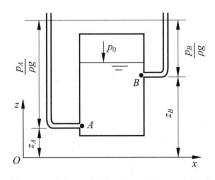

图 2-3 位置和压强、高度的关系示意图

2. 静压强基本方程的物理意义

(1) 式(2-7)中各项的物理意义可参照图 2-3 进行如下讨论:

z 表示某液体质点在坐标系中所处的高度,称为位置高度或位置水头。其物理意义为单位质量液体所具有的重力势能(相对于基准面),因为对于质量为 m 的液体微团来说,其相对于基准面所具有的重力势能为 mgz,则单位质量的重力势能为 $mgz/mg = z$。

$\dfrac{p}{\rho g}$ 表示液体质点所受压强的液柱高度,称为压强水头。其物理意义为单位质量液体所具有的压力势能,简称压力能。

$z + \dfrac{p}{\rho g}$ 对于液体内任意一点为常值 C,称为测压管高度或测压管水头。其物理意义为静止液体中单位质量液体所具有的总势能,即重力势能+压力势能。

如图 2-3 所示,不同高度上的点 A 和点 B 同时存在于均匀连通的静止液体中,各点处的测压管水头相等,于是有

$$z_A + \frac{p_A}{\rho g} = z_B + \frac{p_B}{\rho g} = C \tag{2-10}$$

式(2-10)的物理意义是:静止液体中各点处单位质量液体具有的总势能相等,且重力

势能和压力势能之间可以相互转换。

（2）根据式(2-9)推导出的物理意义如下：

① h 为液体中任意一点 P 在自由液面下的深度,也称为水下深度。式(2-9)表示,在静止液体中,距自由液面深 h 处的压强包括两部分：一是 P 点上方单位面积上的液柱质量 ρgh,这部分压强与水下深度成正比；二是自由液面处的压强 p_0,该部分压强等值不变地传递到液体内部任意处,与深度无关。这一等值传递性就是著名的帕斯卡原理,该原理表明,对于密闭容器中静止的液体,当施加的外界压强发生变化时,液体任一点处的压强将发生同样大小的变化,利用这一原理,帕斯卡发明了水压机,如图 2-4 所示。

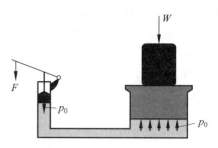

图 2-4　水压机的工作原理

② 由式(2-9)可知,静压强的大小与流体体积无直接关系。也就是说,对于图 2-5 中三种不同形状的容器来说,当其内部装满了高度为 h 的液体时,即使液体的体积、质量不相同,只要深度相同,则相同高度处的压强就相同。

③ 液体内两点的压差等于两点间竖直方向上单位面积液柱的重量。

在图 2-6 的容器中任取 A、B 两点,根据式(2-9)有

$$p_A = p_0 + \rho gh_A$$
$$p_B = p_0 + \rho gh_B$$

则得到 A、B 两点的压差为

$$p_B - p_A = \rho gh_{AB} \tag{2-11}$$

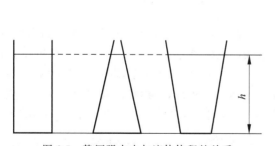

图 2-5　静压强大小与流体体积的关系

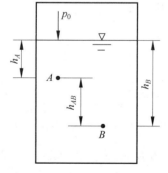

图 2-6　两点间的静压差示意图

例 2-1　如图 2-7 所示,一封闭容器中盛有压缩空气和油,容器上连接一支水银 U 形管测压计。已知油的密度为 0.9g/cm^3,水银的密度为 13.6g/cm^3,液柱高 $h_1 = 1\text{m}$,$h_2 = 0.16\text{m}$,$h_3 = 0.25\text{m}$,试求容器上方压力表的读数。（$g = 10\text{m/s}^2$）

解：对于 U 形测压计来说,水平面 0—0 为等压面,因此有

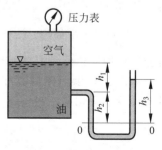

图 2-7　例 2-1 示意图

$$p_{空气} + \rho_{油} g(h_1 + h_2) = \rho_{水银} gh_3$$

代入数据可得

$$
\begin{aligned}
p_{空气} &= \rho_{水银} gh_3 - \rho_{油} g(h_1 + h_2) \\
&= 13.6\mathrm{g/cm}^3 \times 10\mathrm{m/s}^2 \times 0.25\mathrm{m} - 0.9\mathrm{g/cm}^3 \times 10\mathrm{m/s}^2 \times 1.16\mathrm{m} \\
&= 2.356 \times 10^4 \mathrm{Pa}
\end{aligned}
$$

2.1.3 大气的一般介绍

我们把包围整个地球的空气层叫作大气层,简称大气。飞机是在大气层中活动的飞行器,飞机的空气动力、发动机的性能好坏与大气密切相关。因此,有必要对大气的物理特性做基本了解。

1. 大气分层

根据大气的特征变化,可沿着与地表垂直的方向将大气分为对流层、平流层、中间层、电离层和散逸层。

(1) 对流层。对流层是大气中最低的一层,其底界是地面,顶界随着其所在纬度、季节等的不同而发生变化。在赤道地区,对流层的厚度为 16～18km,在中纬度地区为 10～12km,在两极地区则减小至 7～10km。这一层并不厚,但在地球引力的作用下,导致最下面一层对流层内的大气密度是最大的,其内部包含的大气质量几乎占了整个大气层的 75%。在对流层内,有沿着垂直方向运动的气流,同时还是各种天气现象,如云、雨、雾、雪、雷暴发生的区域,其内部含有大量的水汽及其他微粒。

(2) 平流层是位于对流层之上的空气层。平流层顶部距离地面约 50km。这一层的空气质量约占整个大气层的 25%,下半部分温度几乎不变,平均保持在 −56.5℃ 左右。上半部分由于臭氧层吸收了太阳发出的紫外线,因而温度直线上升至 0℃ 左右。在平流层中,天空清澈蔚蓝,几乎不存在水蒸气及其他颗粒,也没有云、雨、雾、雪、雷暴等天气现象,只有水平方向运动的气流,没有垂直方向的气流。

在平流层之上还有中间层、电离层及散逸层。对于现代大型民航飞机来说,其巡航高度通常在地面上空 8～12km,无法达到中间层甚至更高,所以对流层及平流层下半部分是普通飞机的主要活动范围。因此,平流层上半部分、中间层、电离层及散逸层内大气的特征变化并不是本书关注的重点,我们主要讨论对流层及平流层下半部分的空气各主要参数随高度的变化。

2. 国际标准大气

在对流层及平流层下半部分,真实大气的物理特性随着季节、昼夜、纬度、高度的不同发生变化。大气状态的变化使飞机上所产生的空气动力发生变化,从而使飞机每一次飞行时的性能有所差异。因此,即使是对于同一条航线上的同一架飞机来说,由于天气变化、四季更迭,也会导致其每一次飞行的飞机性能有所差异。在许多航空飞行和实验中,经常要用到大气参数,若每次实验获取的大气参数均受到天气、季节等因素的影响,这无疑给飞行实验活动增加了难度。

因此,需要建立一个标准大气,将每次飞行活动所处的真实大气按照这个标准大气进行换算,以便于对飞行实验数据进行计算、整理、比较。为此,制定了国际标准大气。

国际标准大气(international standard atmosphere,ISA)是人为规定的大气模型,包括大气的温度、密度、气压等随高度的变化关系,如图 2-8 所示。目前,从事航空活动时广泛采用的国际标准大气是由国际民用航空组织(International Civil Aviation Organization,ICAO)确定的,它是以北半球中纬度地区大气物理特性的平均值为依据,加以适当的修订而建立的。

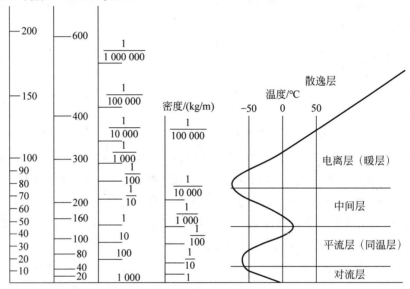

图 2-8　大气的分层

3. 温度、压强、密度随高度的变化

国际标准大气假设不同高度下的重力加速度为定值,包括如下规定:

(1) 海平面高度为 0m,这一海平面被称为 ISA 标准海平面。

海平面气温为 288.15K、15℃ 或 59℉;

海平面气压为 1 013.2hPa(或 1 013.2mbar 或 29.92inHg),即标准海压;

海平面音速为 661kt(节);

对流层厚度为 11km 或 36 089ft(英尺)。

(2) 温度随高度的变化。

在对流层中(0～11 000m 高度),温度递减率为每上升 1 000m,温度递减 6.5℃,即

$$t = 15℃ - 0.006\,5H \tag{2-12}$$

式中　H——距离海平面的高度(即图 2-8 中的 z 方向),m。

高度每上升 1 000ft,温度递减 2℃。

在平流层中,高度为 11 000～20 000m 时,温度保持常数不变,即

$$T = 216.65K　(或 -56.5℃)$$

在平流层中,高度为 20 000~32 000m 时,高度每上升 1 000m,温度上升 1K(或 1℃),即
$$T = 216.65K + 0.01 \times (H - 20\ 000)$$
或 $\quad t = -56.5℃ + 0.001 \times (H - 20\ 000)$

式中 H——距离海平面的高度,m。

由于现代大型民航飞机的巡航高度大约在对流层及平流层下半部分,所以我们只关注温度在该高度范围内的变化,即 0~20 000m 高度,如图 2-9 所示。

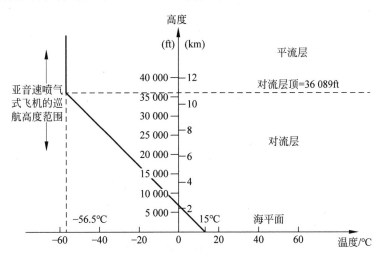

图 2-9 现代大型民航飞机飞行环境中温度随高度的变化(国际标准大气)

(3) 压强和密度随高度的变化。

根据标准大气温度随高度的分布规律,应用完全气体状态方程可以确定不同高度对应的压强和密度随高度的变化规律。

因为大气密度 ρ 随高度的变化而变化,一点处的大气密度可根据式(2-5)求得。

将完全气体状态方程 $\rho = \dfrac{p}{RT}$ 代入式(2-5)可得

$$\frac{\mathrm{d}p}{\mathrm{d}z} = -\frac{pg}{RT} \tag{2-13}$$

严格来说,g 随高度的变化是减小的,与地心引力大小有关。但由于对流层范围较小,由高度变化所引起的 g 变化较小,因此可看作常值,大小为 9.806 65m/s^2。

在对流层内,对式(2-12)两边同时求导,可得
$$\mathrm{d}T = -0.006\ 5\mathrm{d}z \tag{2-14}$$
将式(2-14)代入式(2-13),可得

$$\frac{\mathrm{d}p}{p} = \frac{1}{0.006\ 5} \frac{g}{R} \frac{\mathrm{d}T}{T} \tag{2-15}$$

若海平面处的大气压强用 p_0 表示,不同高度上的压强用 p_h 表示,则对式(2-15)积分可得
$$\int_{p_0}^{p_h} \frac{\mathrm{d}p}{p} = \frac{g}{R} \frac{1}{0.006\ 5} \int_{T_0}^{T_h} \frac{\mathrm{d}T}{T} \tag{2-16}$$
式中下标 h 表示高度为 h 处的大气参数。

求解式(2-16)可得

$$(\ln p)\Big|_{p_0}^{p_h} = \frac{g}{R} \frac{1}{0.0065}(\ln T)\Big|_{T_0}^{T_h} \tag{2-17}$$

即

$$\frac{p_h}{p_0} = \left(\frac{T_h}{T_0}\right)^{5.25588} \tag{2-18}$$

将完全气体状态方程 $p = \rho RT$ 代入式(2-18)得

$$\frac{\rho_h}{\rho_0} = \left(\frac{T_h}{T_0}\right)^{4.25588} \tag{2-19}$$

在平流层的下半部分,高度 $11\,000\sim20\,000\mathrm{m}$ 处的温度为定值 $216.65\mathrm{K}$。把 $T = 216.65\mathrm{K}$ 代入式(2-15)可得

$$\frac{\mathrm{d}p}{p} = -\frac{g}{216.65R}\mathrm{d}z \tag{2-20}$$

高度 $11\,000\mathrm{m}$ 处的大气压强用 p_{11} 表示,高度用 h 表示,不同高度上的压强用 p_h 表示,对式(2-20)积分可得

$$\int_{p_{11}}^{p_h}\frac{\mathrm{d}p}{p} = -\int_{11\,000}^{h}\frac{g}{216.65R}\mathrm{d}z \tag{2-21}$$

求解式(2-21)可得

$$(\ln p)\Big|_{p_{11}}^{p_h} = \frac{g}{216.65R}(\mathrm{d}z)\Big|_{11\,000}^{h} \tag{2-22}$$

即

$$\frac{p_h}{p_{11}} = \mathrm{e}^{-\frac{h-11\,000}{6\,341.62}} \tag{2-23}$$

式中下标 11 表示 $h = 11\,000\mathrm{m}$ 处的大气参数。同理,可得密度之比为

$$\frac{\rho_h}{\rho_{11}} = \mathrm{e}^{-\frac{h-11\,000}{6\,341.62}} \tag{2-24}$$

式中 $p_{11} = 22\,631.8\mathrm{Pa}$;$\rho_{11} = 0.36392\mathrm{kg/m}^3$。

其他高度上标准大气的压强、密度可以仿照此方法,用温度随高度的变化关系代入平衡微分方程后积分得出。图 2-10 是大气温度、压强、密度随高度变化的曲线。

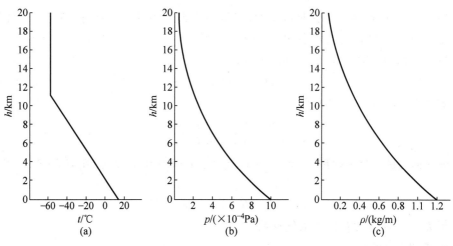

图 2-10　大气参数变化曲线

2.1.4　ISA 偏差的计算

在计算飞机性能时,常常要进行实际大气与国际标准大气间的换算,即用国际标准大气表示真实的大气参数。

实际大气与国际标准大气换算的主要工作是确定真实大气相较于标准大气的温度偏差,即 ISA 偏差(ISA Deviation,ISA Dev.)。根据式(2-18)、式(2-19)可知,大气密度和压强的变化量可以由温度变化量来反映。因此,对大气温度的修正就可以反映出真实大气与国际标准大气之间的偏差。

ISA 偏差指确定地点的实际温度与该处 ISA 标准温度的差值,常用于确定飞行活动中飞机性能的基本已知条件。下面举例说明。

例 2-2　已知某机场温度为 15℃,机场压力高度为 2 000ft,求机场高度处的 ISA 偏差。

解：在压力高度为 2 000ft 处,ISA 标准温度为

$$t_{标准} = 15℃ - (2℃/1 000ft) \times 2 000ft = 11℃$$

而实际温度为

$$t_{实际} = 15℃$$

所以 ISA 偏差(即温度偏差)为：

$$ISA 偏差 = t_{实际} - t_{标准} = 15℃ - 11℃ = 4℃$$

表示为

$$ISA + 4℃$$

例 2-3　飞机巡航压力高度为 2 000m,该高度处温度为 −6℃,求该高度处的 ISA 偏差。

解：高度为 2 000m 处的 ISA 标准温度为

$$t_{标准} = 15℃ - (6.5℃/1 000m) \times 2 000m = 2℃$$

而实际温度为

$$t_{实际} = -6℃$$

所以,ISA 偏差(即温度差)为

$$ISA 偏差 = t_{实际} - t_{标准} = -6℃ - 2℃ = -8℃$$

表示为

$$ISA - 8℃$$

注：实际温度比标准温度高用"＋"号,比标准温度低用"−"号。

在实际工作中,经常将国际标准大气各参数(压强、密度、温度等)随高度的变化预先计算出来,形成国际标准大气表(见表 1.1),以便通过查表的方式快速确定各参数。

表 1.1　国际标准大气表

高度/ft	温度/℃	压强			压比 $\delta = p/p_0$	密度比 $\sigma = \rho/\rho_0$	音速/kt	高度/m
		hPa	psi	inHg				
40 000	−56.5	188	2.72	5.54	0.185 1	0.246 2	573	12 192
39 000	−56.5	197	2.58	5.81	0.194 2	0.258 3	573	11 887
38 000	−56.5	206	2.99	6.1	0.203 8	0.271 0	573	11 582

续表

高度/ft	温度/℃	压强			压比 $\delta = p/p_0$	密度比 $\sigma = \rho/\rho_0$	音速/kt	高度/m
		hPa	psi	inHg				
37 000	−56.5	217	3.14	6.4	0.213 8	0.284 4	573	11 278
36 000	−56.3	227	3.3	6.71	0.224 3	0.298 1	573	10 973
35 000	−54.3	238	3.46	7.04	0.235 3	0.309 9	576	10 668
34 000	−52.4	250	3.63	7.38	0.246 7	0.322 0	579	10 363
33 000	−50.4	262	3.8	7.74	0.258 6	0.334 5	581	10 058
32 000	−48.4	274	3.98	8.11	0.270 9	0.347 3	584	9 754
31 000	−46.4	287	4.17	8.49	0.283 7	0.360 5	586	9 449
30 000	−44.4	301	4.36	8.89	0.297 0	0.374 1	589	9 144
29 000	−42.5	315	4.57	9.3	0.310 7	0.388 1	591	8 839
28 000	−40.5	329	4.78	9.73	0.325 0	0.402 5	594	8 534
27 000	−38.5	344	4.99	10.17	0.339 8	0.417 3	597	8 230
26 000	−36.5	360	5.22	10.63	0.355 2	0.432 5	599	7 925
25 000	−34.5	376	5.45	11.1	0.371 1	0.448 1	602	7 620
24 000	−32.5	393	5.7	11.6	0.387 6	0.464 2	604	7 315
23 000	−30.6	410	5.95	12.11	0.404 6	0.480 6	607	7 010
22 000	−28.6	428	6.21	12.64	0.422 3	0.497 6	609	6 706
21 000	−26.6	446	6.47	13.18	0.440 6	0.515 0	611	6 401
20 000	−24.6	466	6.75	13.75	0.459 5	0.532 8	614	6 096
19 000	−22.6	485	7.04	14.34	0.479 1	0.551 1	616	5 791
18 000	−20.7	506	7.34	14.94	0.499 4	0.569 9	619	5 406
17 000	−18.7	527	7.65	15.57	0.520 3	0.589 2	621	5 182
16 000	−16.7	549	7.97	16.22	0.542 0	0.609 0	624	4 877
15 000	−14.7	572	8.29	16.89	0.564 3	0.629 2	626	4 572
14 000	−12.7	595	8.63	17.58	0.587 5	0.650 0	628	4 267
13 000	−10.8	619	8.99	18.29	0.611 3	0.671 3	631	3 962
12 000	−8.8	644	9.35	19.03	0.636 0	0.693 2	633	3 658
11 000	−6.8	670	9.72	19.79	0.661 4	0.715 6	636	3 353
10 000	−4.8	697	10.1	20.58	0.687 7	0.738 5	638	3 048
9 000	−2.8	724	10.51	21.39	0.714 8	0.762 0	640	2 743
8 000	−0.8	753	10.92	22.22	0.742 8	0.786 0	643	2 438
7 000	1.1	782	11.34	23.09	0.771 6	0.810 6	645	2 134
6 000	3.1	812	11.78	23.98	0.801 4	0.835 9	647	1 829
5 000	5.1	843	12.23	24.9	0.832 0	0.861 7	650	1 524
4 000	7.1	875	12.69	25.84	0.863 7	0.888 1	652	1 219
3 000	9.1	908	13.17	26.82	0.896 2	0.915 1	654	914
2 000	11	942	13.67	27.82	0.929 8	0.942 8	656	610
1 000	13	977	14.17	28.86	0.964 4	0.971 1	659	305
0	15	1 013	14.7	29.92	1.000 0	1.000 0	661	0
−1 000	17	1 050	15.23	31.02	1.036 6	1.029 5	664	−305

2.2 流体动力学基础

2.2.1 流体运动的描述方法

在研究流体运动时,首先要明确以下概念:

(1) 流体符合连续性介质假设;

(2) 将充满运动流体的空间称为流场,将表示流体运动特征的物理量称为流动参数,如速度、密度、压强等。因此,流场可以认为是上述物理量的场。

如何描述一个特定的流场呢?要研究流体的运动规律,首先要建立描述流体运动的方法。目前,用来描述流体运动过程与方式的方法有两种:一种是拉格朗日(Lagrange)法,另一种是欧拉(Euler)法。

1. 拉格朗日法

拉格朗日法又称为质点法或质点系法,着眼于流体内部各个质点的运动情况。该方法最先由瑞士数学家与流体力学家欧拉提出,然后由法国数学家、物理学家拉格朗日进一步发展完善。

拉格朗日法需要考察每一个流体质点在不同时刻的位置坐标、速度、加速度及相应的流动参数等,从而达到对整体流动行为的了解。显然,这种方法要求观察者随时随地跟踪每个流体质点,记录该质点的运动历程,从而获得整体流动的运动规律。

若以某一确定的流体质点为研究对象,设开始运动的时刻 $t_0 = 0$,初始位置坐标为 (a,b,c),在任意时刻 t 的坐标为 (x,y,z),则质点的空间位置可表示为

$$\begin{cases} x = x(a,b,c,t) \\ y = y(a,b,c,t) \\ z = z(a,b,c,t) \end{cases} \tag{2-25}$$

式中,a、b、c、t 称为拉格朗日变数。不同的初始位置坐标 (a,b,c) 代表了不同的流体质点,一个位置不可能同时存在两个质点。如果时间 t 给定而 a,b,c 不定,则式(2-25)表示在该时刻下不同质点的空间位置;如果 a,b,c 给定而 t 不定,式(2-25)表示确定质点在不同时刻的位置,x、y、z 仅是时间 t 的函数。通过跟踪所有质点[即不同的 (a,b,c)]运动的全过程(即 t 不同),就可以了解流动的全貌。

如果知道给定质点的位置,就可以根据定义确定质点的速度,即

$$\begin{cases} v_x = \lim_{\Delta t \to 0} \dfrac{x(a,b,c,(t+\Delta t)) - x(a,b,c,t)}{\Delta t} = \dfrac{\partial x(a,b,c,t)}{\partial t} \\ v_y = \lim_{\Delta t \to 0} \dfrac{y(a,b,c,(t+\Delta t)) - y(a,b,c,t)}{\Delta t} = \dfrac{\partial y(a,b,c,t)}{\partial t} \\ v_z = \lim_{\Delta t \to 0} \dfrac{z(a,b,c,(t+\Delta t)) - z(a,b,c,t)}{\Delta t} = \dfrac{\partial z(a,b,c,t)}{\partial t} \end{cases} \tag{2-26}$$

式中　Δt——时间变量;

v_x、v_y、v_z——流体质点沿 x、y、z 方向的分速度。

图 2-11 所示是一个二维的速度场(x、y 方向上的分速度 v_x、v_y)。

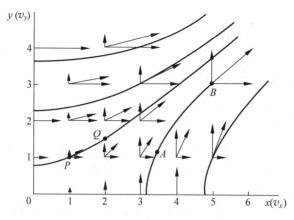

图 2-11　拉格朗日法二维速度场

同样，由定义可得给定质点的加速度表达式，即

$$
\begin{cases}
a_x = \lim\limits_{\Delta t \to 0} \dfrac{v_x(a,b,c,(t+\Delta t)) - v_x(a,b,c,t)}{\Delta t} = \dfrac{\partial v_x(a,b,c,t)}{\partial t} = \dfrac{\partial^2 x(a,b,c,t)}{\partial t^2} \\[3mm]
a_y = \lim\limits_{\Delta t \to 0} \dfrac{v_y(a,b,c,(t+\Delta t)) - v_y(a,b,c,t)}{\Delta t} = \dfrac{\partial v_y(a,b,c,t)}{\partial t} = \dfrac{\partial^2 y(a,b,c,t)}{\partial t^2} \\[3mm]
a_z = \lim\limits_{\Delta t \to 0} \dfrac{v_z(a,b,c,(t+\Delta t)) - v_z(a,b,c,t)}{\Delta t} = \dfrac{\partial v_z(a,b,c,t)}{\partial t} = \dfrac{\partial^2 z(a,b,c,t)}{\partial t^2}
\end{cases}
$$

$$(2\text{-}27)$$

式中　a_x、a_y、a_z——流体质点加速度沿着 x、y、z 三个方向的分量。

　　对于任意给定的流体质点来说，其在不同时刻所处空间位置的连线称为迹线。这种跟踪质点的方法可以形象地看作"警察跟踪小偷"的工作方式。该方法源自刚体力学，概念清晰，便于物理定义的直接推广。但由于需要记录的数据较多，需要追随着每个流体质点进行观察、研究，才能得到整个流场的运动规律，这种方法使用起来非常不便。因此，在空气动力学的研究中，广泛采用另外一种描述流体运动的方法——欧拉法。

2. 欧拉法

　　欧拉法又称为空间点法或流场法，着眼于某一确定的流场空间点。该方法是由瑞士数学家、流体力学家欧拉提出的。

　　鉴于拉格朗日法在使用上的不便，在研究流体运动问题时大多采用欧拉法。观察者不需要像拉格朗日法那样追随着每一个流体质点，只需要固定不动，记录下不同时刻、不同质点通过固定空间点的各个参数，即研究流体质点通过空间固定点时，各运动参数随时间的变化规律。综合流场中各固定空间点处物理参数的变化情况，就可以得到整个流场的运动规律了。

　　注意：这种方法虽然着眼于空间处某一点，但研究的是经过该位置处流体质点的参数变化。

　　如图 2-12 所示，假设在所考察的流动区域内，任意空间点的位置坐标是 (x,y,z)。在 t 时刻，由位于该处的观察者直接记录通过该位置的质点的速度为

$$\begin{cases} v_x = v_x(x,y,z,t) \\ v_y = v_y(x,y,z,t) \\ v_z = v_z(x,y,z,t) \end{cases} \quad (2\text{-}28)$$

式中，x、y、z 为空间坐标，t 表示时间，x、y、z、t 称为欧拉变数。如果时间 t 给定而 x、y、z 不定，则式(2-28)表示在确定时刻，占据不同空间点流体质点的速度，得到这一时刻的速度场；如果 x、y、z 给定而 t 不定，式(2-28)表示不同时刻、不同流体质点通过同一空间点的速度。形象地说，这种方法也可以看作"守株待兔"的工作方式。

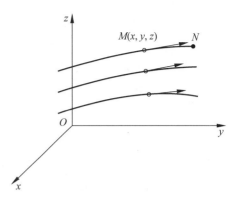

图 2-12　欧拉法二维速度场

如果速度是具有一阶连续偏导数的函数，则可以根据定义确定质点的加速度。虽然欧拉法不需要全程跟踪流体质点，但研究其具体的物理变化过程时，需要局部跟踪研究的对象。在欧拉法中，局部跟踪流体质点运动的跟随条件是

$$\frac{\mathrm{d}x}{\mathrm{d}t} = v_x, \quad \frac{\mathrm{d}y}{\mathrm{d}t} = v_y, \quad \frac{\mathrm{d}z}{\mathrm{d}t} = v_z$$

设某一质点在 t 时刻位于流场中的 $M(x,y,z)$ 点，经过时间 Δt 后，该质点从 M 点移动到 $N(x+\Delta x, y+\Delta y, z+\Delta z)$ 点，根据加速度的定义有

$$\begin{aligned} \boldsymbol{a} &= \frac{\mathrm{d}\,\boldsymbol{v}}{\mathrm{d}t} = \lim_{\Delta t \to 0} \frac{\Delta\,\boldsymbol{v}}{\Delta t} = \lim_{\Delta t \to 0} \frac{\boldsymbol{v}(N,(t+\Delta t)) - \boldsymbol{v}(M,t)}{\Delta t} \\ &= \lim_{\Delta t \to 0} \frac{\boldsymbol{v}(N,(t+\Delta t)) - \boldsymbol{v}(N,t)}{\Delta t} + \lim_{\Delta t \to 0} \frac{\boldsymbol{v}(N,t) - \boldsymbol{v}(M,t)}{\Delta t} \end{aligned} \quad (2\text{-}29)$$

式(2-29)表明，质点的加速度由两部分组成：第一部分是质点在 Δt 时段内通过固定空间点的速度变化引起的加速度；第二部分是在给定时刻 t，质点通过相邻空间点的速度变化所引起的加速度。根据泰勒级数展开，第一部分相当于固定空间位置由流体质点随时间变化引起的加速度，即

$$\boldsymbol{v}(N,(t+\Delta t)) = \boldsymbol{v}(N,t) + \frac{\partial\,\boldsymbol{v}(N,t)}{\partial t}\Delta t + O(\Delta t^2)$$

由此得

$$\begin{aligned} \lim_{\Delta t \to 0} \frac{\boldsymbol{v}(N,(t+\Delta t)) - \boldsymbol{v}(N,t)}{\Delta t} &= \lim_{\Delta t \to 0} \frac{\dfrac{\partial\,\boldsymbol{v}(N,t)}{\partial t}\Delta t + O(\Delta t^2)}{\Delta t} \\ &= \frac{\partial\,\boldsymbol{v}(M,t)}{\partial t} = \frac{\partial\,\boldsymbol{v}}{\partial t} \end{aligned} \quad (2\text{-}30)$$

对于第二部分，相当于固定时间由相邻不同空间位置流体质点速度变化引起的加速度，同样可根据泰勒级数展开获得

$$\boldsymbol{v}(N,t) = \boldsymbol{v}(x+\Delta x, y+\Delta y, z+\Delta z, t)$$

$$= \boldsymbol{v}(x,y,z,t) + \frac{\partial\,\boldsymbol{v}(x,y,z,t)}{\partial x}\Delta x + \frac{\partial\,\boldsymbol{v}(x,y,z,t)}{\partial y}\Delta y + \frac{\partial\,\boldsymbol{v}(x,y,z,t)}{\partial z}\Delta z + O(\Delta x^2, \cdots)$$

由此可得

$$\boldsymbol{v}(N,t) - \boldsymbol{v}(M,t) = \frac{\partial \boldsymbol{v}(M,t)}{\partial x}\Delta x + \frac{\partial \boldsymbol{v}(M,t)}{\partial y}\Delta y + \frac{\partial \boldsymbol{v}(M,t)}{\partial z}\Delta z + O(\Delta x^2,\cdots)$$

$$(2\text{-}31)$$

将式(2-31)代入式(2-30)右边第二部分得

$$\lim_{\Delta t \to 0}\frac{\boldsymbol{v}(N,t) - \boldsymbol{v}(M,t)}{\Delta t} = \lim_{\Delta t \to 0}\frac{\Delta x}{\Delta t}\frac{\partial \boldsymbol{v}(M,t)}{\partial x} + \lim_{\Delta t \to 0}\frac{\Delta y}{\Delta t}\frac{\partial \boldsymbol{v}(M,t)}{\partial y} + \lim_{\Delta t \to 0}\frac{\Delta z}{\Delta t}\frac{\partial \boldsymbol{v}(M,t)}{\partial z}$$

$$= v_x \frac{\partial \boldsymbol{v}(M,t)}{\partial x} + v_y \frac{\partial \boldsymbol{v}(M,t)}{\partial y} + v_z \frac{\partial \boldsymbol{v}(M,t)}{\partial z}$$

注意：由于是跟踪同一流体质点，所以满足 $\Delta x = u\Delta t$，$\Delta y = v\Delta t$，$\Delta z = w\Delta t$ 这一给定流体质点的跟随条件。综合起来，可得到在欧拉框架下流体质点的全加速度

$$\boldsymbol{a} = \frac{\mathrm{d}\boldsymbol{v}}{\mathrm{d}t} = \frac{\partial \boldsymbol{v}}{\partial t} + v_x \frac{\partial \boldsymbol{v}}{\partial x} + v_y \frac{\partial \boldsymbol{v}}{\partial y} + v_z \frac{\partial \boldsymbol{v}}{\partial z} = \frac{\partial \boldsymbol{v}}{\partial t} + (\nabla \cdot \boldsymbol{v})\boldsymbol{v} \qquad (2\text{-}32)$$

等式右边第一项表示速度对时间的偏导数，是由流场的非定常性引起的，称为局部加速度或当地加速度；右边第二项表示因流体质点位置变化引起的加速度，称为迁移加速度。两者合称为全加速度或随体加速度(跟随流体质点的加速度)。

写成分量形式为

$$a_x = \frac{\mathrm{d}v_x}{\mathrm{d}t} = \frac{\partial v_x}{\partial t} + \left(v_x \frac{\partial v_x}{\partial x} + v_y \frac{\partial v_x}{\partial y} + v_z \frac{\partial v_x}{\partial z}\right) \qquad (2\text{-}33\text{a})$$

$$a_y = \frac{\mathrm{d}v_y}{\mathrm{d}t} = \frac{\partial v_y}{\partial t} + \left(v_x \frac{\partial v_y}{\partial x} + v_y \frac{\partial v_y}{\partial y} + v_z \frac{\partial v_y}{\partial z}\right) \qquad (2\text{-}33\text{b})$$

$$a_z = \frac{\mathrm{d}v_z}{\mathrm{d}t} = \frac{\partial v_z}{\partial t} + \left(v_x \frac{\partial v_z}{\partial x} + v_y \frac{\partial v_z}{\partial y} + v_z \frac{\partial v_z}{\partial z}\right) \qquad (2\text{-}33\text{c})$$

式(2-28)描述的是一个速度场；式(2-33)描述的是一个加速度场。除此之外，伴随流动的还有压强的变化、密度的变化和温度的变化等，所以对应的还有压强场、密度场和温度场，这些都属于流场中的参数。

流场中的流速、压强等参数在不同位置会呈现不同的分布，这是怎样造成的呢？在飞行问题中，这是由飞行器相对于空气运动产生的。飞行器在飞行时进入了平静的空气(不同位置各参数相等的流场)，对其周围的气流产生了扰动，造成了流场中各参数的改变。

如图 2-13 和图 2-14 中的风洞实验。在没有物体时(图 2-13)，流场呈匀速直线运动。在该流场中放入弯曲平板之后(图 2-14)，弯曲平板的存在迫使气流分别绕平板的上、下表面运动。弯曲平板附近的气流运动轨迹不再是直线，说明气流运动的方向发生了改变，导致其运动速度、加速、压强、密度等参数也发生了改变。如果物理量是压强，则压强的物质导数

图 2-13　没有物体的二维速度场

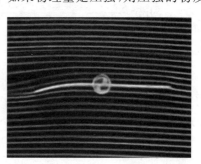

图 2-14　绕弯曲平板的二维速度场

（随体导数）为

$$\frac{\mathrm{D}p}{\mathrm{D}t} = \frac{\partial p}{\partial t} + v_x \frac{\partial p}{\partial x} + v_y \frac{\partial p}{\partial y} + v_z \frac{\partial p}{\partial z} \tag{2-34}$$

同样，温度的物质导数为

$$\frac{\mathrm{D}T}{\mathrm{D}t} = \frac{\partial T}{\partial t} + v_x \frac{\partial T}{\partial x} + v_y \frac{\partial T}{\partial y} + v_z \frac{\partial T}{\partial z} \tag{2-35}$$

在流体力学中，物质导数的表达式为

$$\frac{\mathrm{D}}{\mathrm{D}t} = \frac{\partial}{\partial t} + v_x \frac{\partial}{\partial x} + v_y \frac{\partial}{\partial y} + v_z \frac{\partial}{\partial z} \tag{2-36}$$

可以看出，在欧拉坐标系下，任意流体质点的加速度由局部加速度和迁移加速度组成，前者取决于流场的非定常性，后者取决于流场的不均匀性。

欧拉法可以考察同一时刻流体质点通过不同空间点的流动情况，由此可以引出流线的概念。流线是指在某一确定时刻，由流场中相邻质点所组成的一条假想的空间曲线。在该曲线上，各空间点处流体质点的速度方向与曲线在该点处的切线重合，如图 2-15 所示。在某一时刻，根据流线的定义，过流场中任意一点的流线方程为

$$\frac{\mathrm{d}x}{v_x(x,y,z,t)} = \frac{\mathrm{d}y}{v_y(x,y,z,t)} = \frac{\mathrm{d}z}{v_z(x,y,z,t)} \tag{2-37}$$

式中，x、y、z 为自变量，t 为参数。不同的时间代表不同时间的流线。

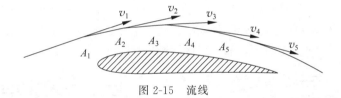

图 2-15　流线

流线是反映流场瞬时流速方向的曲线，由同一时刻的不同质点组成。流线具有以下性质：

（1）在定常流动中，流体质点的迹线和流线重合；在非定常流动中，流线和迹线一般是不重合的。本教材只讨论定常流动，因此可以认为流线就是流体质点流动的路线，即迹线。

（2）一般情况下流线不会相交，因为流线上的每个质点只能有一个运动方向，所以不能有两条流线同时通过一点，即流线不会相交。

（3）流管。流管是由一系列相邻的流线围成的。如图 2-16 所示，在三维流动里，经过围线 $ABCDA$ 的各条流线便围成了一条流管。由于流管表面是由流线围成的，因此流体不能穿出或穿入流管表面。这样，流管就像一个真实的管子，把其内部的流体局限在流管内。图 2-17 所示为二维流管，二维流管由两条流线围成。两条流线间的距离缩小，说明流管收缩变细；流线间的距离增大，说明流管扩张变粗。

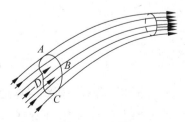

图 2-16　流管

图 2-17　二维流管

（4）流线谱。所有流线的集合就是流线谱。流线谱反映了流体流过物体时的情况,其形状主要由物体的外形、物体与气流的相对位置决定。从图2-18的烟风洞实验中我们可以直接观察到流线和流线谱。

图2-18　烟风洞实验

图2-19所示为空气流过几种典型形状物体时的流线谱分布情况。根据流线、流管和流线谱的定义,并比较图2-19中流线谱的分布,我们可以得到流线谱的以下特点:

① 流线谱的形状与流速无关(低速定常流是前提)。

② 物体的形状不同,气流流过物体的流线谱也不同。

③ 物体与气流之间的相对位置不同(迎角不同),气流流过物体的流线谱也不同。

④ 气流遇到物体受阻时,流管扩张变粗;气流流过物体外凸处受挤,流管收缩变细。

⑤ 气流流过物体时,在物体后部会形成涡流区。

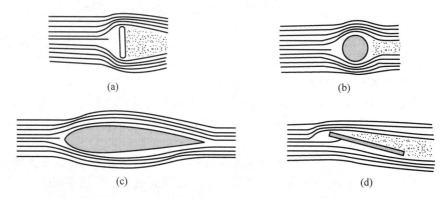

(a)　　　　　　　　　　　　　　　(b)

(c)　　　　　　　　　　　　　　　(d)

图2-19　气流流过几种典型形状物体时的流线谱

(a) 直立平板的流线谱;(b) 圆柱体的流线谱;(c) 流线体的流线谱;(d) 斜立平板的流线谱

2.2.2　流体微团的运动分析

1. 流体微团的运动分解

在流体力学中,若研究对象为流体微团,确定流体微团位置和姿态对于研究流体运动来说至关重要。流体微团在运动过程中受到的表面力可以分为压力和剪切力,在这些力的作用下,流体微团开始不断地进行移动、转动和变形运动。流体微团的运动是一个连续、复杂的运动过程,为此我们需要对流体微团的运动过程进行分类分析,这就是流体微团的运动分解。

如图 2-20 所示,流体微团的变形有两种:一种是引起体积大小变化的边长伸缩变化,即线变形运动;另一种是引起形状变形的运动,即角变形运动。由此,可以将流体微团的运动分解为平动、转动、线变形运动和角变形运动,图 2-21 所示为流体微团运动时分解的四种形式。

图 2-20 流体微团的运动变形

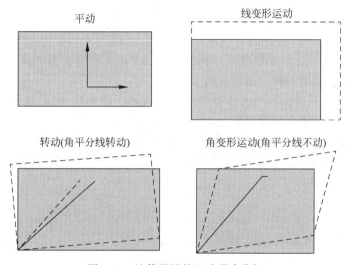

图 2-21 流体微团的运动形式分解

为了便于分析,在某一确定的 t 时刻,任意取一个图 2-22 所示的二维平面流体微团。设微团的边长分别是 $\mathrm{d}x$ 和 $\mathrm{d}y$,微团 A 的速度为 $v_x(x,y)$、$v_y(x,y)$,根据泰勒级数展开,可得到二维微团其他三个顶点的速度分量。

微团顶点 B 的速度为

$$\begin{cases} v_{xB} = v_x(x+\mathrm{d}x, y) = v_x(x,y) + \dfrac{\partial v_x}{\partial x}\mathrm{d}x \\[3mm] v_{yB} = v_y(x+\mathrm{d}x, y) = v_y(x,y) + \dfrac{\partial v_y}{\partial x}\mathrm{d}x \end{cases} \quad (2\text{-}38)$$

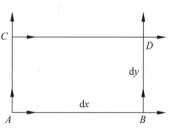

图 2-22 二维平面流体微团

微团顶点 C 的速度为

$$\begin{cases} v_{xC} = v_x(x, y+\mathrm{d}y) = v_x(x,y) + \dfrac{\partial v_x}{\partial y}\mathrm{d}y \\[3mm] v_{yC} = v_y(x, y+\mathrm{d}y) = v_y(x,y) + \dfrac{\partial v_y}{\partial y}\mathrm{d}y \end{cases} \tag{2-39}$$

微团顶点 D 的速度为

$$\begin{cases} v_{xD} = v_x(x+\mathrm{d}x, y+\mathrm{d}y) = v_x(x,y) + \dfrac{\partial v_x}{\partial x}\mathrm{d}x + \dfrac{\partial v_x}{\partial y}\mathrm{d}y \\[3mm] v_{yD} = v_y(x+\mathrm{d}x, y+\mathrm{d}y) = v_y(x,y) + \dfrac{\partial v_y}{\partial x}\mathrm{d}x + \dfrac{\partial v_y}{\partial y}\mathrm{d}y \end{cases} \tag{2-40}$$

因此,可得流体微团四个顶点的速度分量为

$$A: v_x, \qquad\qquad\qquad v_y$$

$$B: v_x + \frac{\partial v_x}{\partial x}\mathrm{d}x, \qquad\qquad v_y + \frac{\partial v_y}{\partial x}\mathrm{d}x$$

$$C: v_x + \frac{\partial v_x}{\partial y}\mathrm{d}y, \qquad\qquad v_y + \frac{\partial v_y}{\partial y}\mathrm{d}y$$

$$D: v_x + \frac{\partial v_x}{\partial x}\mathrm{d}x + \frac{\partial v_x}{\partial y}\mathrm{d}y, \quad v_y + \frac{\partial v_y}{\partial x}\mathrm{d}x + \frac{\partial v_y}{\partial y}\mathrm{d}y$$

由此,可得流体微团四种运动形式的表达式:

(1) 流体微团的平动。如果流体微团四个顶点的运动速度相同,则流体微团做平移运动。因此,流体微团的平动速度可表示为 $v_x(x,y)$、$v_y(x,y)$。

(2) 流体微团的线变形运动,指流体微团四个顶点运动速度不一致,导致微团各边长发生伸缩的运动。线变形速率定义为单位时间、单位长度的线变形量。对于 AB 边,在微分时段 $\mathrm{d}t$ 内,该边长增量为

$$\Delta AB = \left(v_x + \frac{\partial v_x}{\partial x}\mathrm{d}x - v_x\right)\mathrm{d}t = \frac{\partial v_x}{\partial x}\mathrm{d}x\,\mathrm{d}t \tag{2-41}$$

由此,得到流体微团在 x 方向的线性变形速率为

$$\varepsilon_x = \lim_{\mathrm{d}t \to 0} \frac{\Delta AB}{\mathrm{d}t\,\mathrm{d}x} = \frac{\partial v_x}{\partial x} \tag{2-42}$$

同理,流体微团在 y 方向的线性变形速率为

$$\varepsilon_y = \lim_{\mathrm{d}t \to 0} \frac{\Delta AC}{\mathrm{d}t\,\mathrm{d}y} = \frac{\partial v_y}{\partial y} \tag{2-43}$$

流体微团的面积变化率(单位时间、单位面积的变化率)为

$$\begin{aligned} \lim_{\mathrm{d}t \to 0} \frac{\Delta(AB \times AC)}{\mathrm{d}x\,\mathrm{d}y\,\mathrm{d}t} &= \lim_{\mathrm{d}t \to 0} \frac{\left(\mathrm{d}x + \dfrac{\partial v_x}{\partial x}\mathrm{d}x\,\mathrm{d}t\right)\left(\mathrm{d}y + \dfrac{\partial v_y}{\partial y}\mathrm{d}y\,\mathrm{d}t\right) - \mathrm{d}x\,\mathrm{d}y}{\mathrm{d}x\,\mathrm{d}y\,\mathrm{d}t} \\[3mm] &= \lim_{\mathrm{d}t \to 0} \frac{\left(\dfrac{\partial v_x}{\partial x} + \dfrac{\partial v_y}{\partial y}\right)\mathrm{d}x\,\mathrm{d}y\,\mathrm{d}t + \dfrac{\partial v_x}{\partial x}\dfrac{\partial v_y}{\partial y}\mathrm{d}x\,\mathrm{d}y\,\mathrm{d}t^2}{\mathrm{d}x\,\mathrm{d}y\,\mathrm{d}t} \\[3mm] &= \frac{\partial v_x}{\partial x} + \frac{\partial v_y}{\partial y} \\[3mm] &= \varepsilon_x + \varepsilon_y \end{aligned} \tag{2-44}$$

（3）流体微团的角变形与转动。在微分时间段 $\mathrm{d}t$ 内，当 AB 与 AC 两正边的夹角变化时，其运动形式与微团的角变形和转动有关。如图 2-23 所示，在 $\mathrm{d}t$ 时段内，AB 边偏转至 AB'，偏转角度（定义逆时针旋转为正）θ_1 为

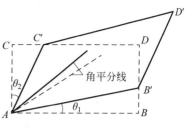

图 2-23　二维平面流体微团的角变形与转动

$$\theta_1 = \frac{BB'}{\mathrm{d}x} = \frac{\left(v_y + \dfrac{\partial v_y}{\partial x}\mathrm{d}x - v_y\right)\mathrm{d}t}{\mathrm{d}x} = \frac{\partial v_y}{\partial x}\mathrm{d}t$$

(2-45a)

同样，可得在微分时段 $\mathrm{d}t$ 内，AC 边偏转至 AC'，偏转角度（定义顺时针旋转为负）θ_2 为

$$\theta_2 = \frac{CC'}{\mathrm{d}y} = \frac{\left(v_x + \dfrac{\partial v_x}{\partial y}\mathrm{d}y - v_x\right)\mathrm{d}t}{\mathrm{d}y} = \frac{\partial v_x}{\partial y}\mathrm{d}t$$

(2-45b)

（4）如图 2-24 所示，AB 和 AC 两边的夹角总变化量可分解为：

① 角平分线不动，AB 和 AC 偏转同样大小的角度。

② 角平分线转动。

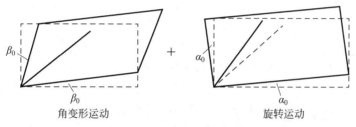

角变形运动　　　　　　旋转运动

图 2-24　微团的角变形和旋转运动分解

在微分时段 $\mathrm{d}t$ 内，假设微团角平分线的转动角度为 α_0，边线的角变形量为 β_0，则由图 2-24 的几何关系可得

$$\theta_1 = \alpha_0 + \beta_0, \quad \theta_2 = \alpha_0 - \beta_0$$

求解后可得

$$\alpha_0 = \frac{\theta_1 + \theta_2}{2}, \quad \beta_0 = \frac{\theta_1 - \theta_2}{2}$$

流体微团的旋转角速度（单位时间的旋转角度）为

$$\omega_z = \lim_{\mathrm{d}t \to 0} \frac{\alpha_0}{\mathrm{d}t} = \frac{1}{2}\left(\frac{\partial v_y}{\partial x} - \frac{\partial v_x}{\partial y}\right)$$

(2-46)

流体微团的角变形速率（单位时间单边的角变形量）为

$$\varepsilon_{xy} = \lim_{\mathrm{d}t \to 0} \frac{\beta_0}{\mathrm{d}t} = \frac{1}{2}\left(\frac{\partial v_y}{\partial x} + \frac{\partial v_x}{\partial y}\right)$$

(2-47)

由此，对于三维六面体而言，其运动形式同样可分为平动、转动和变形运动。参考平面微团的运动分解，可以推导出三维流体微团的相关公式，此处不再进行推导，直接给出：

① 三维流体微团的平动速度为

$$v_x(x,y,z,t), \quad v_y(x,y,z,t), \quad v_z(x,y,z,t)$$

② 三维流体微团的线变形速率为

$$\varepsilon_x = \frac{\partial v_x}{\partial x}, \quad \varepsilon_y = \frac{\partial v_y}{\partial y}, \quad \varepsilon_z = \frac{\partial v_z}{\partial z} \tag{2-48}$$

③ 三维流体微团的旋转角速度为

$$\omega_x = \frac{1}{2}\left(\frac{\partial v_z}{\partial y} - \frac{\partial v_y}{\partial z}\right), \quad \omega_y = \frac{1}{2}\left(\frac{\partial v_x}{\partial z} - \frac{\partial v_z}{\partial x}\right), \quad \omega_z = \frac{1}{2}\left(\frac{\partial v_y}{\partial x} - \frac{\partial v_x}{\partial y}\right) \tag{2-49}$$

④ 三维流体微团的角变形速率(剪切变形速率)为

$$\varepsilon_{xy} = \frac{1}{2}\left(\frac{\partial v_y}{\partial x} + \frac{\partial v_x}{\partial y}\right), \quad \varepsilon_{yz} = \frac{1}{2}\left(\frac{\partial v_z}{\partial y} + \frac{\partial v_y}{\partial z}\right), \quad \varepsilon_{zx} = \frac{1}{2}\left(\frac{\partial v_x}{\partial z} + \frac{\partial v_z}{\partial x}\right) \tag{2-50}$$

2. 速度场的散度和旋度

1) 速度场的散度

三个方向的线变形率之和在向量分析中称为速度 $\boldsymbol{v}$ 的散度,用符号 $\mathrm{div}\boldsymbol{v}$ 来表示。对于任意速度场 $\boldsymbol{v} = u\boldsymbol{i} + v\boldsymbol{j} + w\boldsymbol{k}$,定义各速度分量在其分量方向上的方向导数之和为速度矢量的散度,即

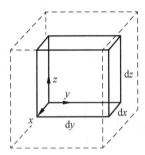

图 2-25 流体微团的体积膨胀

$$\mathrm{div}\boldsymbol{v} = \nabla \cdot \boldsymbol{v} = \frac{\partial v_x}{\partial x} + \frac{\partial v_y}{\partial y} + \frac{\partial v_z}{\partial z} \tag{2-51}$$

式(2-51)的右式反映了流体微团在运动过程中相对体积的变化率,即流体微团三个相互垂直方向的线变形率。其实,从流体微团的几何变形角度来看,速度场的散度也表示流体微团的相对体积膨胀率,即单位时间单位体积的膨胀量。如图2-25所示,假设流体微团变形前各边长分别为 $\mathrm{d}x$、$\mathrm{d}y$、$\mathrm{d}z$,则原始体积为 $\mathrm{d}x\mathrm{d}y\mathrm{d}z$,经过 $\mathrm{d}t$ 时段后,三段边长分别变为

$$\mathrm{d}x_1 = \left(1 + \frac{\partial v_x}{\partial x}\mathrm{d}t\right)\mathrm{d}x \tag{2-52a}$$

$$\mathrm{d}y_1 = \left(1 + \frac{\partial v_y}{\partial y}\mathrm{d}t\right)\mathrm{d}y \tag{2-52b}$$

$$\mathrm{d}z_1 = \left(1 + \frac{\partial v_z}{\partial z}\mathrm{d}t\right)\mathrm{d}z \tag{2-52c}$$

则相对体积膨胀率(单位时间内单位体积的增长量)为

$$\mathrm{div}\boldsymbol{v} = \lim_{\mathrm{d}t \to 0} \frac{1}{\mathrm{d}x\mathrm{d}y\mathrm{d}z\mathrm{d}t}\left[\left(1 + \frac{\partial v_x}{\partial x}\mathrm{d}t\right)\mathrm{d}x\left(1 + \frac{\partial v_y}{\partial y}\mathrm{d}t\right)\mathrm{d}y\left(1 + \frac{\partial v_z}{\partial x}\mathrm{d}t\right)\mathrm{d}z - \mathrm{d}x\mathrm{d}y\mathrm{d}z\right]$$

$$= \frac{\partial v_x}{\partial x} + \frac{\partial v_y}{\partial y} + \frac{\partial v_z}{\partial z} = \nabla \cdot \boldsymbol{v} \tag{2-53}$$

实际流体微团在运动过程中,无论它的形状和体积如何变化,其总质量是不变的。考虑到质量等于体积乘以密度,所以对于密度不变的流体运动来说,流体微团的体积也是不变的,其速度散度必为零,即

$$\mathrm{div}\boldsymbol{v} = \nabla \cdot \boldsymbol{v} = \frac{\partial v_x}{\partial x} + \frac{\partial v_y}{\partial y} + \frac{\partial v_z}{\partial z} = 0 \tag{2-54}$$

所以,对于密度不变的流体来说,运动中的流体体积也是不变的,故称为不可压缩流体,

散度等于零即为不可压缩流体的连续性方程。

2）速度场的旋度

由流体微团的运动分解可知,流体微团绕自身轴转动的旋转角速度的三个分量为 ω_x、ω_y、ω_z,利用式(2-49),角速度矢量可表示为

$$\boldsymbol{\omega} = \omega_x \boldsymbol{i} + \omega_y \boldsymbol{j} + \omega_z \boldsymbol{k} = \frac{1}{2}\mathrm{rot}\ \boldsymbol{v} = \frac{1}{2}\nabla \times \boldsymbol{v} \tag{2-55}$$

式中,$\mathrm{rot}\ \boldsymbol{v}$ 或 $\nabla \times \boldsymbol{v}$ 表示速度场的旋度,可以说速度场的旋度等于微团绕自身轴旋转角速度的 2 倍,是表示流场旋转快慢的特征量。如果在流场中,某一区域的旋度大,说明该区域流体团的旋转快,反之则旋转慢。旋度的行列式表达为

$$\mathrm{rot}\ \boldsymbol{v} = \nabla \times \boldsymbol{v} = \begin{vmatrix} \boldsymbol{i} & \boldsymbol{j} & \boldsymbol{k} \\ \dfrac{\partial}{\partial x} & \dfrac{\partial}{\partial y} & \dfrac{\partial}{\partial z} \\ v_x & v_y & v_z \end{vmatrix} \tag{2-56}$$

如果一个流场中,各处的 ω 等于零,这样的流场称为无旋流场,相应的流动称为无旋流动;否则,称为有旋流场,相应的流动称为有旋流动。

2.2.3　流体运动的基本方程

1. 连续性方程

连续性方程又称为微分形式的质量方程,是物理学中最普遍的规律之一的质量守恒定律在空气动力学中的具体表现形式。流体力学主要研究流体质点的宏观运动行为,必然要满足物质运动的普遍规律,质量守恒定律用以表征流体运动的连续性条件。基于拉格朗日观点,在流场中任取一个流体微团,基于质量守恒,要求流体微团在流场中运动时保持质量不变。若基于欧拉观点,在流场中任取一个固定的控制体,基于质量守恒,要求在微分时段内流入与流出控制体的流体质量差(净流入量)等于控制体内因流体密度变化而引起的质量增量。

上文中提到的控制体是指相对于坐标系而言,固定不变的任何体积,控制体的边界称为控制面。当选定之后,控制体的形状和位置相对于所选定的坐标系来讲是固定不变的,但它所包含的流体的量是时时刻刻改变的。如果这个坐标系是固定的就称为固定控制体,如果坐标系本身也在运动,则称为运动控制体。

通过前面的学习我们已经知道,利用欧拉法研究物体运动时,在数学上的求解难度较小,求解空气动力学参数时得到了广泛应用。因此,本书主要讨论基于欧拉观点推导的连续性方程。

在流场中任取一边长为 $\mathrm{d}x$、$\mathrm{d}y$、$\mathrm{d}z$ 的矩形微分六面体(控制体),这个控制体相对于坐标系来说是固定不变的,被流体所通过。基于连续介质假设,可推导由质量守恒定律控制的连续性微分方程。假设在 t 时刻,微分六面体中心点的坐标

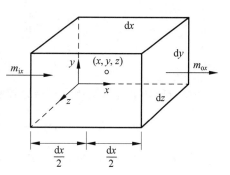

图 2-26　流体通过微分控制体

为 (x,y,z),速度为 v_x、v_y、v_z,密度为 ρ,如图 2-26 所示,现推导在 x 方向上流体通过该控制体的净流量。在微分时段 $\mathrm{d}t$ 内,由微分控制体左面流入的流体质量为

$$m_{ix} = \rho\left(x - \frac{\mathrm{d}x}{2}, y, z, t\right) \cdot v_x\left(x - \frac{\mathrm{d}x}{2}, y, z, t\right)\mathrm{d}y\,\mathrm{d}z\,\mathrm{d}t \qquad (2\text{-}57)$$

利用泰勒级数展开,取括号内的一阶小量,式(2-57)可写为

$$m_{ix} = \rho\left(x - \frac{\mathrm{d}x}{2}, y, z, t\right) \cdot v_x\left(x - \frac{\mathrm{d}x}{2}, y, z, t\right)\mathrm{d}y\,\mathrm{d}z\,\mathrm{d}t$$

$$= \left(\rho - \frac{\mathrm{d}x}{2}\frac{\partial\rho}{\partial x}\right) \cdot \left(v_x - \frac{\mathrm{d}x}{2}\frac{\partial u}{\partial x}\right)\mathrm{d}y\,\mathrm{d}z\,\mathrm{d}t$$

$$= \left[\rho v_x - \frac{\mathrm{d}x}{2}\frac{\partial(\rho v_x)}{\partial x}\right]\mathrm{d}y\,\mathrm{d}z\,\mathrm{d}t \qquad (2\text{-}58)$$

同理,在微分控制体的右面,流出的质量为

$$m_{ox} = \rho\left(x + \frac{\mathrm{d}x}{2}, y, z, t\right) \cdot v_x\left(x + \frac{\mathrm{d}x}{2}, y, z, t\right)\mathrm{d}y\,\mathrm{d}z\,\mathrm{d}t$$

$$= \left[\rho v_x + \frac{\mathrm{d}x}{2}\frac{\partial(\rho v_x)}{\partial x}\right]\mathrm{d}y\,\mathrm{d}z\,\mathrm{d}t \qquad (2\text{-}59)$$

沿着 x 方向流入微分控制体的净流入质量为

$$\Delta m_x = m_{ix} - m_{ox} = \left[\rho v_x - \frac{\mathrm{d}x}{2}\frac{\partial(\rho v_x)}{\partial x}\right]\mathrm{d}y\,\mathrm{d}z\,\mathrm{d}t - \left[\rho v_x + \frac{\mathrm{d}x}{2}\frac{\partial(\rho v_x)}{\partial x}\right]\mathrm{d}y\,\mathrm{d}z\,\mathrm{d}t$$

$$= -\frac{\partial(\rho v_x)}{\partial x}\mathrm{d}x\,\mathrm{d}y\,\mathrm{d}z\,\mathrm{d}t \qquad (2\text{-}60)$$

在 y、z 方向上,流入和流出的质量可以写为

$$m_{iy} = \left[\rho v_y - \frac{\mathrm{d}y}{2}\frac{\partial(\rho v_y)}{\partial y}\right]\mathrm{d}z\,\mathrm{d}x\,\mathrm{d}t$$

$$m_{oy} = \left[\rho v_y + \frac{\mathrm{d}y}{2}\frac{\partial(\rho v_y)}{\partial y}\right]\mathrm{d}z\,\mathrm{d}x\,\mathrm{d}t$$

$$\Delta m_y = -\frac{\partial(\rho v_y)}{\partial y}\mathrm{d}x\,\mathrm{d}y\,\mathrm{d}z\,\mathrm{d}t \qquad (2\text{-}61)$$

$$m_{iz} = \left[\rho v_z - \frac{\mathrm{d}z}{2}\frac{\partial(\rho v_z)}{\partial z}\right]\mathrm{d}x\,\mathrm{d}y\,\mathrm{d}t$$

$$m_{oz} = \left[\rho v_z + \frac{\mathrm{d}z}{2}\frac{\partial(\rho v_z)}{\partial z}\right]\mathrm{d}x\,\mathrm{d}y\,\mathrm{d}t$$

$$\Delta m_z = -\frac{\partial(\rho v_z)}{\partial z}\mathrm{d}x\,\mathrm{d}y\,\mathrm{d}z\,\mathrm{d}t \qquad (2\text{-}62)$$

在微分时段 $\mathrm{d}t$ 内,流体通过微分控制体净流入质量为

$$\Delta m_{xyz} = \Delta m_x + \Delta m_y + \Delta m_z = -\left[\frac{\partial(\rho v_x)}{\partial x} + \frac{\partial(\rho v_y)}{\partial y} + \frac{\partial(\rho v_z)}{\partial z}\right]\mathrm{d}x\,\mathrm{d}y\,\mathrm{d}z\,\mathrm{d}t \qquad (2\text{-}63)$$

同时,在微分时段 $\mathrm{d}t$ 内,微分控制体内因密度变化引起的质量增量是

$$\Delta m_t = \left(\rho + \frac{\partial\rho}{\partial t}\mathrm{d}t - \rho\right)\mathrm{d}x\,\mathrm{d}y\,\mathrm{d}z = \frac{\partial\rho}{\partial t}\mathrm{d}x\,\mathrm{d}y\,\mathrm{d}z\,\mathrm{d}t \qquad (2\text{-}64)$$

由质量守恒定律可知,通过微分控制体净流入质量等于控制体内因密度变化引起的质量增加。由 $\Delta m_{xyz} = \Delta m_t$ 得

$$\frac{\partial \rho}{\partial t} + \frac{\partial(\rho v_x)}{\partial x} + \frac{\partial(\rho v_y)}{\partial y} + \frac{\partial(\rho v_z)}{\partial z} = 0 \tag{2-65}$$

式(2-65)就是微分形式的连续性方程,还可以写为

$$\frac{\partial \rho}{\partial t} + v_x \frac{\partial \rho}{\partial x} + v_y \frac{\partial \rho}{\partial y} + v_z \frac{\partial \rho}{\partial z} + \rho\left(\frac{\partial v_x}{\partial x} + \frac{\partial v_y}{\partial y} + \frac{\partial v_z}{\partial z}\right) = 0 \tag{2-66}$$

在式(2-66)中,前四项是 ρ 对 t 的物质导数(即数学中的全导数),因此可以得到另一个形式的连续性方程

$$\frac{D\rho}{Dt} + \rho\left(\frac{\partial v_x}{\partial x} + \frac{\partial v_y}{\partial y} + \frac{\partial v_z}{\partial z}\right) = 0 \tag{2-67}$$

对于不可压流体,$\dfrac{D\rho}{Dt} = 0$,则连续性方程可简化为

$$\frac{\partial v_x}{\partial x} + \frac{\partial v_y}{\partial y} + \frac{\partial v_z}{\partial z} = 0 \tag{2-68}$$

以上推导的连续性微分方程仅是流体微团的运动学行为,与动力学无关。因此,该方程适用于理想流体和黏性流体,它是由欧拉于1753年导出的。

2. 欧拉运动方程及 N-S 方程

1755年,欧拉基于连续介质假设和理想流体模型,借助局部跟踪流体微团的观点,利用牛顿第二定律(动量守恒定律)建立了理想流体运动微分方程组,简称欧拉微分方程组。

任意时刻 t,在流场中任取一微元六面体,该六面体的边长分别为 dx、dy、dz,中心点坐标为 (x, y, z),中心点流体速度为 v_x、v_y、v_z,密度为 ρ,压强为 p。

对于理想流体来说,流体微团表面上所承受的力只有压力,而没有切应力。如图2-27所示,在 t 时刻,形心处的压强为 $p(x, y, z, t)$,则该微团左面中心点的压强为

$$p - \frac{dx}{2}\frac{\partial p}{\partial x}$$

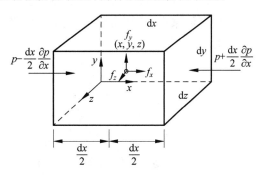

图2-27 理想流体微团的受力

这也是作用在该面上的平均压强。所以,作用在左侧面上的压力是

$$p_1 = \left(p - \frac{dx}{2}\frac{\partial p}{\partial x}\right)dy\,dz \tag{2-69a}$$

该压力指向 x 正方向。同理,作用在右侧面上的压力为

$$p_2 = \left(p + \frac{dx}{2}\frac{\partial p}{\partial x}\right)dy\,dz \tag{2-69b}$$

该压力指向 x 负方向。其他四个面上所受压力在 x 方向上均没有分力。因此,该微团在 x 方向上所受压力的合力为

$$-\frac{\partial p}{\partial x}dx\,dy\,dz$$

假设该流体微团形心所受到的单位质量力的三个分量是 f_x、f_y、f_z，则整个流体微团质量力在 x 方向的分量为 $\rho\mathrm{d}x\mathrm{d}y\mathrm{d}z\,f_x$，其中 $\rho\mathrm{d}x\mathrm{d}y\mathrm{d}z$ 为流体质量。x 方向上微团的加速度表示为

$$\frac{\mathrm{d}v_x}{\mathrm{d}t} = \frac{\partial v_x}{\partial t} + v_x\,\frac{\partial v_x}{\partial x} + v_y\,\frac{\partial v_x}{\partial y} + v_z\,\frac{\partial v_x}{\partial z} \tag{2-70}$$

根据牛顿第二定律，作用于该微团 x 方向上的合外力等于质量乘以 x 方向上微团的加速度，即

$$-\frac{\partial p}{\partial x}\mathrm{d}x\mathrm{d}y\mathrm{d}z + \rho\mathrm{d}x\mathrm{d}y\mathrm{d}z\,f_x = \frac{\mathrm{d}v_x}{\mathrm{d}t}(\rho\mathrm{d}x\mathrm{d}y\mathrm{d}z) \tag{2-71}$$

对式(2-71)两边同除以微团质量 $\rho\mathrm{d}x\mathrm{d}y\mathrm{d}z$，得到 x 方向的运动微分方程为

$$\frac{\mathrm{d}v_x}{\mathrm{d}t} = f_x - \frac{1}{\rho}\,\frac{\partial p}{\partial x} \tag{2-72}$$

将式(2-72)左边写成全加速度形式，得到 x 方向的欧拉方程

$$\frac{\partial v_x}{\partial t} + v_x\,\frac{\partial v_x}{\partial x} + v_y\,\frac{\partial v_x}{\partial y} + v_z\,\frac{\partial v_x}{\partial z} = f_x - \frac{1}{\rho}\,\frac{\partial p}{\partial x} \tag{2-73a}$$

同理，可以得到 y 方向和 z 方向的欧拉方程

$$\frac{\partial v_y}{\partial t} + v_x\,\frac{\partial v_y}{\partial x} + v_y\,\frac{\partial v_y}{\partial y} + v_z\,\frac{\partial v_y}{\partial z} = f_y - \frac{1}{\rho}\,\frac{\partial p}{\partial y} \tag{2-73b}$$

$$\frac{\partial v_z}{\partial t} + v_x\,\frac{\partial v_z}{\partial x} + v_y\,\frac{\partial v_z}{\partial y} + v_z\,\frac{\partial v_z}{\partial z} = f_z - \frac{1}{\rho}\,\frac{\partial p}{\partial z} \tag{2-73c}$$

式(2-73)即为笛卡儿坐标系下的理想流体运动微分方程组，即欧拉微分方程组。对于非理想流体来说，需要考虑流体的黏性，那么在欧拉微分方程组中加入黏性项后，式(2-73)可写为

$$\frac{\partial v_x}{\partial t} + v_x\,\frac{\partial v_x}{\partial x} + v_y\,\frac{\partial v_x}{\partial y} + v_z\,\frac{\partial v_x}{\partial z} = f_x - \frac{1}{\rho}\,\frac{\partial p}{\partial x} + \mu\nabla^2 v_x \tag{2-74a}$$

$$\frac{\partial v_y}{\partial t} + v_x\,\frac{\partial v_y}{\partial x} + v_y\,\frac{\partial v_y}{\partial y} + v_z\,\frac{\partial v_y}{\partial z} = f_y - \frac{1}{\rho}\,\frac{\partial p}{\partial y} + \mu\nabla^2 v_y \tag{2-74b}$$

$$\frac{\partial v_z}{\partial t} + v_x\,\frac{\partial v_z}{\partial x} + v_y\,\frac{\partial v_z}{\partial y} + v_z\,\frac{\partial v_z}{\partial z} = f_z - \frac{1}{\rho}\,\frac{\partial p}{\partial z} + \mu\nabla^2 v_z \tag{2-74c}$$

这三个描写黏性流体运动的方程，称为纳维-斯托克斯(Navier-Stokes)方程或 N-S 方程。

式(2-74)规定了气流中压强、速度的变化，以及压强、速度与质量力之间的关系。可以认为，速度的变化和质量力的存在是导致压强变化的原因，并且速度的变化和质量力的存在是彼此独立的，对于压强的影响要分别计算。

只要存在质量力，不管流体是否运动，某个方向的质量力乘以流体的密度等于压强在该方向上的梯度。由于质量力只是由于重力场而产生的，那么此时的压强只在竖直方向上有梯度，这种压强差作用在物体上的合力就是流体的浮力。在空气中运动的飞行器由于重力场的质量力而产生的压力差(浮力)是极小的，因为空气的密度很小。例如，在海平面上，空气密度 $\rho = 1.255\mathrm{kg/m}^3$，竖直方向上单位质量的质量力 $f_x = -g$，则 $\dfrac{\partial p}{\partial y} = -1.255 \times 9.8 = -12.3\mathrm{Pa}$，这意味着高度每相差 1m，压强差仅为 12.3Pa。这个量与因气流流动所引起的压

强变化量相比通常是极小的,可以忽略不计。不过在进行流体计算时,不是所有情况的质量力都可以忽略。例如,在离心压气机的研究中,由于离心力场所产生的质量力通常很大,此时的质量力就是产生气流压强变化的主要原因了,不可以忽略。

由于加速度的存在导致了压强变化,由式(2-74)可以看出,流体微团沿着某一方向的加速度等于质量力减去压强梯度力。如果质量力为零,流体微团沿着某一方向的加速度等于负的压强梯度力,即正的加速度产生负的压强梯度。也就是说,如果流速越来越大,负的压强梯度就越来越大,压强越来越小,加速过程对应着压强下降;反之,减速过程对应着压强上升。如果在某个方向上没有流速,那么在该方向上就不会有压强梯度,即压强不会有变化。

2.2.4　一维定常流动的基本方程

1. 连续性方程

一维定常流动是一种最简单的理想化流动模型。流体在空间内的实际流动一般不是真实的一维流动,我们可以将整个流场划分为许多流管,在每一个十分细小的流管中,流体的流动可以近似看成一维的。另外,严格来讲,在同一坐标对应的截面面积上的流体各状态参数也不一样,但对于截面面积上的不同参数来说,我们可以通过采用平均值的方法,将实际流动当作一维流动来近似处理。

连续方程是把质量守恒定律应用于运动流体中所得到的数学关系式,故又称为质量守恒方程,它是空气动力学中最基本和最常用的方程之一。

质量守恒定律表述为:物质不会凭空产生,也不会凭空消失,只能由一种物质转化成另一种物质。在化学反应中可表现为:参加反应的各物质质量的总和等于反应后生成各物质质量的总和。它是自然界的基本定律之一。

如果将质量守恒定律用于一维定常的管道流动中,具体表现为:当流体流过一封闭流管时,流体将连续不断且稳定地在流管中流动,在同一时间段,流过流管任意截面的流体质量相等。因此,其也称为连续性定理。

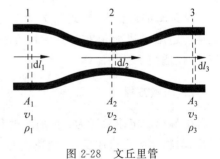

图 2-28　文丘里管

图 2-28 所示为一收扩型管道(流管截面先收缩后扩张)——文丘里管(Venturi tube),是由意大利物理学家 G. B. 文丘里发明的。空气流过截面 1 的速度为 v_1,密度为 ρ_1,截面面积为 A_1;空气流过截面 2 的速度为 v_2,密度为 ρ_2,截面面积为 A_2。由连续性定理可知,同一时间段内,流过截面 1 和截面 2 处的流体质量相等,可得

$$\rho_1 V_1 = \rho_2 V_2$$

为了求得经过截面 1 和截面 2 的流体体积 V_1 和 V_2,在两个截面附近分别取微元距离 $\mathrm{d}l_1$ 和 $\mathrm{d}l_2$,由此可得

$$\rho_1 \mathrm{d}l_1 A_1 = \rho_2 \mathrm{d}l_2 A_2 \tag{2-75}$$

则有

$$\rho_1 v_1 \mathrm{d}t_1 A_1 = \rho_2 v_2 \mathrm{d}t_2 A_2 \tag{2-76}$$

由于时间相等,即 $\mathrm{d}t_1 = \mathrm{d}t_2$,所以式(2-76)可写为

$$\rho_1 v_1 A_1 = \rho_2 v_2 A_2 \tag{2-77}$$

因为截面 1 和截面 2 是任选的,所以对于一维定常流动来说,沿同一流管恒有

$$\rho v A = \dot{m}$$

式中　$\dot{m}$——常数,称为质量流量,kg/s,指单位时间流过同一流管任一截面的空气质量。

对于不可压缩的低速气流($Ma < 0.4$),流场中各处的空气密度可以看作常数,式(2-77)中的密度相等,消去后可得

$$v_1 A_1 = v_2 A_2 \tag{2-78}$$

对于一维定常流动来说,沿同一流管恒有

$$v A = \dot{Q}$$

式中　$\dot{Q}$——常数,称为体积流量,m^3/s,指单位时间流过同一流管任一截面的空气体积。

式(2-77)即为一维定常流动的连续性方程。其物理意义是:在一维定常流动中,单位时间通过同一流管任意截面的流体质量相等。

而式(2-78)是不可压缩流体的一维定常流动的连续性方程。其物理意义是:在不可压缩的一维定常流动中,单位时间通过同一流管任意截面的流体体积相等。

式(2-78)的结论实际上是不可压流体在运动中所遵循的质量守恒定律,在空气动力学中汇总称为连续性定理。它反映了低速流动时流管面积与流速之间的关系。当空气稳定连续地在一流管中流动时,流管收缩,流速加快;流管扩张,流速减慢。因此,流速的大小与流管截面面积成反比。

连续性定理的现象在日常生活中常常可以遇到,例如,"穿堂风"比空旷地区的风大;平坦河道的河水在河道窄的地方比河道宽的地方流速快;我们用橡皮管接在水龙头上冲洗地板时,捏住橡皮管的一部分,水流速度就会大大加快;等等。

从推导的过程来看,式(2-78)仅适用于不可压流体,而式(2-77)对于可压流体和不可压流体均适用。另外,在推导连续性方程时,对流体的黏性未加限制。因此,它既适用于理想流体,也适用于黏性流体。

2. 动量方程

牛顿第二定律表述为:在加速度和质量一定的情况下,物体加速度的大小与作用力成正比,与物体的质量成反比,加速度的方向跟作用力的方向相同。

动量方程是把牛顿第二定律应用于运动流体所得到的数学表达式。动量方程有微分形式和积分形式两种。微分形式的动量方程就是微团所受的力和其加速度建立起来的关系。积分形式的动量方程则是划定一个有限的控制区,并就区内那些流体的动量变化和控制边界上的作用力建立的关系式。

如果将牛顿第二定律应用于一维流管的定常流动,可以表述为:对于一个确定的控制体,在某一瞬时,体系的动量对时间的变化率等于该瞬时作用在该体系上全部外力的合力,而且动量的时间变化率的方向和合力的方向一致。

图 2-29 为通过一个流管或管道的定常流,假设该定常流保持一维流动,取图中 1122 所围成的空间为控制体。取瞬时 t 占据此控制体内的流体为体系,经过时间 $\mathrm{d}t$ 后,此体系运

动到新的位置 $1'1'2'2'$。在瞬时 t 时,体系所具有的动量用 M_{1122} 表示,经过时间 dt 后,在瞬时 $t+dt$ 时,体系所具有的动量变为 $M_{1'1'2'2'}$。于是,体系经过 dt 时间后,动量变化量为:$M_{1'1'2'2'}-M_{1122}$。

由于流场是定常的,因此在空间区域Ⅲ内的流体动量是不随时间的变化而变化的,因此有:$M_{1'1'2'2'}-M_{1122}=M_{222'2'}-M_{111'1'}=dm_2 v_2-dm_1 v_1$。

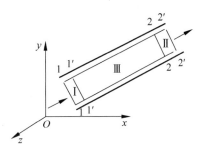

图 2-29　动量方程

由此可以得到体系的动量随时间的变化率为

$$\frac{M_{1'1'2'2'}-M_{1122}}{dt}=\frac{dm_2}{dt}v_2-\frac{dm_1}{dt}v_1$$
$$=\dot{m}_2 v_2-\dot{m}_1 v_1=\dot{m}(v_2-v_1)$$

若环境对瞬时占据控制体内流体的全部作用力(合力)为 $\sum F$,则根据牛顿第二定律可以得到

$$\sum F=\dot{m}(v_2-v_1) \tag{2-79}$$

式(2-79)就是牛顿第二定律适用于控制体形式的表达式。它表示在定常流中,作用在控制体上全部外力的合力等于控制体流出面流体动量的流出率与控制体流入面流体动量的流入率的差值。动量方程是流体力学中最常用的基本方程之一,只要知道划定的控制体上流体的流动情况,就能够直接确定出作用在控制体上的力,而不涉及流体在控制体内流动过程的详细情况。简单地说,通过动量方程,就可以把流体的运动速度与作用力联系起来。

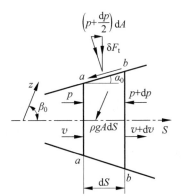

图 2-30　微分形式的动量方程

下面,我们对式(2-79)进行细化。在定常流动中,沿着一个一维流管轴线 S 的方向截取截面 aa 和 bb,它们之间的距离为无穷小量 dS,如图 2-30 所示。在截面 aa 上,面积为 A,各流动参数分别为:压强 p、密度 ρ、速度 v;在截面 bb 上,其面积为 $A+dA$,各流动参数分别为:压强 $p+dp$、密度 $\rho+d\rho$、速度 $v+dv$。取 $aabba$ 为控制体,沿着 S 方向,控制体外的物质作用于控制体流体上的外力有:

(1) 作用在截面 aa 处流体压强的合力为 pA。

(2) 作用在截面 bb 处流体压强的合力为 $(p+dp)(A+dA)$。

(3) 作用在流管侧面上的平均压强合力在 S 方向上的分量为

$$\left(p+\frac{dp}{2}\right)\frac{dA}{\sin\alpha_0}\sin\alpha_0=\left(p+\frac{dp}{2}\right)dA \tag{2-80}$$

式中　α_0——管壁与轴线的夹角。

(4) 作用在流管侧壁表面上的摩擦力在 S 方向上的分量为 δF_t,其方向沿着 S 轴的负方向。

(5) 作用在控制体内流体的质量力,在这里只考虑重力,其方向沿着 z 轴的负方向,大小为 $\rho gA\,dS$。设 z 轴与 S 轴的夹角为 β_0,则质量力在 S 方向的分量为

$$\rho gA\,dS\cos\beta_0=\rho gA\,dz \tag{2-81}$$

流体在单位时间内从截面 aa 流入控制体的流体动量为 mv,在单位时间内从截面 bb

流出控制体的流体动量为 $m(v+\mathrm{d}v)$。根据动量方程(2-79)可得

$$-\rho g A \mathrm{d}z + pA - (p+\mathrm{d}p)(A+\mathrm{d}A) + \left(p+\frac{\mathrm{d}p}{2}\right)\mathrm{d}A - \delta F_t = \dot{m}[(v+\mathrm{d}v)-v]$$

(2-82)

略去高阶无穷小量,则式(2-82)可简化为

$$-A\mathrm{d}p - \rho g A \mathrm{d}z - \delta F_t = \dot{m}\mathrm{d}v$$

(2-83)

式(2-83)为微分形式的动量方程,对于低速流动,摩擦阻力在 S 方向上的分量为 0,将连续性方程 $\dot{m}=\rho v A$ 代入式(2-83)得

$$\rho g \mathrm{d}z + \mathrm{d}p + \rho v \mathrm{d}v = 0$$

(2-84)

若沿着流管的流动方向,忽略微小距离的变化,即 $\mathrm{d}z=0$,式(2-84)可变为

$$\mathrm{d}p + \rho v \mathrm{d}v = 0 \quad 或 \quad \mathrm{d}p = -\rho v \mathrm{d}v$$

(2-85)

式(2-85)为无黏流体一维定常流动运动的微分方程,也称为欧拉方程。该式表示沿着任意一条流线,流体质点密度、压强和速度之间的变化关系。

3. 能量方程

1) 伯努利方程

将式(2-84)沿整个流管积分,可得

$$gz + \int \frac{\mathrm{d}p}{\rho} + \frac{v^2}{2} = C \quad (C \text{ 为常数})$$

(2-86)

式(2-86)适用于无黏流动的一维定常流动,对于不可压缩流体,ρ 为常数,则式(2-86)可变为

$$\frac{p}{\rho} + \frac{v^2}{2} + gz = C \quad (C \text{ 为常数})$$

(2-87)

两边同除以重力加速度 g,可得

$$\frac{p}{\rho g} + \frac{v^2}{2g} + z = C \quad (C \text{ 为常数})$$

(2-88)

如果流体的流动在同一水平面内进行,或者流场中重力方向的变化与流动参数相比可以忽略不计(如气体),则式(2-88)可简化为

$$\frac{1}{2}\rho v^2 + p = p_0$$

(2-89)

式中 $\frac{1}{2}\rho v^2$——动压,代表单位体积空气具有的动能,与压强 p 有相同的量纲。动压是蕴藏在气体内部的一种能量,当气体流速减慢时,动压会转换为静压,使静压升高,并以压力能的形式表示出来;

p——静压,在静止的空气中,静压等于当时当地的大气压;

p_0——总压,也称为全压,为动压和静压之和。总压可以理解为气流速度减小为零时的静压。

式(2-89)是不可压气体的伯努利方程。从力学的观点来看,伯努利方程可以看作能量守恒定律在低速空气动力学中的应用。因此,我们也可以将能量守恒定律用于一维管道流动的气体流动,并推导出伯努利方程。下面简要介绍从能量守恒的角度出发来推导伯努利

方程的方法。

由能量守恒定律可知,能量不会凭空消失,只能从一种形式转化为另一种形式,但其总量不变。当空气稳定流动时,主要的能量有四种:动能、热能、压力能、重力势能。当空气低速流动时,可以认为没有热量产生。当流管高度变化小时,可以认为重力势能为常数。因此,空气在进行低速流动时,参与能量交换的主要有压力能和动能,此时的能量关系可表示为:

$$动能 + 压力能 = C \quad (C 为常数)$$

现利用图 2-28 来简单推导伯努利方程。设流入截面 1 的动能为 $E_{动1}$,压力能为 $E_{压1}$;流出截面 2 的动能为 $E_{动2}$,压力能为 $E_{压2}$。

由物理学知识可知,$E_{动} = \dfrac{1}{2}mv^2$,其中 $m = \rho v A \mathrm{d}t$,则通过任意截面的动能为 $E_{动} = \dfrac{1}{2}\rho v A \mathrm{d}t v^2$。

由功的定义可知,压力所做的功就是压力能,则流过任意截面的压力能为 $E_{压} = pvA\mathrm{d}t$。若取单位体积的空气,则动能为 $E_{动} = \dfrac{1}{2}\rho v^2$,压力能为 $E_{压} = p$。总能量用 p_0 表示,则能量关系可表示为式(2-89)。

因此,伯努利方程也被称为低速能量方程。

2)伯努利方程的物理意义

空气在低速一维定常流动中,在同一流管的各个截面上,空气的动压和静压之和保持不变。由此可见,在同一流管中,动压大,则静压小;动压小,则静压大。因此,流速大,则静压小;流速小,则静压大;流速减小到零,压力增大到总压值,这一结论被称为伯努利定理。流速为零的点称为驻点,因此,驻点处的静压等于总压,图 2-31 中的 A 点即为驻点。

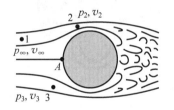

图 2-31　定常流场中气流绕物体流动

根据伯努利方程得出的结论:在低速一维定常流动中,同一流管各处总压相等。不过,当我们研究的流场高度变化不大时,不需要考虑空气的重力势能变化量。通常认为在同一时刻,全流场各处的总压相等。需要注意的是,围绕物体的气流总压不变是有条件的。对于飞机来说,当其飞行高度和速度一定时,流场的总压是一个恒定的数值。但是当飞行的高度或速度改变时(即重力势能、动能发生改变),p、ρ、v 会发生变化,则总压通常会发生变化。但只要远前方来流的 p、ρ、v 不随时间而变化,则整个流场中各处的总压相等,各处的总压和静压之和也相等。

因此,图 2-31 中 1、2、3 处的总压相等。当飞行速度和飞行高度发生变化时,总压就会发生改变,但 1、2、3 处的总压仍然相等,只是变化后的总压等于另一个值。如果飞行高度不变,则总压不变,但流经飞机表面不同位置的气流速度不一样,即动压改变,也会导致该处的静压随之发生变化。

3) 伯努利方程的适用条件

伯努利方程是在一维定常流动假设的基础上推导出来的,没有考虑空气流动过程中密度的变化和黏性力的作用。因此,该方程只适用于不可压理想流体的一维定常流动。

总之,伯努利方程反映了不可压理想流体一维定常流动的速度与压强之间的关系。严格来说,伯努利方程在下列条件下才适用:

(1) 气流是连续的、稳定的,即流动是定常的。

(2) 流动的空气与外界没有能量交换,即空气是绝热的。

(3) 空气没有黏性,即空气为理想流体。

(4) 空气密度不变,即空气为不可压的。

(5) 流动在同一条流线或同一流管上。

4. 伯努利方程的应用

1) 空速管的测速原理

利用伯努利方程,我们可以很容易测出飞机的飞行速度。图 2-32 为安装在飞机上的空速表的测速原理示意图。

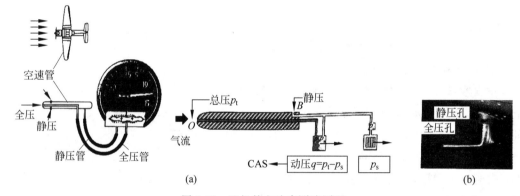

图 2-32　飞机的空速表测速原理

水平方向的测速管与气流的方向一致,该管的头部有一个正对来流方向的小孔 O。由于 O 点处的空气完全滞止,流速降为零,所以孔 O 测得到的压强就是总压 p_t,孔 O 称为总压孔。在该水平测速管的侧壁上,距离头部一定距离的地方开一个小孔(或一圈小孔)B,孔 B 是垂直于管壁的(即垂直来流),它测得的压强就是气流的静压,孔 B 称为静压孔。将总压孔和静压孔分别与传感器相接,便可测出总压和静压,计算出动压。由伯努利方程可得

$$\frac{1}{2}\rho v^2 = p_0 - p \tag{2-90}$$

用导管将总压孔与空速表膜盒的内腔连接,静压孔与膜盒的外部相接,空速表膜盒在总压与静压之差(即动压)的作用下膨胀,并相应地带动指针转动。为了得到速度,还需要知道当前空气的密度 ρ。真实的大气密度 ρ 是随着高度的变化而变化的,且不易测量。因此,为了方便计算,飞机空速表的刻度是按照国际标准大气条件下,标准海平面的密度值 ρ_0 制定的,即

$$v_{表} = \sqrt{\frac{2\times(p_0 - p)}{\rho_0}} \tag{2-91}$$

则表速实际上反映的是动压$\frac{1}{2}\rho_0 v_\text{表}^2$的大小,空速表根据动压大小指示的速度就称为表速($v_\text{表}$)。在实际飞行中,飞机相对于空气的真实速度称为真空速($v_\text{真}$)。如果飞机的真实飞行高度为H,该高度上的空气密度为ρ_H,则该高度上的实际动压应为$\frac{1}{2}\rho_H v_\text{真}^2$。用空速表指示时,还要等值地换算成空速表对应的动压。因此可以得到

$$\frac{1}{2}\rho_0 v_\text{表}^2 = \frac{1}{2}\rho_H v_\text{真}^2$$

即

$$v_\text{真} = v_\text{表}\sqrt{\frac{\rho_0}{\rho_H}} \qquad\qquad (2\text{-}92)$$

根据式(2-92)可知,只有在标准大气规定的标准海平面条件下飞行时,表速的大小才能反映飞机的真实飞行速度。当飞行条件改变时,尤其是密度发生变化时,仪表指示的速度与飞机的真实飞行速度就不相等了,高度越高,两者的差距越大。

2)飞行中的速度

速度是飞机飞行时的重要参数,飞行员常常需要根据速度来正确操纵飞机,还可以根据速度计算飞行时间和距离。在实际飞行中,常用到的速度有以下几种:

(1)指示空速(IAS),也称为表速,是飞机上空速表指针指示的速度。指示空速是空速表根据动压$\frac{1}{2}\rho_0 v_\text{表}^2$的大小换算得来的。动压不变,则指示空速不变。

(2)校正空速(CAS),是在指示空速的基础上修正了仪表误差(空速表构造不完善而产生的误差,也称为机械误差)和位置误差(当地测量的静压与自由流静压之差,取决于攻角、侧滑角、空速和飞行器外形)后得到的空速。

(3)当量空速(EAS),是在特定高度上对校正空速修正空气压缩性误差后得到的空速。当飞机的指示空速低于200kt或飞行高度低于20 000ft时,该误差可以忽略不计。

(4)真空速(TAS),是飞机相对于空气运动的真实速度。在标准海平面条件下,TAS=IAS。

(5)地速(GS),是飞机相对于地面的运动速度。无风条件下的地速等于真空速。

虽然表速在通常情况下不等于真空速,但它反映了动压的大小,即反映了飞机上空气动力的大小,以及飞机气动性能的好坏,飞行员根据表速来操纵飞机比用真空速更方便。因此,表速一般用于飞行员对飞机的操纵,而真空速一般用于领航的计算。现代飞机上的组合型速度表能同时指出表速和真空速。

2.3 旋涡运动

2.3.1 涡线与涡管

1. 涡线

如同全流场可以用流线来描述一样,有旋运动的旋涡场也可以用涡线来描述。因此,由

速度向量所构成的速度场里所引进的关于流线、流管等的概念,可以套用到由旋转角速度向量所构成的旋涡场里来。

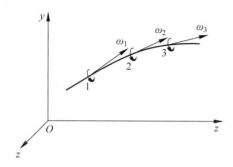

图 2-33　流场中的涡线

和流线类似,涡线是充满运动流体的旋涡场中的一系列曲线,它具有如下性质:在某一瞬时,该曲线上微团的旋转角速度向量都和曲线相切,如图 2-33 所示。或者说,从某点的涡向量出发,顺着涡向量走一个微小的距离到第二个点(图 2-33 中,从点 1 到点 2),接着按第 2 点的涡向量再走一个微小距离到第 3 点,依次接下去。当每个微段长度趋于零时,走过的曲线就称为涡线。涡线的微分方程为

$$\frac{\mathrm{d}x}{\omega_x} = \frac{\mathrm{d}y}{\omega_y} = \frac{\mathrm{d}z}{\omega_z} \tag{2-93}$$

一般情况下,ω 是坐标和时间的函数,涡线随时间而改变。在定常流中,ω 只是坐标的函数,涡线不随时间而改变。

2. 涡管

某一瞬时 t,在旋涡场中任取一条非涡线的光滑封闭曲线(曲线不得与同一条涡线相交于两点),过该曲线的每一点作涡线,这些涡线形成的管状曲面称为涡管,如图 2-34 所示。

涡管的侧表面是涡面,在这个涡面上,流体微团的角速度矢量 ω 与涡面的单位法向矢量 n 相垂直,这表示了旋涡的涡通量不能穿越涡管表面,就好像流线不能穿越流管表面一样。涡管的截面大小和所取的围线大小有关。因此,涡管可大可小,涡线是截面面积为零的涡管。

图 2-34　旋涡场中的涡管

应当指出,虽然涡场、涡线、涡量等在概念上和流场、流线、流量等相似,但不能将两者混淆起来。涡线和流线是不同的,如果运动有涡,便存在涡线;运动无涡,便不存在涡线。但只要是有流体的运动,流线总是存在的。

2.3.2　涡管强度、速度环量及斯托克斯定理

1. 涡管强度

设涡管的截面面积为 σ,$\mathrm{d}\sigma$ 是涡管截面面积上的微元面积,ω_n 是流体微团的旋转角速度矢量在 $\mathrm{d}\sigma$ 法线上的分量,如图 2-35 所示,则通过流管截面的角速度通量为 $\iint_\sigma \omega_n \mathrm{d}\sigma$。通常把该通量的 2 倍称为涡管强度。

2. 速度环量及斯托克斯定理

在 2.2 节中,给出了流场中流体微团的旋转运动及旋度的概念,在某一流场区域中,所有流体旋度的总效应是以速度环量 Γ 来体现的。

对流场中速度矢量沿任意一条指定曲线作速度的线积分,如图 2-36(a)中的 AB 曲线所示,也就是计算速度乘以长度的总和(像做功计算一样),这里的速度指的是在曲线方向的投影。则速度环量 Γ 的值可表示为

$$\Gamma_{AB} = \int_A^B v \cos\alpha \, \mathrm{d}s \tag{2-94}$$

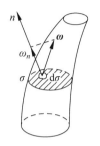

图 2-35 涡管强度

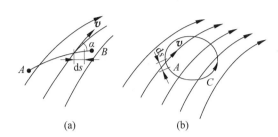

图 2-36 速度环量

速度环量的线积分是有方向的,如果由 A 至 B 为正,则由 B 至 A 为负,即 $\Gamma_{AB} = -\Gamma_{BA}$。该定义虽然对于积分的曲线是否封闭没有做任何规定,但事实上,多数场合要计算的是沿一条封闭曲线的速度线积分,如图 2-36(b)所示。此时有

$$\Gamma = \oint v \cos\alpha \, \mathrm{d}s \tag{2-95}$$

如果把一个速度向量分成 3 个坐标轴方向的 3 个分量 v_x、v_y、v_z,把线段 $\mathrm{d}s$ 也分解成 $\mathrm{d}x$、$\mathrm{d}y$、$\mathrm{d}z$ 这 3 个方向的 3 条线段,那么

$$v \cos\alpha \, \mathrm{d}s = v_x \mathrm{d}x + v_y \mathrm{d}y + v_z \mathrm{d}z \tag{2-96}$$

于是,速度环量公式可以写成

$$\Gamma_{AB} = \int_A^B (v_x \mathrm{d}x + v_y \mathrm{d}y + v_z \mathrm{d}z) \tag{2-97}$$

如果流动是无旋的,有位函数存在,那么式(2-97)中的 v_x、v_y、v_z 可以用 ϕ 的偏导数表达为

$$\Gamma_{AB} = \int_A^B \left(\frac{\partial \phi}{\partial x} \mathrm{d}x + \frac{\partial \phi}{\partial y} \mathrm{d}y + \frac{\partial \phi}{\partial z} \mathrm{d}z \right) = \int_A^B \mathrm{d}\phi = \phi_B - \phi_A \tag{2-98}$$

这时,由 A 至 B 的环量值就和所规定的积分曲线 AB 的具体形状没有关系了,只取决于起点和终点的位置,而且其值就等于终点 B 处的 ϕ 值与起点 A 处的 ϕ 值之差。如果要在无旋流场中对图 2-36(b)中那样沿一条封闭的曲线积分,那么

$$\Gamma = \oint \mathrm{d}\phi = \phi_A - \phi_A = 0 \tag{2-99}$$

对于有旋流,我们已经由式(2-56)定义了旋度,其分量形式为

$$\begin{cases} \mathrm{rot}v_x = \dfrac{\partial v_z}{\partial y} - \dfrac{\partial v_y}{\partial z} = 2\omega_x = \Omega_x \\[2mm] \mathrm{rot}v_y = \dfrac{\partial v_x}{\partial z} - \dfrac{\partial v_z}{\partial x} = 2\omega_y = \Omega_y \\[2mm] \mathrm{rot}v_z = \dfrac{\partial v_y}{\partial x} - \dfrac{\partial v_x}{\partial y} = 2\omega_z = \Omega_z \end{cases} \tag{2-100}$$

旋度各分量在某点的值由绕该点闭合曲线上的环量在闭合曲线收缩向该点时的极限来定义。例如,如图 2-37 所示,对环绕 $abcd$ 的流体微团作速度线积分,应取各线段中点的速度乘以该线段的长度,在流体微团收缩向中心点时,有

$$\omega_z = \lim_{\Delta S \to 0} \frac{\int (v_x \, dx + v_y \, dy)}{\Delta S}$$

$$= \lim_{\Delta S \to 0} \frac{d\Gamma}{\Delta S} \tag{2-101}$$

式中　ΔS——积分路径 L 所包含的面积。

对任意空间平面,式(2-101)可写为

$$\omega_n = \lim_{\Delta S \to 0} \frac{\int v \, ds}{\Delta S} \tag{2-102}$$

式中　ω_n——垂直于 ΔS 平面的 ω 分量。

如果围线 L 所包含的是一块有限大的面积,如图 2-38 所示,把 L 围成的面积用两组相交的线划成若干微小的分块,然后沿每一块微小面积的围线作速度的线积分。

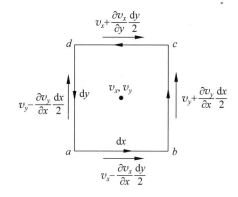

图 2-37　沿微团边界的速度分量

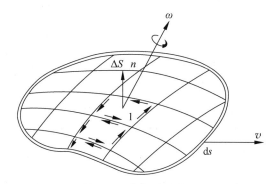

图 2-38　斯托克斯定理

若流动为已知,则每个小块上垂直于该小块的旋度分量可用式(2-100)求出。将式(2-102)应用于图中的第一个小块,得

$$(\omega_n \Delta S)_1 = \left(\int v \, ds \right)_1 \tag{2-103}$$

对所有小块上的 $(\omega_n \Delta S)_i$ 求和,得

$$\sum_{i=1}^{k} (\omega_n \Delta S)_i = \sum_{i=1}^{k} (v \, ds)_i \tag{2-104}$$

在对式(2-104)右端所有速度线积分求和时,注意到所有相邻的两个小块共同路径沿着两个不同方向各积分了一次,一来一去的线积分值刚好抵消,因此公共线上的速度积分对和式不作贡献。把这些小分块的环量全部加起来,得到的是沿最外围的一条围线 L 的线积分。式(2-104)对每个小块为一准确关系式。虽然图中采用的是矩形围线,但其所推得的结果适用于任何形状的围线,图中两组相交的线也不必是相交的,即

$$2 \iint_S \omega_n \, dS = \int v \, ds = \Gamma \tag{2-105}$$

59

式(2-105)就是著名的斯托克斯定理表达式。该定理表明：沿空间任一封闭曲线 L 上的环量，等于贯穿以此曲线所成的任意曲面上旋度的面积分。据此定理，一个涡管的旋涡强度可以用沿此涡管的围线的环量值替代。所以，环量也就成了涡强度的同义词。如果曲线所围成的区域内无涡，则沿此围线的环量为零。

式(2-105)表明，若流场中沿任意闭合曲线的速度环量为零，则流场中的流动是无旋的。该式的积分值只有在积分闭合曲线内不包括半径为0(即原点)时，其值为零。如果原点在积分闭合曲线中，即积分闭合曲线中存在点涡，则式(2-105)的积分值不为零。

2.3.3　直旋流的诱导速度

1. 毕奥-萨瓦定理

我们把流场中由于旋涡存在而产生的速度称为诱导速度。诱导速度的大小可由毕奥-萨瓦公式来确定。在不可压流动中，此公式指出了强度为 Γ 的微段长度 $\mathrm{d}L$ 涡线对周围流场所产生的诱导速度 $\mathrm{d}w$，其数学表达式为

$$\mathrm{d}w = \frac{\Gamma}{4\pi} \frac{\mathrm{d}L \cdot r}{r^3} \qquad (2\text{-}106)$$

或

$$\mathrm{d}w = \frac{\Gamma}{4\pi} \frac{\sin\alpha_0}{r^2} \mathrm{d}L \qquad (2\text{-}107)$$

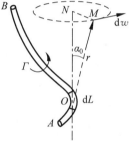

图 2-39　微段涡线 $\mathrm{d}L$ 产生的诱导速度

式中　$\mathrm{d}L$——涡线上的微段长度；

　　r——流场中任意点至微段的距离；

　　α_0——微段 $\mathrm{d}L$ 与 r 之间的夹角；

　　Γ——旋涡强度。

$\mathrm{d}w$ 的方向垂直于 ONM 平面，如图 2-39 所示。

2. 直旋涡的诱导速度

从公式(2-107)中可以看出，涡线微段在 M 点诱发的诱导速度与旋涡强度成正比，与 M 点至旋涡微段的距离的二次方成反比(当 α_0 一定时)。

如图 2-40 所示，若流场中有一段直线涡 AB，涡强度为 Γ。根据式(2-107)，微段 $\mathrm{d}L$ 对 M 点的诱导速度为

$$\mathrm{d}w = \frac{\Gamma}{4\pi} \frac{\sin\alpha_0}{r^2} \mathrm{d}L$$

由于 $\mathrm{d}w$ 垂直于 MAB，所以有

$$w = \int_A^B \mathrm{d}w = \frac{\Gamma}{4\pi} \int_A^B \frac{\sin\alpha_0}{r^2} \mathrm{d}L \qquad (2\text{-}108)$$

作 MC 垂直于 AB，设 $MC = h$，由图 2-40 中的三角形 EDF 和 DFM 可以得到

$$EF = \mathrm{d}L = \frac{FD}{\sin\alpha_0}$$

$$FD = r\mathrm{d}\alpha_0$$

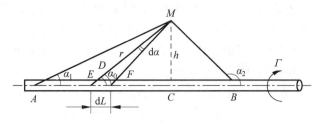

图 2-40　直线涡的诱导速度

由此得

$$dL = \frac{r\,d\alpha_0}{\sin\alpha_0}$$

另外，从三角形 ECM 中可得

$$r = \frac{h}{\sin\alpha_0}$$

将 r 和 dL 的值代入式(2-108)得

$$w = \frac{\Gamma}{4\pi h}\int_{\alpha_1}^{\alpha_2}\sin\alpha_0\,d\alpha_0 = \frac{\Gamma}{4\pi h}(\cos\alpha_1 - \cos\alpha_2) \tag{2-109}$$

式(2-109)表明：有限长直旋涡对任一点 M 的诱导速度大小与 Γ 成正比，与点 M 至旋涡的垂直距离 h 成反比，并且还与角度 α_1、α_2 的大小有关。

在图 2-40 中，诱导速度的方向是垂直于纸面指向外的。如果涡线一端是无限长的，B 趋于无穷远，且点 C 与涡线另一端重合，因此时 $\alpha_2 \to \pi$，$\alpha_1 = \pi/2$，于是有

$$w = \frac{\Gamma}{4\pi h} \tag{2-110}$$

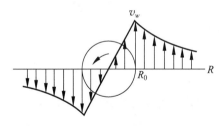

图 2-41　直线涡内外诱导速度的分布

令两端 A 和 B 分别向左和向右移向无限远，则 $\alpha_1 \to 0$，$\alpha_2 \to \pi$，于是有

$$w = \frac{\Gamma}{2\pi h} \tag{2-111}$$

式(2-111)表明：无限长直旋涡对任一点的诱导速度与该点至旋涡的垂直距离成反比，即诱导速度的分布呈双曲线规律，如图 2-41 所示。

2.4　低速附面层

2.4.1　附面层的基本概念

气体与自然界中存在的流体一样具有黏性，当空气这类黏性很小的流体流过物体时，黏性影响显著的区域只限于物体表面很薄的一层。我们把流体绕固体流动时，紧贴物体表面那层受黏性影响显著的空气薄层称为附面层(boundary layer)，也叫作边界层。飞机在空气中飞行时，黏性作用主要表现在附面层内，附面层内的黏性力对飞机的摩擦阻力、气流分离都有很大影响。本节将介绍空气在低速流动时，附面层内的流动现象及规律。

1．附面层理论的意义

自 1845 年提出 N-S 方程以来，人们一直在寻求其精确解。由于该方程组是一组非线性二阶偏微分方程组，在数学上想要获得一般意义上的精确解是极其困难的。据不完全统计，至今能找到的求解出 N-S 方程精确解的例子为数不多，比较著名的有：小雷诺数圆球扰流的斯托克斯解，无压平板拖曳产生的库埃特流动和充分发展的层流管流等。而实际中存在的大量流动问题只能用近似方法求解。

前面提到过，忽略黏性作用的流体被称为理想流体。对于理想流体，在求解 N-S 方程时忽略黏性项，也就是求解欧拉方程组。1752 年，法国物理学家达朗贝尔提出：任意三维物体所受到的气动阻力为零。人们开始对基于理想流体模型的经典理论提出质疑。到 19 世纪上半叶，随着理想势流理论的完善，经典流体力学处于低谷状态，特别是用该模型得出的圆柱扰流阻力为零的结论，促使人们开始考虑黏性流体运动的 N-S 方程解。碰到的一个棘手的问题是：如何求解大雷诺数下物体扰流时黏性效应的影响。这里提到的雷诺数概念将在下文进行介绍。按照当时公认的流体理论进行求解可知，当以来流速度和圆柱直径计算得到的来流雷诺数大于 1×10^4 以后，黏性效应的影响可以忽略不计，也就是说，可以不考虑空气的黏性作用，又回到了理想流体扰流的问题上。如果不忽略黏性的影响，大雷诺数的概念又没办法理解。直到 1904 年，在世界流体力学大师普朗特提出著名的边界层理论之后，这一问题才得到了令人信服的解决方案。该问题现在看起来是一个简单问题，即整体流动和局部流动的关系问题，属于大雷诺数物体绕流近壁面黏性影响的区域问题。这一问题的完满解决，从 1752 年的达朗贝尔疑题算起，经历了 152 年；从 1845 年导出 N-S 方程组算起，也已经历了 59 年。

1904 年，普朗特在德国海德堡第三次国际数学年会上发表了一篇《论小黏性流体运动》的论文，提出了著名的边界层概念（见图 2-42），并阐述了绕流物体在大雷诺数下表面受黏性影响的边界层流动特征及其控制方程，巧妙地解决了整体流动和局部流动的问题，即以来流速度和圆柱直径计算得到的来流雷诺数只能表征整体流动特征，无法表征绕流物体壁面附近的局部流动（即边界层内的流动），来流雷诺数只能反映黏性效应对边界层外流动的影响，而对边界层内的黏性影响只能由边界层内的流动特征来决定。在此基础上，他提出边界层分离与控制的概念，找到了物体绕流近壁面黏性流体与远离壁面无黏外流的匹配关系，从

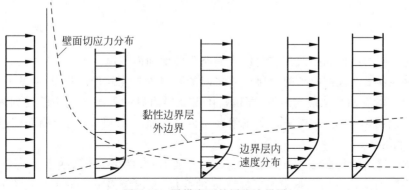

图 2-42 零梯度下的层流边界层

而为黏性流动问题的解决找到了新的途径。

2. 附面层的形成

当空气流过物体表面时,由于物体表面不是绝对光滑的,且空气本身具有黏性,导致紧贴物体表面的那一层空气受到阻滞作用,使气流速度变为零。这层流速为零的气流又通过黏性作用影响到上一层气流,使上一层气流的流速减小。如此一层影响一层,在紧贴物体表面的一段区域内,就出现了流速沿物面法线方向逐渐增大的空气薄层,这一空气薄层就是附面层。在沿着物体表面各点的法线方向上,速度从物体表面处的 $v=0$ 逐渐增大到主流速度的 99% 的那部分很薄的空气流动层被称为附面层。如图 2-43(a)所示,沿物体表面的法线流速不再变化的气流被称为主流,虚线内的那部分气流所组成的空气薄层即附面层,虚线为附面层的边界。值得注意的是,附面层的边界并不是一条实际的线,而是为了对附面层进行定义提出的概念。沿物体表面法向的速度分布称为速度型,如图 2-43(b)所示。

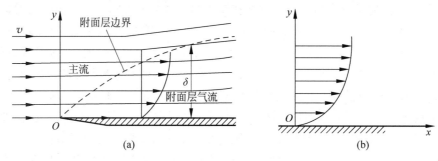

图 2-43 零梯度下的层流边界层

有了附面层的概念,我们对前面的概念就更容易理解了。前文提到,早期,由于在大雷诺数下,黏性效应的影响可以忽略不计,在求解流体动力学模型时可以直接求解欧拉方程组,但是借助该方程组求解得到任意三维物体所受到的气动阻力为零,这一结论显然是不成立的。在此背景下,普朗特对流场进行分部讨论:附面层边界之外的主流则不需要考虑黏性作用的影响,可以当作理想流体来处理,因为主流区域的气流受到的黏性作用较小,气流速度减小不足 1%,因此可以忽略。因而可以认为,黏性作用的影响只存在于附面层内部,只需要在求解附面层时考虑黏性项即可。因此,整个流场的黏性影响也就可以通过附面层来体现了。

3. 附面层的特点

(1)附面层的厚度随空气流过物体表面路程的增加而变厚。

从物体表面沿法线方向到附面层边界之间的距离为附面层的厚度,用 δ 表示,如图 2-44所示。当空气沿着物面从前向后流动时,紧挨附面层边界的那层主流不断受到附面层内部空气黏性作用的影响,逐渐减速后变成附面层内的气流。所以,空气沿物面流过的路程越长,附面层就越厚。

(2)附面层内沿物面法线方向上各点处的压强不变,且等于该法线上主流的压强。

如果沿物面法线方向测量附面层静压 p 的变化,发现压强 p 在附面层内沿着法线方向几乎不变。如图 2-45所示,沿物体表面法线 P_1—P_2 或 P_3—P_5 方向压力不变。可知 P_1

点的压力等于 P_2 点的压力,P_3 点的压力等于 P_4 点和 P_5 点的压力。

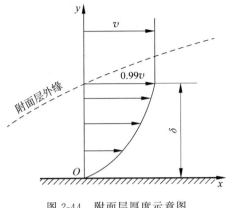

图 2-44 附面层厚度示意图

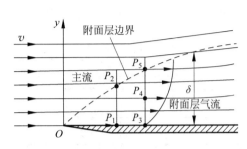

图 2-45 附面层内压力示意图

我们知道,附面层内气流速度沿物面法线方向是变化的,那么为什么压力是相等的呢?这是因为在附面层内部,由于黏性力的影响,导致各层气流之间在运动时相互摩擦,使附面层内空气的一部分动能(动压)转化成了热能,散逸到周围,并没有转化为压力能使静压升高。因此,从宏观来看,气流表现为:虽然沿法线 y 方向上的气流速度改变,但是压力 p 几乎不变,即

$$\frac{\partial p}{\partial y} = 0$$

这样,借助这一理论就可以先用理想流体理论计算出主流压力,再用这一结论分析出附面层内及物面上的压力。在实验时,也可以先借助垂直于物体表面的静压孔测得物面的压强,再用这一结论分析出附面层内部及主流压力。

4. 附面层的类型

1)层流附面层和紊流附面层

1882 年,英国物理学家雷诺通过大量实验发现:一切不可压黏性流体(包括水、油、空气等)在管道内流动时,可分为层流和紊流(或称湍流)两种流态。对于附面层内的流动来说,可以分为层流附面层和紊流附面层。

层流附面层是指气体微团沿物面法向分层流动,即空气微团没有明显的上下乱动的现象(从微观角度看,层流中的分子运动仍是杂乱无章的,否则就不存在黏性了)。

紊流附面层是指气体微团除了沿着物面流动外,还有明显的沿物面法线上下乱动的现象,使各层气流之间有强烈混合,形成紊乱的流动。

2)转捩点

气流沿物面流动时,通常物面前段是层流附面层,后段是紊流附面层,层流与紊流的过渡区域被称为转捩点(或转捩段、转捩区),如图 2-46 所示。

附面层由层流转捩为紊流,其内因是层流本身的不稳定,外因是物面的扰动作用。目前的转捩流动还无法采用 N-S 方程直接求解,只能通过给出不同的经验公式得到不同的转捩模型。为了便于理解,本教材只给出一种基于一维不可压流动假设的简单解释。如图 2-47

所示,取 a、b、c 三条流线,如果流线 b 受到扰动变形,则 1—2 段 ab 流管截面变细,流速加快,压强减小;而 bc 流管截面变粗,流速减慢,压强增大(这是由于流管变形导致的流速变化,而不是黏性力的影响,所以仍适用于伯努利定律)。流线 b 在两侧压力差的作用下,不仅不能自动恢复到原来位置,还要继续增大变形。同时,流线 a、c 在两侧压力差的作用下也会发生变形,可见层流本身是不稳定的。

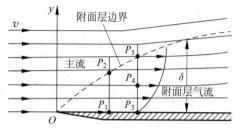

图 2-46 附面层内压力示意图

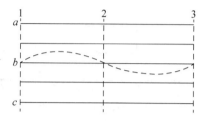

图 2-47 层流附面层的不稳定

物面是怎样对气流施加扰动的呢?这是由于物体表面不是绝对光滑的,凹凸不平的物面使底层气流出现上下乱动,并通过气流的不稳定性逐步将扰动传给相邻的上层气流,使上层气流也随之出现上下乱动。随着气流流过物面的路程的增加,附面层上层气流不断受到来自下层气流的扰动,气流的上下乱动也越来越剧烈。当脉动增强到一定程度时,层流附面层就会转捩为紊流附面层。

3)层流附面层和紊流附面层的主要区别

(1)层流附面层与紊流附面层的厚度不同,前者较薄,后者较厚。

(2)两者的速度型也不同,与层流附面层相比,紊流附面层由于气体微团上下乱动,相邻各层的流速差较小。

(3)在紊流附面层靠近物面部分,由于空气微团的上下乱动受到物面的限制,仍保持为层流(称为紊流附面层的层流底层)。就紊流附面层的层流底层来看,物面处的速度梯度要比层流附面层大得多。因此,对于紧邻物面的附面层来说,紊流附面层的黏性比层流附面层的黏性要大,如图 2-48 所示。

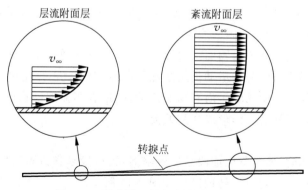

图 2-48 层流附面层与紊流附面层比较

5．雷诺数

英国物理学家雷诺在研究管道内流体的流动时，不仅提出流动状态可以分为层流和紊流，还发现黏性系数 μ、密度 ρ、速度 v 和管道直径等因素对流态有很大影响。如减小黏性系数 μ，增大密度 ρ、速度 v 或管道直径，都会使层流运动的稳定性降低，导致层流变成紊流。管内紊流的出现，不是单纯由上述个别因素所决定的，而是由它们的共同作用导致的。进一步研究还发现，除了管道内的流动外，流体在其他状态下的流动也遵循这一规律。此时，影响流态的几何尺寸就不局限于管道直径了，而是取决于物体的特征长度或流谱的线性尺度 L。μ、ρ、v 和 L 共同决定了黏性流的流态，其组合数 $\dfrac{\rho v L}{\mu}$ 就是衡量流体惯性力和黏性力相对大小的一个无量纲相似参数，这个组合参数被称为雷诺数，用符号 Re 表示，即

$$Re = \frac{\rho v L}{\mu} \tag{2-112}$$

式中的 L 通常选取飞机机身的长度。黏性流体的流动现象和规律都和雷诺数有关，可以用雷诺数进行描述。雷诺数增大，就会使层流运动的稳定性降低，导致紊流出现或紊流段增长（转捩点前移）。Re 是惯性力和黏性力的比值，是空气黏性作用大小的反映。Re 越小，空气的黏性作用越大；Re 越大，空气的黏性作用越小。对于一般管道内的流动，$Re<2\,000$ 为层流状态，$Re>4\,000$ 为紊流状态，$Re=2\,000\sim4\,000$ 为过渡状态。对于飞机来说，无论处于什么飞行状态，周围空气的雷诺数值都在千万量级。

2.4.2　低速平板附面层的摩擦阻力

1．平板摩擦阻力的产生

气流流过平板时，紧贴平板表面的一层空气的速度恒等于零，就好像黏在平板表面上一样，我们把该层空气称为空气层 A，如图 2-49 所示。

图中平板以速度 v 自右向左飞过静止的空气场，为了便于理解，可以认为平板静止，相对气流以速度 v 从左向右流经平板表面。此时作用在空气层 A 上的力有：

（1）平板表面给它的向左的力 F'；

（2）邻近空气层 A 的上层气流对 A 层的黏性力 $F_{黏}$，即

$$F_{黏} = \mu \left(\frac{\mathrm{d}v}{\mathrm{d}y} \right)_{y=0} S \tag{2-113}$$

$F_{黏}$ 的方向与 v 相同。由于紧贴物体表面的那层气流速度为零，所以 F' 和 $F_{黏}$ 是一对大小相等、方向相反的力。由牛顿第三定律可知：平板对空气层 A 有作用力 F'，那么空气层 A 对平板也有反作用力 $F_{黏}$，$F_{黏}$ 与平板的运动方向相反，阻碍了平板的运动，这个力就是空气层 A 作用在平板上的摩擦阻力 D_f。

2．平板摩擦阻力的估算

设平板宽度为单位长度 l，沿平板水平方向建立 Ox 轴，原点在平板起点位置，如图 2-49 所示。在距离原点 x_0 的位置考察微元面积 $\mathrm{d}x_0$ 受到的微元摩擦力 $\mathrm{d}D_f$，有

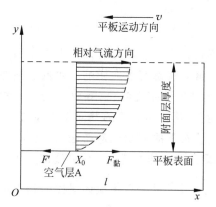

图 2-49　平板摩擦阻力的产生

$$dD_f = dF_{黏} = \mu \left[\left(\frac{dv}{dy} \right)_{y=0} \right]_x dx \qquad (2\text{-}114)$$

式中 $\left[\left(\frac{dv}{dy} \right)_{y=0} \right]_x$ ——距离原点 x 处的附面层在紧贴平板表面处的法向速度梯度。

则整个平板表面上受到的摩擦阻力为

$$D_f = \int_0^l dD_f = \int_0^l \mu \left[\left(\frac{dv}{dy} \right)_{y=0} \right]_x dx \qquad (2\text{-}115)$$

因此,估算平板表面摩擦阻力的关键在于确定被积函数 $\left[\left(\frac{dv}{dy} \right)_{y=0} \right]_x$,而该值的大小与附面层类型及附面层厚度沿板长的分布规律有关。将层流、紊流关系式 $\left[\left(\frac{dv}{dy} \right)_{y=0} \right]_x$ 代入式(2-115),积分后便得到层流和紊流的摩擦阻力公式。本教材只借助摩擦阻力系数变化规律讨论摩擦阻力对飞机运动的影响。

图 2-50 为摩擦阻力系数 C_{Df} 与雷诺数之间的关系,因为平板有两面,所以用 $2C_{Df}$ 来代表平板摩擦系数。$\overline{X}_T$ 为平板上层流段的长度与平板长度的比值。从图中曲线可以发现:

(1) 曲线所在雷诺数范围内,层流的摩擦阻力系数(对应 $\overline{X}_T = 1$ 的曲线)值小于混合型($0 < \overline{X}_T < 1$)和紊流($\overline{X}_T = 0$)。紊流的摩擦阻力是层流的 3～14 倍,这是因为 $\left(\frac{dv}{dy} \right)_{y=0层流} < \left(\frac{dv}{dy} \right)_{y=0紊流}$ 的缘故。

(2) Re 越大,摩擦阻力系数越小,曲线范围内的差别可达 1.5～8 倍。已知 Re 数代表空气微团所受惯性力与黏性力之比,Re 越大,表示黏性影响越弱,所以摩擦阻力系数越小。

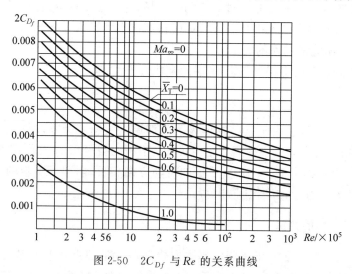

图 2-50　$2C_{Df}$ 与 Re 的关系曲线

根据以上结论我们可以发现,摩擦阻力与附面层类型密切相关。紊流附面层紧贴平板表面那层空气的速度梯度大于层流,即$\left(\dfrac{\mathrm{d}v}{\mathrm{d}y}\right)_{y=0\text{层流}}<\left(\dfrac{\mathrm{d}v}{\mathrm{d}y}\right)_{y=0\text{紊流}}$,由于气流的黏性力对飞机的影响较大,所以紊流附面层的摩擦阻力比层流附面层大。因此,从减小摩擦阻力的角度来说,我们更希望平板表面上的层流附面层更长,或者说 Re 更小。言外之意,我们更希望转捩点的位置靠后一些。

对于飞机来说,其飞行速度、表面粗糙程度决定了转捩点的位置。飞行速度增加,转捩点前移,摩擦阻力增大;飞机表面越粗糙,转捩点前移,摩擦阻力增大。

此外,飞机表面积越大,紊流附面层越多,摩擦阻力越大。

2.4.3　低速曲面附面层

前文提到,根据理想流体的运动方程组可知:速度的存在导致了压强变化。如果质量力为零,流体微团沿着某一方向的加速度等于负的压强梯度力,即正的加速度产生负的压强梯度。也就是说,流速越来越大,压强越来越小;反之,减速过程对应着压强上升。如果在某个方向上没有流速,那么在该方向上就不会有压强梯度,即压强不会有变化。

当气流流过平板时,主流的速度为常数,即$\dfrac{\mathrm{d}v}{\mathrm{d}x}=0$(沿平板主流流动方向上的压强梯度等于零)。如果主流流过曲面,会导致主流速度沿流动方向发生变化,沿流动方向就会存在压强梯度,而压强梯度对附面层流动将会产生很大影响。下面,我们首先讨论压强梯度变化的分类。

1. 顺压梯度和逆压梯度

当空气流过一弯曲的物体表面时,流速、压强都会改变。如图 2-51 所示,从曲面前缘 A 点起,主流流管逐渐变细,流速逐渐加快,压强逐渐减小,即$\dfrac{\mathrm{d}p}{\mathrm{d}x}<0$,我们将压强沿气流流动方向逐渐减小的压强梯度称为顺压梯度。当气流流到曲面上表面某一点 B 时,流管减小到最细,流速最快,压强减小到最小,此时$\dfrac{\mathrm{d}p}{\mathrm{d}x}=0$;当气流从 B 点运动到 C 点时,流管变粗,流速减慢,压强又逐渐增大,即$\dfrac{\mathrm{d}p}{\mathrm{d}x}>0$,我们将压强沿气流流动方向逐渐增大的压强梯度称为逆压梯度。

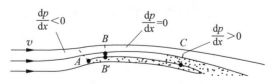

图 2-51　曲面上流管面积变化对压强、速度的影响

由于附面层内沿物面法线方向上各点的压强不变,且等于主流压强,因此,曲面表面从前缘到尾缘的压力变化规律与主流一致。曲面表面压力最低的点 B' 叫作最低压力点。也就是说,最低压力点之前是顺压梯度,最低压力点之后是逆压梯度。

2. 附面层分离

附面层内的空气在沿曲面运动时,一方面会因为黏性作用而不断减速,另一方面还会受到沿途压强变化的影响。正是这两方面的作用造成了附面层的分离。

在逆压梯度作用下,附面层底层气流发生倒流,并与上层顺流相互作用后,形成大量旋涡,这种旋涡脱离物体表面的现象叫作附面层分离,也称为气流分离或涡流区的形成。

气流开始脱离物体表面的点称为分离点,如图 2-52 中的 S 点。附面层分离的内因是空气具有黏性,外因是物体表面弯曲形成的逆压梯度,具体原因分析如下:

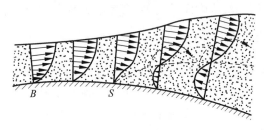

图 2-52　附面层分离

(1) 在顺压梯度段(图 2-52 中 B 点之前),虽然附面层内的空气因为黏性作用的影响开始减速,但顺压梯度的影响又可以使气流加速。因此总的来说,附面层内的气流还是加速的。

(2) 在逆压梯度段(图 2-52 中 B 点之后),附面层内的气流在空气黏性和逆压梯度的双重作用下减速。在 S 点处,紧贴物体表面向外一层的气流流速减为零,即 S 点的速度梯度 $\left(\dfrac{\mathrm{d}v}{\mathrm{d}x}\right)_{y=1}=0$。在 S 点以后,附面层底层气流在逆压梯度的作用下发生倒流。倒流而上的气流和逆流而下的气流在 S 点处相遇,使附面层内的气流拱起而脱离物体表面,并被主流卷走,形成大量旋涡,导致附面层气流离开了物体表面。这些旋涡一方面连续不断地从曲面的表面产生,另一方面又持续地被相对气流吹离曲面,如此周而复始,就在分离点 S 后方形成了涡流区。

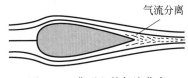

图 2-53　曲面上的气流分离

分离区内部旋涡的周期性运动,是引起物体发生气动抖动的重要原因之一。如图 2-53 所示,在分离区内,气流流速减慢,该区域通常被称为死水区。由于分离区内流速很低且几乎不变,所以该区域内的压强变化不明显,通常认为压强几乎不变,且等于分离点处的压强。

复习思考题

一、简答题

1. 写出静止微元六面体沿 x、y、z 方向的静平衡方程,并说明其意义。
2. "流线就是流体质点流动的路线。"请问这句话对吗? 为什么?
3. "定常流动中的两条流线不会相交,而非定常流动中的两条流线会相交。"请问这句话对吗？为什么？

4．试写出流体质点的迹线和流线的物理意义。

5．试写出低速空气定常流体的伯努利方程，并说明其物理意义及使用条件。

6．二维流线谱的特点有哪些？

7．简述附面层的概念及其形成原因。

8．附面层内沿物面法向方向上气流速度、压强的变化有何特点？

9．层流附面层内的逆压梯度是如何形成的？逆压梯度是如何影响附面层内气流及主流的流动的？

10．涡流区内的压强有何特点？

11．转捩点和分离点的位置主要受什么因素的影响？

二、计算题

12．已知某飞机巡航高度为 27 000ft，该高度某处的 ISA 偏差为 ISA＋5℃，计算该处的实际温度。

13．已知飞机巡航高度处的气温为－15℃，气压高度 2 500m，计算在飞机高度处的 ISA 偏差。

14．假设大气的温度是常数，其值为 288.15K，试求 5 000m 高度处的压强。请将该压强值和相同高度下标准大气的对应值相比较，并解释产生这种差别的主要原因。

15．在海平面上，有直线匀速流动的低速气流绕过某翼型运动，如下图所示，请根据以下条件计算。

（1）远前方气流 O 点处截面面积 $A_O = 0.001\text{m}^2$，速度 $v_O = 100\text{m/s}$，压力 $p_O = 1\,013.25\text{hPa}$，空气密度 $\rho = 1.255\text{kg/m}^3$；$B$ 点处截面面积 $A_B = 0.000\,5\text{m}^2$，C 点处截面面积 $A_C = 0.001\,2\text{m}^2$。求 v_B、p_B；v_C、p_C。

（2）远前方气流的静压为 $p = p_\infty = 101\,200\text{N/m}^2$，流速 $v_\infty = 100\text{m/s}$。已知翼型上三个点 A、B、C 的速度分别是 $v_A = 0\text{m/s}$、$v_B = 150\text{m/s}$、$v_C = 50\text{m/s}$，空气在海平面的密度 $\rho = 1.255\text{kg/m}^3$。假设该翼型扰流是无旋运动，试求 A、B、C 三点处的压强。

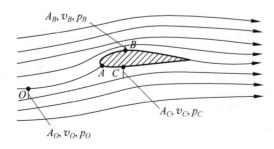

16．某飞机分别以 360km/h 的速度在海平面和以 468km/h 的速度在 17 000ft 高度上水平飞行，总压是否相等？其值各是多少？

飞机的低速空气动力

  飞机是重于空气的飞行器。当飞机在空中运动时,空气相对于飞机流动,空气的速度、压力等参数发生变化,就会产生作用于飞机上的空气动力。飞机的空气动力是分析和计算飞行性能的重要依据,也是阐明飞机操纵原理的重要理论基础。

  飞机空气动力的理论依据与特征在不同飞行速度下有显著的不同,本章将讨论空气低速流动($Ma<0.4$)时的运动规律,首先介绍机翼的几何形状,然后按照翼型、机翼、全机的顺序,逐步深入地分析升力、阻力的产生原理和变化规律。

3.1 机翼形状描述

  飞机的空气动力主要由机翼产生。机翼的形状决定了飞机空气动力特性的好坏,下面从机翼的剖面形状和平面形状介绍机翼的几何参数。

3.1.1 机翼的剖面形状(翼型)

  机翼是左右对称的,在中央沿纵向截取的平面,叫作对称面。平行于对称面,截取机翼而得的剖面就是机翼的剖面,简称翼型,如图 3-1 所示。

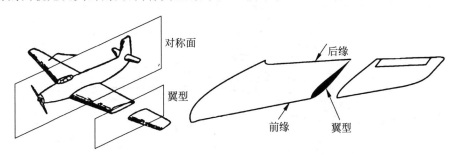

图 3-1 机翼对称面和翼型

1. 翼型概述

  最早的翼型是模仿风筝在骨架上缝以蒙皮,基本上是平板。19 世纪后期,研究者们已确定,带有一定安装角的平板能够产生升力。在不断的实践中,研究者们结合鸟类的飞行发现,更接近于鸟翼的弯板能够产生更大的气动力。

1884 年,菲利普使用早期的风洞测试了一系列翼型,后来他为这些翼型申请了专利。与此同时,德国人奥托·利林塔尔设计并测试了许多曲线翼的滑翔机,他仔细测量了鸟翼的外形,认为试飞成功的关键是机翼的曲率或者说是弯度,他还试验了不同翼尖半径和厚度分布的机翼。美国的莱特兄弟所使用的翼型与利林塔尔设计的翼型非常相似,薄且弯度很大。这可能是因为早期的翼型试验都在极低的雷诺数下进行,薄翼型的表现要比厚翼型好。随后的十多年里,人们在反复试验的基础上研制出了大量翼型,有的很有名,如 RAF-6、Gottingen 387、Clark Y。这些翼型成为 NACA 翼型家族的鼻祖,如图 3-2 所示。后面会详细介绍 NACA 翼型家族。

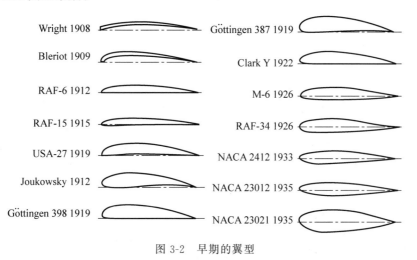

图 3-2　早期的翼型

不同飞行速度下,机翼的翼型不同(见图 3-3)。如对于低亚音速飞机,为了提高升力系数,翼型为圆头尖尾形;而对于高亚音速飞机,为了提高阻力发散马赫数,采用超临界翼型,其特点是前缘丰满、上翼面平坦、下表面在后缘处有反凹,且后缘较薄并向下弯曲;对于超音速飞机,为了减小激波阻力,采用尖头、尖尾形,如菱形翼型、双弧形翼型等。

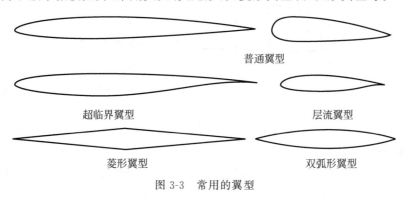

图 3-3　常用的翼型

2. 翼型的几何参数

各种翼剖面的形状和特点,如翼型的厚薄程度、弯曲程度等,会对翼型的气动力产生重要影响,因此需要对反映翼剖面形状的一些参数进行定量描述。相关参数如图 3-4 所示。

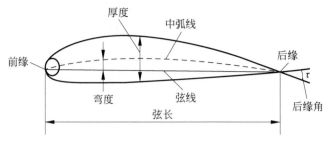

图 3-4　翼型的几何参数(1)

1)翼弦

翼型前缘到后缘的连线称为翼弦,其长度称为弦长,用符号 b 表示,如图 3-5 所示。

2)厚度/最大厚度

翼型上、下表面与翼弦垂直的连线称为厚度 c。对于给定的翼型,厚度值有多个,在所有厚度值中,数值最大的称为翼型最大厚度 $c_{\max}$,如图 3-5 所示。

3)最大厚度位置

最大厚度位置是最大厚度到翼型前缘的距离 X_c 与弦长 b 的比值(见图 3-5),记为 $\overline{X}_c$,表达式为

$$\overline{X}_c = (X_c/b) \times 100\% \tag{3-1}$$

现代飞机的最大厚度位置为 $30\% \sim 50\%$。

4)相对厚度(厚弦比)

相对厚度又称厚弦比,用 $\overline{c}$ 表示,是翼型最大厚度 $c_{\max}$ 与弦长 b 的比值(见图 3-5),表征了翼型的厚薄程度,即

$$\overline{c} = (c_{\max}/b) \times 100\% \tag{3-2}$$

现代飞机的相对厚度为 $4\% \sim 16\%$。

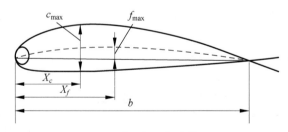

图 3-5　翼型的几何参数(2)

5)中弧线(弯度线)

和翼型上、下表面相切的一系列圆的圆心的连线称为中弧线,也叫作弯度线,如图 3-6 所示。如果翼型的中弧线与弦线重合,则该翼型叫作对称翼型。

6)弧高(弯度)

中弧线与翼弦的垂直距离称为弧高,也叫作弯度,以 f 表示。对称翼型的弧高为零。

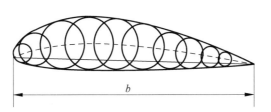

图 3-6　翼型的中弧线

7）最大弯度位置

最大弯度位置是最大弧高到翼型前缘的距离与弦长的比值（见图 3-5），记为 $\overline{X}_f$，其表达式为

$$\overline{X}_f = (X_f/b) \times 100\% \tag{3-3}$$

8）相对弯度

相对弯度是最大弧高 f_{max} 与弦长 b 的比值（见图 3-5），表征了翼型上、下表面的外凸程度差别，记为 $\overline{f}$，其表达式为

$$\overline{f} = (f_{max}/b) \times 100\% \tag{3-4}$$

现代飞机的相对弯度为 $0 \sim 2\%$。如果上翼面外凸的程度大于下翼面，则称该翼型是正弯度翼型。

9）前缘半径

翼型前缘曲率圆的半径称为前缘半径，以 r_q 表示。前缘半径与翼弦弦长 b 的比值称为相对前缘半径，以 $\overline{r}_q$ 表示，其表达式为

$$\overline{r}_q = r_q/b \tag{3-5}$$

相对前缘半径与相对厚度的二次方的比值称为前缘钝度，以 $\overline{n}$ 表示，其表达式为

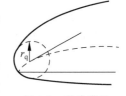

图 3-7　前缘半径

$$\overline{n} = \overline{r}_q/\overline{c}^2 \tag{3-6}$$

前缘钝度越小，翼型的前缘外形越尖锐。

10）后缘角

在翼型后缘处上、下表面切线的夹角叫作后缘角，以符号 τ 表示，如图 3-4 所示。

3．翼族简介

20 世纪初，经典流体动力学的方法已经可以成功地应用于翼型，并且可对某些简单翼型外形的升力特性进行数学计算。但是直到 1907 年俄国空气动力学家茹可夫斯基的机翼理论提出以后，才明确翼型应该有圆头和上、下翼面，圆头能适应更大的迎角范围。在第一次世界大战期间，交战各国在实践中摸索出一些性能较好的翼型。比如德国的 Gottingen 387、英国的 RAF-6、美国的 Clark Y，都是当时优秀的翼型。20 世纪 30 年代初期，美国的航空科研机构——国家航空咨询委员会 NACA（美国国家宇航局 NASA 的前身）对低速翼型进行了系统的实验研究。他们对当时的优秀翼型的厚度分布进行了比较，不管原来的弯度，一律改为对称翼型。结果发现，几种有名翼型的厚度分布从前缘到后缘几乎彼此重合在一起，可以确定厚度分布采用该分布效果很好，进而将设计重点放在中弧线的形状及弯度的大

小上。

1932年，NACA确定了四位数字的翼型族，如NACA 0012、NACA 2412等，四位数字中第一位表示相对弯度，第二位表示最大弯度位置，第三和第四一起表示相对厚度，例如NACA 2412翼型，其相对弯度为2%，最大弯度位置为40%，相对厚度为12%；NACA 0012翼型是无弯度、相对厚度为12%的翼型。

1935年，NACA又确定了五位数字的翼型族，如NACA 23012，其中第一位数字表示弯度，但不表示具体的几何参数，而是通过设计升力系数来表达，此数乘以1.5等于设计升力系数的10倍；第二和第三位数字为最大弯度位置的2倍；第四和第五位数字表示相对厚度。对于NACA 23012翼型，它的设计升力系数是$2/(10/1.5)=0.3$，最大弯度位置为15%，相对厚度为12%。

1939年，NACA发展了层流翼型，取名为NACA 1系列。这是第一批根据需要人工设计出来的低速翼型，其目的是尽可能推迟附面层转捩，延长层流附面层，减小摩擦阻力。这个翼型族厚度分布是设计出来的，而不是凭经验得到的。接着又发展了NACA 2系列、NACA 3系列，直到NACA 6系列、NACA 7系列。NACA 2~5系列不太理想，只是在设计点附近不大的迎角范围内阻力特别低，离设计点稍远，阻力反而比一般的翼型还大，所以这几个翼型系列被淘汰了。现在使用的是NACA 6系列和NACA 7系列翼型。

20世纪60年代中期出现了一种称为超临界翼型的新翼型，是由美国NASA的惠特科姆首先在实验室里设计出来的。它可以在高亚音速飞行时延缓激波的形成，减小激波阻力。后来有许多理论工作者用理论设计改善这种翼型，使它的性能有所提高。这种超临界翼型的其他优点是在低速中等迎角下，阻力系数较低，而最大升力系数比普通翼型高很多。

根据这些优点，20世纪70年代中期发展出来一种称为"通用翼型"的NASALS翼型，专为一般低速飞机使用。

除此之外，苏联的中央空气和水动力学研究所、英国的皇家飞机研究院及大型飞机设计制造厂商（如波音(Boeing)和空客(Airbus)）都对翼型进行了大量研究，形成了自己的翼族系列。随着飞机的发展，翼型研究成为空气动力学研究的一个重要组成部分，现在仍在继续发展。

3.1.2　机翼的平面形状

从上方俯视飞机，体现飞机特征的机翼形状就叫作机翼的平面形状。机翼的平面形状根据飞机的飞行速度范围等参数而变化，每种机翼平面形状的设计各有其优点和缺点，它也是决定飞机空气动力性能的重要因素。

1. 平面形状概述

低速、高速飞机一般采用不同的平面形状，典型民用飞机机翼的平面形状如图3-8所示。

平直机翼有着极好的低速特性，而且便于制造，广泛地应用在早期和现代的低速飞机中，如椭圆形机翼、梯形机翼和矩形机翼。椭圆形机翼的阻力最小，但难以制造，成本较高，因此只有少数的飞机使用。梯形机翼结合了矩形机翼和椭圆形机翼的优点，具有适中的升阻特性和较好的低速性能，制造成本也较低。

图 3-8　典型民用飞机机翼的平面形状

后掠翼和三角翼具有很好的高速性能,能够提高临界马赫数,延缓激波的形成,减小激波阻力,目前被广泛应用于高亚音速飞机和超音速飞机中,但其低速性能不如平直机翼。

2．平面形状的几何参数

各种不同平面形状的机翼,其升力、阻力之所以有差异,与机翼平面形状的各种参数有关,如图 3-9 所示。

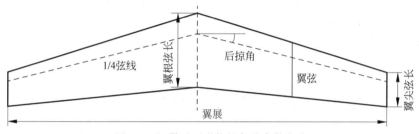

图 3-9　机翼平面形状的各种参数名称

1）翼展

翼展(span)为机翼翼尖之间的距离,用符号 l 表示。

2）展弦比

展弦比(aspect ratio)为机翼翼展 l 与平均弦长 B_{AVG} 的比值,用符号 λ 表示,$\lambda = l/B_{AVG}$,它表示了机翼平面形状长短和宽窄的程度。低速飞机通常采用大展弦比机翼,如滑翔机;高速飞机可以采用小展弦比机翼,如超音速飞机。现代飞机的展弦比为 $2\sim10$。如果已知机翼面积 S,则可用公式 $\lambda = l^2/S$ 计算展弦比。

3）梢根比

梢根比(taper ratio)是机翼翼尖弦长 b_t 与机翼翼根弦长 b_r 的比值,用符号 ξ 表示。梢根比表示机翼翼尖到翼根的收缩度,显然,矩形机翼的梢根比等于 1,梯形机翼的梢根比小于 1,三角形机翼的梢根比等于 0。现代飞机机翼的梢根比为 $0\sim0.5$。翼根弦长 b_r 与翼尖弦长 b_t 的比值为根梢比,也称为尖削比,用 η 表示。

4）后掠角

后掠角(sweep angle)为机翼 1/4 弦线与机身纵轴垂直线之间的夹角,用符号 χ_0 表示,它表示机翼的平面形状向后倾斜的程度。也有用前缘后掠角表示机翼后掠角的,此时叫作前缘后掠角。现代飞机机翼的后掠角,小到几度,大到 $60°$ 以上。表 3.1 给出了几个典型民航客机的机翼参数。

表 3.1 典型民航客机的机翼参数

项　　目	机　　型			
	A320-200	B737-300	B757-200	B747-400
展弦比	9.39	9.17	7.82	7.39
梢根比	0.240	0.240	0.243	0.275
1/4 弦线后掠角/(°)	25	25	25	37.5

5）上反角/下反角

反角是指机翼基准面和水平面的夹角。如果机翼基准面在水平面上方，对应的夹角叫作上反角（dihedral）；如果机翼基准面在水平面下方，对应的夹角叫作下反角（anhedral）。机翼的上反角/下反角对于飞机的稳定性发挥了重要作用。机翼的上反角和下反角如图 3-10 所示。

图 3-10　机翼的上反角和下反角

6）安装角

翼弦与机身纵轴的夹角叫作机翼的安装角（angle of incidence）。同理，也存在平尾安装角的概念。

7）机翼的几何扭转

翼根处的安装角与翼尖处的安装角不相等叫作机翼的几何扭转。如果翼尖安装角小于翼根安装角，称为机翼的负扭转。现代大部分飞机的机翼均设计为负扭转，使翼尖处的翼型迎角小于翼根处的翼型迎角，以延缓翼尖先失速。例如，B767 的翼根剖面安装角为 4.25°，翼尖剖面的安装角为 1.3°。

8）机翼的气动扭转

飞机机翼各剖面的翼型不同，称为气动扭转。其作用与几何扭转的作用相同，都可改善机翼的气动特性，延缓翼面局部激波的产生和气流的分离。

3.2　翼型的低速空气动力

飞机的空气动力主要由机翼产生，而机翼空气动力的研究又以翼型空气动力的研究为基础。当气流吹过一无限长平直机翼时，各翼剖面上的流动情况是一样的，可在机翼上任取一单位长度的机翼进行研究，即为翼型的空气动力。翼型附近的气体流动属于二维流动。

3.2.1　相对气流与迎角

1. 相对气流

空气相对于地面的流动就是气流。有风时，我们会感到有空气的力量作用在身上；无风时,如骑自行车飞跑或乘敞篷车奔驰,同样会感到有空气的力量作用在身上。这两种情况虽不同,即前者是空气流动物体不动,后者是空气不动而物体运动,但这两种情况都有空气的力量作用在身上。也就是说,只要空气相对于物体运动,就会产生空气动力。

相对气流是空气相对于物体的运动,相对气流的方向与物体的运动方向相反。飞机的相对气流就是空气相对于飞机的运动,因此,飞机的相对气流方向与飞行速度相反,如图 3-11 所示。

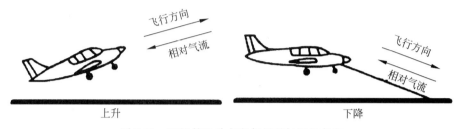

图 3-11　飞机的运动方向与相对气流的方向

只要相对气流速度相同,产生的空气动力就相同。据此,我们在研究飞机空气动力的产生和变化时,就可以把飞机看成不动,让空气以与飞机相同的流动速度流过飞机,将飞机的运动问题转化为空气的流动问题,使飞机空气动力问题的研究得以简化。风洞实验就是根据这个原理建立起来的,风洞实验简图如图 3-12 所示。

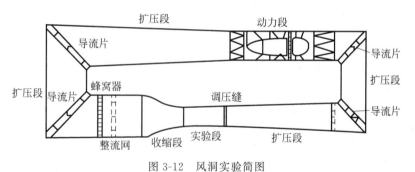

图 3-12　风洞实验简图

2. 迎角

相对气流方向(飞行速度方向)与翼弦之间的夹角,称为迎角,用 α 表示,如图 3-13 所示。相对气流方向指向翼弦下方为正迎角,相对气流方向指向翼弦上方为负迎角,相对气流方向与翼弦平行为零迎角。飞行中,飞行员可通过前后移动驾驶杆来改变飞机的迎角大小或正负。飞行中经常使用的是正迎角。

飞行状态不同,迎角的大小一般也不同。在水平飞行时,飞行员可以根据机头的高低来判断迎角的大小,机头高,迎角大;机头低,迎角小。其他的飞行状态,仅凭机头的高低很难判断迎角的大小,只能根据迎角的定义进行判断。图 3-14 为飞机在水平飞行、上升、下降时的迎角。下降时,虽然机头很低,但仍是正迎角;上升时,虽然机头很高,但迎角与水平飞行时的相等。

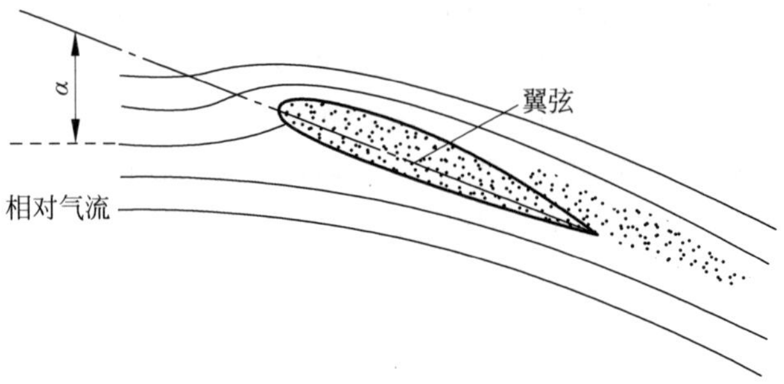

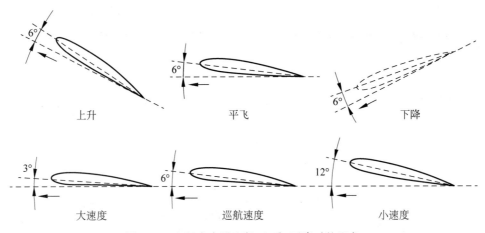

图 3-13　迎角

图 3-14　飞机在水平飞行、上升、下降时的迎角

3.2.2　翼型的升力

飞机在空中飞行时,有相对气流流过飞机就会产生作用于飞机的空气动力。飞机各部分所产生的空气动力的总和叫作飞机的总空气动力,通常用 R 表示,如图 3-15 所示。一般情况下,飞机的总空气动力是向上并向后倾斜的,根据它所起的作用,将飞机的总空气动力分解为垂直于飞行速度(相对气流)方向和平行于飞行速度(相对气流)方向的两个分力。垂直于飞行速度(相对气流)的分力叫作升力,用 L 表示。升力是非常重要的空气动力,它将飞机支托在空中。平行于飞行速度(相对气流)方向的分力叫作阻力,用 D 表示。

飞行时,飞机的各个部分产生升力,但绝大部分由机翼产生,尾翼通常产生负升力,其他部分产生的升力很小。下面以翼型为例,说明飞机升力的产生原理及其变化规律。

1. 升力的产生

相对气流流过翼型时,流线和流管将发生变化,引起绕翼型的压力发生变化,只要上、下翼面存在压力差,就会产生升力。下面以气流绕翼型的流线谱来说明升力的产生原理。

图 3-16 是气流绕双凸形翼型的流线谱。从该流线谱可以看出,空气流到翼型的前缘,分成上、下两股,分别沿翼型的上、下表面流过,并在翼型的后缘汇合后向后流去。在翼型的上表面,由于正迎角和翼面外凸的影响,使流管收缩,流速增大,压力降低;而在翼型的下表

面,气流受阻,流管扩张,流速减慢,压力增大。这样,翼型的上、下翼面出现压力差,则垂直于相对气流方向的总压力差就是翼型的升力。

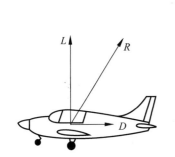

图 3-15　飞机的总空气动力、升力和阻力

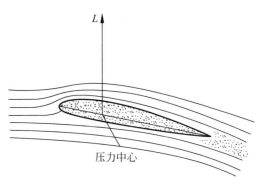

图 3-16　翼型产生的升力

2. 翼型的压力分布

翼型的升力是由上、下翼面的压力差产生的,要想了解翼型各部分对升力的贡献大小,就要知道翼型的压力分布情况。描述翼型的压力分布情况常用矢量表示法和坐标表示法。

1) 压力分布的测定

在实验空气动力学中,通过风洞实验,可以测出翼型上、下表面的压力大小。图 3-17 是测量翼型上、下表面压力分布的实验示意图。在翼型的上、下表面沿着气流方向各打一些小孔作为测量点,小孔的数量决定了测量的压力值的精确程度。用软管将小孔分别连到多管气压计上,当气流速度为零时,翼型上、下表面各测量点的压力值是一样的,气压计上管口液面感受到的是相同的大气压,即气压计各个液柱的高度均相同。一旦空气以某一速度流向翼型时,受迎角或翼型的影响,流经翼型上、下表面的速度发生变化,进而导致各测量点的压力发生变化,根据此时气压计各液柱的高度变化,可以算出翼型上这些点处的气流静压(p)与大气压(p_∞)之差:

$$\Delta p = p - p_\infty = -\rho g \Delta h \tag{3-7}$$

式中　p——翼型某一点处的静压;

　　　p_∞——远前方空气的静压;

　　　ρ——所用液体的密度;

　　　g——重力加速度;

　　　Δh——液柱与标准线 0—0 的高度差。

当测压计中的液柱低于标准线时,Δh 为负值,说明翼型表面测量点处的压力大于大气压,即 Δp 为正值,Δp 叫作正压,简称压力,其方向由外指向物体表面,见图 3-17 中的点 9~16。

当测压计中的液柱高于标准线时,Δh 为正值,说明翼型表面测量点处的压力小于大气压,即 Δp 为负值,Δp 叫作负压,简称吸力,其方向由物体表面指向外,见图 3-17 中的点 1~8。

通过风洞实验的结果可以看出,如果空气流过具有一定正迎角或者正弯度的翼型时,与上表面各测量点相连的气压计液柱均被吸至标准线以上,说明翼型上表面各点的压力普遍低于大气压,为负压;与下表面各测量点相连的气压计液柱均被压至标准线以下,说明翼

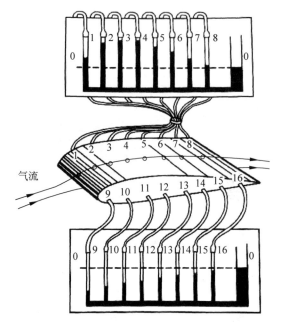

图 3-17　测定翼型表面各点压力的实验

下表面各点的压力普遍高于大气压力,为正压。由此进一步说明了翼型升力是由上、下表面压力差产生的。

随着科学技术的不断发展,计算流体力学也被广泛运用于理论空气动力学。通过数值模拟的方法可以计算出翼型表面各点处的压力值,其误差取决于有限元网格的质量与数值算法。

2)矢量表示法

矢量表示法就是用矢量来表示翼型表面的吸力与压力。矢量箭头的长度表示吸力或压力的大小。矢量方向与翼面垂直,箭头由翼面指向外,表示负压(吸力);箭头指向翼面,表示正压(压力)。将各点矢量的外端用光滑的曲线连接起来就得到了用矢量表示的翼型压力分布图,如图 3-18 所示。从图中可以看到两个特殊的点:在翼型前缘,流速减小到零,正压最大的点叫作驻点,见图 3-18 中的 A 点;吸力最大的点称为最低压力点,是翼型上表面负压最大的点,见图 3-18 中的 B 点。

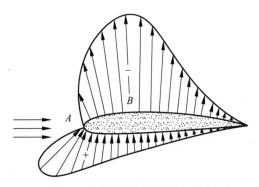

图 3-18　翼型压力的矢量表示法

3）坐标表示法

在实际工程中,使用的并不是直接测量或者计算翼型表面的压力值,而是压力系数值。压力系数(C_p)的计算为

$$C_p = \frac{\Delta p}{\frac{1}{2}\rho v_\infty^2} = \frac{p - p_\infty}{\frac{1}{2}\rho v_\infty^2} \tag{3-8}$$

式中 p_∞、v_∞——远前方来流的压强和速度。

根据伯努利方程,有

$$\frac{1}{2}\rho v^2 + p = \frac{1}{2}\rho v_\infty^2 + p_\infty$$

于是,翼面各点的静压为

$$p = \frac{1}{2}\rho v_\infty^2 + p_\infty - \frac{1}{2}\rho v^2$$

这样,压力系数可以可写成

$$C_p = \frac{\left(\frac{1}{2}\rho v_\infty^2 + p_\infty - \frac{1}{2}\rho v^2\right) - p_\infty}{\frac{1}{2}\rho v_\infty^2} = 1 - \left(\frac{v}{v_\infty}\right)^2 \tag{3-9}$$

式中 v——翼面某点的流速。

压力系数(C_p)是无量纲参数。在低速流动时,根据连续性方程,有 $v_1/v_2 = A_2/A_1$。当迎角和翼型的形状一定时,翼型的流线谱不变,翼面某点的流速就是一确定值,由式(3-9)可知,翼面上该点的压力系数(C_p)也是一确定值。这表明,翼面各点的压力系数主要取决于迎角和翼型的形状,与动压(流速)无关。因此,对于缩比后的飞机模型的风洞试验,只要保证飞机模型(翼型)的迎角与真实飞机一致,所得到的压力系数就与真实飞机的一致,风洞试验所得到的数据也就有了实质性意义。飞机设计就是通过设计合适的翼型外形来达到所需的压力系数值。与压力系数对应的是升力系数、阻力系数、力矩系数等概念,这些无量纲参数被广泛地运用于飞机设计中。

图 3-19 是用坐标表示法表示的翼型压力分布图。以弦长相对量作为横坐标,将翼型各测量点投影在横坐标(翼型)上,然后将各测量点上的压力系数作为纵坐标画出,正压画在横坐标下方,负压画在横坐标上方,再用平滑曲线依次连接图上各点,就得到用坐标表示法表示的压力分布图。图上 $C_p = 1$ 的点就是驻点,C_p 最小的点就是最低压力点。

由翼型的压力分布图可以看出,翼型升力的产生主要是靠翼型上表面吸力的作用,尤其是上翼面的前段,而不是下翼面正压的作用。由上翼面吸力所产生的升力一般占总升力的 $60\%\sim80\%$;而下翼

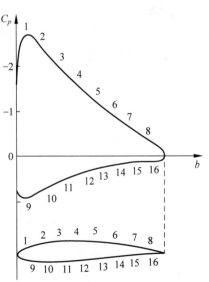

图 3-19 翼型压力分布的坐标表示法

面正压所产生的升力只占总升力的 $20\%\sim40\%$。如果翼型迎角在 $0°$ 左右,或翼型的下翼面凸出较显著,下翼面可能形成向下的吸力,在这种情况下,翼型的升力就完全由上翼面的负压产生。

4）影响压力分布的因素

翼型压力分布表示翼型表面压力的大小,而翼面各点的压力分布主要取决于迎角的大小和翼型的形状。

（1）翼型形状对压力分布的影响

以对称翼型和正弯度翼型（在相同迎角和相同的相对厚度下）为例,当气流流经 $0°$ 迎角的对称翼型时,流经上、下表面的流线谱形状一样,压力分布也一样,此时没有升力产生,如图 3-20(a)所示。当气流流经 $0°$ 迎角的正弯度翼型（非对称翼型）时,受上翼面外凸的影响,上翼面流管收缩,流速加快,压力减小,产生了吸力。因此,在绕正弯度翼型的流动中,在翼型的迎角为 $0°$ 时就已经产生了升力,如图 3-20(b)所示。

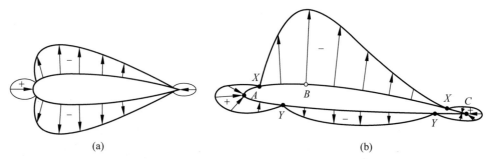

图 3-20　在 $0°$ 迎角时对称翼型和正弯度翼型的压力分布
(a) 对称翼型；(b) 正弯度翼型

（2）迎角对压力分布的影响

以对称翼型为例,当气流流经 $0°$ 迎角的对称翼型时,流经上、下表面的流线谱形状一样,压力分布也一样,如图 3-21(a)所示,此时没有升力产生。如图 3-21(b)所示,当气流流经正迎角的对称翼型时,由于翼型前缘的挤压,上翼面流管收缩,流速加快,压力减小,产生了吸力,此时产生升力。

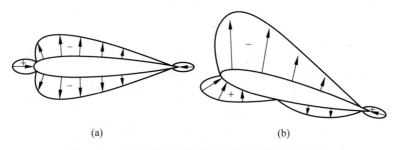

图 3-21　对称翼型在 $0°$ 迎角和正迎角下的压力分布

因此,在绕对称翼型的流动中,在 $0°$ 迎角时,升力为零；翼型在具有正迎角时,才具有正升力,且正迎角越大,上翼面外凸的影响越大,升力也越大。但是,当迎角达到一定值时,受气流分离的影响,随着迎角的继续增大,升力反而会减小,如图 3-22 所示。

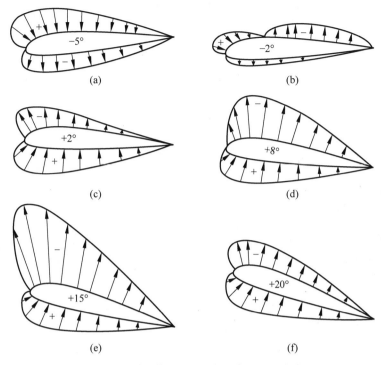

图 3-22　同一翼型不同迎角的翼型压力分布

3. 升力公式

飞机的升力是由于翼型上、下翼面存在压力差而产生的,因此引起翼型压力变化的因素都会引起升力的变化。影响翼型升力的因素主要有迎角、翼型形状、空气密度、气流速度、翼型面积等,这些因素是怎样影响翼型升力的? 它们的关系又如何? 下面通过升力公式将它们联系起来。

1) 升力公式的推导

图 3-23 是某一迎角下,气流流过翼型的流线谱。

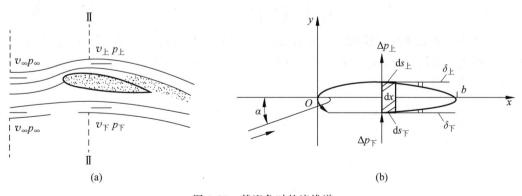

图 3-23　某迎角时的流线谱

设流过翼型上、下表面的气流速度和 Ⅱ—Ⅱ 截面处的压力分别为 $v_上$、$p_上$ 及 $v_下$、$p_下$。根据伯努利方程,有

$$\frac{1}{2}\rho_\infty v_\infty^2 + p_\infty = \frac{1}{2}\rho_\infty v_上^2 + p_上$$

$$\frac{1}{2}\rho_\infty v_\infty^2 + p_\infty = \frac{1}{2}\rho_\infty v_下^2 + p_下$$

整理后得

$$\Delta p_上 = p_上 - p_\infty = \frac{1}{2}\rho_\infty v_\infty^2\left(1 - \frac{v_上^2}{v_\infty^2}\right) = \frac{1}{2}\rho_\infty v_\infty^2 C_{p_上} \tag{3-10a}$$

$$\Delta p_下 = p_下 - p_\infty = \frac{1}{2}\rho_\infty v_\infty^2\left(1 - \frac{v_下^2}{v_\infty^2}\right) = \frac{1}{2}\rho_\infty v_\infty^2 C_{p_下} \tag{3-10b}$$

在单位展长翼型上,沿弦向取微段 dx,设其上表面的微段弧长为 $ds_上$,下表面的微段弧长为 $ds_下$,它们的切线与 x 轴(翼弦)的夹角分别为 $\delta_上$、$\delta_下$,如图 3-23(b)所示,则作用在该微段上的升力为

$$dL = (\Delta p_下 - \Delta p_上)\cos\alpha \, dx$$

因为 $ds_上 = ds_下 = dx$,于是作用在单位展长机翼上的升力为

$$L_型 = \int_0^b (\Delta p_下 - \Delta p_上)\cos\alpha \, dx \cdot 1 \tag{3-10c}$$

将式(3-10a)和式(3-10b)代入式(3-10c),得

$$L_型 = \frac{1}{2}\rho_\infty v_\infty^2 \int_0^b (C_{p_下} - C_{p_上})\cos\alpha \, dx \cdot 1$$

$$= \frac{1}{2}\rho_\infty v_\infty^2 b \cdot 1 \cdot \int_0^1 (C_{p_下} - C_{p_上})\cos\alpha \, d\bar{x} \tag{3-10d}$$

式中 $\bar{x} = x/b$,令

$$C_{L型} = \int_0^1 (C_{p_下} - C_{p_上})\cos\alpha \, d\bar{x} \tag{3-10e}$$

则式(3-10d)可以表示为

$$L_型 = C_{L型} \cdot \frac{1}{2}\rho_\infty v_\infty^2 \cdot b \cdot 1 \tag{3-10f}$$

式(3-10f)就是单位展长机翼的升力公式,式中的 b 是机翼的单位展长,$C_{L型}$ 称为翼型的升力系数。假设有一展长为 l 的矩形机翼,其各剖面的流动情况一致,属于二元流动,则二元机翼的升力公式应为

$$L_翼 = L_型 \cdot l = C_{L型} \cdot \frac{1}{2}\rho_\infty v_\infty^2 \cdot b \cdot l = C_{L型} \cdot \frac{1}{2}\rho_\infty v_\infty^2 \cdot S \tag{3-11}$$

同理,飞机的升力公式可以表示为

$$L = C_L \cdot \frac{1}{2}\rho v^2 \cdot S \tag{3-12}$$

式中　C_L——飞机的升力系数;

$\frac{1}{2}\rho v^2$——飞机的飞行动压;

S——机翼的面积。

注意：这里的飞机升力公式为近似公式，全机的升力特性将在后续章节介绍。

2）升力公式的物理意义

由式（3-12）可见，飞机的升力与升力系数、飞行动压和机翼面积成正比。

由式（3-10e）可以看出，升力系数与机翼形状、机翼的压力分布有关。一般地，$\cos\delta_下$、$\cos\delta_上$ 近似等于 1，于是

$$C_{L型} = \cos\alpha\int_0^l (C_{p_下} - C_{p_上})\mathrm{d}\bar{x} \tag{3-13}$$

式（3-13）中的 $C_{L型}$ 等于用坐标法表示的机翼上、下翼面压力系数曲线所围成的面积在垂直于相对气流方向上的分量。低速飞行时，机翼的压力分布主要随机翼形状和迎角变化，因此，升力系数综合表达了机翼形状、迎角等因素对飞机升力的影响。升力系数是无量纲参数。应该注意，升力系数仅仅是影响升力的一个因素，系数本身并不是升力。在讨论飞机的空气动力时，为了突出迎角和机翼形状对升力的影响，我们一般由升力系数的变化来分析升力的变化。

升力与来流动压成正比，可以这样解释：因为

$$\Delta p = \frac{1}{2}\rho_\infty v_\infty^2\left(1 - \frac{v^2}{v_\infty^2}\right)$$

当迎角、机翼形状一定时，(v^2/v_∞^2) 的值恒定，则 Δp 与来流动压成正比；而由式（3-10c）可知，升力是由 Δp 决定的，因此，升力与来流动压成正比。

根据公式（3-12）还可以得出以下结论：对同一机型的飞机来说，翼型和机翼面积通常是不变的，空气密度大小取决于飞行高度，所以，在实际飞行中，飞行员可以通过改变迎角和速度来改变升力的大小。在稳定飞行状态中，比如平飞状态，迎角和表速存在对应关系，即大迎角、小速度。

4.库塔-茹科夫斯基升力定理

德国数学家库塔与俄国空气动力学家茹科夫斯基利用理想流体模型，提出了空气动力的起源在于环量的形成，并推导出库塔-茹科夫斯基升力定理。它是近代机翼理论的基础。下面对此做一些简单介绍。

1）马格努斯效应

早在 18 世纪中叶，人们已经发现，球形炮弹在空中运动时，如果炮弹围绕垂直于运动轨迹的轴线旋转，运动轨迹与无旋时不重合，且旋转方向不同，轨迹偏离的方向也不同，如图 3-24 所示。

1852 年，德国物理学家马格努斯对此现象进行了研究，发现旋转球体在空中运动时，产生了与运动轨迹垂直的力，这一现象称为马格努斯效应。直到 1906 年，茹科夫斯基发表了著作《论附着涡》后，才最先对此种现象做出了理论解释。原来，固体旋转时，在空气黏性的影响下，固体周围的空气也随固体转动而形成环流，如图 3-25 所示。在环流方向与相对气流方向一致的翼面附近，空气的流速加快；而在相反的翼面，流速减慢。根据伯努利方程，流速不同，压强也不同，结果就产生了垂直于运动轨迹的空气动力。

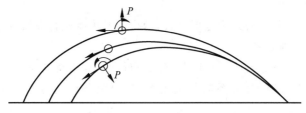

图 3-24　球形炮弹在空中运动的示意图

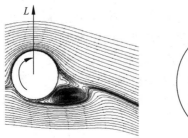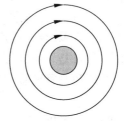

图 3-25　流过旋转圆柱体的气流与旋转固体周围的环流

2) 翼型的绕流与环量

直线匀速气流绕翼型的流动情形与流过旋转固体的流动情形有相似之处。研究表明,具有速度 v_∞ 的直线匀速气流流过翼型上、下表面后,流线在翼型后缘汇合,否则在机翼后缘将会产生一个气流速度为无穷大的点,这一条件称为库塔条件,只有满足该条件,翼型才可能产生升力,如图 3-26 所示。流经翼型上表面的气流路程长,所以流经上翼面的气流速度必然大于流经下翼面的气流速度。显然,绕翼型的速度环量不等于零。

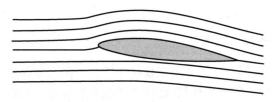

图 3-26　空气绕机翼的流动情况

根据斯托克斯定理,环量等于旋涡强度。翼型的存在相当于一个旋涡的作用,其强度为 Γ。

设想在流体中作包围翼型的延伸到足够远的封闭流线如图 3-27 所示。在机翼启动前(与相对气流的速度为零),设沿此流线的环量为零,根据旋涡定理,沿此流线上的环量始终保持为零。

若机翼突然启动,其速度很快达到 v(相当于突然有无穷远来流绕过翼型),这时机翼的绕流是无环量绕流,上、下翼面的气流汇合在翼型上表面,在后缘将出现由下而上绕后缘的流动,产生逆时针方向的旋涡,如图 3-27(b)所示。它是不稳定的,随着流体向下游运动,这个旋涡随后脱离机翼,称为起动涡。

根据亥姆霍兹旋涡守恒定理,因沿封闭流线的总环量为零,则在翼型上必然同时产生一个与起动涡强度相等、方向相反的涡,使绕机翼的流动成为有顺时针方向环量的流动,就相

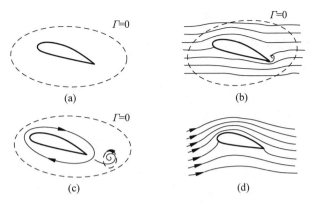

图 3-27 起动涡和附着涡

当于在翼型内部产生了旋涡,叫作附着涡。运动继续,起动涡远离机翼,不再对翼型发生影响,而翼型的环量使上、下翼面的气流汇合到后缘。

3)茹科夫斯基升力定理

假设气流绕机翼的流动是稳定的,附着涡的强度不随时间变化;机翼无限长,附着涡两端伸向无限远处。在这些假设下,求出直线均匀气流流过无限长机翼的单位展长上的升力(即翼型的升力),就是茹科夫斯基升力定理所要解决的问题。

在单位展长机翼上,沿弦向取微元段 $\mathrm{d}x$,如图 3-28 所示。设其上表面的微元段弧长为 $\mathrm{d}s_{上}$,下表面的为 $\mathrm{d}s_{下}$,它们的切线与 x 轴的夹角分别为 $\delta_{上}$、$\delta_{下}$。则作用在该微元段上的升力为

$$\mathrm{d}L = p_{下}\mathrm{d}s_{下}\cos\delta_{下} - p_{上}\mathrm{d}s_{上}\cos\delta_{上} \approx (p_{下} - p_{上})\mathrm{d}x$$

于是作用在单位展长机翼上的升力为

$$L_{型} = \int_0^b (p_{下} - p_{上})\mathrm{d}x \tag{3-14}$$

机翼表面某点的压力 p 与机翼绕流在该点的局部速度 v 有关,有伯努利方程

$$p = p_\infty + \frac{1}{2}\rho_\infty (v_\infty^2 - v^2) \tag{3-15}$$

设 $v = v_\infty + \Delta v$,Δv 的大小、正负视翼面位置而定,对薄翼来说,一般是一个小量。将其代入式(3-15),得

$$p = p_\infty + \frac{1}{2}\rho_\infty [v_\infty^2 - (v_\infty^2 + 2v_\infty \Delta v + \Delta v^2)] \tag{3-16}$$

略去高阶小量,则有

$$p = p_\infty - \rho_\infty v_\infty (v - v_\infty)$$

将式(3-16)代入式(3-14),有

$$L_{型} = \int_0^b (-\rho_\infty v_\infty v_{下} + \rho_\infty v_\infty v_{上})\mathrm{d}x$$

$$= \rho v_\infty \int_0^b (v_{上} - v_{下})\mathrm{d}x$$

$$= \rho v_\infty \left(\int_0^b v_{上}\,\mathrm{d}x + \int_b^0 v_{下}\,\mathrm{d}x\right) \tag{3-17}$$

式中$\left(\int_0^b v_{上}\, \mathrm{d}x + \int_0^b v_{下}\, \mathrm{d}x\right)$的含义是：上翼面的速度沿上翼面从前缘积分到后缘，然后下翼面的速度沿下翼面从后缘积分到前缘，即绕封闭翼型一圈。它代表了沿周线 s 的线积分$\oint v_s\, \mathrm{d}s$，就是翼型的速度环量 Γ。于是

$$L_{型} = \rho v_{\infty} \Gamma \tag{3-18}$$

式(3-18)说明，作用在单位展长机翼上的升力等于来流速度、来流密度和绕机翼的速度环量三者的乘积。这就是茹科夫斯基定理，式(3-18)是此定理的数学表达式，称为茹科夫斯基升力定理。

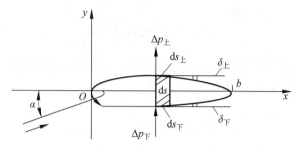

图 3-28　单位展长机翼

5. 翼型的升力特性

从升力的产生和升力公式的讨论中已经知道，翼型的升力系数综合表达了迎角和翼型几何形状等因素对升力的影响。翼型升力系数是气动特性最重要的参数之一。

对一架已经出厂的飞机来说，翼型的几何形状基本不再发生变化，因此在飞行中翼型的升力系数几乎由迎角决定。

1) 升力系数的变化规律

图 3-29 为某翼型的升力系数曲线，即升力系数随迎角的变化规律曲线。

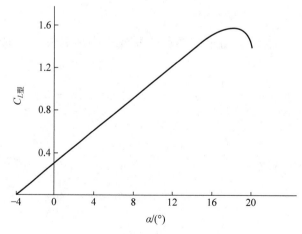

图 3-29　某翼型的升力系数曲线

从升力系数曲线可以看出,在中小迎角范围内,升力系数呈线性变化,即升力系数随迎角的增大而呈线性增大。这是因为在中小迎角状态下,涡流区只占上翼面后段很小一段,对翼面压强分布影响很小。随着迎角的增大,如图 3-30(a)、(b)所示,上翼面前部流线更弯曲,流管更为收缩,流速更快,压强更低,吸力更大;与此同时,下翼面的阻挡作用更强,压强更高,压力更大,升力系数呈线性增大。

　　在较大的迎角范围内,随着迎角的增大,升力系数增大的趋势减缓,呈曲线增大。如图 3-30(b)、(c)所示,随着迎角的增大,最低压强点的压强进一步降低,逆压梯度增强,分离点前移,涡流区扩大,它对整个翼型的压强分布都有影响。除前缘附近很小一段上翼面的吸力仍增长较快外,上翼面大部分翼段上的吸力和下翼面的正压力增长很缓慢。这样,升力系数虽然随着迎角的增大而增大,但已呈非线性变化,增长势头渐渐减缓。

　　迎角达到临界迎角时,升力系数达到最大;迎角超过临界迎角后,随着迎角的增大升力系数降低。这是因为,迎角超过临界迎角以后,在上翼面最低压强点后的逆压梯度继续增

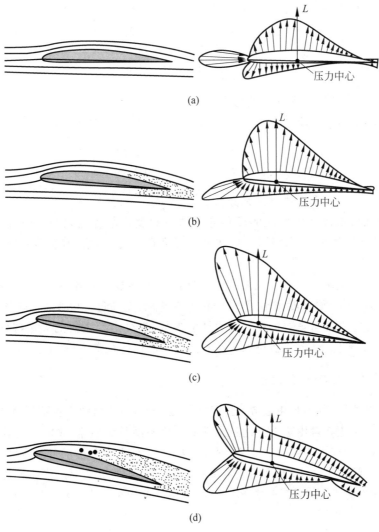

图 3-30　翼型在不同迎角下的压力分布

强,分离点很快前移,涡流区迅速扩大,影响整个流场,如图 3-30(d)所示。在上翼面前段,流线变稀,流速减慢,吸力峰陡降。在涡流区所在的一段翼面,吸力虽稍有增加,但补偿不了前段吸力的损失,因而升力系数降低。

因此,随着迎角的增加,升力系数先增大,后减小,分界点的迎角为临界迎角。

2) 升力特性参数

(1) 零升迎角(α_0)

零升迎角是指飞机升力系数等于零时的迎角。对于正弯度的非对称翼型,零升迎角(α_0)为负值。这是因为,当 $\alpha = 0°$ 时,上、下翼面的流线不对称,有一定的压力差,升力系数大于零;当升力系数等于零时,迎角(α)必然小于零而为一负值。对于对称翼型,其零升迎角(α_0)等于零。这是因为,当 $\alpha = 0°$ 时,上、下翼面的流线对称,没有压力差,升力系数等于零。

(2) 升力系数曲线斜率($C_{L型}^{\alpha}$)

升力系数曲线斜率($C_{L型}^{\alpha}$)是升力系数增量与迎角增量之比的极限值,即 $C_{L型}^{\alpha} = \partial C_{L型} / \partial \alpha$。它反映迎角改变时升力系数变化的程度,是影响飞机操纵性和稳定性的重要参数。

在中小迎角范围内,升力系数与迎角呈线性变化,线性段的升力系数可由式(3-19a)估算:

$$C_{L型} = C_{L型}^{\alpha}(\alpha - \alpha_0) \tag{3-19a}$$

在升力系数的非线性段,$C_{L型}^{\alpha}$ 随迎角的增大而不断减小;当迎角等于临界迎角时,$C_{L型}^{\alpha} = 0$;当迎角超过临界迎角时,$C_{L型}^{\alpha} < 0$。

实际上,翼型的相对厚度 $\bar{c}$ 和后缘角 τ 对 $C_{L型}^{\alpha}$ 有影响,一般翼型的 $C_{L型}^{\alpha}$ 可以用式(3-19b)估算:

$$C_{L型}^{\alpha} = 6.28 - 4.7\bar{c}(1 + 0.003\,75\tau) \quad \left(\frac{1}{\text{rad}}\right) \tag{3-19b}$$

(3) 临界迎角(α_{cr})和最大升力系数($C_{L\max型}$)

升力系数曲线最高点所对应的迎角和升力系数就是临界迎角(α_{cr})和最大升力系数($C_{L\max型}$)。即当升力系数最大时,飞机达到临界迎角;或飞机达到临界迎角时,升力系数最大。

最大升力系数是决定飞机起飞和着陆性能的重要参数。从升力公式(3-12)可以看出,C_L 越大,速度就越小,而速度越小,需要的跑道就越短,飞机起飞和着陆也就越安全。

临界迎角是一个非常重要的空气动力性能参数,它决定了飞机的失速特性。超过临界迎角时,升力系数突然下降,飞机进入失速状态而不能保持正常飞行。

6. 翼型的低速气流分离特性

在分离区外边界(称为自由边界)上,静压处处相等,分离后的主流不再减速增压。分离区内的气流由于主流在自由边界上通过黏性的作用不断带走质量,中心部分便不断有气流从后面填补,从而形成中心部分的导流,所以分离区壁面的压力小于自由流区域的压力,且压力处处相等。根据大量实验,大雷诺数下翼型分离可根据翼型厚度的不同分为后缘分离(紊流分离)、薄翼分离(前缘长气泡分离)、前缘分离(前缘短气泡分离)。不同分离形式对升力系数的影响不同,如图 3-31 所示。

1) 低速气流分离的形态(失速形态)及其对翼型升力系数曲线的影响

（1）后缘分离(紊流分离)

实验结果表明,一般较厚的翼型(相对厚度 $\bar{c} > 12\%$)后缘分离发展比较缓慢,流线谱的变化是连续的。随着迎角的增大,起初在后缘附近分离,迎角继续增大,分离区逐渐向前扩展。当分离不太严重时,随着迎角 α 的增大,翼型升力系数 $C_{L型}$ 仍有所增大,但同样的迎角改变量产生的相应的升力系数改变量减小,升力系数曲线斜率逐渐减小。当迎角超过临界迎角 α_{cr} 时,迎角继续增大则 $C_{L型}$ 反而减小,$C_{L型}^{\alpha}$ 变为负值。但对于

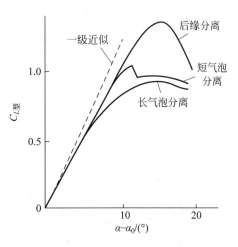

图 3-31 不同分离形式对升力系数的影响

这类厚翼型,$C_{L型}$ 随着 α 的增大而减小的过程是连续缓慢的。这是因为翼型较厚,最低压力点靠近前缘,翼型头部只有一小段层流附面层,在最低压力点附近很快就转捩为紊流附面层。由于紊流附面层在贴近翼面处有较大的动能,因而紊流附面层的分离是随着迎角的增大而逐渐由后向前发展的。后缘分离的发展比较缓慢,一般是湍流分离,流线谱的变化是连续的,失速区的升力系数曲线也变化缓慢,失速特性好,对于飞机来说,不会因升力突降而导致失控,如图 3-32 所示。

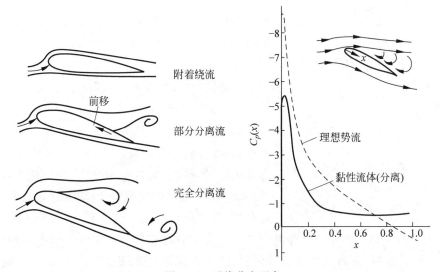

图 3-32 后缘分离现象

（2）薄翼分离(前缘长气泡分离)

对于前缘半径很小的薄翼型(相对厚度 $\bar{c}$ 为 $4\% \sim 6\%$),在实验中发现,迎角不是很大时,前缘附近可能发生层流附面层分离。因为吸力峰下游的逆压梯度过大,附面层不能再维持层流流动。分离了的气流迅速转捩为紊流附面层,而分离点后的翼面弯度又不是很大,于是紊流附面层又重新附着在翼面上,从而在前缘附近形成了一个封闭的局部分离区,充满了

旋涡,叫作气泡。开始时,气泡很短,只占弦长的 $2\%\sim3\%$。随着迎角的增大,因前缘半径很小,分离点始终在前缘,而附着点后移,气泡增长。当迎角增大到一定程度之后,气流不能再次附着,气泡不能维持,从而形成了完全分离,如图 3-33 所示。

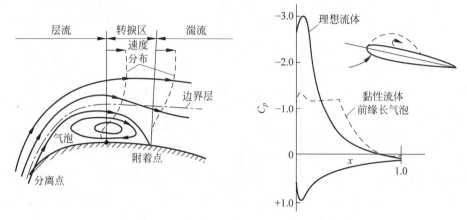

图 3-33　前缘长气泡分离及压力分布图

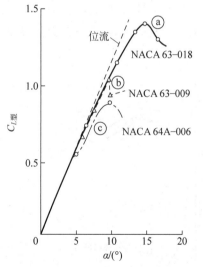

图 3-34　不同翼型的升力系数曲线

一旦发生气泡,绕流立即改变,影响压力分布,其升力系数曲线的斜率便减小。随着迎角的增大,气泡拉长,升力系数曲线斜率继续减小,气泡不再存在,变成完全分离后,翼型的升力系数达到最大值。所以这种薄翼型的升力系数曲线偏离直线很早,最大升力系数也较低,可能不到 1.0。但在失速前后,翼型升力系数曲线的变化是连续的,并不是突然下降的,如图 3-34 中的ⓒ曲线所示,这一点与厚翼相同。

（3）前缘分离（前缘短气泡分离）

前缘分离还有一种情况,就是短气泡分离。中等厚度翼型(相对厚度 $\bar{c}$ 为 $9\%\sim15\%$)在中等雷诺数下会发生这种分离。短气泡分离与长气泡分离的区别是:由于翼型表面的曲率较大,随着迎角的增大,吸力峰前移,分离点和转捩点也前移,使得气泡区很短,只有弦长的 $0.5\%\sim1\%$,故称为短气泡分离。它对主流没有显著的影响。但当 α 增加到 α_{cr} 时,短气泡突然破裂,分离的气流不再附着,$C_{L型}$ 达到最大值后陡然下降,如图 3-34 中的ⓑ曲线所示。

对于短气泡分离的翼型需要注意:减小迎角,$C_{L型}$ 并不会沿原曲线陡然回升,而是随着迎角的减小 $C_{L型}$ 逐渐回升。当迎角减小至一定量级后,$C_{L型}$ 与原值相差不大时,又陡然回升至原来的值,如图 3-35 所示。

实验结果说明,在临界迎角附近,$C_{L型}$ 对 α 的关系不是唯一的,同一个 α 所对应的 $C_{L型}$ 有两个值,一个是从小迎角逐渐增大上去所对应的 $C_{L型}$,这个值较大;另一个是失速以后,迎角由大减小后所对应的 $C_{L型}$,这个值较小。

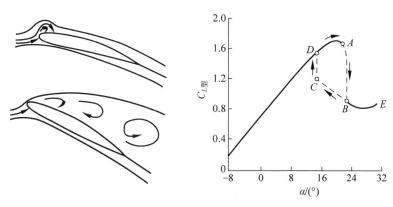

图 3-35 前缘短气泡分离现象

当迎角大于临界迎角 α_{cr} 后，$C_{L型}$ 突然下降，有一个突跃值，之后再增大迎角，$C_{L型}$ 又是连续变化的。在不大的范围内，增大迎角，对应的 $C_{L型}$ 先略有下降，之后又略有上升，如图 3-35 中的 BE 段所示。而迎角从曲线上 B 点所对应的迎角减小后，对应的 $C_{L型}$ 明显上升，如图 3-35 中的 BC 段所示。到 C 点后如果继续减小迎角，$C_{L型}$ 陡然上升，这时气流从完全分离突变为附着气泡。在附着后，再增大迎角，则 $C_{L型}$ 遵循 DA 线变化。在图 3-35 中，两个突变之间跨越的迎角达到 8°，为 14°～22°。这种情况对飞机是不利的，其一是迎角一旦大于临界迎角后升力系数会突然下降，其二是想改出的话必须减小足够大的迎角。

2）翼型几何参数、雷诺数对低速分离特性及翼型最大升力系数的影响

（1）相对厚度 $\bar{c}$ 的影响

由图 3-36 可见，对称翼型在 $\bar{c}=6\%$～14% 范围内，翼型的最大升力系数 $C_{L\max型}$ 随着 $\bar{c}$ 的增大而增大；当 $\bar{c}>14\%$ 时，$C_{L\max型}$ 逐渐减小。这是因为在 $\bar{c}<14\%$ 时，决定 $C_{L\max型}$ 的是前缘分离，$\bar{c}$ 增大将延缓前缘分离，故 $C_{L\max型}$ 增大；而当 $\bar{c}>14\%$ 时，决定 $C_{L\max型}$ 的是后缘分离，$\bar{c}$ 越大越容易出现后缘分离，所以 $C_{L\max型}$ 减小。

（2）相对弯度 $\bar{f}$ 和最大弯度位置 $\bar{X}_f$ 的影响

由图 3-37 可见，相对弯度较大的翼型的最大升力系数 $C_{L\max型}$ 也较大。对于同一相同弯度的翼型，在最大弯度位置 $\bar{X}_f=15\%$ 时 $C_{L\max型}$ 最大。

（3）前缘半径 r_q 的影响

如图 3-38 所示，前缘半径 r_q 较大时，$C_{L\max型}$ 也较大。这是因为 r_q 较大的翼型，在大迎角时的流线性较好，推迟了附面层的分离，使得 $C_{L\max型}$ 增大。

（4）雷诺数 Re 的影响

翼型的最大升力系数 $C_{L\max型}$ 随雷诺数 Re 的增大而增大，如图 3-39 所示。这是由于雷诺数相当于惯性力与黏性力之比，雷诺数越大表示黏性作用越小，气流分离出现得越晚，故 $C_{L\max型}$ 越大。低速风洞试验的雷诺数一般小于实际飞行的雷诺数，测出的 $C_{L\max型}$ 较小，测出后必须经过修正才能与实际飞行相符合。

综上所述，迎角、动压、机翼面积、翼型和空气的黏性等都是影响升力产生和变化的主要因素。对一架飞机来说，飞行中的翼型和机翼面积一般是不变的。空气的密度和黏性是一种自然现象，飞行员无法控制。所以在影响升力的诸多因素中，只有迎角和飞行速度是飞行员可以主动改变的。

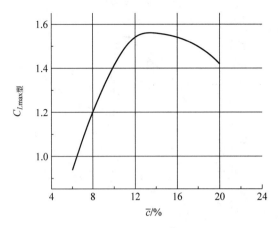

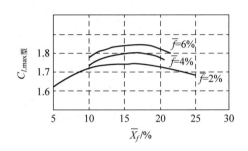

图 3-36 相对厚度对翼型（对称翼型）最大升力系数
       的影响

图 3-37 相对弯度和最大弯度位置的影响

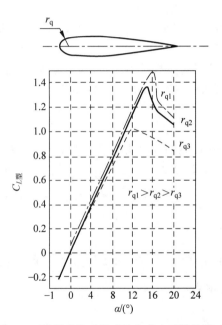

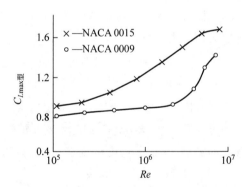

图 3-38 前缘半径对翼型最大升力系数的影响

图 3-39 雷诺数对翼型最大升力系数的影响

3.2.3 翼型的阻力

阻力是阻碍飞机前进的力，是总空气动力的一个分量。阻力的方向与升力垂直，与飞机相对空气运动的方向相反。在飞行中，飞行速度的保持和改变、飞行性能的好坏与飞机的阻力有密切关系。阻力阻碍飞机的飞行，但没有阻力飞机又无法稳定飞行。飞机在低速飞行时，根据阻力产生的原因，一般分为摩擦阻力、压差阻力、诱导阻力和干扰阻力，其中摩擦阻力、压差阻力和干扰阻力合称为废阻力（或寄生阻力）。飞机的阻力是由机翼、机身、尾翼等部分产生的，其中机翼的阻力又与机翼翼型的阻力有关，下面以翼型为例来介绍摩擦阻力和压差阻力。诱导阻力和干扰阻力是由有限翼展机翼和全机所产生的,是一个三维问题,将在后续章节加以介绍。

1. 翼型阻力的产生

由于空气有黏性,当气流流过翼型时,不可避免地会产生阻力。从本质上讲,翼型阻力可以分为两部分:一部分是摩擦阻力,另一部分是压差阻力。

1) 摩擦阻力

由附面层理论可知,空气流过机翼时,紧贴机翼表面的一层空气的速度恒等于零,就好像黏在机翼表面一样,这是由于这些流动的空气受到了机翼表面给它的向前的力作用的结果。由牛顿第三定律可知,这些速度为零的空气也必然给机翼表面一个反作用力,这个反作用力的方向与运动方向相反,就是摩擦阻力。

摩擦阻力与附面层的类型位置密切相关。由于紧贴在飞机表面,紊流附面层的速度梯度比层流附面层的大,即在紊流附面层底层,飞机表面对气流的阻滞作用大,因此,紊流附面层的摩擦阻力就比层流附面层的大。

另外,转捩点的位置也决定了摩擦阻力的大小,而飞行速度、飞机表面的粗糙程度决定了转捩点的位置。飞行速度增加,转捩点前移,摩擦阻力增加;飞机表面越粗糙,转捩点前移,摩擦阻力增加。

再者,摩擦阻力还与飞机的接触面积有关。飞机的表面积越大,摩擦阻力就越大。

二维翼型的摩擦阻力可表示为

$$D_{f型} = C_{Df型} \cdot \frac{1}{2}\rho_\infty v_\infty^2 \cdot S \tag{3-20}$$

式中　$C_{Df型}$——翼型的摩擦阻力系数。

2) 压差阻力

压差阻力是由于物体前后的压力差而产生的阻力。飞机的机翼、机身和尾翼等部件都会产生压差阻力。压差阻力的产生与附面层的分离密切相关。前文已介绍过相关知识,这里为了便于理解,再次结合翼型来解释压差阻力产生的原因。

(1) 顺压梯度与逆压梯度

如图 3-40 所示,以绕翼型的流动为例。由 2.4.3 节的知识可知,从 A 到 B,流线逐渐变密,流速增快,压强降低,称为顺压梯度;从 B 到 C,流线逐渐变稀,流速减慢,压强升高,称为逆压梯度。B 点为最低压强点。

(2) 附面层分离

翼型的附面层分离与曲面的附面层分离原理一致,在第 2 章中已阐述,其分离如图 3-41 所示,气流开始脱离物体表面的点称为分离点,如图 3-41 中的 S 点。附面层分离的内因是空气具有黏性,外因则是物体表面弯曲而出现的逆压梯度。具体分析如下:

在顺压梯度段(图 3-41 中的 E 点之前),附面层内空气黏性的作用虽然使气流减速,但在顺压的作用下使附面层内的气流加速,总的来说,附面层内的气流还是加速流动的。

然而,在逆压梯度段(图 3-41 中的 E 点之后),情况却不是这样。附面层气流在空气黏性和逆压梯度的双重作用下减速,以至于在 S 点速度减小到零。在 S 点之后,附面层低层的气流在逆压梯度的作用下发生倒流。倒流而上的气流与顺流而下的气流在 S 点相遇,使

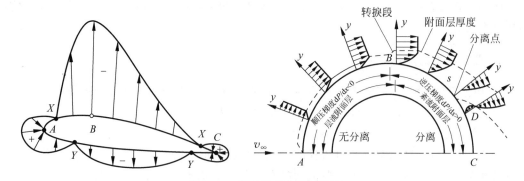

图 3-40　顺压梯度和逆压梯度

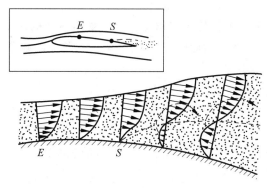

图 3-41　翼型附面层分离

附面层气流拱起,脱离物体表面,并被主流卷走,形成大的旋涡而使附面层气流产生了分离。这些旋涡一方面被相对气流吹离机翼,另一方面又连续不断地从机翼表面产生,如此周而复始地变化,就在分离点后形成了涡流区。这种旋涡运动的周期性是引起飞机机翼、尾翼和其他部分产生振动的重要原因之一。实验结果表明,涡流区内各处的压强几乎是相等的,且等于分离点处的压强。

附面层分离后,涡流区的压强降低(这种压强的降低是相对物体前部而言的)。其原因是:在涡流区,由于产生了旋涡,空气迅速旋转,一部分动能因摩擦而损耗,这样压强就降低了。例如汽车在行驶中,车身后部的灰尘被吸在车后,就是由于车身后部涡流区内的空气压强比其周围的大气压强低的缘故。

(3)压差阻力的产生

气流流过机翼后,在机翼的后缘部分因附面层分离形成涡流区,使压强降低,而在机翼前缘部分,由于气流受阻,压强增大,这样机翼前后缘就产生了压力差,从而使机翼产生压差阻力。飞机其他部分产生压差阻力的原理与此相同。

翼型的压差阻力可表示为

$$D_{\Delta p型} = C_{D\Delta p型} \cdot \frac{1}{2}\rho_\infty v_\infty^2 \cdot S \tag{3-21}$$

式中　$C_{D\Delta p型}$——翼型的压差阻力系数,一般由实验测定。

由于涡流区的压强等于分离点处的压强,当分离点靠近机翼前缘时,涡流区压强进一步降低,压差阻力就会增大;分离点靠近机翼后缘时,涡流区压强增大,压差阻力减小。

压差阻力的大小与分离点的位置有关,而分离点的位置主要取决于迎角。迎角越大,分离点前移,压差阻力越大。

另外,压差阻力大小还与迎风面积、形状有关。迎风面积大,压差阻力大。像水滴那样,前端圆钝、后端细尖的流线型体,压差阻力小。

在有黏性的流体中,即使附面层不分离,由于翼型后段的附面层逐渐加厚,将主流向远离机翼表面的方向推离,主流的流管收缩,压力降低,也会产生压差阻力。

对于二维翼型而言,仅存在摩擦阻力和压差阻力,两者之和就是翼型在低速条件下的总阻力,叫作翼型阻力,简称型阻。

对于三维翼型,机身、尾翼、发动机短舱等其他部件也会产生摩擦阻力和压差阻力,各部件的阻力总和就是全机的摩擦阻力和压差阻力。

2.翼型的阻力性

1)翼型阻力系数与最小型阻系数

对于二维翼型,翼型阻力系数就是翼型摩擦阻力系数和翼型压差阻力系数之和,即

$$C_{D型} = C_{Df型} + C_{D\Delta p型} \tag{3-22}$$

$C_{Df型}$ 与 $C_{D\Delta p型}$ 占 $C_{D型}$ 的比例随迎角、翼型的几何形状和雷诺数的变化而变化。

实验表明:在小迎角时,$C_{Df型}$ 占 $C_{D型}$ 的 70%～80%,此阶段翼型阻力系数 $C_{D型}$ 随迎角的增大而增大的主要原因是摩擦阻力系数 $C_{Df型}$ 增大。因为迎角增大时,上翼面最低压力减小,顺压梯度即主流速度增大。迎角较大时,出现气流分离,此阶段翼型阻力系数 $C_{D型}$ 随迎角的增大而增大的主要原因是压差阻力系数 $C_{D\Delta p型}$ 增大。当迎角超过临界迎角后,出现严重的气流分离,压差阻力急剧增大,翼型阻力系数 $C_{D型}$ 也急剧增大。飞行中如果出现升力急剧减小,阻力急剧增大的情况,导致飞机不能保持正常的飞行状态就是失速。

翼型阻力系数随迎角变化的过程中,存在最小值,称为最小型阻系数,以 C_{Dmin} 表示。这个参数对飞机性能的影响很大,飞机的最大速度主要由它决定。

对于对称翼型,$C_{L型} = 0$ 时,翼型型阻最小,此时 $C_{Dmin} = C_{D0}$,称为零升阻力系数。

对于有正弯度的非对称翼型,C_{Dmin} 对应的迎角称为理想迎角。当翼型迎角为理想迎角时,气流的驻点在翼型的前缘,气流平滑地绕过前缘,压力变化比较缓和。此时 $C_{Dmin} \neq C_{D0}$。但对于大多数翼型,两者相差不大,可近似认为相等。

层流翼型的型阻系数在设计升力系数点附近达到最小值,且 C_{Dmin} 很小。如 NACA 63212 翼型的最小型阻系数只有 0.004 5,与同一相对厚度的 NACA 23012 相比,减少了 28.6%。不过层流翼型的翼面必须十分光洁,保养要求高。在远离设计点后,层流翼型的型阻系数与普通翼型的差别不大。

除此之外,以下因素也会影响最小型阻系数:

(1)流态。紊流的摩擦阻力系数大于层流的摩擦阻力系数。因此,紊流的最小型阻系数大于层流的最小型阻系数。

(2)最低压力点位置。最小型阻系数随最低压力点的后移而减小。这是因为最低压力

点就是逆压梯度的起点,最低压力点后移,则分离点后移,压差阻力减小,总的型阻系数也减小。

（3）粗糙度。粗糙度越大,最小型阻系数越大,其主要原因是摩擦阻力系数较大。

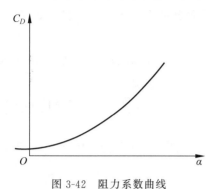

图 3-42　阻力系数曲线

2）阻力系数曲线

阻力系数的变化规律可以用阻力系数曲线表示。阻力系数曲线反映了阻力系数随迎角变化的规律。图 3-42 为某型飞机的阻力系数曲线。从该曲线可以看出,阻力系数随迎角的增大而增大,近似于抛物线规律。

在中小迎角范围内,随着迎角的增大,阻力系数增加缓慢。这是因为,在中小迎角范围内,飞机的阻力主要为摩擦阻力,迎角对其影响很小。

迎角较大时,随着迎角的增大,阻力系数增加较快;接近或超过临界迎角时,阻力系数急剧增大。这是因为在较大迎角时,飞机的阻力主要为压差阻力和诱导阻力,迎角增大,压差阻力和诱导阻力都增大,特别是在接近或超过临界迎角时,由于涡流区急剧扩大,压差阻力急剧增大,从而使阻力系数急剧增大。

3.2.4　翼型的压力中心与焦点

1. 翼型的总空气动力和压力中心

翼型的升力和阻力都是空气作用于翼型上的总空气动力的分解,简称翼型的总空气动力,用 $R_型$ 表示,满足 $R_型=\sqrt{L_型^2+D_型^2}$。可令 $R_型=C_{R型}\cdot\dfrac{1}{2}\rho v^2 S$，$C_{R型}$ 称为翼型的总空气动力系数。

翼型上总空气动力的着力点叫作压力中心（简称压心）。压力中心在翼弦上的位置常用压力中心距前缘位置占弦长的百分数表示,即 $X_{CP型}=(x_{cp型}/b)\times100\%$，如图 3-43 所示。

压力中心的前后位置几乎由升力来决定,所以也常以翼型升力的着力点为翼型的压力中心。

迎角改变时,压力分布随之变化,压力中心的位置也相应移动。压力中心移动范围的大小,对飞机的稳定性和操纵性有明显的影响。

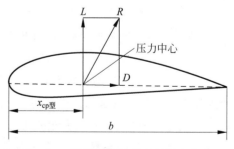

图 3-43　翼型总空气动力与压力中心

2. 翼型的压力中心随迎角的变化规律

翼型的压力中心位置和总空气动力方向随迎角的变化规律如图 3-44 所示。

在迎角小于临界迎角时,迎角增大,上翼面吸力增大,吸力峰位置前移,因此压力中心前移。

当迎角继续增大（仍小于临界迎角）时,升力增大且压力中心前移,但改变量减小。其原因是：随着迎角的增大，翼型后段出现气流分离，且分离点前移，分离区内的压力小于分离点处，因此对于机翼表面上的某一点，其压力减小（该点先处于分离区外，后处于分离区内），故翼型后段的吸力增大，而翼型前段吸力峰的增长和移动比小迎角时减小。

当迎角超过临界迎角时，气流发生严重分离，若迎角继续增大，升力减小，且压力中心后移，其原因是翼型前段吸力峰急剧下降。

图 3-44　翼型的压力中心和总空气动力方向随迎角的变化规律

3. 翼型的焦点（气动中心）和零升力矩

假想在翼弦上压力中心位置之前设一转轴，那么翼型升力将对转轴产生下俯力矩。迎角增大，升力增大，但压力中心前移，升力到转轴的力臂缩短，下俯力矩不能确定是增大还是减小。如果转轴的位置选择恰当，下俯力矩还有可能不变。

理论和实验证明，翼型弦上的确存在这样一个点：迎角改变但力矩值不变。这个点的理论位置，对薄翼型（相对厚度 $\bar{c}$ 为 4%～6%）是在距前缘 1/4 弦长处，大多数普通翼型的位于 0.23～0.24 弦长处，层流翼型的在 0.26～0.27 弦长处。

绕翼型弦上某点的升力力矩与迎角无关，该点称为翼型的焦点或气动中心。翼型焦点距前缘的距离用 $x_{F型}$ 表示。在临界迎角以下，$x_{F型}$ 基本不随迎角改变。

这意味着迎角和升力的大小不会引起对焦点力矩的改变（小于临界迎角 α_{cr}），对焦点的力矩总是不变的。当升力为零时，对焦点依然存在力矩。在零升迎角下，翼型的升力为零，但是翼型前段下表面的吸力大于上表面的吸力，形成一个向下的力，而翼型后段则相反，形成一个向上的力。两个力的大小相等、方向相反、作用点不在同一直线上，构成一力偶。力偶的力偶矩就是零升力下作用在翼型焦点上的力矩，称为翼型的零升力矩，用符号 $M_{Z0型}$ 表示。根据力偶的性质可知，力矩的大小与转轴位置无关。

将翼型的升力从压力中心向翼型的焦点简化（力的平移），得到一个着力点在翼型焦点的升力和一个大小恒等于 $M_{Z0型}$、不随迎角改变的下俯力矩，如图 3-45 所示。

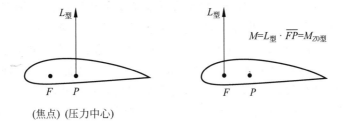

(焦点) (压力中心)

图 3-45　升力向焦点简化

飞机的升力一般不通过飞机的重心,故对重心有力矩。由于压力中心位置要随迎角改变而前后移动,这样计算力矩不方便。将升力简化到焦点后,焦点位置不变,计算升力对重心的力矩就很方便了。

机身和水平尾翼等部件也能产生一部分升力,产生的原因与机翼产生升力的原因相同。飞机各部分升力的总和就是飞机的升力。飞机升力的作用点叫作飞机的压力中心。很显然,一般情况下飞机的压力中心与机翼的压力中心是不重合的。

3.3 机翼的低速空气动力

在3.2节中,是在无限翼展机翼中取一单位展长的翼型来研究它的空气动力,而实际上机翼的展长是有限的,其上必将出现一些翼型理论中没有涉及的气流流动情况。本节将讨论机翼的低速空气动力(有限翼展),并进一步完善前面得到的结论和公式。对于实际流过机翼的气流,机翼上各点的参数与三个空间坐标(x、y、z)都有关,属于三维流动。

3.3.1 气流绕有限翼展机翼的流动

如图3-46所示,如果取一段丝线,一端系上一团小棉花球,将其放于翼尖处。当气流流过机翼(正迎角)时,小球将旋转起来,连同丝线一起描绘出一个锥体。实验表明,气流流过有限翼展机翼,机翼左、右翼尖后缘会出现旋涡,称为翼尖涡。

图3-46　翼尖涡实验

在飞行中,机翼产生正升力,下翼面的压强比上翼面高,在上、下翼面压强差的作用下,下翼面的气流就绕过翼尖流向上翼面,该流动叫作气流的展向流动。如所图3-47所示,由于上、下翼面的压力差导致的展向流动,使得下翼面的流线由机翼的翼根向翼尖倾斜,而上翼面的流线则由翼尖偏向翼根。由于上、下翼面气流在后缘处具有不同的流向,于是形成了旋涡,称为自由涡。由机翼后缘每点拖出的自由涡形成自由涡面。自由涡面在机翼后面和翼尖卷成两个大涡,即翼尖涡,翼尖涡向后流即形成翼尖涡流。机翼上产生的升力越大,翼尖涡也就越强。翼尖涡的出现是三维机翼流动的基本特点。这种情况在翼型的流动中是没有的,它是分析有限翼展机翼气动特性的基本依据。

飞行中,翼尖涡内的空气压强低,如果空气中含有足够的水蒸气,就会因膨胀冷却而凝结成水珠,形成由翼尖向后的两道白雾状的涡流索。

根据目前对有限翼展的涡系的研究,发现存在一种涡系的解,它带动周围空气的运动与一个升力机翼所产生的运动很相似。将涡系做出适当分布,就可以从各方面代表一个物理

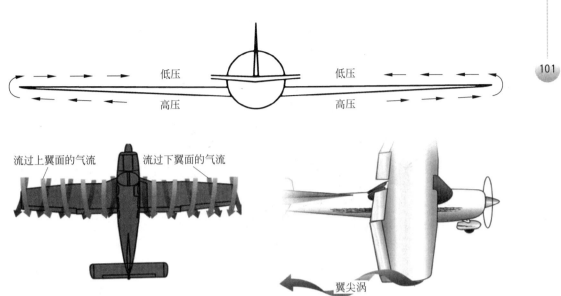

图 3-47　翼尖涡的形成

机翼,但厚度作用除外,这样的涡系由三部分组成:附着涡系、尾涡系和启动涡系。启动涡系是和环量的改变密切相关的,因而与可能发生的升力改变有关。而用一个附着涡系来代替机翼,虽然不能认为是一种严格的流动模型,但这个概念却为机翼上的实际载荷分布与尾涡系建立起联系。

对于无后掠角(或者后掠角很小)而且展弦比大于 4.0 的直机翼,可以用一个单独的附着涡系来代替机翼上的升力分布,此涡系的轴线垂直于机翼的对称平面,并通过此升力面的气动中心。因为无黏流绕流薄机翼时,气动中心位于 1/4 弦线处,所以把附着涡系放在此处。这一条涡线的环量 Γ 的强度是沿翼展变化的(是 y 的函数)。但是,根据亥姆霍兹旋涡守恒定理,涡线不可能在流体内中止,因此,当附着涡系的强度改变(因升力沿展向改变)时,就会有同样环量改变量的涡线离开附着涡而向下游拖出去,见图 3-48。如果附着涡强度沿翼展微段 Δy 减小了 $\Delta\Gamma$,就必须沿 x 方向拖出去一个尾涡,其强度也是 $\Delta\Gamma$。因此,虽然附着涡的涡线强度是沿机翼长度变化的,但并没有在机翼里中止,而是成对地向后折转形成尾涡系。在飞机作定常飞行时,启动涡已经脱落到后方去了,所以这些"尾涡对"可以有效地延伸到无限远的后方。因此,实际上涡系只是由附着涡系和尾涡系组成的。图 3-48 所示就是一个有三条边的涡系示意图,称为马蹄涡系。该图中还画出了各个剖面的环量沿翼展变化的曲线 $\Gamma(y)$。由于升力是和环量成正比的,所以这个 $\Gamma(y)$ 曲线也是升力分布曲线示意图。

普朗特和梯金斯假设:只要展向流动不严重,有限翼展机翼的每个剖面所起的作用与孤立的二维翼型相同,这也称为剖面假设。有了这个假设,就可以把机翼视为由若干个"剖面"组成,对每个剖面应用茹科夫斯基定理 $L_{型}=\rho v_{\infty}\Gamma$ 求总升力,总和即为整个机翼的升力。当然,这里的环量 Γ 是 y 的函数。但是,对于后掠机翼而言,侧向的压强梯度较大,导致较强的展向流动,这必然使得剖面假设不能成立。此时,就要把机翼作为一个整体来计算其升力。

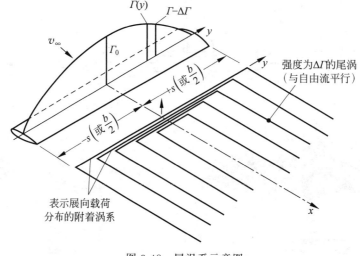

图 3-48　尾涡系示意图

3.3.2　有限翼展机翼的阻力

整个机翼的阻力系数 $C_{D翼}$ 由型阻系数 $C_{D型}$ 和机翼诱导阻力系数 $C_{DI翼}$ 两部分组成。

型阻系数在前面的章节已讨论过,不过在计算雷诺数时,特征长度现在应当改用机翼的几何平均弦长 $B_{AVG}=s/l$。下面主要说明诱导阻力的产生和诱导阻力系数 $C_{DI翼}$ 的计算。

1.　下洗速度和下洗角

翼尖涡是有旋转方向的。从飞机的后部向前看,右机翼的翼尖涡是逆时针旋转,左机翼的翼尖涡是顺时针旋转,如所图 3-49 所示。因此,在翼展范围内,翼尖涡会引起向下的气流运动,用 v_y 或 w 表示,在空气动力学中称为下洗;在翼展范围之外,翼尖涡又会引起向上的气流运动,在空气动力学中称为上洗。

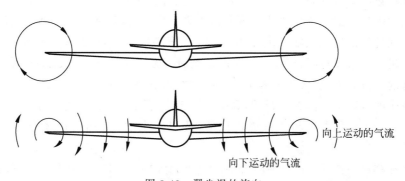

图 3-49　翼尖涡的旋向

下洗速度沿翼型的翼弦方向是变化的,为简便起见,可将机翼弦向的下洗速度用一个平均下洗速度来代替,表示整个翼型的下洗速度。下洗速度的存在改变了翼型原来的相对气流方向,使流过翼型的气流向下倾斜,这个向下倾斜的气流称为下洗流(新的相对气流速度),其流速用 v' 表示。下洗流与相对气流之间的夹角称为下洗角,用 ε 表示,如图 3-50

所示。

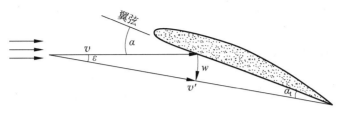

图 3-50 下洗流与下洗角

由此可知,下洗的出现改变了原来的迎角大小。改变后的迎角称为有效迎角(用 α_t 表示),是下洗流与翼弦之间的夹角。由图 3-50 可知,它们的数学关系为

$$\alpha_t = \alpha - \varepsilon \qquad (3\text{-}23)$$

由此,我们得出:机翼剖面的有效迎角比机翼的迎角(α)小,其程度取决于下洗角的大小。而下洗角的大小主要与飞行速度的大小(原来相对气流的速度)和下洗速度的大小有关。如果飞行速度不变,下洗速度增大,下洗角变大;如果下洗速度不变,飞行速度增大,下洗角减小。

对于不同的机翼平面形状,其下洗速度大小沿展向分布一般也不一样。椭圆形机翼的下洗速度沿展向是相同的,因此其诱导阻力最小,其他平面形状的机翼则不相同。图 3-51 给出了椭圆形机翼、梯形机翼、矩形机翼的下洗速度沿展向的分布图。由图中可以看出,矩形机翼的下洗速度从翼根到翼尖是逐渐增大的,因此矩形机翼翼根处的有效迎角大,会先失速。

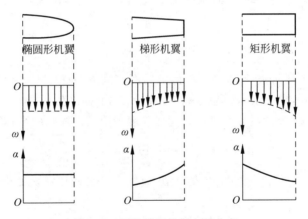

图 3-51 下洗速度沿展向的分布

2. 诱导阻力的产生

当气流流过机翼时,由于翼尖涡的存在导致气流下洗,改变了原来相对气流速度的方向,使得升力向后倾斜,向后倾斜的升力在相对气流速度方向分解出一个阻碍飞机前进的力,该力就是诱导阻力。

若没有下洗,作用在机翼上的升力 L 是垂直于相对气流速度 v 的;若有下洗,实际升力 L' 应垂直于下洗速度 v'。因此,对照没有下洗流的情况(也就是对照相对气流)来说,实际

升力 L' 相对于相对气流的方向向后倾斜了一个角度 ε，该角度即为下洗角，如图 3-52 所示。这样，实际升力 L' 对飞机的运动起到两个作用：一是垂直于相对气流方向的分力（图 3-52 中的 L）起着升力的作用；二是平行于相对气流方向的分力（图 3-52 中的 D）起着阻碍飞机前进的作用，这个阻力就是诱导阻力。

诱导阻力是由有限翼展机翼后缘拖出的自由涡产生的，因此又将其称为旋涡阻力。只要机翼产生升力，有限翼展机翼后缘就产生自由涡，诱导阻力必然存在。

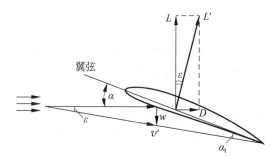

图 3-52　诱导阻力产生的原理

3. 环量定理理解尾涡与下洗

由亥姆霍兹关于涡的第一定理可知，涡管强度沿着涡管保持不变，除非有同样强度改变量的涡线进入或退出此涡管。如果 $\Gamma(y)$ 表示沿 y 轴（展向坐标）的环量强度，那么一定会有一个半无限长的、强度为 $\Delta\Gamma$ 的涡从微段 Δy 上向 x 方向拖出去，见图 3-53。这个尾涡的强度表达式为

$$\Delta\Gamma = \frac{\mathrm{d}\Gamma}{\mathrm{d}y}\Delta y \tag{3-24}$$

假设机翼每一个展向条带（Δy）表现得像局部二维流一样。为了计算位于 y 处的一条尾涡线的影响，下面考虑一条与 x 轴平行，距离为 y，由 y 轴发出的向下游拖下去的半无限长涡线。此涡线在 y_1 处的诱导速度应是同样强度无限长涡线的一半，即

$$\Delta w_{y_1} = \frac{1}{2}\left[+ \frac{\mathrm{d}\Gamma}{\mathrm{d}y}\mathrm{d}y \ \frac{1}{2\pi(y - y_1)} \right] \tag{3-25}$$

取"+"号是因为 $(y - y_1)$ 和 $\mathrm{d}\Gamma/\mathrm{d}y$ 都是负值，而位于 y 处的尾涡诱导出的速度是向上的缘故，见图 3-53。

为了计算任意点 y_1 处由所有尾涡累计而成的合成诱导速度，式(3-25)应对 y 作积分，从左翼尖($-s$)积分到右翼尖($+s$)得

$$w_{y_1} = + \frac{1}{4\pi}\int_{-s}^{+s} \frac{\mathrm{d}\Gamma/\mathrm{d}y}{y - y_1}\mathrm{d}y \tag{3-26}$$

y_1 处的合成诱导速度，一般来说是向下的（即负值），称为下洗速度或下洗。下洗角是

$$\varepsilon = \arctan\left(\frac{w_{y_1}}{v_\infty}\right) \approx \frac{w_{y_1}}{v_\infty} \tag{3-27}$$

这个下洗作用导致未受扰动的气流向下"倾斜"，因而气动中心处的有效迎角减小为

$$\alpha_t = \alpha - \varepsilon$$

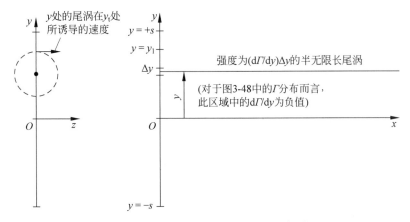

图 3-53　计算 $y = y_1$ 处诱导速度的几何关系

但是,如果机翼具有几何扭转,则其迎角 α 和下洗角 ε 都是展向位置 y 的函数。因为气动中心处合速度的方向相对于未受扰动的气流向下倾斜,所以这段翼型的有效升力向后倾斜同样的角度。因此,整个机翼的有效升力在平行于未受扰动气流的方向上就有了一个分量(见图 3-54),这是一个阻力,它是有限翼展机翼产生升力所导致的后果,称为涡阻力或诱导阻力。下洗的结果是:有限翼展机翼上翼段翼型在几何迎角 α 之下所产生的升力,小于同样剖面但具有无限翼展的翼型在同样迎角下所产生的升力。

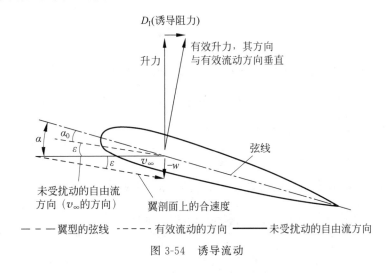

图 3-54　诱导流动

根据库塔-茹科夫斯基升力定理,机翼一个微元翼段上的升力应是

$$l(y) = \rho_\infty v_\infty \Gamma(y) \tag{3-28}$$

而诱导阻力则是

$$d_i(y) = -\rho_\infty w(y) \Gamma(y) \tag{3-29}$$

取负号是因为向下的(负的) w 值产生正的诱导阻力。沿整个翼展积分,得总升力为

$$L = \int_{-s}^{+s} \rho_\infty v_\infty \Gamma(y) \mathrm{d}y \tag{3-30}$$

总诱导阻力为

$$D_I = -\int_{-s}^{+s} \rho_\infty w(y) \Gamma(y) \mathrm{d}y \tag{3-31}$$

对于二维翼型而言,环量 Γ 沿翼展是常数(与 y 无关),各处的诱导下洗速度为零,因而诱导阻力为零。但有了尾涡系以后,机翼的气动特性比同样剖面的二维翼型有了很大的变化。

4. 诱导阻力及其系数的计算

诱导阻力可以通过多种途径推导出来,这里介绍一种简便的近似计算方法。

由图 3-52 有

$$D_{I翼} = L_翼 \tan\varepsilon \approx L_翼 \varepsilon$$

等式两边同时除以 $\dfrac{1}{2}\rho_\infty v_\infty^2 S$,得

$$C_{DI翼} = C_{L翼} \varepsilon \tag{3-32a}$$

而由图 3-54 可知,当 v_∞ 恒定时,ε 与 w(下洗速度)成正比。下洗速度 w 与机翼升力系数 $C_{L翼}$ 有关,$C_{L翼}$ 越大,升力越大(v_∞ 恒定),旋涡越强,下洗速度 w 越大;此外,展弦比 λ 越大,翼尖涡离翼中段的距离越长,则机翼中间各剖面的下洗速度减小,从而影响平均下洗速度 w 减小。所以,ε 与 $C_{L翼}$ 成正比,与 λ 成反比,则有关系式

$$\varepsilon = B \frac{C_{L翼}}{\lambda} \tag{3-32b}$$

式中　B——比例系数,受机翼平面形状的影响,一般飞机的 B 值为 $0.3\sim0.4$。

将式(3.32b)代入式(3.32a),得

$$C_{DI翼} = B \frac{C_{L翼}^2}{\lambda} \tag{3-33}$$

实验表明,对椭圆形平面形状的机翼,式(3-34)可以写成

$$C_{DI翼} = \frac{1}{\pi\lambda} C_{L翼}^2 \tag{3-34}$$

相应地,椭圆形机翼的下洗角为

$$\varepsilon_椭 = \frac{1}{\pi\lambda} C_{L翼} \tag{3-35}$$

其他平面形状机翼的诱导阻力系数和下洗角可以写成

$$C_{DI翼} = \frac{C_{L翼}^2}{\pi\lambda}(1+\delta) \tag{3-36}$$

$$\varepsilon = \frac{C_{L翼}}{\pi\lambda}(1+\tau) \tag{3-37}$$

式中　δ,τ——由平面形状决定的非椭圆修正因子,详见表 3.2。

表 3.2　不同机翼平面形状的非椭圆修正因子

机翼平面形状	$(1/\pi)(1+\delta)$	$(1/\pi)(1+\tau)$	备注
椭圆形	0.318	0.318	$\tau=\delta=0$
梯形	0.318	0.318	$\eta=2\sim3$
矩形	0.335	0.375	$\lambda=5\sim8$
菱形	0.363	0.363	

根据上述诱导阻力系数公式,可把诱导阻力系数归纳成一个统一的公式,即

$$C_{DI翼} = \frac{C_L^2}{\pi\lambda_c} = AC_{L翼}^2 \tag{3-38}$$

相应地,下洗角为

$$\varepsilon = \frac{C_L}{\pi\lambda_c} = AC_{L翼} \tag{3-39}$$

$$\lambda_c = \frac{\lambda}{1+\delta}$$

式中 λ_c——有效展弦比;

$$A = \frac{1}{\pi\lambda_c} = \frac{1}{\pi} \cdot \frac{1+\delta}{\lambda}$$

A——机翼的诱导阻力因子。

5．有限翼展机翼的阻力系数

有限翼展机翼的阻力系数等于型阻系数与机翼诱导阻力系数之和,即

$$C_{D翼} = C_{D型} + C_{DI翼} \tag{3-40}$$

将式(3.38)代入式(3-40)得

$$C_{D翼} = C_{D型} + AC_{L翼}^2 \tag{3-41}$$

在中小迎角范围内,$C_{D型} \approx C_{Dmin} \approx C_{D0}$,所以可以得出一般中小迎角飞行下的机翼的阻力系数公式,即

$$C_{D翼} = C_{D0} + AC_{L翼}^2 \tag{3-42}$$

3.3.3 有限翼展机翼的升力特性

本节只讨论 C_L-α 呈线性关系时有限翼展机翼的升力特性,失速特性将在下一节讨论。由于一般平面形状机翼的升力特性可在椭圆形机翼的基础上修正得到,所以先讨论椭圆形机翼的升力特性。

1．椭圆形机翼的升力特性

椭圆形机翼各剖面的下洗角和有效迎角是相同的。仿照翼型的升力系数公式 $C_{L型} = C_{L型}^\alpha(\alpha - \alpha_0)$,可写出椭圆形机翼的升力系数表达式为

$$C_{L椭} = C_{L型}^\alpha(\alpha_t - \alpha_0) = C_{L型}^\alpha(\alpha - \varepsilon - \alpha_0) \tag{3-43}$$

将 $\varepsilon_椭 = \dfrac{C_{L椭}}{\pi\lambda}$ 代入式(3-44),且 $C_{L型}^\alpha$ 的理论值为 2π,得

$$C_{L椭} = 2\pi\left(\alpha - \alpha_0 - \frac{C_{L椭}}{\pi\lambda}\right)$$

解得

$$C_{L椭} = \frac{2\pi\lambda(\alpha - \alpha_0)}{\lambda + 2} \tag{3-44a}$$

此时有

$$C_{L椭}^{\alpha} = 2\pi \frac{\lambda}{\lambda + 2} \left(\frac{1}{\text{rad}}\right) \tag{3-44b}$$

式(3-44a)和式(3-44b)说明,椭圆形机翼的 C_L 和 C_L^{α} 均比无限翼展机翼(即翼型)的小,且随着 λ 的减小而快速减小。其原因是椭圆形机翼有下洗存在,有效迎角减小,导致 $C_{L翼}$ 小于 $C_{L型}$。又由于下洗角随着 $C_{L翼}$ 的增加而呈正比例增加,所以机翼迎角增加 $1°$,有效迎角并未增加 $1°$,所以 $C_{L椭}^{\alpha}$ 也小于 $C_{L型}^{\alpha}$。

如果 $\lambda \to \infty$,椭圆形机翼变成了无限翼展机翼,C_L^{α} 也就趋近于 2π。

2. 任意平面形状机翼的升力特性

任意平面形状机翼的升力系数斜率可以通过对 $C_{L椭}^{\alpha}$ 的修正而得到,即

$$C_{L翼}^{\alpha} = \frac{2\pi\lambda}{\sqrt{\dfrac{\lambda^2}{K^2} + 4} + 2} \left(\frac{1}{\text{rad}}\right) \tag{3-45}$$

式中 $K = \dfrac{C_{L型}^{\alpha}}{2\pi}$——翼型升力系数曲线斜率与理论值 2π 的比值,$C_{L型}^{\alpha}$ 可按式(3-19b)计算。

3.3.4 有限翼展机翼的失速特性

在 3.2 节中已经讨论了翼型的失速特性,其中许多结论同样适用于有限翼展机翼。但有限翼展机翼的失速与翼型的失速还有不同之处,就是有限翼展翼型多了自由涡的下洗。机翼的平面形状不同,下洗速度沿翼展的分布也不同,这时即使机翼没有扭转,各剖面的有效迎角($\alpha_t = \alpha - \varepsilon$)也不同。当飞机迎角增加时,机翼上有些剖面可能已经达到了临界迎角,而另一些剖面还未达到,使机翼上出现了局部气流分离。这种分离随着迎角的增加而延伸扩展,致使飞机失速。局部气流分离的位置要依据机翼平面形状而定。实验发现,影响机翼失速特性的因素很多,例如所用的翼型、雷诺数、马赫数,以及机翼平面形状、扭转、厚度、弯度等。下面仅讨论无扭转的有限翼展机翼的低速失速特性。

1. 不同平面形状机翼的失速特性

根据有限翼展机翼的升力特性,对于椭圆形机翼来说,其下洗速度沿翼展是不变的(下洗角不变),因而沿翼展向各翼剖面的有效迎角不变。因此,如果采用同一翼型设计椭圆形机翼,则随着 α 的增大,整个翼展向各翼剖面同时出现分离,同时达到 $C_{L\max型}$,同时发生失速,失速特性良好,如图 3-55(a)所示。

矩形机翼的下洗速度从翼根向翼梢增大(下洗角变化也是如此),所以翼根剖面的有效迎角比翼梢剖面的大,相应的剖面升力系数也比翼梢的大。因此,气流分离首先发生在翼根区域,然后分离区逐渐向机翼两端扩展,失速是渐进的,如图 3-55(b)所示。

梯形机翼的失速特性恰好与矩形机翼相反,下洗速度从翼根向翼梢方向减小。所有翼剖面的有效迎角从翼根向着翼梢方向增大,且随着根梢比的增大,这种趋势越发明显。气流分离首先发生在翼梢附近,这不仅使机翼的最大升力系数下降,还会影响副翼的操纵效率,如图 3-56 所示。

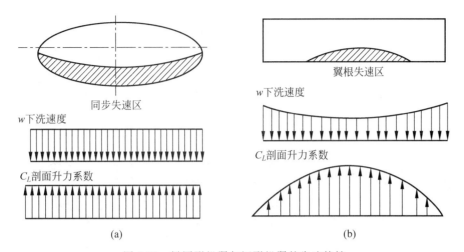

图 3-55　椭圆形机翼与矩形机翼的失速特性

（a）椭圆形机翼；（b）矩形机翼

图 3-57 给出了不同翼型在不同迎角下的气流分离区示意图。

在机翼上开始出现局部严重气流分离并产生大量旋涡时,机翼就会出现抖动现象,对于小型飞机来说,驾驶杆也会随之发生抖动。因为旋涡是从分离点处周期性地产生出来,当前一个旋涡被吹离机翼,后一个旋涡尚未形成时,升力稍有恢复,而当后一个旋涡形成时,升力又减小。这样,旋涡断续地、周期性地产生,升力忽大忽小地变化,使机翼发生抖动。机翼上大量旋涡流过尾翼时,还会引起操控性变差和全机抖动。

抖动的程度一方面与气流分离的范围和严重程度有关,另一方面还要看飞机的固有频率和气流的振动频率是否相近。频率相近时会发生共振,振幅大,则抖动明显。频率相差较大时,振幅小,则抖动弱。

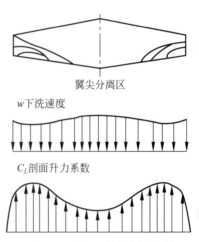

图 3-56　梯形机翼的失速特性

2. 抖动迎角和抖动升力系数

由于机翼的失速总是从某个局部开始,然后扩展到全翼,所以当局部翼剖面已失速,分离区的涡流导致飞机发生抖动时,其余大部分剖面尚未失速,机翼的升力系数还能随迎角的增加而增大,不过 $C_{L翼}^{\alpha}$ 显著下降了。将局部翼剖面开始失速的迎角定义为抖动迎角 α_b,对应的升力系数定义为抖动升力系数 C_{Lb}。

这种抖动表示飞机失速发展过程的开始,对飞行员是一种及时的警告,飞行员可通过恰当的操纵防止飞机进入失速。对于抖动不明显的飞机,现代飞机大多设置有人工失速警告装置。

若抖动迎角继续增大,机翼更多的翼剖面开始失速或已失速,整个机翼的升力系数达到

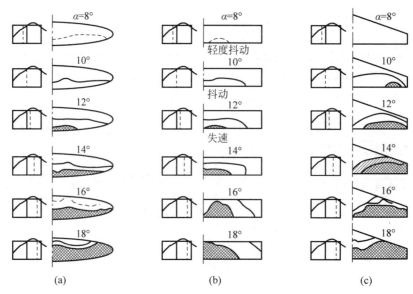

图 3-57　不同翼形在不同迎角下的气流分离区

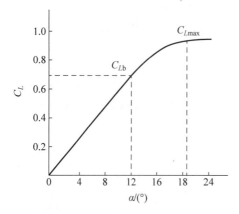

图 3-58　抖动迎角和抖动升力系数

最大值,此时的迎角即为机翼的临界迎角,对应的升力系数为机翼的最大升力系数,如图 3-58 所示。机翼的抖动升力系数和最大升力系数一般由实验测定。

3. 改善机翼失速特性的措施

(1)采用几何扭转。下洗角小的剖面采用负扭转,下洗角大的剖面采用正扭转,减小翼梢区域的迎角,以避免翼梢过早达到失速状态。

(2)采用气动扭转。在翼梢附近选用临界迎角大的翼型。

(3)在机翼外段采用前缘缝翼,使压强较大的气流从下翼面通过前缘缝隙流向上翼面,加速上翼面的气流,延缓机翼外段附面层的分离。其作用原理将在 3.5 节讲述。

3.3.5　翼梢小翼

诱导阻力是不可避免的阻力,只要机翼产生升力,就会产生诱导阻力。降低诱导阻力可以通过扩大机翼展长来实现,但是展长的扩大会受到机翼结构的限制。20 世纪 60 年代,NASA 兰利风洞实验室主任惠特科姆仿照天鹅在飞行时翼梢羽毛出现翘起来的形状,发明了一种翼梢上翘的装置,称为翼梢小翼,如图 3-59 所示。翼梢小翼主要是为了减小飞机巡航时的诱导阻力而提出的,实验也证明翼梢小翼具有良好的减阻作用。B747-400 飞机加装翼梢小翼后总阻力减少 2.5%,起飞重量增加 9.5t。现在波音公司与空中客车公司生产的大型飞机都安装了翼梢小翼,我国拥有自主知识产权的 ARJ21 飞机、C919 飞机及在研的

CR929飞机也都安装了翼梢小翼。

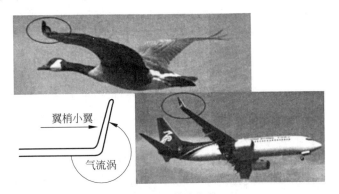

图 3-59　翼梢小翼

翼梢小翼的主要特点有：

（1）端板效应。阻挡机翼下表面绕到上表面的绕流，消弱翼尖涡强度，从而有效地增大机翼有效展弦比。

（2）耗散主翼翼尖涡。因为翼梢小翼本身也是个小机翼，也能产生翼尖涡，其方向与主翼翼尖涡虽然相同，但因距离很近，在两涡交汇处形成强的剪切作用，造成大的黏性耗散，阻止了主涡的卷绕，起到扩散主涡的作用，同样达到了减少诱导阻力的目的。在黏性耗散的作用下，两股涡相互缠绕，互相对抗抵消，同样达到了减少诱导阻力的目的，如图 3-60 所示。

图 3-60　翼尖涡与小翼涡剪切耗散

（3）增加机翼升力及向前的推力。上翘翼梢小翼可利用三维畸变流场产生小翼升力和推力分量，如图 3-61 所示。

图 3-61　翼梢小翼的增升与推力效应

（4）推迟机翼翼梢气流的过早分离，提高失速迎角。一般来说，后掠翼的翼梢三维效应更加明显，流管收缩，气流流过时先是急剧加速，压力降低，之后又是压力急剧恢复，进入很陡的逆压梯度区,过早引起翼尖边界层分离,造成失速。而安装在翼尖的翼梢小翼可用其产生的有利压力梯度抵消部分翼尖逆压场,使压力分布变得缓和,减小逆压梯度。如果设计得当就可以延迟机翼翼尖处的气流分离,提高飞机的失速迎角。

中国商飞研发的国产商用大飞机 C919 采用了融合式翼梢小翼(图 3-62),具有更好的减阻效果,且能提供一定的升力。C919 翼梢小翼的早期模型是简单的外倾平直的常规小翼,最后定型时改为大弯度、小上反小翼,但与 B787 的折刀形或 A350 的镰刀形小翼有所不同,没有明显增加的后掠和弯钩,也与 A320NEO 的简单圆滑过渡的常规小翼不同,既避免了专利冲突,也达到了比常规小翼更好的效果。C919 作为我国自主研发的第一款商用大飞机,科研人员秉持长期奋斗、长期攻关、长期吃苦和长期奉献的精神,在很多技术领域实现了零的突破,也促进了航空技术的创新发展,迈出了国产民机走向世界的第一步,凸显了新时代中国特色社会主义的制度优势,更在走向世界的进程中体现了解放思想、实事求是、敢闯敢试、勇于创新、互利合作、命运与共的改革开放精神。

图 3-62　C919 的翼梢小翼

3.4　全机的低速空气动力

飞机机身是用于装载人员、货物、机载设备等的部件,同时也是机翼、尾翼、起落架等部件的连接件。在轻型机和歼击机上,还会把发动机装在机身内。飞行中,机身除了本身会产生气动力外,与其他部件之间还会造成气动力干扰,所以全机的空气动力并不等于各部件空气动力的代数和。本节将在讨论各主要部件之间空气动力干扰的基础上,研究全机的空气动力。

3.4.1 单独机身的空气动力

1. 机身的主要几何参数

飞机的机身大多数做成旋成体,即由一条光滑(或折线)的母线绕某个轴旋转一周而围成的体积,如圆锥、圆柱、球体等。旋成体垂直于旋转轴的任意截面均是圆形的。机身的形状与飞机的飞行速度之间存在密切的关系,涉及机身绕流的边界层发展(与摩擦阻力、压差阻力有关)、边界层分离、激波形状和控制(与波阻有关)等。一般而言,低速和亚音速飞机的机身形状为圆头尖尾形,超音速飞机的机身一般为尖头形,如图 3-63 所示。

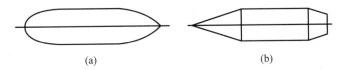

(a)　　　　　　　　　　　(b)

图 3-63　亚音速与超音速飞机的机身形状

(a) 亚音速;(b) 超音速

如图 3-64 所示,旋成体沿轴向分为头部、中部、尾部,旋成体的长度用 L_r 表示,$R(x)$ 表示旋成体的半径,R_{max} 为旋成体的最大半径,S_{max} 为旋成体的最大截面面积,R_d 为旋成体的底圆半径,L_h、L_m、L_t 分别为旋成体头部、中部、尾部的长度。$\lambda_r = \dfrac{L_r}{2R_{max}}$ 为旋成体的长径比,$\lambda_h = \dfrac{L_h}{2R_{max}}$ 为旋成体头部的长径比,$\lambda_m = \dfrac{L_m}{2R_{max}}$ 为旋成体中部的长径比,$\lambda_t = \dfrac{L_t}{2R_{max}}$ 为旋成体尾部的长径比。长径比也称为长细比。

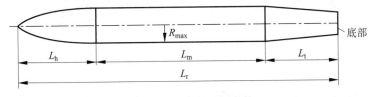

图 3-64　机身的几何参数

2. 机身的升力和力矩

一些低速或亚音速飞机的机身近似旋成体,在低速且有机身迎角(即机身轴线与对称迎面气流之间的夹角)的情况下,如果忽略空气的黏性,其流线谱如图 3-65 所示。

在这种情况下,有迎角机身上的合力为零,只承受力矩作用。这是由于机身的绕流使机身头部上表面与尾部下表面存在低压,相应地使机头下表面与尾部上表面存在高压而产生的。这种压强分布产生一个使机身旋转的不稳定力矩 M_R。在迎角很小时,M_R 与 α 成正比。

然而实际的空气总是存在黏性,这使得尾部的附面层增厚,排挤主流,降低尾部上部的压强。因此,尾部的负升力比头部的正升力略小。这种由于黏性影响而产生的正升力,称为

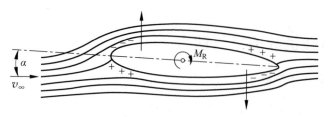

图 3-65　流过有迎角机身的无黏性流线谱

摩擦升力。

图 3-66 是实验测得的机身升力系数随机身迎角的变化曲线,其中 $C_{L身} = \dfrac{L_身}{\frac{1}{2}\rho v^2 S_身}$。

这说明,在零度迎角附近,升力呈线性变化;在较大迎角时,机身升力系数曲线斜率 $C_{L身}^\alpha$ 增大。这是因为在正迎角时,机头附近上表面的压力小,下表面压力大,这种压力差驱使气流绕两侧向机身上方流动,从而形成两个脱离机身的旋涡,如图 3-67 所示。

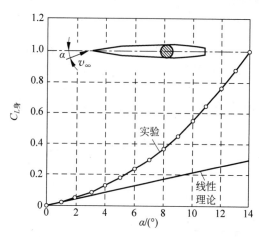

图 3-66　钝尾细长旋成体的 $C_{L身}$-α 曲线

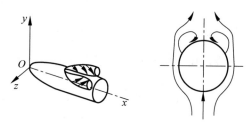

图 3-67　细长机身绕流中脱离的旋涡

脱离体涡在机身上表面诱起切向速度,方向由机身对称面指向外。切向速度使流经机身上表面的主流速度向外倾斜并增大,致使机身升力随迎角增加较快。

3．机身的阻力

低速飞机的机身阻力系数与机翼类似,在中小迎角内是零升阻力系数与升致阻力系数之和(伴随升力而产生的阻力统称为升致阻力。低速和亚音速飞行时,升致阻力主要为诱导阻力)。

零升阻力包括摩擦阻力、压差阻力和底部阻力三部分。对于流线型机身,压差阻力很小,一般将其包括在摩擦阻力一项中,不单独计算。

摩擦阻力系数与机身表面附面层状态、雷诺数、机身长径比及表面粗糙度等因素有关。计算时,可以设想将旋成体表面展开为平板,用计算平板摩擦阻力系数的方法来求解。故可以写为

$$C_{Df身} = \frac{D_{f身}}{\frac{1}{2}\rho v^2 S_身} = \frac{C_板\left(\frac{1}{2}\right)\rho v^2 S_表}{\left(\frac{1}{2}\right)\rho v^2 S_身} = C_板\frac{S_表}{S_身} \tag{3-46}$$

式中 $C_板$——平板的摩擦阻力系数。

机身如有底部,则气流在底部分离,产生底部阻力。底部阻力系数可用经验公式估算:

$$C_{D底身} = \frac{0.029}{\sqrt{C_{Df身}}}\left(\frac{D_底}{D_身}\right)^3 \tag{3-47}$$

机身的升致阻力系数可近似写为

$$C_{Dl身} = C_{L身} \cdot \alpha_身 /57.3 \tag{3-48}$$

式中 $\alpha_身$——机身迎角。

将以上几项系数相加,即可得到机身的阻力系数

$$C_{D身} = C_板\frac{S_表}{S_身} + \frac{0.029}{\sqrt{C_板 S_表 /S_身}}\left(\frac{D_底}{D_身}\right)^3 + C_{L身} \cdot \frac{\alpha_身}{57.3} \tag{3-49}$$

由此,以上系数均以 $S_身$ 为参数进行计算。

3.4.2 飞机各主要部件之间的空气动力干扰

在前面的章节中,本书对飞机的机翼和机身进行了详细的讨论。有限翼展的空气动力同样也适用于尾翼(包括水平尾翼与垂直尾翼),因此不再单独对尾翼的空气动力进行讨论。然而,当这些部件组合成整架飞机时,它们之间的空气动力干扰起着极为重要的作用。在多数情况下,它们之间的空气动力干扰和各部件对飞机空气动力的贡献有着相近的数量级。因此,飞机空气动力学需要特别考虑这种影响,但是观察空气动力相互影响的物理状况,要比观察各个部件自身的空气动力困难得多。空气动力干扰问题的研究开始得较晚,且至今仍不如部件的空气动力理论发展广泛。这里简要地介绍一下机翼和机身之间的干扰及翼身组合体对尾翼的干扰。

1. 机翼和机身之间的相互干扰

1)机翼和机身组合体的几何形状

在讨论机身与机翼干扰之前,先介绍一些常用术语和符号。

图3-68是机翼和机身组合体的俯视图。暴露在气流中的机翼叫作外露机翼,其面积为 $S_外 = 2S_1$,若将外露的两个半翼对接起来,则其空气动力记作 $D_{翼单}$ 和 $L_{翼单}$。延长外露机翼前、后缘线至对称面上相交,这样构成的机翼叫作全机翼,面积为 $S = 2S_1 + S_2$,其单独的空气动力记作 $D_翼$ 与 $L_翼$。机身在全机翼处的部分叫作翼段。在全机翼前面的部分叫作前体,在全机翼后面的部分叫作后体。翼身组合体中,全机翼的空气动力(包括了相互干扰的影响)记作 $D_{翼组}$ 和 $L_{翼组}$。

在翼身组合体中,机翼弦平面与通过机身纵轴水平面之间的距离为机翼高度 $h_翼$。按机翼高度的

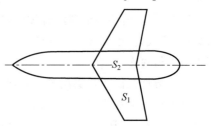

图 3-68 翼身组合体

不同,可以将其分为中单翼、上单翼和下单翼,如图 3-69 所示。

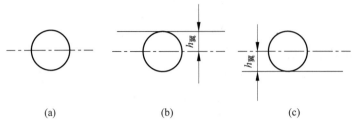

图 3-69　中、上、下单翼

(a) 中单翼；(b) 上单翼；(c) 下单翼

2) 机翼和机身的相互干扰对升力的影响

图 3-70 给出了某中单翼的实验结果。图中实线是翼身组合体的剖面升力系数,虚线是单独全机翼的升力系数。由图可知,机身使机翼外露部分的升力增大,而使被机身遮蔽部分的升力减小。

机身使外露机翼部分升力增大的原因是：在正迎角时,在机身周围出现自下而上的侧面绕流,在机翼外露部分形成上洗速度(见图 3-71),使其有效迎角增大。

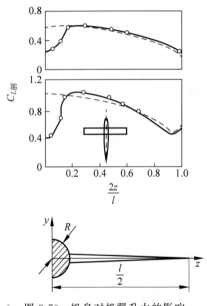

图 3-70　机身对机翼升力的影响

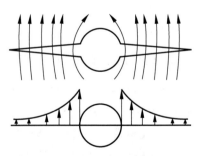

图 3-71　机身引起的上洗速度分布

图 3-72 给出了中单翼组合体中机身升力的轴向分布(实线),同时给出了单独机身的升力分布(虚线)。由图 3-72 可以看出,机翼对机身的干扰使机身升力增大,特别是在翼段范围内增大得更多。

这一方面是因为机翼附着涡在机身附近诱起上、下洗速度 v'_y,改变了机身的局部迎角；另一方面机翼会在机身上诱起沿 x 方向的速度 v'_x,在 v'_x 的作用下,机身上部速度增大,压力降低,机身下部速度减小,压力增大。在 v'_x 与 v'_y 的共同作用下,升力产生了增量。这种影响在翼段附近更加明显,因此在该段升力增加明显,如图 3-73 所示。

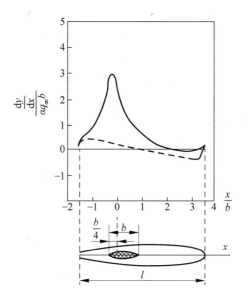

图 3-72 机翼对机身升力的影响

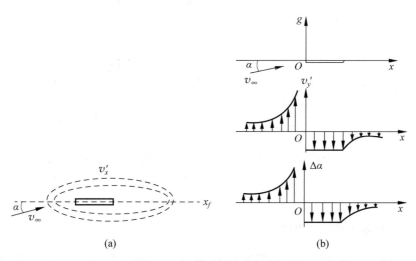

图 3-73 机翼引起的速度改变

(a) 机翼引起的 v'_x；(b) 机翼引起的 v'_y

综合机翼和机身之间的相互干扰,对于中等以上展弦比的机翼(展弦比越大,相互干扰的影响越小),可以认为翼身组合体的升力和单独全机翼的升力相同,即

$$L_{翼身} = L_{翼组} = L_{翼} \tag{3-50}$$

上述结论是在对称迎面气流流过翼身组合体时得出的。

3) 机翼和机身的相互干扰对阻力的影响

在飞机翼面和机身组合处,由于机翼和机身都向外凸出,流管在组合部的前段额外变细,压强降低较多,而在其后部又额外扩张,压力增大较快,使附面层的逆压梯度增大,促使气流在翼身组合处提前分离(见图 3-74),阻力变大。这种分离是由于翼身组合的相互影响产生的,这一额外增加的阻力称为干扰阻力。

这种干扰阻力在发动机短舱和机翼之间及尾翼和机身之间也存在。

翼身组合体的干扰阻力与机翼平面的上下位置有关。图 3-75 给出了不同翼身组合体的阻力系数。这些组合体中有圆形机身的中单翼翼身组合体(见图 3-75 中的曲线 2)、圆形机身下单翼翼身组合体(见图 3-75 中的曲线 3)及圆形机身和正方形机身的下单翼翼身组合体(见图 3-75 中的曲线 4)。此外,还给出了单独机翼的曲线 1 以做对比。

翼身组合体干扰阻力的特征是:在一定升力系数以上,阻力急剧增加。这种现象在圆形机身的下单翼翼身组合体上尤为明显(见图 3-75 中的曲线 3),在 $C_L = 0.6$ 时就开始气流分离。方形机身的翼身组合体干扰阻力情况较好。

在翼身结合处加装整流罩可以有效减小干扰阻力。

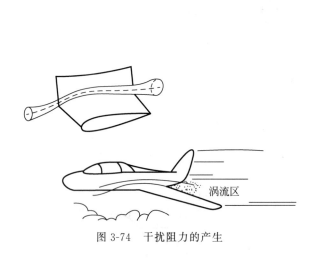

图 3-74　干扰阻力的产生

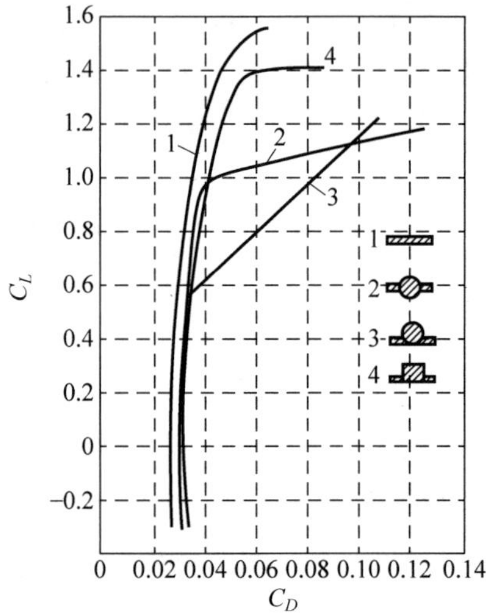

图 3-75　翼身组合体的阻力系数及其
随升力系数的变化

2. 翼身组合体对尾翼的干扰

翼身组合体对尾翼的干扰主要表现在两个方面:一是阻滞作用,二是下洗作用。

1) 阻滞作用

气流流过机翼机身后,受黏性影响,会损失一部分能量,气流受到阻滞,尾翼处的气流速度 $v_{尾}$ 小于来流速度 v_{∞}。其关系可表示为

$$v_{尾}^2 = K_q v_{\infty}^2 \tag{3-51}$$

式中　K_q——速度阻滞系数,其大小与尾翼的位置有关,一般由实验测定。在近似计算时,
　　　　可取 $K_q = 0.85 \sim 1$。

2) 下洗作用

由于翼尖涡的诱导,水平尾翼处的气流也会产生下洗,使有效迎角减小,因而 $\alpha_{尾}$ 可表示为

$$\alpha_{尾} = \alpha - \frac{\partial \varepsilon}{\partial \alpha} \alpha \tag{3-52}$$

式中 $\partial\varepsilon/\partial\alpha$——下洗角随迎角的变化率,其大小与来流速度、机翼平面形状及机翼、机身和平尾的相对位置有关。

3.4.3 全机的空气动力

1. 全机的升力

对于中等以上展弦比的机翼,由于机身和平尾的升力可以忽略不计,故全机的升力等于单独全机翼的升力,即

$$L = L_翼 \tag{3-53a}$$

$$C_L = C_{L翼} \tag{3-53b}$$

对于小展弦比的机翼,则必须考虑机身及尾翼的升力,不能简单地认为翼身组合体中全机翼的升力 $L_{翼组}$ 与单独全机翼的升力 $L_翼$ 相等。全机升力应为

$$L = L_{翼身} + L_尾 = L_{翼组} + L_身 + L_尾 \tag{3-54}$$

如果全机升力系数 $C_L = \dfrac{L}{qS}$,单独机身的升力系数 $C_{L身} = \dfrac{L_身}{qS_身}$,翼身组合体中全机翼的升力系数 $C_{L翼组} = \dfrac{L_{翼组}}{qS}$,尾翼升力系数 $C_{L尾} = \dfrac{L_尾}{q_尾 S_尾} = \dfrac{L_尾}{K_q qS_尾}$,则由式(3-54)可导出

$$C_L = C_{L翼组} + C_{L身} \cdot S_身/S + C_L \cdot K_q S_尾/S \tag{3-55}$$

2. 全机的阻力

对于中等以上展弦比的机翼,可以认为全机的零升阻力等于各部件的零升阻力的 1.1 倍(考虑相互干扰),而全机的诱导阻力和单独全机翼的诱导阻力相同,即

$$D_0 = 1.1 \times (D_{0翼} + D_{0身} + D_{0平尾} + D_{0垂尾} + D_{0附})$$

$$D_I = D_{I翼} \tag{3-56a}$$

式中 $D_{0平尾}$,$D_{0垂尾}$——单独平尾和垂尾的零升阻力;

$D_{0附}$——附挂物的阻力。

不同飞机的气动特点不同,各部件在全机阻力中所占的比例也不一样。

式(3-56a)写成系数形式为

$$C_{D0} = 1.1 \times (C_{D0翼} + C_{D0身} \cdot S_身/S + C_{D0平尾} \cdot S_{平尾}/S +$$

$$C_{D0垂尾} \cdot S_{垂尾}/S + \sum C_{D附} \cdot S_附/S)$$

$$C_{DI} = C_{DI翼} \tag{3-56b}$$

对于小展弦比机翼,其零升阻力系数仍按式(3-56b)计算,而诱导阻力需考虑组合体中全机翼(即翼组)的诱导阻力和机身的诱导阻力。写成系数形式为

$$C_{DI} = C_{DI翼组} + C_{DI身} \cdot S_身/S \tag{3-57}$$

小迎角下,与机翼相似,飞机的阻力系数可表示为

$$C_D = C_{D0} + A'C_L^2 \tag{3-58}$$

式中 A'——飞机的诱导阻力因子,与机翼的诱导阻力因子 A 不同,其值可由技术说明书中查到。

至此,我们已讨论了飞机在低速飞行中的所有阻力,包括废阻力和诱导阻力两大类。废

阻力又包括摩擦阻力、压差阻力和干扰阻力。废阻力的产生是因为空气的黏性,诱导阻力的产生是因为升力。在飞行过程中,随着飞行速度的增加,废阻力逐渐增大,诱导阻力逐渐减小,因此,飞机的总阻力随着飞行速度的增加先减小后增加,当废阻力和诱导阻力相等时,飞机的总阻力最小,对应的速度称为最小阻力速度,用符号 v_{MD} 表示,如图 3-76 所示。

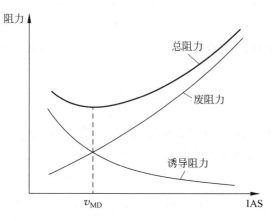

图 3-76　飞机阻力与飞行速度的关系

3. 飞机的升阻比曲线与极曲线

1)升阻比曲线

升阻比是指在相同的迎角下,升力系数与阻力系数之比,用 K 表示。由于升力系数和阻力系数的大小主要随迎角而变化,所以升阻比的大小也主要随迎角而变化。也就是说,升阻比与空气密度、飞行速度、机翼面积的大小无关,和升力系数、阻力系数一样,是一个气动特性参数。

升阻比大,说明在同一升力的情况下,阻力比较小。升阻比越大,飞机的空气动力性能越好,对飞行越有利。因此,升阻比是衡量低速飞机空气动力性能好坏的重要参数。

图 3-77 是某机型的升阻比曲线。升阻比曲线表达了升阻比随迎角而变化的规律。从该曲线可看出,随着迎角的增加,升阻比先增加后减小。升阻比达到最大值时对应的迎角称为最小阻力迎角(也称有利迎角)。

从零升迎角到最小阻力迎角,随着迎角的增大,升力系数呈线性增加,阻力系数增加缓慢。因此,升阻比增大并达到最小阻力迎角时,升阻比最大。

超过最小阻力迎角后,随着迎角的增大,在升力系数变化的线性段,由于诱导阻力系数按 C_L^2 的规律增加,使阻力系数的增加量超过了升力系数的增加量,升阻比减小;在升力系数变化的非线性段,升力系数增加得更缓慢,在迎角超过临界迎角后,压差阻力的急剧增大使升阻比急剧降低。

所谓性质角,就是飞机总空气动力与飞机升力之间的夹角,以 θ 表示,其计算式为

$$\cot\theta = \frac{L}{D} = \frac{C_L}{C_D} = K \tag{3-59}$$

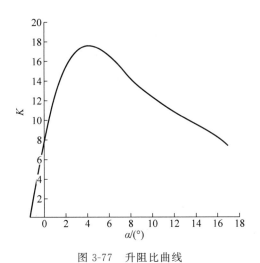

图 3-77　升阻比曲线

式(3-59)表明,性质角的余切等于升阻比。性质角越小,总空气动力向后倾斜得越小,升阻比越大。

2) 极曲线

从综合衡量飞机的空气动力性能出发,需要将飞机的升力系数、阻力系数、升阻比随迎角变化的关系综合地用一条曲线表示出来,此曲线就是飞机的极曲线。

图 3-78(a)是某机型的极曲线,横坐标为阻力系数,纵坐标为升力系数,曲线上的每个点代表一个与坐标所表示的升力系数、阻力系数对应的迎角。

从零升迎角开始,随着迎角的增大,升力系数和阻力系数逐渐增大。在中小迎角范围内,$C_D = C_{D0} + A'C_L^2$,曲线呈二次方抛物线。迎角增大时,受气流分离影响,阻力系数增加变快,升力系数增加变缓,曲线偏离二次方抛物线而倾向 C_D 轴。超过临界迎角以后,升力系数随着迎角的增大而减小,但阻力系数却继续增大,曲线向右下方延伸。

在极曲线上,曲线与 C_D 轴的交点为零升迎角(α_0)和零升阻力系数(C_{D0}),曲线的最高点为临界迎角(α_{cr})和最大升力系数($C_{L\max}$)。

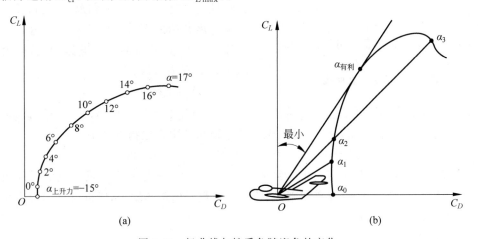

图 3-78　极曲线与性质角随迎角的变化

(a) 某机型的极曲线；(b) 性质角随迎角的变化

122

从坐标原点向曲线引切线,切点对应最小阻力迎角和最大升阻比。这是因为,当从坐标原点向极曲线引的射线与曲线相切时,性质角最小,故升阻比最大。由图3-78(b)可见,从零升迎角起,随着迎角的逐渐增大,性质角逐渐减小,升阻比逐渐增大;当连线与曲线相切时,性质角最小,升阻比最大,对应的迎角为最小阻力迎角;当迎角大于最小阻力迎角时,随着迎角的增大,性质角增大,升阻比降低。

4. 实例分析

下面以三叉戟(2E)型飞机在低速、光洁形态下测得的各个不同迎角下的升力系数和阻力系数为例,分析该机的低速空气动力性能。

表3.3列出了该机在各个迎角下的 C_L、C_D 值,各个迎角的升阻比 K 是根据 C_L、C_D 算出来的。

表3.3 三叉戟(2E)型飞机各迎角的 C_L、C_D 和 K 值

$\alpha/(°)$	1.8	0	2	4	6	8	10	12	13	13.5
C_L	0	0.130	0.265	0.395	0.592	0.663	0.797	0.925	0.975	1.000
C_D	0.016 58	0.017 77	0.021 44	0.027 81	0.036 3	0.047 16	0.061 51	0.077 26	0.087 00	0.095 00
K	0	7.3	12.4	14.2	16.3	14.1	12.9	12.0	11.2	10.5

根据这些数据,可以画出升力系数、阻力系数、升阻比随迎角变化的关系曲线及飞机的极曲线,这些曲线就是飞机的空气动力性能曲线。

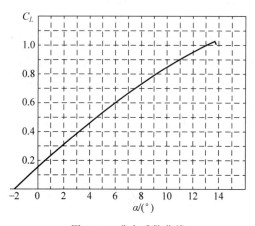

图3-79 升力系数曲线

1)升力系数曲线

升力系数曲线如图3-79所示。零升力迎角为-1.8°;在1.8°~10°范围内,升力系数线性增加,升力系数曲线斜率测算为0.067 1/(°);迎角大于10°时,升力系数曲线斜率降低;临界迎角为13.5°时,最大升力系数约为1.0。

这些数据说明:迎角在10°以内,流态正常,流动稳定,气流分离扩展缓慢;迎角超过10°后,气流分离开始加剧,C_L降低;迎角达13.5°时,气流分离严重,随着迎角的继续增大,升力系数减小,C_L变为负值。

2)阻力系数曲线

阻力系数曲线如图3-80所示。数据表明,$C_{D0}=C_{D\min}=0.016\ 58$。由各迎角的阻力系数值核算结果,迎角在10°以内,飞机的阻力系数遵从二次方抛物线关系,即

$$C_D = C_{D0} + AC_L^2 = 0.016\ 58 + 0.070\ 2C_L^2 \tag{3-60}$$

飞机的摩擦阻力系数和压差阻力系数基本保持不变,增加的主要是飞机的诱导阻力系数;迎角超过10°以后,气流分离加剧,压差阻力系数开始迅速增加,所以飞机的阻力系数不再遵从式(3-60)的函数关系。

3)升阻比曲线

升阻比曲线如图3-81所示。最大升阻比在4°~6°,有利迎角约为5.3°,升阻比最大值

为 14.7。在 $-1.8°\sim 5.3°$ 范围内，随着迎角的增加，升阻比增大；迎角超过 $5.3°$ 后，随着迎角的增加，升阻比减小。

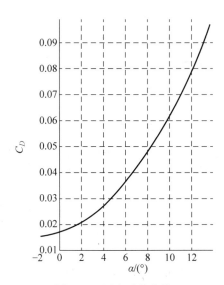

图 3-80 阻力系数曲线

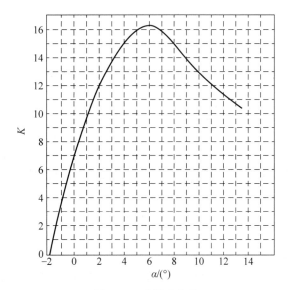

图 3-81 升阻比曲线

4）极曲线

飞机的极曲线比较全面地表达了飞机的空气动力性能。

极曲线上的每个点对应一个迎角，该点的横坐标为该迎角下的阻力系数 C_D，纵坐标为该迎角下的升力系数 C_L，纵坐标与横坐标的比值为该迎角下的升阻比，如图 3-82 所示。

该曲线与横轴的交点对应的是零升迎角 $(-1.8°)$，其阻力系数是零升阻力系数 $(0.016\ 58)$；由原点向曲线作切线，切点的迎角为有利迎角 $(5.3°)$，此处升阻比最大 (14.7)；曲线最高点的迎角是临界迎角 $(13.5°)$，对应的是最大升力系数 (1.0)。

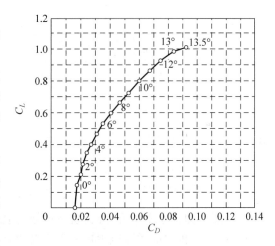

图 3-82 极曲线

结合图 3-79、图 3-80 以及图 3-81，从零升迎角 $-1.8°$ 到有利迎角 $5.3°$，迎角增大，升力系数和阻力系数同时增大，但阻力系数的增加速度较慢，升阻比快速增大到最大值 14.7；迎角大于有利迎角时，随着迎角的增大，虽然升力系数和阻力系数同时增大，但阻力系数增加较快，升阻比逐渐减小。到临界迎角 $13.5°$，升力系数达最大值 1.0；超过临界迎角，随着迎角的增大，升力系数降低，而阻力系数却快速增加，升阻比急剧下降。

在 $-1.8°\sim 10°$ 范围内，极曲线呈二次方抛物线状；超过 $10°$，极曲线偏离二次方抛物线向右下方倾斜。

3.4.4　飞机配平时的空气动力

1. 飞机的平衡升力

一般情况下,机翼的焦点和飞机的中心是不重合的。机翼的零升力矩 $M_{Z0翼}$、机身的力矩 M_R 和机翼的升力使得飞机绕重心转动,为能达到俯仰平衡并保持水平飞行,应当偏转水平尾翼上的升降舵或可动平尾,使平尾产生一个与之平衡的操纵力矩,这种取得平衡的过程,称为配平。

配平时,平衡重力的力不只是机翼的升力,还应加上水平尾翼的升力。通常把平衡重力的这个升力称为平衡升力,用 L 表示。平衡升力比机翼升力大还是小及相差多少,与机翼的零升力矩、机身力矩、重心相对机翼焦点的位置及平尾的臂长 $L_{平尾}$(从飞机重心到平尾焦点间的距离)等因素有关。

一般情况下,常规布局的飞机重心在机翼焦点之前,升力对重力的力矩为下俯力矩, $M_{Z0翼}$ 与 M_R(用 M_{Z0} 表示)也往往表现为下俯力矩。这时,为了保持平衡,平尾应产生负升力使机翼升力大于平衡升力,形成上仰力矩,如图 3-83 所示。

也可能出现另一种情况,重心在机翼焦点之后,升力对重心的力矩是上仰力矩, $M_{Z0翼}$ 与 M_R 合起来很小,或为上仰力矩。这时平尾应产生正升力,机翼升力就会小于平衡升力,形成下俯力矩,以保持平衡,如图 3-84 所示。

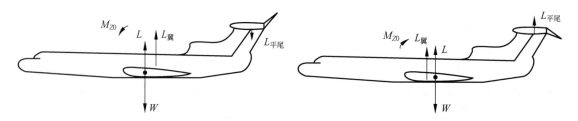

图 3-83　机翼升力大于平衡升力　　　　　图 3-84　机翼升力小于平衡升力

2. 飞机的配平阻力

机翼升力大于平衡升力时,机翼的阻力就比按平衡升力计算时大;相反,机翼升力小于平衡升力时,机翼的诱导阻力比按平衡升力计算时小。至于水平翼的诱导阻力,不管是正升力还是负升力,都是同样存在的。

所谓配平阻力,就是指为取得配平而增加的阻力。增量可正可负,主要取决于重心相对机翼焦点的位置。

3.4.5　地面效应

飞机在起飞和着陆贴近地面时,由于流过飞机的气流受到地面的影响,使飞机的空气动力和力矩发生变化,这种效应称为地面效应。

飞机贴近地面飞行时,流经机翼下表面的气流受到地面的阻滞,流速减慢,压强增大,形成所谓的气垫现象;而且由于地面的阻滞,使原来从下翼面流过的一部分气流改道从上翼面流过,于是上翼面前段的气流加速,压强降低,致使上、下翼面的压强差增大,升力系数增大,如图 3-85(a)所示。

同时,由于地面的阻碍作用,翼尖涡强度减弱,流过机翼的气流下洗减弱,下洗角减小,诱导阻力减小,使飞机阻力系数减小,如图 3-85(b)所示。

另外,由于地面效应使下洗角减小,水平尾翼的有效迎角增大(负迎角绝对值减小),平尾产生向上的附加升力,对飞机重心形成附加的下俯力矩。

因此,飞行员应密切关注飞机在起飞脱离地面效应和着陆进入地面效应区域时飞机姿态的变化,并采取相应的措施保持规定的姿态。

地面效应对飞机的影响与飞机距地面的高度有关。实验表明:飞机距地面在一个翼展以内时,地面效应对飞机有影响,距地面越近,地面效应越强。飞机距地面的高度在一个翼展以上时,可以不考虑地面效应对飞机的影响。

受地面效应影响的升力曲线和极曲线,如图 3-86 所示。

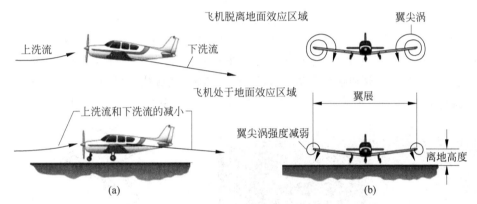

图 3-85　地面效应对飞机的影响

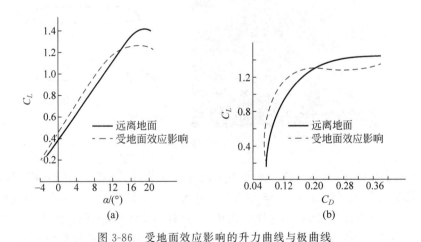

图 3-86　受地面效应影响的升力曲线与极曲线
(a) 受地面效应影响的升力曲线;(b) 受地面效应影响的极曲线

3.5　飞机的增升装置

飞机的升力主要随飞行速度和迎角的变化而变化。飞机在正常飞行时,升力基本是不变的,这样在大速度飞行时,只需要较小的升力系数和迎角,机翼就可以产生足够的升力来克服飞机的重量而维持飞行。如果以小速度飞行，则需要较大的升力系数和迎角，机翼才能产生足够的升力来维持飞机飞行。飞机在起飞和着陆时，为缩短飞机在地面的滑跑距离，要求离地速度和接地速度较小，这就需要较大的升力系数。而升力系数的大小取决于迎角和机翼形状。其中用增大迎角的方法来增大升力系数减小的速度是有限的，因为飞机的迎角最多只能增大到临界迎角，实际上，大多数飞机在起飞和着陆时，由于受到擦尾角的限制，迎角是不可能增大到临界迎角的。

因此，为了保证飞机在起飞和着陆时仍能产生足够的升力，就要改变机翼的形状，即在机翼上加装一些增升装置。增升装置就是用来增大最大升力系数的装置，目前使用较为广泛的增升装置有前缘缝翼、后缘襟翼、前缘襟翼等。

3.5.1　前缘缝翼

前缘缝翼位于机翼前缘，作用是延缓机翼的气流分离，提高最大升力系数和临界迎角。

前缘缝翼打开时，与机翼之间有一条缝隙，如图 3-87 所示。一方面，下翼面的高压气流流过缝隙后，贴近上翼面流动，给上翼面气流补充了能量，降低了逆压梯度，延缓了气流分离，达到了增大升力系数和临界迎角的目的；另一方面，气流从压强较高的下翼面通过缝隙流向上翼面，减小了上、下翼面的压强差，又具有减小升力系数的作用，如图 3-87 所示。

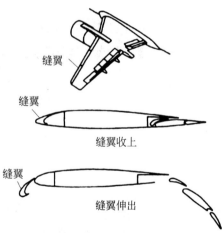

图 3-87　前缘缝翼

在接近临界迎角时，上翼面的气流分离是使升力系数降低的主要原因，因而，在此迎角下，利用前缘缝翼延缓气流分离，就能提高最大升力系数和临界迎角。但是，在迎角较小时，上翼面的气流分离本来就很弱，在这样的迎角下，打开前缘缝翼，不仅不能增大升力系数，反而会使上、下翼面的压强差减小而降低升力系数。因此，只有当飞机迎角接近或超过临界迎角时，即机翼气流分离现象严重时，打开前缘缝翼才能起到增大最大升力系数的作用，如图 3-88 所示。

目前所有的飞机只在靠近翼尖且位于副翼之前装设缝翼，叫翼尖前缘缝翼。它的主要作用是在大迎角下延缓翼尖部分的气流分离，提高副翼的效能，从而改善飞机的横侧稳定性和操纵性。

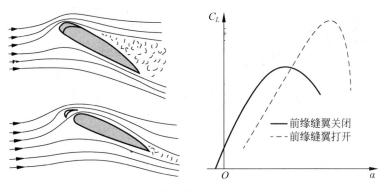

图 3-88　前缘缝翼的增升原理与作用

3.5.2　后缘襟翼

襟翼位于机翼后缘,叫作后缘襟翼。较为常用的有分裂襟翼、简单襟翼、开缝襟翼、后退襟翼、后退开缝襟翼等。放下后缘襟翼,既增大了升力系数,又增大了阻力系数。因此,在起飞时一般放小角度襟翼,着陆时放大角度襟翼。

1. 分裂襟翼

分裂襟翼是机翼后段下表面的一块向下偏转分裂出的翼面。放下襟翼后,一方面,在机翼和襟翼之间的楔形区形成涡流,压强降低,对机翼上表面的气流有吸引作用,使其流速增大,上、下翼面压差增大,既增大了升力系数,又延缓了气流分离;另一方面,放下襟翼,翼型弯度增大使上、下翼面压强差增大,升力系数增大。由于上述原因,分裂襟翼的增升效果很好,一般最大升力系数可增大 75%～85%。但大迎角下放襟翼上翼面最低压强点的压强更低,气流易提前分离,故临界迎角有所减小。分裂襟翼的构型及增升效果如图 3-89 所示。

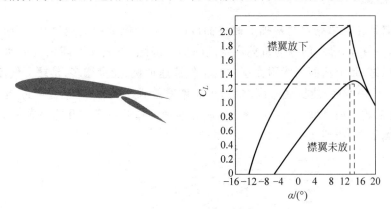

图 3-89　分裂襟翼及其增升效果

2. 简单襟翼

简单襟翼与副翼形状相似,放下简单襟翼改变了翼型的弯度,使机翼更加弯曲,如图 3-90 所示。这样,流过上翼面的气流流速加快,压强降低;而流过下翼面的气流流速减慢,压强

图 3-90　简单襟翼

提高。因而上、下翼面的压强差增大,升力系数增大。

但是,简单襟翼放下后,机翼后缘涡流区扩大,机翼的压差阻力增大,同时由于升力系数增大,使诱导阻力增大,总阻力增大,且相对于升力来说,阻力增大得更多。所以,放下简单襟翼后,升力系数和阻力系数均增大,但升阻比降低。在大迎角下放下简单襟翼时,由于弯度增大,使上翼面逆压梯度增大,气流提前分离,涡流区扩大,导致临界迎角降低,如图 3-91 所示。

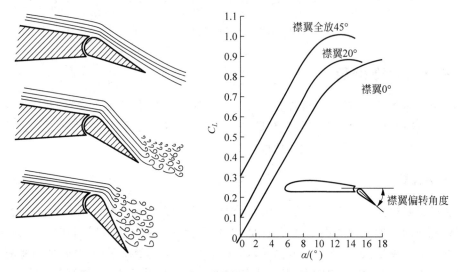

图 3-91　放下简单襟翼后的流动特点

3. 开缝襟翼

开缝襟翼是在简单襟翼的基础上改进而成的。开缝襟翼的流线谱如图 3-92 所示。放下开缝襟翼,一方面,襟翼前缘与机翼后缘之间形成缝隙,下翼面的高压气流通过缝隙高速流向上翼面后缘,使上翼面后缘附面层中的空气流速加快,能量增多,延缓了气流分离,提高了升力系数;另一方面,使机翼弯度增大,也有增升效果。所以,开缝襟翼的增升效果比较好,最大升力系数一般可增大 85%～95%,临界迎角却降低不多。开缝襟翼一般开 1～3 条缝。开缝襟翼是中、小型飞机常用的襟翼类型。

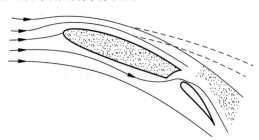

图 3-92　开缝襟翼的流线谱

4．后退襟翼

后退襟翼的工作原理如图 3-93 所示。这种襟翼在下偏的同时，还向后滑动。它不仅增大了机翼弯度，还增加了机翼面积，增升效果好，且临界迎角降低较少。

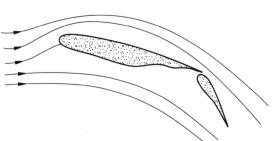

图 3-93　后退襟翼的工作原理

5．后退开缝襟翼

将后退襟翼和开缝襟翼结合就是后退开缝襟翼，如图 3-94 所示。当襟翼在放下和后退位置时，它的前缘和机翼后缘形成一条缝隙，兼有后退襟翼和开缝襟翼的优点，增升效果很好，在现代高速大、重型飞机上广泛使用。

后退开缝襟翼有两种形式：一种是查格襟翼，另一种是富勒襟翼。

查格襟翼后退量不多，机翼面积增加较少，最大升力系数可增大 110％～115％。起飞时，襟翼下偏角度小，阻力系数增加少，而升力系数却增加很多，升阻比增大，有利于缩短起飞滑跑距离。着陆时，襟翼下偏角度大，阻力系数和升力系数提高较多，有利于缩短着陆滑跑距离。

富勒襟翼的后退量和机翼面积的增加量都比查格襟翼的多，而且后退到某些位置时，与翼间形成的缝隙也更大，增升效果更好，其最大升力系数可增大 110％～140％。

图 3-94　后退开缝襟翼

6．襟翼角度大小对气动力的影响

由前面的分析可知，放下襟翼时，由于弯度增加，最大升力系数会随之增加，且襟翼角度越大，最大升力系数增加得越多，离地速度或接地速度越小，滑跑距离越短。然而，放下襟翼除了最大升力系数增加外，阻力系数也会随之增加，且襟翼角度越大，阻力系数的增加量甚

至会超过升力系数，这样会导致飞机的升阻比降低。

对起飞而言，除了希望使用的跑道长度尽可能短之外，还必须考虑到飞机离地以后能够尽快地上升高度，即所谓的越障能力。如果起飞时放下的襟翼角度很大，则起飞滑跑距离较短，但离地后的爬升梯度大大减小，越障能力变差，如图 3-95 所示。

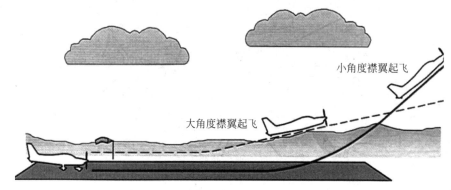

图 3-95　不同角度襟翼起飞时的飞行轨迹

对于着陆，通常要求飞机以着陆进场参考速度 v_{REF} 过跑道头，无风时 $v_{\text{REF}} = 1.3v_{S0}$。襟翼角度越大，最大升力系数越大，失速速度越小，则进场速度也小，着陆距离缩短。

因此，综合考虑，在起飞时选择小角度襟翼，着陆时也选择大角度襟翼。大部分民用飞机起飞时选择 5° 襟翼，着陆时选择 35° 或 40° 的全襟翼，具体角度应根据实际运行条件，查看相应机型的手册确定。

3.5.3　前缘襟翼

位于机翼前缘的襟翼叫作前缘襟翼，如图 3-96 所示。这种襟翼广泛应用于高亚音速飞机和超音速飞机。

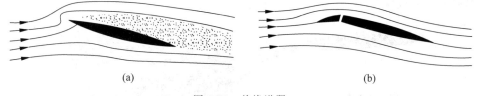

<table>
<tr><td>(a)</td><td>(b)</td></tr>
</table>

图 3-96　前缘襟翼

这里需要注意前缘襟翼和前缘缝翼的区别，如图 3-97 所示。

超音速飞机一般采用前缘削尖、相对厚度小的薄机翼。在大迎角下飞行时，机翼上表面就开始产生气流分离，如图 3-96(a) 所示，使最大升力系数降低。如放下前缘襟翼，一方面可以减小前缘与相对气流之间的夹角，使气流能够平顺地沿上翼面流动，延缓气流分离，如图 3-96(b) 所示；另一方面也增大了翼型弯度。这样就使得最大升力系数和临界迎角增大。

高亚音速飞机的前缘较超音速飞机的钝，前缘襟翼一般采用克鲁格襟翼，如图 3-97(a) 所示。这种襟翼贴在机翼前缘下表面，放出时，它绕前缘向前下方翻转，既增大了翼型弯度和机翼面积，又改善了前缘绕流，具有很好的增升效果。

增升装置的种类虽较多，但就其增升原理来讲，主要通过三个方面来实现：一是增大翼

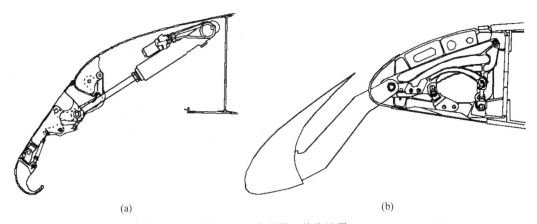

(a)　　　　　　　　　　　　　　　　(b)

图 3-97　前缘襟翼和前缘缝翼

(a) 前缘襟翼(克鲁格襟翼)；(b) 前缘缝翼

型的弯度,即增大机翼上、下翼面的压强差,从而增大升力系数;二是延缓上翼面的气流分离,提高临界迎角和最大升力系数;三是增大机翼面积,从而增大升力系数。使用增升装置的目的是增加最大升力系数,从而缩短飞机在起飞和着陆阶段的滑跑距离。

3.6　扰流板和反推装置

现代中型高速飞机为了改善操纵性能,一般设有扰流板和反推装置。

3.6.1　扰流板

扰流板的面积不大,收起时贴于上翼面,工作时向上偏转,改变上翼面的流动,使升力减小,阻力增大。但它对飞机的操纵性能具体起什么作用,需要视其安装位置、使用的时机和具体机型而定,使用规定也因机型不同而异。

图 3-98 为 B737 的扰流板示意图,在空中时打开中间部分的扰流板(飞行扰流板),可增加飞机阻力,降低飞机速度,增大飞机的下降率;在高速飞行时还可以通过单边偏转辅助副翼操纵。在地面时打开翼根、中间部分和近翼梢部分的扰流板(地面扰流板),可破坏上翼面的流动状态,减小机翼升力,增加机轮与地面的压力,提高刹车效率,同时增加阻力,缩短飞机的滑跑距离。

图 3-98　B737 的扰流板示意图

3.6.2 反推装置

如图 3-99 所示,反推装置是装在喷气发动机喷管前的一种减速装置,通过改变发动机喷气气流的喷射方向使得发动机获得反推力,使飞机迅速减速,以减小着陆距离或中止起飞滑跑距离。反推装置只能在地面使用,在空中禁止使用。反推装置的减速作用主要集中在初始滑行阶段,在速度较小时应当及时退出反推状态,一方面是为了防止将被射流卷起的地面砂石等外来物吸入发动机,损坏发动机扇叶;另一方面是为了防止压气机喘振和发动机超温。

应当指出,实际使用时,为了增大减速效果,扰流板、反推和刹车都是结合使用的。

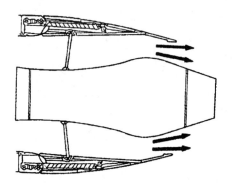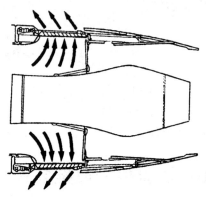

图 3-99　冷气流反推

复习思考题

一、简答题

1. 什么是相对弯度?其物理意义是什么?

2. 什么是相对厚度?其物理意义是什么?

3. 描述机翼平面形状的参数有哪些?分别是如何定义的?

4. 什么是后掠角?后掠角一般用于什么飞机?

5. 几何扭转与气动扭转是如何定义的?其目的是什么?

6. 上反角/下反角是如何定义的?在飞机设计中有什么作用?

7. 什么是迎角?说明迎角与俯仰角、机翼安装角的区别。

8. 翼型的升力是如何产生的?

9. 什么是翼型的压力中心?其位置是如何随迎角变化的?

10. 什么是翼型的焦点?其特征是什么?

11. 利用翼型的压力分布说明翼型各部分对升力的贡献。

12. 写出机翼的升力公式,并说明公式中各个参数的物理意义。

13. 简述库塔-茹科夫斯基升力定理的内容。

14. 低速气流分离的形态有哪些?

15. 最小型阻系数的影响因素有哪些？

16. 附面层气流分离是如何产生的？分离点的位置是如何随迎角变化的？涡流区的压强有何特点？

17. 什么是飞机的翼尖涡流？它是如何引起气流下洗的？

18. 飞机的诱导阻力是如何产生的？

19. 影响诱导阻力大小的因素有哪些？

20. 什么是临界迎角？其对飞机的气动性能有何影响？

21. 全机的升力由飞机的哪些部件产生？主要是由哪个部件产生？

22. 全机的阻力按照阻力产生的原因分类有哪些？分别说明其产生原因。

23. 画出飞机的升力系数曲线,解释升力系数随迎角改变的原因,在曲线上找到并说明零升迎角、零迎角、临界迎角、最大升力系数。

24. 画出飞机的阻力系数曲线,解释阻力系数随迎角变化的原因,在曲线上找到并说明最小阻力系数。

25. 画出飞机的升阻比曲线,解释升阻比随迎角变化的原因,在曲线上找到并说明零升迎角、最小阻力迎角、有利迎角、最大升阻比。

26. 画出飞机的极曲线,在曲线上找到并说明主要的气动性能参数。

27. 地面效应是如何影响飞机的气动性能的？

28. 飞机的增升原理主要有哪几种？

29. 使用增升装置的目的是什么？

30. 前缘缝翼、前缘襟翼、后缘简单襟翼、开缝襟翼、后退开缝襟翼的增升原理分别是什么？

31. 襟翼角度的大小对飞机气动性能的影响是什么？

二、计算题

32. 人们常问这样一个问题:飞机能倒飞吗？要回答这个问题,请进行以下计算。考虑零升迎角为 $-3°$ 的矩形机翼,升力系数曲线斜率为 $0.1/(°)$。

(1) 计算迎角为 $5°$ 时的升力系数;

(2) 如果机翼上下颠倒,计算迎角为 $5°$ 时的升力系数;

(3) 若要保持与正常机翼 $5°$ 迎角相同的升力系数,上下颠倒后的机翼迎角应当为多少？

33. 已知机翼面积为 $140m^2$,零升迎角为 $-3°$,升力系数曲线斜率为 $0.12/(°)$。平尾面积为 $50m^2$,零升迎角为 $1°$,安装角为 $-5°$,升力系数曲线斜率为 $0.15/(°)$。试计算:

(1) 表速为 240、迎角为 $3°$ 时,机翼提供的升力为多少？

(2) 表速为 300、迎角为 $2°$ 时,飞机的升力为多少(忽略机身升力)？

第4章

飞机的高速空气动力

第二次世界大战以前的航空器是活塞式飞机一统天下的局面。活塞式发动机结构相对简单，技术要求不高，而且耗油率低，能很好地满足当时低速飞行的要求。但随着人类对飞机速度的不断追求，活塞式发动机暴露出致命的弱点——功率太低，无法为飞机在高速飞行时提供足够的推力，且当飞机速度接近音速时，飞机有自发栽头和尾翼强烈抖振现象，使整个飞机有破碎的危险，即所谓的"音障"问题。曾经有一段时间，很多飞机设计者认为飞机的速度不可能超过音速，但许多空气动力学专家仍然致力于高速飞行的理论、实验及飞机气动布局研究。通过研究发现，与低速流动相比，高速流动最大的特点就是空气密度的变化量非常大，即所谓的空气压缩性，因此这种流动也叫作可压缩流动。除密度变化量比较大外，高速可压缩流动的另一个重要特征就是能量转换过程。高速流动是一种高能量的流动，能量的转换及温度的变化是一个需要重点考虑的问题，属于热力学问题。因此热力学的基础知识是研究高速可压缩流动必不可少的。

通常，以马赫数(Ma)0.4为界，将空气流动分为低速和高速流动。$Ma<0.4$称为低速流动，$Ma>0.4$统称为高速流动。对于高速流动，我们还可以将其分为：$0.4<Ma<M_{cr}$，称为亚音速流动；$M_{cr}<Ma<M_{cr\pm}$称为跨音速流动；$M_{cr\pm}<Ma<5$称为超音速流动；$Ma>5$称为高超音速流动。除此之外，还有另外一种分类法，以$Ma=1$为界，$0.4<Ma<1$，称为亚音速流动；$1<Ma<5$称为超音速流动；$Ma>5$的流动称为高超音速流动，如图4-1所示。

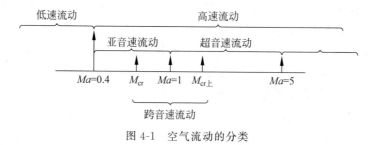

图4-1 空气流动的分类

在第1、2章中我们已经讨论了低速空气动力的基本特性。低速流动和高速流动的最大区别就是空气压缩性的影响。低速流动时，空气受压缩的程度很小，常常可以忽略，即把空气看成不可压缩的介质，其密度不变，这样可以使复杂的问题变得非常简单。一旦进入高速流动,空气压缩性的影响将变得非常明显,如果再忽略密度变化对空气动力的影响,会使计算结果与实际流动结果相差非常大。而且,考虑空气的压缩性后,会出现一系列与低速飞行时截然不同甚至相反的现象,如高速流动规律与低速流动规律存在差异等。除此之外,飞机的高速空气动力特性与低速空气动力特性也存在差异,这种差异,在亚音速飞行阶段就已表现出来,到了跨音速和超音速阶段表现得尤为突出。而这种差异源于高速流动中的特有现象——激波的出现。

本章着重讨论高速空气流动的基本规律、翼型的高速空气动力特性及后掠翼的高速空气动力特性等。

4.1　高速空气流动的基本规律

4.1.1　热力学的基础知识

热力学是研究热能和机械能之间互相转换及各种工作介质有关特性的一门学科。热力学的理论基础是热力学第一定律和第二定律。在研究高速空气动力学时,热力学的概念和有关定律仍可以应用到微团运动上,但此时研究的是流动过程的热力学性质和各流动参数的变化规律。下面介绍相关的热力学基础知识。

1. 完全气体假设和状态方程

气体是由分子、原子、离子、电子等微小粒子组成的,它们在不停地做无规则运动。这些粒子的电子结构,使它们周围出现了一个空间力场。一个粒子产生的力场将与其他的粒子相互作用,这些相互作用的力叫作分子间作用力。但是,如果组成气体的这些粒子距离足够远,分子间作用力的影响就会非常小,可以忽略不计。忽略分子间作用力的气体称为完全气体。虽然完全气体不可能存在,但许多实际气体,特别是那些不容易液化、凝华的气体,如氦气、氢气、氧气、氮气等,在常温常压下的性质已经十分接近完全气体,空气也是如此。因此,在处理问题时,可以认为空气是完全气体。

气体流动时,其内部各点处的温度可以不同。由热力学的知识可以知道,任何状态下的气体,其压强 p、密度 ρ 和温度 T 不是互相独立的,而是存在一定的函数关系,即 $f(p,\rho,T)=0$。该关系式称为气体状态方程。完全气体状态方程已在1.3.4节中介绍,可参考公式(1-16)。

2. 内能和焓

空气中的单个分子做无规则运动,并与邻近的分子相互碰撞,由于分子有运动速度,因此分子具有平均动能;另外,分子是由单个原子组成的,根据原子的模型特点,这种分子还有空间的转动运动,因此分子还具有转动动能;同时,组成分子的原子也沿着或跨过分子轴前后振动,因此具有振动动能和振动势能;最后,分子中绕原子核运动的电子也对分子贡献了电子能。故对于一个给定的分子,其所包含的能量有平均动能、转动动能和电子能。

对于由大量分子组成的气体,其所有分子所具有的能量的总和称为气体的内能。对完全气体来说,分子间无作用力,因此单位质量气体的内能 u 仅仅是温度的函数,即

$$u=u(T) \tag{4-1}$$

由于内能的大小只取决于温度 T，因此它是一个与变化过程无关的状态参数。

在热力学中，常常引入另一个代表热含量的物理量——焓 h，定义为

$$h = u + \frac{p}{\rho} \tag{4-2}$$

式中　$\dfrac{p}{\rho}$——单位质量气体的压力能。

因此，焓值 h 表示单位质量气体的内能和压力能的总和。对于完全气体，焓只取决于温度，故也是一个状态参数，与过程无关。

3. 热力学第一定律

热力学第一定律是热力学的基本定律之一，是能量守恒定律在热力学中的应用。此定律表明：外界传给一个封闭系统的热量等于系统内能的增量和系统对外界所做的机械功的总和。对于单位质量气体的微小变化过程，热力学第一定律可表示为

$$dq = du + p\,dv = du + p\,d\left(\frac{1}{\rho}\right) \tag{4-3}$$

式中　dq——外界传给单位质量气体的热量，J/kg；

　　　du——单位气体内能的增量，J/kg；

　　　$\dfrac{1}{\rho}$——单位质量气体的体积，叫作比容，m^3/kg；

　　　$p\,d\left(\dfrac{1}{\rho}\right)$——单位质量气体所做的机械功，J/kg。

下面介绍热力学第一定律在几种过程中的应用。

1）等容过程

对于等容过程，$d\left(\dfrac{1}{\rho}\right)=0$，根据式（4-3）可知，外界对系统提供的热量用于增加气体的内能，即

$$dq = du = c_V\,dT \tag{4-4}$$

式中　c_V——比定容热容，表示单位质量的气体在等容过程中温度每升高 1K 所需的热量，J/(kg·K)，空气的 $c_V = 717.6\,\text{J/(kg·K)}$。

由式（4-4）可知，取 $T=0$ 时，$u=0$，则

$$u = \int_0^T c_V\,dT = c_V T \quad \text{或} \quad u_2 - u_1 = c_V(T_2 - T_1) \tag{4-5}$$

2）等压过程

对于等压过程，$dp=0$，由式（4-2）和式（4-3）可知

$$dq = du + p\,d\left(\frac{1}{\rho}\right) = du + d\left(\frac{p}{\rho}\right) = dh$$

令 $dq = c_p\,dT$，其中 c_p 称为比定压热容，表示单位质量的气体在等压过程中温度每升高 1K 所需的热量，空气的 $c_p = 1\,004.7\,\text{J/(kg·K)}$。取 $T=0$ 时，$h=0$，则有

$$h = c_p T = (c_V + R)T \tag{4-6}$$

因此,焓值又可视为等压条件下气体温度从零升到 T 所需的热量。

定义 $\gamma = \dfrac{c_p}{c_V}$,称为比热比,则 h 可以写为

$$h = \frac{\gamma}{\gamma - 1} \frac{p}{\rho} \tag{4-7}$$

3)绝热过程

对于绝热过程,$dq = 0$,根据式(4-3)可知

$$c_V \mathrm{d}T + p\,\mathrm{d}\left(\frac{1}{\rho}\right) = 0 \tag{4-8}$$

将完全气体方程进行微分,得到

$$p\,\mathrm{d}\left(\frac{1}{\rho}\right) + \frac{1}{\rho}\mathrm{d}p = R\,\mathrm{d}T \tag{4-9}$$

由式(4-8)和式(4-9)可得

$$c_p p\,\mathrm{d}\left(\frac{1}{\rho}\right) + c_V\left(\frac{1}{\rho}\right)\mathrm{d}p = 0$$

积分得

$$\frac{p}{\rho^\gamma} = C \tag{4-10}$$

对于完全气体,$\gamma = 1.4$。

4. 热力学第二定律与熵

生活经验告诉我们,将一块冰与烧热的铁放在一起,冰会慢慢融化,而铁板会逐渐变凉。但是式(4-3)并不能说明这一变化规律。事实上,热力学第一定律可以允许冰块越来越凉,而铁板变得越来越热——只要保证过程中能量守恒即可,显然这种情况在现实中是不会出现的。因此,这就要求过程中有一个可以决定过程朝哪个方向进行的条件。

热力学第二定律指明了能量相互转换是有条件的、有方向性的,即朝着一个方向的变化过程可以实现,而反方向的变化过程不能实现或者有条件地实现。据此,在热力学上有可逆过程和不可逆过程之分。如果将变化过程一步一步倒回去,介质的一切热力学参数均回到初始值且外界情况也恢复如初,则是可逆过程,否则就是不可逆过程。

热力学第二定律的表示方法很多,本书引入熵的概念来表示热力学第二定律。

定义单位质量气体的熵为

$$\mathrm{d}s = \frac{\mathrm{d}q}{T} \tag{4-11}$$

将式(4-3)代入式(4-11)中可得

$$\mathrm{d}s = \frac{\mathrm{d}q}{T} = \frac{1}{T}\left[\mathrm{d}u + p\,\mathrm{d}\left(\frac{1}{\rho}\right)\right] = \mathrm{d}\left[c_V \ln T + R \ln\left(\frac{1}{\rho}\right)\right] \tag{4-12}$$

由式(4-12)可知,s 也是一个状态参数。

在热力学研究过程中,熵值的绝对大小没有实际意义,通常重点研究的是熵的增量,即从初始状态 1 变化到状态 2 的 Δs 值。由(4-12)可得

$$\Delta s = s_2 - s_1 = \int_1^2 \mathrm{d}s = c_V \ln \frac{T_2}{T_1} + R \ln \frac{\rho_1}{\rho_2} \tag{4-13}$$

将 $R = c_p - c_V$，$p = \rho R T$ 代入式(4-13)可得

$$\Delta s = c_V \ln \left[\frac{T_2}{T_1} \left(\frac{\rho_1}{\rho_2} \right)^{\gamma-1} \right] \tag{4-14}$$

或

$$\Delta s = c_V \ln \left[\frac{p_2}{p_1} \left(\frac{\rho_1}{\rho_2} \right)^{\gamma} \right] \tag{4-15}$$

由此可知,在绝热变化过程的孤立系统中,如果过程可逆则熵值保持不变,即 $\Delta s = 0$,称为等熵过程;如果过程不可逆,则熵值必增加,即 $\Delta s > 0$。因此,热力学第二定律也可以称为熵增原理。一旦引入熵的概念,就提供了判断过程是否可逆的标准和衡量不可逆程度的尺度。

对于等熵流动,$\Delta s = 0$。根据式(4-14)和式(4-15)可以得到

$$\frac{p_2}{p_1} = \left(\frac{\rho_2}{\rho_1} \right)^{\gamma} = \left(\frac{T_2}{T_1} \right)^{\frac{\gamma}{\gamma-1}} \tag{4-16}$$

该式称为等熵关系式,它将等熵过程中的压力、密度、温度联系起来,是热力学等熵过程的一个基本热力学方程。

等熵过程要求很严格,必须是绝热并且可逆的。我们为什么还要重点研究等熵过程呢?原因是绝大多数实际的可压缩流体问题可以被假设为等熵的。例如,对于绕翼型的流动,在靠近翼型表面会形成附面层,其中的黏性和耗散很强,且附面层中的熵是增加的。然而,对于附面层以外的流动,黏性和传热引起的耗散影响非常小,可以忽略不计。因此,附面层以外的流动是绝热可逆过程,即所谓的等熵流动。对于绝大多数实际流动,黏性附面层的厚度相对于整个流场是非常薄的,所以大部分流动均可以看成等熵流动。

4.1.2 高速气流特性

研究空气高速流动的基本规律是为了研究飞机的高速空气动力特性,高速气流与低速气流相比,流动规律既有共同点,也有很大的差异。飞机高速($Ma > 0.4$)飞行时,会出现一些不同于低速飞行的新现象,如激波的产生、音障现象、热障现象等。这些现象的产生直接影响到作用于飞机上的空气动力的变化,比如:升力系数、最大升力系数和临界迎角会发生变化;由于激波的产生,导致飞机的阻力系数急剧增加;压力中心会前后移动;等等。下面先介绍一些高速空气动力学的基本理论,以分析这些现象产生的原因。

1. 空气的压缩性

引起高速与低速空气动力学理论根本差别的是空气的压缩性,即密度的变化量大小。空气的压缩性是指因空气的压力、温度等条件改变而引起密度发生变化的属性。

当空气流过飞机各个部件时,密度变化的程度主要取决于气流速度(外因)相对于当前飞行高度上音速(内因)的大小。

1）空气的压缩性与气流速度的关系

不论是低速飞行还是高速飞行，空气流过机翼时，翼面上各处的速度和压力均发生变化，从而引起空气密度发生变化。飞行速度越快，空气流过机翼各处的速度和压力变化越大。空气密度变化的程度可以用空气密度变化的百分比（$\Delta\rho/\rho$，其中 $\Delta\rho$ 是空气密度的变化量，ρ 是空气原来的密度）表示。表 4.1 给出了在标准大气条件下，不同流动速度时，机翼前缘驻点处空气密度增加的百分比。

表 4.1 空气密度随气流速度变化的关系

气流速度/(km/h)	200	400	600	800	1 000	1 200
空气密度变化的百分比（$\Delta\rho/\rho$）/%	1.3	5.3	12.2	22.3	45.8	56.5

从表 4.1 中可以清楚地看出，在速度不超过 360～400km/h 的低速流动时，空气密度的变化程度是很小的，可以忽略不计。但是在高速飞行中，空气密度的变化量很大，因此必须考虑空气压缩性的影响。

2）空气的压缩性与音速的关系

音速（也叫作声速），是指介质中微弱扰动的传播速度，如声音的传播等，其大小因介质的性质和状态而异。空气中的音速在标准大气条件下约为 340m/s。下面来推导微弱扰动传播的速度——音速的表达式。

如图 4-2 所示，如果活塞静止，则密封容器内的空气没有受到任何扰动，速度为零。若活塞向右移动，则紧挨着活塞的空气受到扰动，将以音速向右移动，我们把受到扰动的气体与未受到扰动气体之间的分界面称为波。凡是这道波（分界面）到达之处，气体的压强、密度和速度都发生一个改变量。假设在某一瞬时 t，波在 1—1 截面处，经过 dt 时间后，波移动到 2—2 截面。截面 1—1 与截面 2—2 之间的气体质量，当波在 1—1 截面时，是 $\rho A dx$；而当波移到 2—2 截面时，原先在 1—1 截面左边的气体推进到了 3—3 截面，但截面 3—3 与截面 2—2 之间的气体质量仍然是 $\rho A dx$。其中，A 是截面面积，dx 是截面 1—1 与截面 2—2 之间的距离。

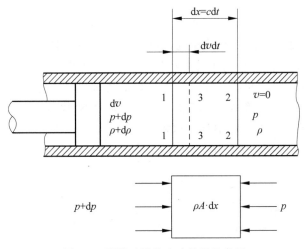

图 4-2 弱扰动波的音速推导示意图

当波到达 2—2 截面时,截面 1—1 与截面 2—2 之间的气体质量是 $(\rho + \mathrm{d}\rho)A\,\mathrm{d}x$。因而,在 $\mathrm{d}t$ 时间前后,截面 1—1 与截面 2—2 之间的质量增量为:$\mathrm{d}m = \mathrm{d}\rho A\,\mathrm{d}x$。根据质量守恒定律,这部分质量不可能凭空产生,是由 1—1 截面左侧被活塞所推动的气体中流进来的。在 $\mathrm{d}t$ 时间内,由左边流入 1—1 截面以右的气体质量为 $\mathrm{d}m = (\rho + \mathrm{d}\rho)A\,\mathrm{d}v\,\mathrm{d}t$。以上两个 $\mathrm{d}m$ 应该是一样的,即 $\mathrm{d}\rho A\,\mathrm{d}x = (\rho + \mathrm{d}\rho)A\,\mathrm{d}v\,\mathrm{d}t$。因 $\mathrm{d}x$ 是波在 $\mathrm{d}t$ 时间内经过的距离,所以 $\mathrm{d}x/\mathrm{d}t$ 就是波的传播速度,以符号 c 表示微弱扰动波的传播速度,即以 c 表示音速,则将 $\mathrm{d}x$ 换成 $c\,\mathrm{d}t$ 以后,消除 $\mathrm{d}t$,得到

$$\mathrm{d}v = \frac{c\,\mathrm{d}\rho}{\rho + \mathrm{d}\rho} \tag{4-17}$$

再以波位于 1—1 截面时,截面 1—1 与截面 2—2 之间的气体质量为研究对象。根据动量定理,这么多质量的气体在 $\mathrm{d}t$ 时间内沿管轴方向的动量变化应等于沿着该方向作用于这些气体上的外力的冲量。现在外力只有压力,故得

$$A[(p + \mathrm{d}p) - p]\mathrm{d}t = \rho A\,\mathrm{d}x(\mathrm{d}v - 0) \tag{4-18}$$

由此得

$$\mathrm{d}p = c\rho\mathrm{d}v$$

将式(4-17)代入式(4-18),得

$$\mathrm{d}p = \frac{c^2\,\mathrm{d}\rho}{1 + \dfrac{\mathrm{d}\rho}{\rho}} \tag{4-19}$$

因 $\mathrm{d}\rho/\rho \ll 1$,在分母中可以略去 $\mathrm{d}\rho/\rho$,最后得到

$$c^2 = \frac{\mathrm{d}p}{\mathrm{d}\rho} \tag{4-20}$$

由式(4-20)可知,在气体中,微弱扰动的传播速度即音速的二次方值是由气体的压强改变量与密度改变量之比决定的。从这个公式可以看出,在同样的压强改变量 $\mathrm{d}p$ 下,如果某种介质中的音速大,则该介质中的 $\mathrm{d}\rho$ 必然小,说明该介质不易被压缩;反之,若在同样的 $\mathrm{d}p$ 之下,如果某种介质中的音速小,则该介质中的 $\mathrm{d}\rho$ 必然大,说明该介质容易被压缩。因此,音速 c 是介质压缩性的一个指标。

从式(4-20)可以看出,要想确定音速 c 的具体表达式,就必须知道 p 与 ρ 的关系,而这个关系是由扰动传播的热力学过程决定的。由于研究的是微弱的机械扰动,所有物理参数的改变是无限微小的,波前波后气体的温差非常小,而扰动波的推进速度又很快,因此,气体之间的热传导是完全可以忽略的。如果在扰动开始之前,管内气体的温度与管外介质的温度相同,则在扰动发生后,因管内气体温度的增量是无限小,故与外界的温差也是无限小,因而通过管壁的热传导也可以忽略不计。这样,气体所经受的状态变化过程便是等熵过程。在等熵过程中,压强与密度的关系是

$$\frac{p}{\rho^{\gamma}} = c \tag{4-21}$$

式中 γ——比热比,对于空气来说,$\gamma = 1.4$。

将式(4-21)代入式(4-20)得

$$c^2 = \frac{\gamma p}{\rho} \quad \text{或} \quad c = \sqrt{\gamma R T} \tag{4-22}$$

这就是微弱扰动传播速度——音速的表达式。需要说明的是,式(4-22)是按一维扰动导出的。对于二维及三维的微弱扰动,其传播速度仍然是音速,这里不做推导。

从式(4-22)可以看出,音速的大小只与气体的种类(用 γ 及 R 值表示)和气体的热力学温度有关。对于空气来说,音速的大小仅取决于温度,温度越低,音速越小,空气越容易被压缩。

2. 马赫数及其物理意义

前面已经分析得出,空气压缩性的大小取决于密度变化的程度,而密度的变化量又主要取决于相对气流速度相对于音速的大小。为了综合反映压缩性的大小,我们引入马赫数的概念,即相对气流速度(飞机飞行速度)与飞机当前飞行高度上的音速 c 的比值,用 Ma 表示,其表达式为

$$Ma = v/c \tag{4-23}$$

式中　Ma——马赫数;

v——飞机飞行的真空速,m/s;

c——飞机所在高度的音速,m/s。

Ma 分为飞行 Ma 和局部 Ma。飞行 Ma 是指飞机飞行的真空速与当前飞行高度上的音速的比值。局部 Ma 是指飞机周围流场中任意一点处的气流速度与该点局部音速的比值。飞行 Ma 数的大小可以说明空气流过飞机沿途的密度变化程度,即衡量空气被压缩程度的标志,Ma 数大,表明飞机的飞行速度大或音速小。飞行速度大,空气流过飞机沿途的压力变化大,导致密度变化也大,也就是说空气压缩得厉害。音速小,空气容易压缩,在相同的压力变化量作用下,空气密度变化也大。而且,Ma 越大,表明空气被压缩得越厉害。飞行实践表明:$Ma<0.4$ 时,空气压缩性的影响不大,可以不考虑压缩性的影响;$Ma>0.4$ 时,空气压缩性的影响较大,必须考虑压缩性的影响。除了低速飞行外,研究飞机的空气动力时必须考虑空气可压缩性的影响。

4.1.3　高速定常一维流

密度 ρ、压力 p、温度 T 和流速 v 是非常重要的空气流动特性参数。在空气动力学中,一项重要的任务就是求解这些参数。在第 2 章中,我们已经建立了一维定常流的基本方程。对于低速流动,可以忽略温度的变化,因此,通过 2.2.4 节中建立的低速一维连续性方程和动量方程,再加上本章介绍的状态方程,就可以求出密度 ρ、压力 p 和流速 v。但是对于高速可压流动,除了密度 ρ、压力 p 和流速 v 外,必须考虑温度 T。为了求解出这四个流动参数,必须新增一个方程——能量方程。本节重点讨论高速一维连续性方程和能量方程。

1. 一维定常绝热流的连续性方程

连续性方程是为了说明面积和速度的关系。对式 $\rho v A = C$ 取微分得到: $\mathrm{d}(\rho v A)=0$,将其展开并同除以 $\rho v A$,得

$$\frac{\mathrm{d}\rho}{\rho} + \frac{\mathrm{d}v}{v} + \frac{\mathrm{d}A}{A} = 0 \tag{4-24}$$

为了得到面积和速度的关系,需要将式(4-24)中的$\dfrac{\mathrm{d}\rho}{\rho}$用$\mathrm{d}v$、$\mathrm{d}A$的函数来表示。将无黏流体一维定常流动的微分方程$\mathrm{d}p = -\rho v \mathrm{d}v$变形为

$$\frac{\mathrm{d}p}{\rho} = \frac{\mathrm{d}p}{\mathrm{d}\rho}\frac{\mathrm{d}\rho}{\rho} = -v\mathrm{d}v \qquad (4\text{-}25)$$

将式(4-20)代入式(4-25)得

$$c^2\frac{\mathrm{d}\rho}{\rho} = -v\mathrm{d}v$$

改写为$\dfrac{\mathrm{d}\rho}{\rho} = -\dfrac{v\mathrm{d}v}{c^2} = -\dfrac{v^2}{c^2}\dfrac{\mathrm{d}v}{v} = -Ma^2\dfrac{\mathrm{d}v}{v}$,代入式(4-24),得到

$$\frac{\mathrm{d}A}{A} = (Ma^2 - 1)\frac{\mathrm{d}v}{v} \qquad (4\text{-}26)$$

式中　A——流管截面面积;

　　　$\mathrm{d}A$——流管截面面积的变化量;

　　　$\mathrm{d}A/A$——流管截面面积的变化程度;

　　　v——流管截面空气流速;

　　　$\mathrm{d}v$——流速的变化量;

　　　$\mathrm{d}v/v$——流速的变化程度。

式(4-26)表明了气体流速与流管截面面积之间的关系。现在分别讨论亚音速和超音速两种情况。

1)亚音速气流,即$Ma<1$的情况

在这种情况下,式(4-26)中的$(Ma^2-1)<0$,这说明$\mathrm{d}A/A$与$\mathrm{d}v/v$的符号是相反的,而A和v总是正的,所以$\mathrm{d}A$与$\mathrm{d}v$的符号相反。也就是说,当$\mathrm{d}A>0$时,$\mathrm{d}v<0$,即流管截面面积增加,速度减小;反之,当$\mathrm{d}A<0$时,$\mathrm{d}v>0$,即流管截面面积减小,速度增加。可见,当气流以亚音速流动时,流速与流管截面面积之间的关系是:流管收缩,流速增加;流管扩张,流速减小。与低速流动($Ma<0.4$)时完全一样。

2)超音速气流,即$Ma>1$的情况

在这种情况下,式(4-26)中的$(Ma^2-1)>0$,这说明$\mathrm{d}A/A$与$\mathrm{d}v/v$的符号是相同的。也就是说,在超音速气流中,流速与流管截面面积一同增大或减小,即流管扩张,流速增加;流管收缩,流速减小。这和低速、亚音速时的情形正好相反。

根据上面的分析,要产生超音速气流,除了压力差以外,必须选择恰当的管道形状,即先收缩后扩张,这种产生超音速气流的方法是瑞典工程师拉瓦尔在19世纪末首先实现的。因此,这种先收缩后扩张管道称为拉瓦尔喷管或超音速喷管,该喷管中的截面面积最小处称为喉部,如图4-3所示。当压力差驱动低速或亚音速气流从左向右在拉瓦尔喷管中流动时,低速或亚音速气流在收缩管道中加速,到喉部处产生$Ma=1$的等音速气流;紧接着用扩张管道使音速气流继续加速变成超音速气流。通过选择不同的出口截面面积与喉部截面面积的比值,就可以在出口截面处得到不同速度的超音速气流了。

2. 一维定常绝热流的能量方程

对于不计黏性作用的绝热高速一维流,空气微团的运动过程是等熵过程。此时的能量

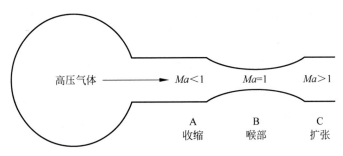

高压气体 → Ma<1　　Ma=1　　Ma>1

A　　　　B　　　　C
收缩　　　喉部　　　扩张

图 4-3　超音速气流的产生(拉瓦尔喷管)

方程可由欧拉方程并利用等熵关系沿流线积分求出。根据式(2-86)并利用等熵关系式(4-21)可得 $\int \dfrac{\mathrm{d}p}{\rho} = \int \dfrac{\gamma}{\gamma-1} R \mathrm{d}T = \dfrac{\gamma}{\gamma-1} RT$，将此式代入式(2-86)，得到一维等熵流的能量方程为

$$\frac{v^2}{2} + \frac{\gamma}{\gamma-1} RT = C(沿流线) \tag{4-27}$$

或

$$\frac{v^2}{2} + \frac{c^2}{\gamma-1} = C(沿流线) \tag{4-28}$$

或

$$\frac{v^2}{2} + \frac{\gamma}{\gamma-1} \frac{p}{\rho} = C(沿流线) \tag{4-29}$$

或

$$\frac{v^2}{2} + c_p T = C(沿流线) \tag{4-30}$$

将 $c_p = R + c_V$ 代入式(4-30)得

$$\frac{v^2}{2} + c_V T + \frac{p}{\rho} = C(沿流线) \tag{4-31}$$

又因为空气的内能 $u = c_V T$，因此式(4-30)可写为

$$\frac{v^2}{2} + u + \frac{p}{\rho} = C(沿流线) \tag{4-32}$$

式(4-27)到式(4-32)就是一维等熵流动能量方程的各种表达形式。式(4-32)中的 $\dfrac{v^2}{2}$，u 和 $\dfrac{p}{\rho}$ 分别为单位质量空气的动能、内能和压力能。它表明：在绝热过程中，流动空气的动能、内能和压力能可以相互转换，总和保持不变。空气沿流管从一截面流到另一截面，如果动能增大(流速增大)，则压力能和内能(焓值)之和必然同时减小(压力、温度、密度同时减小)；反之亦然。

高速能量方程与低速能量方程(伯努利方程)的区别在于：低速时，内能不参与转换，密度、温度保持不变，伯努利方程中只有动能和压力能的相互转换；高速时，温度、密度的变化不能忽略，因而高速能量方程中有动能、内能和压力能三种能量参与转换。高速能量方程是在绝热无黏的条件下推导出来的。如果气体内部有摩擦现象,方程仍然适用,因为尽管气体摩擦做了功,但摩擦热保留在气体内部,所以也适用于黏性气体。

3. 一维定常绝热流各气流参数间的关系

为了给出一维定常绝热流任意点处气流参数(压力、温度、密度)之间的关系式,需要给定某一参考点,流动参数沿流线变化的关系式可用与参考点的比值给出。常用的参考点为驻点或物体表面临界点。

1) 以驻点为参考点的各参数关系式

驻点是指流速等熵地降为零的一点。驻点处的温度称为驻点温度,也称为滞止温度或总温;驻点处的压力称为驻点压力,也称为滞止压力或总压;驻点处的焓称为驻点焓值,也称为滞止焓值或总焓。驻点处的温度、压力、密度、焓分别用 p_0、T_0、ρ_0、h_0 表示;流场中驻点之外的其他点的温度、压力、密度、焓分别用 p、T、ρ、h 表示,称为静参数。

根据式(4-30)可以得到:$\dfrac{v^2}{2c_p} + T = T_0$,由此总温与静温之比为

$$\frac{T_0}{T} = 1 + \frac{v^2}{2c_p T} = 1 + \frac{\gamma-1}{2}Ma^2 \tag{4-33}$$

式(4-33)说明,在一维绝热流中,总温与静温之比只取决于 Ma。由于直接测量静温 T 相当困难,而总温 T_0 则容易测量,故通常用 T_0 和 Ma 计算 T。

将式(4-33)代入式(4-16)可得

$$\frac{p_0}{p} = \left(1 + \frac{\gamma-1}{2}Ma^2\right)^{\frac{\gamma}{\gamma-1}} \tag{4-34}$$

$$\frac{\rho_0}{\rho} = \left(1 + \frac{\gamma-1}{2}Ma^2\right)^{\frac{1}{\gamma-1}} \tag{4-35}$$

需要注意的是,式(4-33)的应用条件是一维绝热流,而式(4-33)～式(4-35)同时使用时仅对于等熵流。

若以上等熵流动关系式中的 Ma 为飞行 Ma,温度、压力、密度为飞机当前飞行高度上的大气温度、密度和压力,在飞行高度一定时,驻点处各个气流参数随着飞行 Ma 的增大而增大。

若以上等熵流动关系式中的 Ma 为局部 Ma,当飞行高度和速度一定时,驻点处的总参数一定。此时,机翼表面各点的气流参数只随该点局部 Ma 的变化而变化,局部 Ma 增大,该点处的温度、压力、密度减小,反之亦然。

2) 以临界点为参考点的各参数关系式

在一维绝热流中,沿流线某点处的流速恰好等于当地音速时的点叫作临界点。临界参数用上标"*"表示。由一维绝热流能量方程有

$$\frac{T^*}{T_0} = \left(\frac{c^*}{c}\right)^2 = \frac{2}{\gamma+1} \tag{4-36}$$

对于等熵流还有

$$\frac{p^*}{p_0} = \left(\frac{2}{\gamma+1}\right)^{\frac{\gamma}{\gamma-1}} \tag{4-37}$$

$$\frac{\rho^*}{\rho_0} = \left(\frac{2}{\gamma+1}\right)^{\frac{1}{\gamma-1}} \tag{4-38}$$

而式(4-36)中的 c^* 为临界音速, $c^* = \sqrt{\dfrac{2}{\gamma+1}}\, c_0$,故它也可以代表一维绝热流的总能量,可将能量方程写为

$$\frac{v^2}{2} + \frac{c^2}{\gamma-1} = \frac{\gamma+1}{\gamma-1}\frac{c^{*2}}{2} \tag{4-39}$$

在气流参数计算中,有时用 Ma 作自变量并不方便,因为流线上各点处的音速一般不相同,按流速计算 Ma 或根据 Ma 计算流速都需要计算音速。但由式(4-36)可知,当 T_0 值一定时,则 c^* 也是个定值,故也可取 c^* 作为参考速度。定义速度系数为

$$\lambda = \frac{v}{c^*} \tag{4-40}$$

由式(4-40)可知

$$\lambda^2 = \frac{v^2}{c^{*2}} = \frac{v^2}{c^2} \cdot \frac{c^2}{c^{*2}} = \frac{(\gamma+1)Ma^2}{2+(\gamma-1)Ma^2} \tag{4-41}$$

则

$$Ma^2 = \frac{\dfrac{2}{\gamma+1}\lambda^2}{1-\dfrac{\gamma-1}{\gamma+1}\lambda^2} \tag{4-42}$$

将式(4-42)代入式(4-33)~式(4-35),可得用 λ 表示的一维等熵流总静参数之比的关系式如下:

$$\begin{cases} \dfrac{T}{T_0} = 1 - \dfrac{\gamma-1}{\gamma+1}\lambda^2 \\[2mm] \dfrac{p}{p_0} = \left(1 - \dfrac{\gamma-1}{\gamma+1}\lambda^2\right)^{\frac{\gamma}{\gamma-1}} \\[2mm] \dfrac{\rho}{\rho_0} = \left(1 - \dfrac{\gamma-1}{\gamma+1}\lambda^2\right)^{\frac{1}{\gamma-1}} \end{cases} \tag{4-43}$$

4.1.4 激波和膨胀波

亚音速流场和超音速流场有许多差别,其中很重要的一个差别就是小扰动的传播范围。

1. 扰动的概念

在流场中,任一点的流动参数与自由流(即远前方来流)中对应的流动参数之差,称为扰动。如流场中某点的密度、压强和速度分别为 ρ、p、v ,而远前方来流的密度、压强、速度分别为 ρ_∞、p_∞、v_∞ ,因此流场上该点的流动参数可表示为 $\rho = \rho_\infty + \Delta\rho$,$p = p_\infty + \Delta p$,$v = v_\infty + \Delta v$,式中 $\Delta\rho$、Δp、Δv 称为该点对流场的扰动密度、扰动压强和扰动速度。当 $\Delta\rho$、Δp、Δv 值很小时,这种扰动称为弱扰动;反之,称为强扰动。如飞机在空中飞行时,它对周围的空气产生作用,使空气的密度、压强、速度等参数发生变化,也就是说飞机对空气产生了扰动。空

气是可压缩的弹性介质,一处受到扰动,这个扰动便通过空气一层一层相互作用,向四面八方传播。

2. 弱扰动的传播

要了解激波的产生,可以从扰动波在气流中的传播谈起。假设有一个扰动源扰动了平静的空气,产生了声波,并以音速 c 向四面八方传播。根据扰动源运动的速度,我们分四种情况讨论弱扰动的传播。

1) 扰动源静止,即 $v=0$ 的情况

如图 4-4(a)所示,假设弱扰动源 O 每隔 1s 发出一次弱扰动波,图示为 4s 后一瞬间弱扰动波的四个波面位置,它们是四个同心的球面。最外边的球面半径是 $4c$,是 4s 前发出的一个弱扰动波经过 4s 后到达的位置。最里面的球面半径是 c,是 1s 前发出的弱扰动波经过 1s 后到达的位置。由于扰动源的速度 $v=0$,所以每个扰动波面以扰动源 O 为球心向四周传播。球面内的空气已受到扰动,而球面外的空气尚未受到扰动,但只要有足够的时间,弱扰动波会波及整个空间。

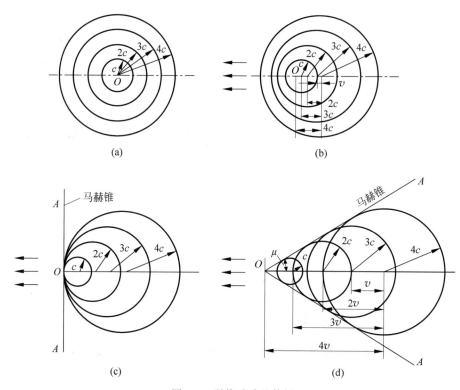

图 4-4　弱扰动波的传播

(a) $v=0$ 的情况;(b) $v<c$ 的情况;(c) $v=c$ 的情况;(d) $v>c$ 的情况

2) 扰动源以亚音速运动,即 $v<c$ 的情况

如图 4-4(b)所示,每次从弱扰动源 O 发出的弱扰动波仍以音速 c 进行传播,但由于扰动波本身还跟随扰动源以速度 v 向左运动,所以,弱扰动波的运动是以上两个运动的叠加。因此,在运动方向上弱扰动波面的相对运动速度要慢一些,而在运动的反方向上的相对运动

速度要快一些。此时,弱扰动波的传播对扰动源 O 来讲已不再是球对称的了,而是向扰动源运动方向偏移,但只要时间足够,弱扰动波仍然会波及整个空间。

3) 扰动源以等音速运动,即 $v=c$ 的情况

如图 4-4(c)所示,因为 $v=c$,所以在运动方向上弱扰动波的相对运动速度等于零,这样,每次从弱扰动源 O 发出的弱扰动波就不能波及全部空间。它的分界面是由弱扰动波面构成的公共切平面 AOA。切平面右侧的半个空间是弱扰动源的影响区,切平面左侧的半个空间是无扰区,弱扰动源对切平面左侧的空间不能产生干扰。因此,扰动源以亚音速运动和以音速运动时对空气的干扰是有本质区别的。

4) 扰动源以超音速运动,即 $v>c$ 的情况

如图 4-4(d)所示,在第 4s 末可以看到第 1s 发出的弱扰动波面的球面半径已扩展为 $4c$,而球心则随扰动源向左移动了 $4v$ 的距离,由于 $v>c$,因此,弱扰动源 O 必然在球面左边界的左侧。同样,第 4s 初发出的扰动波的球面半径为 $1c$,而该球心随扰动源向左移动的距离为 v,由于 $v>c$,弱扰动源 O 也必然会处在弱扰动波球面左边界的左侧。因此经过 4s 后,这些被扰动源扰动的球面波的公切面将是一个母线为直线 OA 的圆锥波面,这个圆锥面称为马赫锥面,简称马赫锥。随着扰动源运动速度的增大,马赫锥将减小,扰动影响区也将缩小。在超音速扰动源运动过程中,扰动源 O 的影响区只在马赫锥内,在马赫锥外面是非干扰区的空间,此处的空气完全没有受到干扰。因此,可以说马赫锥是把被干扰的空气和未被干扰的空气分开来的分界面。这个分界面是由一系列互相邻近的弱扰动波组成的,因此叫作弱扰动“边界波”。空气通过弱扰动边界波之后,压力、密度只发生非常微小的变化。由图 4-4(d)可知:

$$\sin\mu = c/v = 1/Ma \quad 或 \quad \mu = \arcsin(1/Ma) \tag{4-44}$$

式中　μ——马赫角。

通过上面的分析,可以得出这样的结论:如果飞行器的飞行速度小于音速,它所引起的扰动可以传到飞行器的前面去;如果飞行速度等于或大于音速,则扰动就不能传到飞行器的前面去,而只能在飞行器后面一定范围内传播。飞行速度比音速大得越多,这个范围就越狭小。对于低速飞机,它还没有飞到,我们早已听到了它的轰鸣声;而超音速飞行时,飞机飞过我们头顶很远,才能听到它的呼啸声,就是这个道理。

3. 激波的概念

了解了弱扰动波在空气中的传播情况,飞机飞行时所造成的强扰动(即引起的压强和密度比声波大)在空气中的传播情形也基本一样。在飞机跨音速或超音速飞行时,同样也会出现边界波。所不同的是,这时的边界波是由无数较强的波叠加而成的,在边界波面处受到强烈压缩,波前、波后空气的物理性质发生突变。我们把由较强压缩波组成的边界波称为激波。

1) 激波的形成

前面谈到,超音速飞行时,扰动不能够传到飞机的前面去。对于亚音速飞行,周围的空气在飞机到来前就感受到了飞机的扰动,当飞机到来时,空气已经让开;对于超音速飞行,周围的空气事先丝毫没有感受到飞机扰动的影响,当飞机到来时,空气来不及让开,因而突然地遭到强烈的压缩,其压力、密度和温度突然升高,流速突然降低,这个压力、密度、温度、

速度从无变化到突然发生变化的分界面就叫作激波。

2）激波的分类

飞机在空中以超音速飞行时,相当于气流以超音速流过飞机,因此在机身和机翼前缘部分气流受到阻滞,即不断受到压缩而形成激波。随着飞机外形和飞行 Ma 的不同,激波形状也是不同的,如图 4-5 所示。

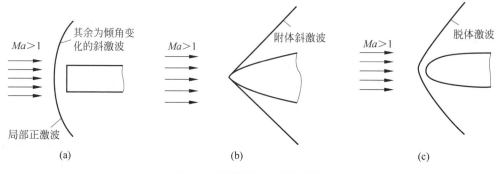

图 4-5　脱体激波与附体激波

图 4-5 中,(a)和(c)中的激波称为脱体激波,(b)中的激波称为附体激波。

激波面与运动方向垂直的部分称为正激波[见图 4-5(a)、(c)中激波的局部,只是小部分];与运动方向不垂直的部分称为斜激波。激波可以是平面的,也可以是曲面的或锥形的,超音速气流流过圆锥所形成的激波称为圆锥激波。

（1）正激波

正激波是指其波面与气流方向接近于垂直的激波。气流流过正激波时,其压力、密度和温度突然升高,且流速由原来的超音速降为亚音速,经过激波后的流速方向不变。在同一 Ma 下,正激波是最强的激波,气流穿过正激波的能量损失是最大的。

（2）斜激波

斜激波是指波面与运动方向不垂直的激波。气流流过斜激波时,压力、密度和温度也突然升高,但在同一超音速来流 Ma 下,它们的变化程度不像通过正激波那样剧烈。波后的流速可能降为亚音速,也可能仍为超音速,这取决于激波倾斜的程度。斜激波向后倾斜的程度,通常用斜激波与气流方向之间的夹角 β 来表示,β 称为激波角,如图 4-6(a)所示。图中 δ 角为气流转折角。显然,物体表面的转折角 δ 越大,对气流的阻滞作用越强。于是,斜激波的激波角 β 也就越大,空气通过激波后的压力、温度、密度变化也就越多。表面转折角大到一定程度时,转折处会产生正激波。气流经过斜激波时方向会发生偏转。

（3）圆锥激波

前面所讨论的是超音速气流流过楔形体的情形,如图 4-6(b)所示。如果超音速气流流过圆锥体,则从圆锥的顶点处开始产生一道圆锥激波,如图 4-7(a)所示。圆锥激波的一个特点是其强度比平面激波弱;另一个特点是气流流过圆锥激波后,气流方向并不立刻与锥面平行,而是不断改变其速度大小和方向,就是说圆锥激波后的流线是弯曲的[图 4-7(b)],而平面激波后的流线立刻与楔形体表面保持平行。

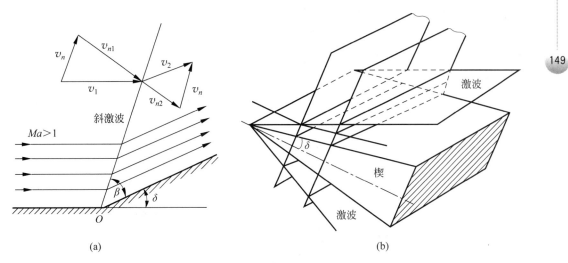

图 4-6　斜激波

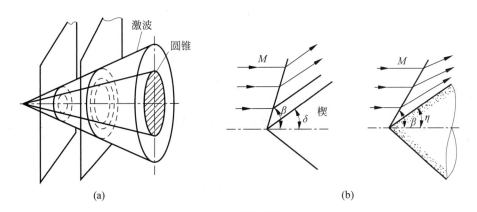

图 4-7　圆锥激波

4. 膨胀波的概念

　　超音速气流流过凹角的流动将产生斜激波,如图 4-6(a)所示,这种流动与绕楔形体的流动相类似[图 4-6(b)]。可以看到,凹角的顶点 A 对气流产生一个扰动,扰动的边界波为激波。波后气流受到 A 处转折角 δ 的影响,被压缩。如果转折角 δ 无限小,则扰动的边界波退化为马赫波,是一种弱压缩波[见图 4-8(a)]。如果物体表面有两个连续的微小转折,则将产生两道马赫波。由于压缩波后气流速度与 Ma 降低,所以后一道马赫波的马赫角 μ_2 将大于前一道波的马赫角,如图 4-8(b)所示。因此,这两道波必然会在气流中某处相交,形成压缩强度较大的波。如果转折点很多,如图 4-8(b)中的 $A,B,C,\cdots$,则最后形成的压缩波强度必然很大,这就是激波。这说明了激波是无数弱扰动波(压缩)的叠加。超音速气流遇到压缩扰动时就会产生激波。

　　与上述情况相反,超音速气流绕凸角流动时,气流将产生膨胀。如果转折角很小,则扰动传播界面也将是一道马赫波,见图 4-9(a)。图中用虚线表示膨胀的马赫波,用实线表示压缩的马赫波。由于气流膨胀后,ρ、p、T 降低,速度 v 增大,因此波后马赫数增大,即 $Ma_2>$

Ma_1。如果壁面有几个转折,则后一道波的马赫角将小于第一道波的马赫角,见图 4-9(b)。如果这些转折点无限接近,形成了一个有限大的转折角,则这些膨胀的马赫波将形成一个扇形的膨胀区域,如图 4-9(c)所示。气流通过扇形膨胀区时,连续不断地进行膨胀,气流方向不断偏转,最后与转折点后的物体表面平行。

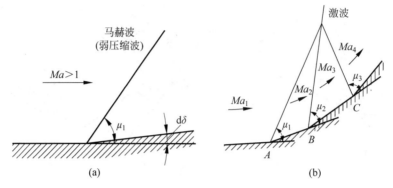

图 4-8　弱扰动的叠加形成激波

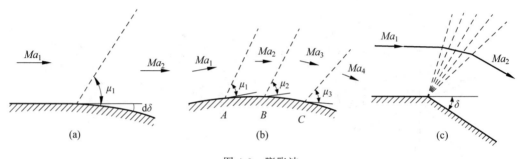

图 4-9　膨胀波

综上所述,由于空气的压缩性,在超音速时,气流因阻滞而产生激波,因扩张而产生膨胀波。或者说,激波是超音速气流减速时通常产生的现象;膨胀波是超音速气流加速时必然产生的现象。激波使波前、波后参数发生突跃式变化,气流穿过激波时受到突然的压缩,压力、密度和温度升高,而速度和 Ma 下降;而膨胀波波前、波后参数发生的是连续变化。此外,两者还有一个区别,即激波虽然厚度很小(大约为 10^{-5} cm 量级),但气流经过激波时,由激波内部气体黏性引起的内摩擦很强烈,气流的部分机械能会因消耗于摩擦而变成热能,使自身温度急剧升高,而膨胀波没有这一损失。

4.1.5　高速附面层

通常,求解物体绕流问题的步骤一般是先按无黏流计算,然后再计及黏性的影响。然而,由于附面层内速度梯度很大,黏性内摩擦可引起动能损失并产生大量的摩擦热,使层内温度升高。层内的温度升高不仅使空气的密度和黏性系数变为常数,还会因法向温度梯度的出现而形成空气层间及空气与物体之间的热传导。附面层的主要影响有:首先,密度、温度为变数使得高速附面层问题复杂得多;其次,黏性摩擦所形成的高温对飞行器壁面传入大量的热,而出现所谓的气动加热现象,气动加热对飞机的结构强度、仪表设备及飞行员的工作条件会产生不利影响;最后,如果气流中有激波,激波和附面层还会相互干扰而显著改变流场和物面上的压强分布。

在第3章中已经介绍了低速附面层的概念。高速附面层和低速附面层相比,具有以下三个特点:一是出现温度附面层和气动加热现象;二是摩擦阻力系数减小;三是激波与附面层相互干扰。

1. 气动热和温度附面层

高速气流流过机翼时,以下三种情况会导致气体温度明显升高:一是气流在机翼前缘受到阻滞,速度减为零,因而在机翼前缘局部范围内温度会升高;二是气流流经激波,波后气体温度会突然升高;三是由于附面层中气流的黏性力作用,使气流速度降低而温度升高。凡气流受阻滞产生的热,统称为气动热。

现代高速飞机具有良好的气动外形,机翼前缘的阻滞作用较小,激波强度通常也不会很大,因此附面层内的增温是气动热的主要成分。

为简单起见,以高速气流流经平板的情况为例。平板附面层中,速度梯度是自下而上逐渐减小的,这说明气流各层间的内摩擦力也是自下而上逐渐减小的,因而气流动能转化为热能使温度升高的规律也应该相同,这就在平板表面形成了一个温度明显变化的薄层,称为温度附面层,如图4-10所示。

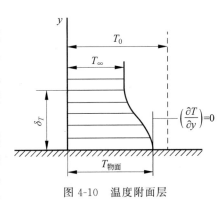

图 4-10　温度附面层

如果物面温度低于温度附面层的底层温度,则称该物面为冷壁,此时附面层向物面放热。如果物面温度高于温度附面层的底层温度,则称该物面为热壁,此时物面向附面层放热。如果物面温度等于温度附面层的底层温度,则称该物面为绝热壁,此时附面层与物面之间没有热交换。当高速气流流经物体时,经过一段时间,物面会处于绝热壁状态。其温度可用公式(4-45)进行估算:

$$T_{物面} = T_\infty \left(1 + R \frac{\gamma - 1}{2} Ma^2 \right) \tag{4-45}$$

式中　R——恢复系数,在层流附面层中,$R = 0.85$,在紊流附面层中,$R = 0.89$。

由此可知,随着飞行 Ma 的增加,飞机表面温度迅速增高。

2. 气动热对摩擦系数的影响

气动热是通过改变附面层底层的速度梯度和空气的黏性系数来影响摩擦系数的。对于绕平板的流动,一方面由于壁面温度升高,黏性系数随之增大,使壁面剪应力有增大的趋势;另一方面,根据气体状态方程,在压力不变的条件下,密度与温度成反比,气动热的产生使得附面层温度增加,引起密度减小,导致速度附面层增厚,从而使壁面处的速度梯度减小,剪应力下降。这两方面的影响以后者为主,故随着 Ma 的增加,壁面摩擦系数减小。

3. 激波与附面层的干扰

空气以超音速流过机翼表面时,附面层按其速度可分为两层:一层贴近机翼表面,速度小于音速,是亚音速底层;另一层稍靠外,流速大于音速,是超音速外层。在这两层的分界线上,流速等于音速,称为等音速线。机翼表面的激波只能出现在超音速的外层,而达不到附面层的亚音速底层,激波实际上并不与机翼表面直接接触,如图 4-11 和图 4-12 所示。

翼面局部激波的形状,除与翼型形状有关外,还与附面层的类型有关。层流附面层受到激波的干扰会产生气流分离,紊流附面层受激波的影响一般不产生气流分离。

激波与层流附面层的干扰不同于激波与紊流附面层的干扰。层流附面层受到激波影响要产生气流分离,激波形状也改变为"λ"形;紊流附面层受激波影响一般不产生分离,激波形状为正激波。原因是:层流附面层虽然较薄,但其流速分布由附面层外到机翼表面是逐渐减小的。底层的速度梯度最小,所以附面层的亚音速底层较厚。激波后面突然升高的压强,通过附面层的亚音速底层可以逆气流传到激波前面,使得附面层亚音速底层气流受到阻滞,并产生倒流,形成气流分离。气流分离波及附面层的超音速外层,引起超音速气流向离开翼面方向偏斜,像流过内凹曲面一样,在原来的正激波之前又产生一系列的斜激波,形成像字母"λ"的形状,故称为 λ 激波,如图 4-11 所示。

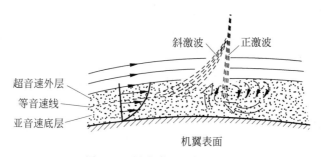

图 4-11 层流附面层与 λ 激波

紊流附面层的速度分布和层流附面层不同。其附面层底层靠近物面处的速度梯度大,紧挨翼型表面的气流速度比邻近外层的气流速度小得多,附面层大部分是超音速外层,所以紊流附面层的亚音速底层很薄。因此,局部激波后面突然升高的压力不容易通过亚音速底层传到激波前面。这样,激波前的气流不致受到强烈阻滞,也就不会产生气流分离,因此也不会产生斜激波,而是只有一道较强的正激波,如图 4-12 所示。

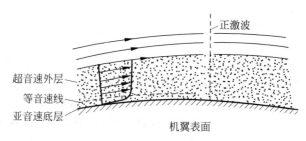

图 4-12 紊流附面层与正激波

4.2　翼型的高速空气动力特性

当飞机高速飞行时,流场中的密度、压力、温度等气体状态参数都将发生显著变化,飞行速度越大,参数变化越显著。空气压缩性的影响会使得飞机的高速空气动力特性与低速时明显不同。本节在高速气流特性的基础上,分别从机翼的剖面形状(翼型)和平面形状入手,分别讨论亚音速、跨音速两个阶段的飞机高速空气动力特性。

4.2.1　翼型的亚音速空气动力特性

亚音速指的是飞行 Ma 大于 0.4,流场各点气流的 Ma 小于 1 的情况。这时,空气的压缩性影响已不容忽视。例如,气流速度的变化 $\mathrm{d}v/v=1\%$,根据 $\mathrm{d}\rho/\rho=-Ma^2\mathrm{d}v/v$ 可以计算出:当 $Ma=0.4$ 时,$\mathrm{d}\rho/\rho=-0.16\%$;而当 $Ma=0.6$ 时,$\mathrm{d}\rho/\rho=-0.36\%$。空气密度随着 Ma 的显著变化,导致翼型表面的压力分布和空气动力特性发生显著变化。由于 $Ma\leqslant0.4$,速度变化时空气密度的相对变化量很小,可以不考虑压缩性的影响,因此,$Ma\leqslant0.4$ 的气流称为不可压流体;而 $Ma>0.4$ 时,空气压缩性影响很明显,不能忽略,此时的气流称为压缩性流体。

1. 亚音速阶段翼型压力分布的特点

对于不可压流动,翼型表面的压力分布仅取决于翼型形状和迎角,与来流 Ma 无关。而对于亚音速阶段的可压流动,由于空气密度显著变化,根据一维定常绝热流的连续性方程和能量方程可知,在负压区,流速增加,密度减小,压力会额外降低,即吸力会额外增加;同样,在正压区,流速减慢,密度增加,压力会额外增加。因此,当翼型形状、迎角一定,气流速度从低速增加到亚音速时,由于空气压缩性的影响,与低速流动时相比,在亚音速阶段翼型的压力分布呈"吸处更吸,压处更压"的特点,且飞行 Ma 越大,压缩性的影响越明显,正压区压力更大,负压区吸力更大,如图 4-13 所示。

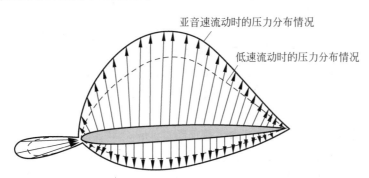

图 4-13　翼型低速和亚音速阶段的压力分布比较

2. 翼型的亚音速空气动力特性

由于亚音速阶段翼型表面的压力分布上呈现出的特点,导致随着 Ma 的增加,升力系数曲线斜率 C_L^α 和同一迎角下的升力系数增大,临界迎角和最大升力系数降低,翼型的阻力系数基本不变,压力中心位置前移。

1）飞行 Ma 增大,C_L 和 C_L^α 增大

根据高速伯努利方程可知,与低速流动相比,当亚音速气流流经同一迎角和同一形状的翼型时,上翼面的负压值更大、吸力更大,下翼面的正压值也更大。因此,在亚音速阶段,随着 Ma 的增加,翼型的升力系数和升力系数曲线的斜率均增加。

根据压缩性修正公式,在可压缩性气流中,翼上、下表面的压力系数可表示为

$$C_{p上可压} = \frac{C_{p上不可压}}{\sqrt{1-Ma^2}} \quad \text{和} \quad C_{p下可压} = \frac{C_{p下可压}}{\sqrt{1-Ma^2}} \tag{4-46}$$

将式(4-46)代入升力系数公式,得

$$C_{L可压} = \int_0^1 \frac{1}{\sqrt{1-Ma^2}}(C_{p下不可压} - C_{p上不可压})\mathrm{d}\bar{x} = \frac{C_{L不可压}}{\sqrt{1-Ma_\infty^2}} \tag{4-47}$$

将式(4-47)对 α（迎角）求导,得

$$C_{L可压}^\alpha = \frac{\mathrm{d}C_{L不可压}}{\mathrm{d}\alpha} \cdot \frac{1}{\sqrt{1-Ma^2}} = C_{L不可压}^\alpha \cdot \frac{1}{\sqrt{1-Ma_\infty^2}} \tag{4-48}$$

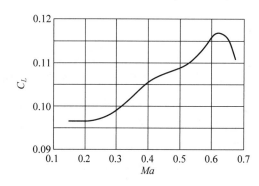

图 4-14　升力系数曲线斜率与马赫数的关系（$\delta_{iy}=0°$）

式（4-47）和式（4-48）表明,在亚音速阶段,随着 Ma 的增加,翼型的升力系数和升力系数曲线的斜率均增加,如图 4-14 所示。

2）飞行 Ma 增大,$C_{L\max}$ 和 α_{cr} 减小

同样,根据高速伯努利方程可知,和低速流动相比,当亚音速气流流经同一迎角和同一形状翼型时,上翼面的负压值更大,吸力更大,下翼面的正压值也更大。虽然翼型表面压力系数按 $\frac{1}{\sqrt{1-Ma_\infty^2}}$ 成比例增长,但各点增长的绝对值不同。在最低压力点处,由于流速增加得多,负压值更大,吸力增加得更多,之后部分增长幅度较小,导致翼型前后的逆压梯度变大,附面层内的空气在较小的迎角下就出现了严重的气流分离,使得翼型的临界迎角及最大升力系数减小。因此,随着 Ma 的增加,翼型的临界迎角及最大升力系数减小,如图 4-15 所示。

同理,飞机的抖动迎角和抖动升力系数也随着 Ma 的增加而减小。随着高度的增加,飞机的抖动速度增加。这是因为随着高度的增加,相同表速时的真空速增加,而音速减小,导致飞行 Ma 增加,引起抖动迎角和抖动升力系数减小,抖动速度增加。

3）飞行 Ma 增大,C_D 基本不变

在亚音速阶段,随着飞行 Ma 的增加,作用在翼型前缘的压力增加,使得翼型的压差阻

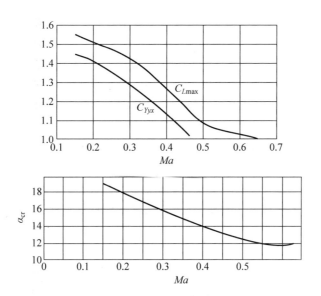

图 4-15 最大升力系数和临界迎角与马赫数的关系

力系数变大;另一方面,根据高速附面层的特点,摩擦阻力系数会减小。因此,随着 Ma 的增加,翼型的阻力系数基本不变。

4)飞行 Ma 增大,翼型的压力中心前移

按压缩性修正公式,亚音速飞行受空气压缩性的影响,整个翼型表面的压力系数放大 $\dfrac{1}{\sqrt{1-Ma_\infty^2}}$ 倍,可以认为翼型压力中心位置基本保持不变。

但是压缩性修正公式只是近似计算公式,在低亚音速下还算准确,而在高亚音速下的误差较大。更精确的理论表明,压缩性使翼面各点的压力系数放大的倍数并不等于 $\dfrac{1}{\sqrt{1-Ma_\infty^2}}$ 倍,而是和各点压力系数的大小有关,可表示为

$$C_{p可压} = \frac{C_{p不可压}}{\sqrt{1-Ma_\infty^2} + \dfrac{1}{2} \times (1-\sqrt{1-Ma_\infty^2})C_{p不可压}} \qquad (4\text{-}49)$$

式(4-49)称为卡门-钱学森公式。由式(4-49)可知,在上翼面前段,因 $|C_{p不可压}|$ 较大,压力系数放大倍数较大;在翼面后段,$|C_{p不可压}|$ 较小。因此,随着 Ma_∞ 的增大,压力中心位置逐渐向前移动。

4.2.2 翼型的跨音速空气动力特性

高速飞行中,随着飞行速度的增加,可能飞行速度还没有达到音速,但由于翼型形状的影响,机翼表面的局部区域就有可能出现超音速气流并伴随激波产生,此时,机翼周围的流场有亚音速气流,也有超音速气流,这表明飞机进入跨音速阶段飞行。这种超音速气流和激波是在翼表面的局部区域出现的,故称为局部超音速气流和局部激波。

当翼型表面出现局部超音速气流和局部激波时,会显著改变翼面的压力分布,使翼型的空气动力特性发生变化。下面先分析翼型局部超音速气流和局部激波的形成和发展,在此

基础上再讨论翼型的跨音速空气动力特性。

1. 临界马赫数 M_{cr}（critical mach number）

飞机以一定的速度飞行时，来流流经翼上表面凸起的地方，流管收缩，局部流速加快，局部温度降低，随之局部音速也降低。飞行速度不断增大，翼上表面最低压力点处的局部流速不断增加，局部音速不断降低，局部流速逐渐接近局部音速。

当飞行 Ma 增大时，翼型上面表的流速也会增加，当翼型表面流速最快的点即最低压力点处的气流速度等于该点的局部音速时，对应的飞行 Ma 叫作临界马赫数，用 M_{cr} 表示，如图 4-16 所示。因此，临界马赫数 M_{cr} 是指当翼型上表面首先出现等音速点（或者说当机翼上表面最低压力点处的流速等于音速时对应的飞行马赫数）时对应的飞行马赫数。

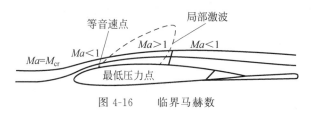

图 4-16　临界马赫数

例如，在 2 000m 高度上，音速 $c=1\,200$km/h，当某飞机飞行速度（v）增大到 900km/h 时，机翼表面最大流速为 1 150km/h，而该点的音速也降低到 1 150km/h，这时的飞行速度（900km/h）就是该飞机在此高度上的临界速度，这时的飞行 Ma 就是该飞机在该高度上的临界 Ma，即

$$M_{cr}=v_{cr}/c=900\text{km/h}/1\,200\text{km/h}=0.75$$

飞行 Ma 小于 M_{cr} 时，翼面各点的气流速度低于音速；飞行 Ma 大于 M_{cr} 后，翼面即出现局部超音速区，并产生局部激波。M_{cr} 的大小，可以说明翼面上出现局部超音速区的时机早晚，可作为翼型空气动力特性将发生显著变化的标志。

M_{cr} 的大小由翼型的几何形状和迎角的大小决定。翼型的相对厚度和相对弯度小，临界马赫数增加。迎角增加，临界马赫数减小。

翼型的相对厚度和相对弯度增大，翼型上表面最低压力点的气流速度变得更快，局部音速变得更低，在较小的飞行速度下，翼型上表面就可能出现等音速点，M_{cr} 降低；反之，翼型的相对厚度和相对弯度减小，M_{cr} 提高。

迎角增加时，翼型上表面最低压力点处的流速更快，局部音速变得更低，在较小的飞行速度下，翼型上表面就可能出现等音速点，M_{cr} 降低；反之，迎角减小，M_{cr} 增加。

飞机的临界马赫数除与翼型有关外，还与机翼的平面形状有关，如后掠翼能够提高临界马赫数，我们将在后面详细介绍。

2. 局部激波的形成和发展

1）局部激波的形成

当飞行 Ma 增加到 M_{cr} 时，翼型上表面首先出现等音速点。如飞行 Ma 继续增大，等音速点的后面流管扩张，空气膨胀加速，出现局部超音速区。在局部超音速区内，压力下降，比远前方大气压小得多，但翼型后缘处的压力却接近大气压力，于是这种压力差必然从翼型表面后部以较强的压缩波形式逆超音速气流向前传播。由于是强扰动波,传播速度大于当地音速。随着压缩波向前传播,压强增量和传播速度渐渐降低,当其传播速度等于迎面的局部超音速气流速度时,就稳定在此位置上,形成一道压力突增的界面,这就是局部激波,如图 4-17 所示。

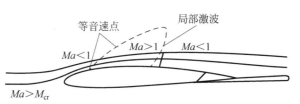

图 4-17 局部激波的形成

气流通过局部激波后,减速为亚音速气流向后流去,同时压力、密度、温度突然升高。局部激波前等音速线(所有等音速点组成的线)后是超音速区,其他则是亚音速区。

翼面的局部激波视翼面形状而定,可能是斜激波,也可能是正激波。

2)局部激波的发展

为便于分析机翼局部激波发展的一般规律,现以接近对称的薄翼型在 2°迎角下的实验结果为例加以说明。假设该翼型的 $M_{cr}=0.74$。

(1)如果飞行 $Ma=0.73 < M_{cr}$,此时流场内任意一点的流动均为亚音速。

(2)如果飞行 $Ma=0.75$,即 Ma 大于 M_{cr} 不多时,只在翼上表面有很小的超音速区,尚未形成局部激波,如图 4-18(a)所示。

(3)如果飞行 $Ma=0.81$,局部超音速区扩大,等音速点略前移,激波形成,如图 4-18(b)所示。

(4)如果飞行 $Ma=0.85$,等音速点仍略向前移,上表面激波慢慢后移,激波强度增加;同时,翼型下表面也形成超音速区并产生激波,如图 4-18(c)所示。

(5)如果飞行 $Ma=0.89$,下表面激波迅速移到后缘,上表面的激波也仍向后移动,如图 4-18(d)所示。到 $Ma=0.98$ 时,上翼面的激波亦移到了后缘,如图 4-18(e)所示。

(6)如果飞行 $Ma=1.4$,前缘出现脱体激波,后缘激波向后倾斜,除前缘附近 $Ma<1$ 外,翼面绝大部分 $Ma>1$,如图 4-18(f)所示。这时虽然 $Ma>1$,但仍处于跨音速流态。

根据局部激波发展过程,可归纳出以下几个特点:

(1)翼型上表面先产生激波。通常飞行迎角是正迎角,等音速点先在上翼面出现,所以上翼面先形成局部超音速区和局部激波。

(2)随着 Ma 的增加,等音速点前移,局部激波后移,激波强度增强。这是因为随着 Ma 的增加,翼型表面上各点的速度皆对应增大,故等音速点前移。局部激波之所以后移,是因为 Ma 的增大后,激波前的当地速度增大,迫使激波后移;随着激波后移,激波强度和激波传播速度增大,当激波传播的速度等于气流流动速度时,激波的位置就会稳定下来。

(3)下翼面的局部激波后移快。在正迎角时,下翼面的最低压力点靠后,产生的激波位置也靠后,又因为下翼面后段的流管扩散较小,压力变化比上翼面小,激波弱,激波传播速度较小,所以下翼面的激波比上翼面先移到后缘。

上述关于局部激波在上、下翼面的形成和发展过程,只是某一翼型在一定迎角下的实验结果,对于其他翼型和中小迎角,尽管在数值上有所差别,但其规律大体上是一致的。因此,研究翼型的跨音速空气动力特性时,我们就以上述局部激波的发展趋势和过程作为依据。

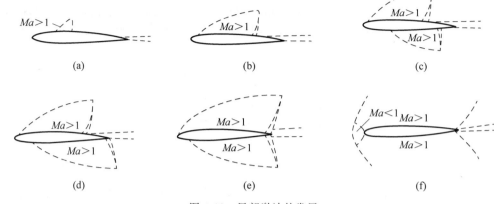

图 4-18　局部激波的发展

(a) $Ma > M_{cr}$；(b) $Ma = 0.81$；(c) $Ma = 0.85$；(d) $Ma = 0.89$；(e) $Ma = 0.98$；(f) $Ma = 1.40$

3. 翼型的跨音速空气动力特性

1) 升力系数 C_L 和升力系数曲线斜率随飞行 Ma 的变化

在跨音速阶段，随着飞行 Ma 的增大，升力系数先增大，后减小，接着又增大，而后又减小，如图 4-19 所示。从曲线可看出，升力系数"二起二落"，这是翼型上下表面出现局部超音速区和局部激波的结果。

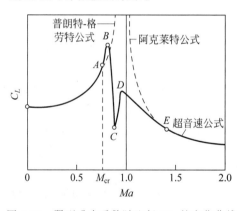

图 4-19　翼型升力系数随飞行 Ma 的变化曲线

$Ma < M_{cr}$，翼型上下表面全是亚音速气流，升力系数按亚音速规律变化，见图 4-19 中 A 点前的一段曲线。图中 A 点所对应的 Ma 为 M_{cr}。超过 M_{cr} 后，翼型上表面已出现了局部超音速区和局部激波，且随着 Ma 的增大而不断扩大。在超音速区里，压力降低，吸力增强，导致升力系数随 Ma 的增大而迅速上升，如图中 AB 段曲线所示。

图 4-19 中 B 点所对应的 Ma 是翼型下表面开始出现等音速点时的飞行 Ma。飞行 Ma 再增大，翼型下表面也出现了局部超音速区和局部激波，产生向下的附加吸力，C_L 转为下降。随着 Ma 的进一步增大，翼型下表面的局部激波迅速向后扩展，使翼型上下表面的压力差急剧减小，因此 C_L 迅速下降，如图中曲线 BC 段所示。

图 4-19 中 C 点对应的 Ma 为翼型下表面局部激波移至后缘时的飞行 Ma。飞行 Ma 再继续增大，C_L 又重新上升。因为此时翼型下表面的局部激波已移至后缘，不再移动，而上表面局部激波仍随 Ma 的增大继续后移，超音速区扩展，压力继续降低，吸力继续增加，使翼面上下压力差增大，C_L 于是重新上升，如图中曲线 CD 段所示。

图 4-19 中 D 点为翼型上表面局部激波移到后缘时的飞行 Ma。飞行 Ma 再增大，C_L 又转为下降。因为翼型上表面局部激波移到后缘时，等音速点也接近前缘；而翼型下表面由于局部激波后移迅速，当它移到后缘时，等音速点仍未移到前缘，所以随着飞行 Ma 的增大，上表面超音速区不扩展，而下翼面的超音速区仍随等音速点前移而不断扩展，致使 C_L

减小,如图中曲线 DE 段所示。

飞行 Ma 超过图上 E 点所对应的马赫数时,翼面各点的局部 Ma 大于 1,翼型完全处于超音速流态,标志着跨音速阶段的终结,升力系数将按超音速规律变化。对应 E 点的飞行 Ma 称为上临界马赫数($M_{cr上}$),而临界马赫数可相应地称为下临界马赫数。从下临界马赫数到上临界马赫数为跨音速流态范围。上、下临界马赫数的概念最初由我国科学家钱学森和郭永怀提出。研究超音速飞行时,上临界马赫数具有更重要的意义。

2)最大升力系数 $C_{L\max}$ 和临界迎角 α_{cr} 随飞行 Ma 的变化

升力系数曲线的斜率随飞行 Ma 的变化规律较复杂。基本规律是:小于临界马赫数时,随着飞行 Ma 的增大,升力系数曲线的斜率增大;超过临界马赫数时,随着飞行 Ma 的增大,升力系数曲线的斜率先增大,后减小,而后又增大。

在跨音速阶段,随着飞行 Ma 数的增大,$C_{L\max}$ 和 α_{cr} 减小。

在小于 M_{cr} 的范围内,$C_{L\max}$ 和 α_{cr} 按亚音速规律变化。超过 M_{cr} 以后,翼型上表面出现了局部超音速区和局部激波。在局部激波前的超音速区,压力降低,激波后,压力突然升高,逆压梯度增大,引起附面层分离。当激波增强到一定程度,发生严重气流分离时,阻力系数急剧增大,升力系数迅速下降,出现了激波失速。随着飞行 Ma 的增大,飞机将在更小的迎角(或升力系数)下开始出现激波失速,导致 α_{cr} 及 $C_{L\max}$ 均继续降低,如图 4-20 中 $Ma >$ 0.6 以后的一段曲线所示。

3)阻力系数 C_D 随飞行 Ma 的变化

在跨音速阶段,随着飞行 Ma 的增大,C_D 增大。Ma 增大到 1 附近时,阻力系数达到最大,之后减小。

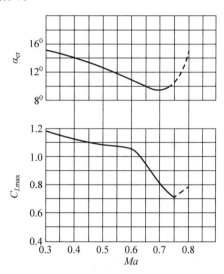

图 4-20 $C_{L\max}$ 和 α_{cr} 随飞行 Ma 的变化曲线

在翼型一定的条件下,翼型的阻力系数随 Ma 的变化情况如图 4-21 所示。

在小于 M_{cr} 范围内,C_D 按亚音速规律变化。

超过 M_{cr} 以后,阻力系数增大,其原因是翼型表面产生了激波,激波阻力的增加导致 C_D 增大。

(1)激波阻力(波阻)的产生

飞行 Ma 超过 M_{cr} 之后,翼型表面产生了局部激波,由于出现激波而额外产生的阻力称为激波阻力,简称波阻。下面以迎角为零的对称翼型的压力分布为例详细说明波阻的物理本质。

如图 4-22 所示,上翼面表示局部超音速区和激波,下翼面表示压力分布(注意:不是压力系数分布。对称翼型零迎角的上、下翼面压力分布是一样的)。前驻点处压力最大,等于 p_0,从 O 到 B,随着流速的增大,压力降低。在 A 点达到音速时,激波在 B 处出现,该处压力突增,速度降到亚音速。压力分布如折线 $DKBGH$ 所示。如没有激波,压力分布应如折线 $DKG'H'$ 所示。可见,激波的出现使翼型后半部的压力比无激波时的低,产生了附加的压差阻力,这是波阻的一部分。

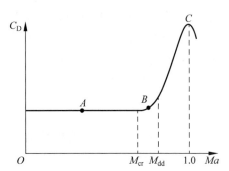

图 4-21 翼型阻力系数随飞行 Ma 的
变化曲线

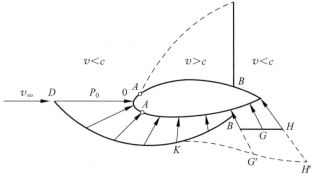

图 4-22 波阻的产生

局部激波与附面层之间的干扰引起附面层分离（激波分离），也会使翼型前后压力差增大，形成附加阻力。λ 激波的损失比正激波的小，从激波本身引起的压差阻力看，层流附面层的 λ 激波波阻比紊流附面层的正激波波阻小。

因此，所谓波阻是指激波本身和激波分离引起的压差阻力之和。

（2）影响激波阻力大小的因素

飞行 Ma、迎角及翼型表面的粗糙程度均会对激波阻力产生影响。

飞行 Ma 越大，激波阻力越大。在飞行 $Ma<1$ 的跨音速阶段，Ma 增大，激波强度增强，导致激波阻力增大。

迎角越大，激波阻力越大。由于迎角增大，临界马赫数减小，翼型表面会更早地出现局部超音速区和局部激波。迎角增大，使翼型上表面的吸力增大，且更加向后倾斜，致使前后压力差增大，阻力系数增大。

翼型表面越粗糙，激波阻力越大。翼型表面越粗糙，阻力发散马赫数减小，层流附面层提前变为紊流附面层，导致波阻增大。

（3）阻力发散马赫数 M_{dd}（drag divergence）

根据图 4-21 可知，超过临界马赫数 M_{cr} 后，阻力系数并不是马上急剧增加。其原因是刚超过临界马赫数后，激波并未形成或者说激波强度并不很强，而且激波分离还没有开始，C_D 增加很少，见图 4-21 中的 B 点。当飞行 Ma 增大到一定程度时，激波强度增强，出现了激波分离，波阻便急剧增大。常把 C_D 随 Ma 变化的曲线上 $dC_D/dMa=0.1$ 的点定义为阻力发散马赫数，用符号 M_{dd} 表示。在 $M_{cr}<Ma<1$ 范围内，翼型的波阻系数大致随($Ma-M_{cr})^3$ 呈正比变化。Ma 增大到 1 附近时，阻力系数达到最大，见图中 C 点。飞行 Ma 继续增大，由于翼型压力分布基本不变，来流动压却变大，因而阻力系数逐渐下降。

对于高亚音速民用飞机，其飞行的最大马赫数 M_{MO} 一般小于阻力发散马赫数 M_{dd}。因此，提高 M_{dd} 能够提升飞机飞行的最大速度。提高 M_{dd} 的方法有两种：一种是增加临界马赫数 M_{cr}，通常，M_{dd} 比 M_{cr} 大 $10\%\sim15\%$，如果 M_{cr} 增加了，M_{dd} 可随之增大；另一种就是超临界翼型的使用，可以直接提高 M_{dd}，具体原因后面会详细介绍。

4）压力中心（center of pressure，CP）随飞行 Ma 的变化

在跨音速阶段，随着飞行 Ma 的增大，压力中心先后移，接着前移，而后又后移。

当飞行马赫数超过临界马赫数后，翼型上表面首先出现局部超音速区和局部激波。随

着马赫数的增加,激波后移,超音速区域扩大。局部超音速区域位于翼型中后段,且流速最快的位于激波前,这就使翼型上表面中部和后部的吸力增加,压力中心后移。飞行马赫数再增加,翼型下表面也出现了局部的超音速区域和激波,且下表面激波后移快,使翼型下表面后半段吸力增大,产生负的附加升力,导致压力中心前移。当下表面激波移至最后缘时,随着飞行马赫数的增加,上表面激波继续后移,超音速区域扩大,后半部分吸力增大,又导致压力中心后移。

一般情况下,飞机压力中心位于飞机重心之后,对飞机形成低头力矩。当飞机进入跨音速阶段时,压力中心的后移导致飞机出现低头趋势,低头趋势随着马赫数的继续增加越来越明显,这种现象称为马赫俯冲(Mach tuck under),这种现象通常出现在 Ma 为 $0.80\sim0.98$ 时。

跨音速阶段压力中心的后移会严重影响飞行安全,需要采取措施来抵消压力中心后移所带来的额外低头力矩,然而通过飞行员的人工操作是非常困难的。为了抑制马赫俯冲现象的发生,现代大型高亚音速飞机均安装了马赫配平机构(Mach trimming device)。当飞机的飞行马赫数增加至一定值时,该系统会自动地驱动升降舵偏转产生抬头力矩,用于抵消跨音速阶段压力中心后移而产生的低头力矩。

4.2.3　高速翼型

1. 高速翼型的特点

高速飞机为了延缓局部激波的产生,削弱激波的强度,减小波阻,提高临界马赫数和阻力发散马赫数,所采用的翼型形状与低速飞机的有所不同。高速翼型的主要特点有:

1)相对厚度较小

相对厚度减小,翼型上、下表面的曲度也随之减小。这具有两方面的作用:一是翼型上、下表面的气流速度增加比较和缓,最低压力点的流速减小,临界马赫数提高;二是翼型表面曲度减小,在超过临界马赫数后,超音速区域内吸力小,而且吸力向后倾斜的角度也小,这不仅使得沿翼型方向的压强变化比较和缓,还使得阻力系数增加较为缓慢。

2)相对弯度较小

对于厚度相同的翼型,如果相对弯度较小,则越接近对称,其作用和相对厚度较小时相同。相对弯度越小,临界马赫数越大。

3)最大厚度位置后移

对于低速翼型,最大厚度位置一般位于翼弦的 $25\%\sim30\%$。对于高速翼型,最大厚度位置一般位于翼弦的 $35\%\sim50\%$。最大厚度位置后移,使得翼型前段的曲率半径减小,最低压力点的局部流速减慢,临界马赫数提高,波阻减小。但最大厚度位置也不宜过于靠后,否则,将导致阻力系数在超过临界马赫数后急剧增大。

4)前缘半径小

前缘半径小,可以减小对迎面气流的阻滞作用,在超音速飞行中,可削弱前缘激波的强度,降低波阻。

虽然高速翼型具有优越的高速性能,但低速性能较差。由于翼型表面的曲率变化半径小,气流增速慢,导致在同一迎角下的升力系数较低,使得飞机在起飞阶段需要较大的离地速度,在着陆阶段需要较大的接地速度,增加了地面滑跑距离。

2．典型高速翼型介绍

如果所设计翼型的临界马赫数 M_{cr} 能够提高，那么紧跟其后的阻力发散马赫数 M_{dd} 也会提高，这对于提高高亚音速飞机的飞行马赫数极为有利，也构成了 1945—1965 年常用的一种设计理念。例如，NACA-64 系列翼型最初是为了保持上翼面尽可能多的层流段而设计的，但与别的 NACA 系列翼型比较后发现这种翼型具有较高的临界马赫数，因此，这种翼型后来被广泛用于高速飞机。同时，相对厚度较薄的翼型也具有提高临界马赫数的作用，所以高速飞机设计者经常在高速飞机上使用相对厚度较薄的翼型。但是实际的翼型厚度不能取得太小，因为翼型要具有适当的厚度以保持足够的结构强度，同时要有足够的空间，以携带足够的燃油及放置其他设备。所以，对于给定厚度的翼型，可通过采用超临界技术来达到提高临界马赫数的目的。

高速飞行中，升力系数的起伏变化和阻力系数的急剧增加，使得飞机的气动性能变差。为此，近年来发展了一些适用于高速飞行的翼型，如平顶翼型、尖峰翼型和超临界翼型等。下面做简要介绍。

1）平顶翼型

所谓平顶翼型，是指翼型上表面压力分布平缓，没有明显的吸力峰，如图 4-23 所示。平顶翼型设计的目的是为了提高临界马赫数。在设计上使翼型上表面具有均匀的压力分布，避免吸力峰，使气流流过时均匀加速。这种翼型在相同流速和温度等条件下，上、下表面局部流速增加较缓，等音速点出现较迟，使临界马赫数和阻力发散马赫数得以提高。但实践表明，这种翼型提高临界马赫数的效果有限，并且超过临界马赫数后，激波的不利影响就会迅速表现出来。

2）尖峰翼型

为了进一步改善跨音速的性能，除提高临界马赫数外，又发展到削弱翼面局部激波，尖峰翼型就是基于这种设想提出的。所谓尖峰翼型，是指上表面压力分布在前段，具有尖的吸力峰，如图 4-24 所示。气流经过翼型前缘，很快加速到超音速，出现超音速区域，所以，尖峰翼型前部有一个吸力峰。但只要翼型形状合理，上表面的激波很弱，气流经过一系列弱激波减速增压，最后减为亚音速，可以避免强激波所带来的损失。尖峰翼型的临界马赫数虽然不高，但阻力发散马赫数很高，该马赫数以前的超临界状态的气动特性有其独特的优势。

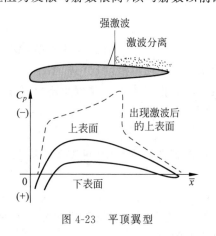

图 4-23　平顶翼型

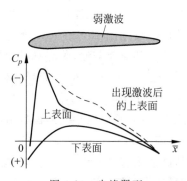

图 4-24　尖峰翼型

3）超临界翼型

超临界翼型是在平顶翼型和尖峰翼型基础上研制出来的一种新翼型。图 4-25（a）给出了某一超临界翼型的示意图。和普通翼型相比，超临界翼型的特点是：头部半径非常大，上、下表面较为平坦，后缘弯曲较大，下表面有反凹。

图 4-25　超临界翼型与普通翼型的外形对比

（a）超临界翼型；（b）普通翼型

超临界翼型的设计目的是为了增大翼型的阻力发散马赫数 M_{dd}。图 4-26 给出了 NASA SC(2)-0710 超临界翼型和 NACA 0012 普通对称翼型的翼型表面超音速区域大小及压力分布的比较。由于超临界翼型的前缘半径较大，气流很容易在翼型的前缘加速到音速，但由于超临界翼型的上表面较为平坦，这样流线流过上表面时流管的变化很小，因而其当地超音速区域内的流动马赫数要比普通翼型的当地马赫数小，即超临界翼型上表面的超音速区域会很小[见图 4-26（d）]，这样将导致其结束激波的强度也相对较弱，因而减小了翼型阻力。而普通翼型则相反，当上表面速度加速到音速时，由于上翼面弯度较大，会使得气

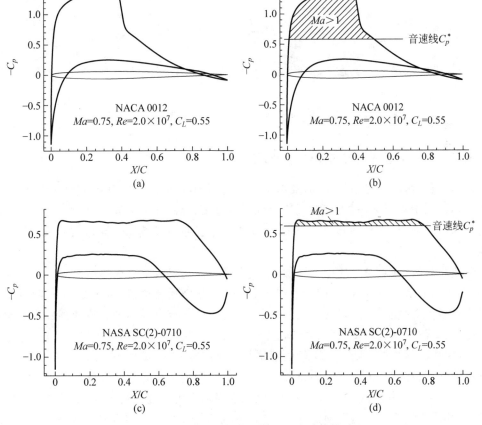

图 4-26　超临界翼型与普通翼型压力系数的对比

流进一步加速,出现超音速区域[见图 4-26(b)],且该区域比超临界翼型的要大得多,于是就会导致更强的激波产生。在图 4-26(b)和(d)中,每个马赫数对应一个 C_p^*,叫作音速线,在它上面的是超音速区,在它下面的是亚音速区。$Ma=0.75$ 时,$C_p^*=-0.59$。

超临界翼型虽然可以提高阻力发散马赫数,但它也有一些缺点。比如,升力系数比较小。原因是超临界翼型的上表面相对平缓,整个翼型大约 60% 为负弯度,这必然引起升力的损失。从图 4-27 的压力云图中可以看出,普通翼型(NACA 0012)上翼面有很明显的负压区,当然升力较大。而超临界翼型(NASA SC(2)-0710)上翼面的负压值比普通翼型小得多。我们也可以通过图 4-26(a)和(c)中的压力系数分布图得出同样的结论。为了弥补超临界翼型升力的不足,在翼型的后缘大约 30% 处采用了正弯度翼型,特别是翼型下表面的反凹设计,就是为了能够提供足够的升力,这个也称为后部加载。然而这又引起了另外一个问题,就是由于超临界翼型后缘的后部加载会引起很大的低头力矩。

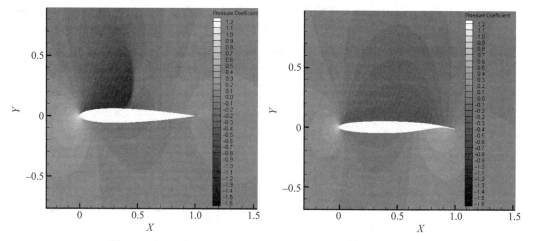

图 4-27   NACA 0012 和 NASA SC(2)-0710 翼型压力云图对比

4.2.4   高速抖动和低速抖动

低速飞行时,随着迎角的增加,翼型前后的逆压梯度逐渐增加,开始出现气流分离,形成旋涡。当迎角增大至某一数值时,气流出现严重分离,旋涡强度增强,飞机出现抖动,此时该迎角称为抖动迎角,飞机的抖动称为低速抖动。随着迎角继续增加至临界迎角,飞机出现失速。

高速飞行时,随着飞行速度的增加(迎角保持不变),机翼上表面逐渐出现局部超音速区域,并形成局部激波,激波前为超音速气流,压力小,激波后流速减小,压力增加,激波前后的逆压梯度增大,促使翼面上表面气流出现分离,此时的气流分离称为激波分离;随着 Ma 的继续增加,激波强度进一步增强,激波引起的气流分离越来越严重,飞机出现抖动,称为高速抖动,也叫作马赫抖振。随着 Ma 的继续增加,激波强度进一步加强,分离区增加,当上翼面被分离的气流覆盖时,说明飞机即将进入失速,此时的失速称为激波失速。

气动抖动是飞机失速前的有效告警,但是会损坏飞机的机体结构,应尽量避免飞机出现抖动,尤其是高速飞机。由上面的分析可知,飞机的低速抖振边界受失速速度限制,高速抖振边界受马赫抖振限制。通常情况下,失速出现在低速和大迎角,或者在高速出现激波失速时。在给定高度,在这两个限制之间可获得飞行速度的特定范围,图 4-28 给出了随着高度变化飞机的飞行速度范围。

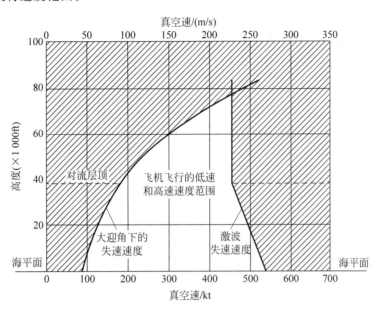

图 4-28　飞行速度范围边界图

低速飞机可以通过迎角大小判断是否会出现抖动,而对于高速飞机,即使是在小迎角飞行时,飞行速度的大小、飞行高度、飞机重量、重心位置、载荷因素(飞机坡度)等的变化均会引起飞机的高速抖动。因此,对于高速飞机,必须注意在小迎角下飞机出现的马赫抖振所带来的危害。

在实际飞行中,抖振边界图通常被用于确定可能发生抖振的情况,如图 4-31 所示。抖振边界图可以确定在特定飞行条件下的抖振升限,也可以确定发生抖振的速度范围等。

1. 空气动力升限的确定

根据图 4-28 可知,随着飞行高度的增加,飞行速度范围减小,当达到某一高度时,飞机只能用一个速度飞行,若此时飞机正好承受 1g 的过载,则将该高度称为空气动力升限,也称为抖振升限。

例 4-1　飞机重量 150t,重心位于 30％MAC 处,飞行 $Ma=0.8$,试确定空气动力升限。

解：如图 4-29 所示,在最右边底下的刻度找到 1g 数值之所在,向上作垂线与重量 150t 线相交,向左作水平线进入重心一栏,在重心一栏找到 30％的重心位置,向上作垂线与水平线相交,从该交点沿着引导线偏至参考线,找到与参考线的交点后继续由水平线进入下一栏,找到 $Ma=0.8$ 的刻度向上作垂线与水平线相交,交点所在位置即对应空气动力升限为 39 500ft。

如果飞机在空气动力升限高度飞行,没有任何安全余量。为了保证安全,规章要求飞机能够承受的最小抖振余量为 0.3g。因此,通过图 4-29 也可以确定 1.3g 的抖振升限。

例 4-2　飞机重量 110t,重心位于 30％MAC 处,飞行 $Ma=0.8$,试确定飞机承受 1.3g过载时的抖振升限。

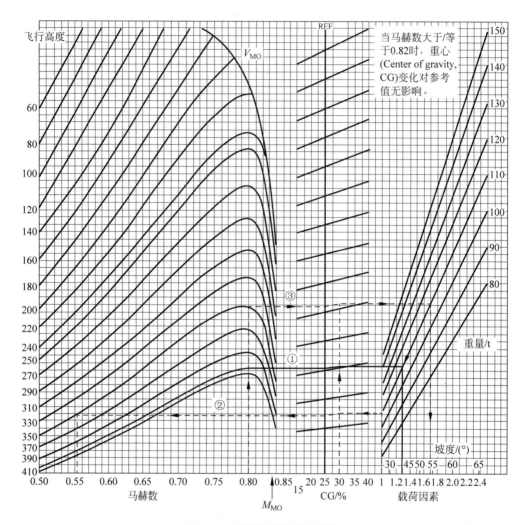

图 4-29　某机型的抖振边界图

解：如图 4-29 中的所绘实线路径①所示，在最右边底下的刻度找到 1.3g 数值之所在，向上作垂线与重量 110t 线相交，向左作水平线进入重心一栏，在重心一栏找到 30％的重心位置，向上作垂线与水平线相交，从该交点沿着引导线偏至参考线，找到与参考线的交点后继续由水平线进入下一栏，找到 $Ma=0.8$ 的刻度向上作垂线与水平线相交，交点所在位置即对应空气动力升限，40 500ft。

通过该例题可知，如果飞机的质量为 110t，重心位于 30％MAC 处，承受了 1.3g 的过载（对应的飞机带有 40°坡度）时，飞行高度超过 40 500ft 时，将会产生抖振。

2．发生抖振速度范围的确定

例 4-3　飞机重量 110t，飞行高度为 35 000ft，重心位于 30％MAC 处，试确定发生抖振速度的范围。

解：如图 4-29 中所绘虚线路径②所示，在最右边底下的刻度找到 1g 数值之所在，向上作垂线与重量 110t 线相交，向左作水平线进入重心一栏，在重心一栏找到 30％的重心位置，向上作垂线与水平线相交,从该交点沿着引导线偏至参考线,找到与参考线的交点后继续水平线进入下一栏,与 35 000ft 高度曲线相交,左边的交点即为低速抖振边界 $Ma=0.55$,右边的交点即为高速抖振边界 $Ma=0.84$(也是飞机的最大操纵速度)。

通过该例题可知,如果飞机的重量为 110t,飞行高度为 35 000ft,重心位于 30%MAC 处,当飞机承受了 1g 的过载时,安全的飞行速度范围为 $Ma=0.55\sim0.84$,低于或高于该速度范围都将发生抖振。

3. 承受最大过载(坡度)的确定

例 4-4　飞机重量 110t,飞行高度为 35 000ft,重心位于 30%MAC 处,飞行 $Ma=0.8$,试确定当飞机承受多大过载时可能发生抖振。

解: 求解过程如图 4-29 中所绘实线路径③所示,通过查图,确定当飞机承受 1.7g 过载时可能发生抖振。

通过该例题可知,如果飞机的重量为 110t,飞行高度为 35 000ft,重心位于 30%MAC 处,飞行 $Ma=0.8$,当飞机承受 1.7g 过载,或者说飞机所带坡度超过 54°时,将会发生抖振。

在实际飞行过程中,飞行员和管制员均需要结合实际飞行参数(飞机重量、飞行高度、飞行速度、坡度大小等),密切关注飞机发生抖振的裕度变化,防止抖振发生,保证飞行安全。

4.3　后掠翼的高速空气动力特性

目前大型民用高速飞机多采用后掠翼,因此我们有必要了解后掠机翼的高速空气动力特性。

4.3.1　后掠翼的空气流动特性

通常情况下,低速飞机多采用平直机翼,而高速飞机多采用后掠机翼。当气流流过不同平面形状的机翼时,所呈现的气动特性也会不同。和平直翼相比,当高速气流流经后掠翼时,会具有不同于流过平直机翼的流动特性。本节重点介绍后掠翼所特有的气动力特性。

1. 后掠翼能提高临界马赫数

对称气流流向后掠机翼,流速方向与机翼前缘不垂直,可分解成两个分速:一个是垂直分速 v_n,与前缘垂直;另一个是平行分速 v_t,与前缘平行,如图 4-30 所示。空气流过后掠翼时,其气动特性主要取决于垂直于机翼前缘的垂直分速,我们把垂直于机翼前缘的分速称为有效分速。

机翼表面沿前缘线是平行的,平行分速 v_t 不发生变化,对机翼的压力分布不产生影响。而垂直分速 v_n 恰如气流沿翼弦方向流过平直翼一样,不断地发生变化,从而引起机翼沿翼弦方向的压力分布发生变化。也就是说,只有 v_n 才对机翼的压力分布起决定性影响,所以 v_n 为有效

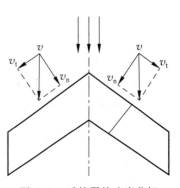

图 4-30　后掠翼的速度分解

分速。显然,后掠角越大,v_n 越小,其关系是

$$v_n = v\cos\chi_0 \tag{4-50}$$

式中　v——飞行速度;

　　　χ_0——机翼后掠角。

图 4-31 给出了同一气流速度流经后掠翼和平直翼的流动情况对比。当自由流以 $Ma = 0.75$ 的速度流经平直机翼时,机翼上表面流速增加至 $Ma = 0.80$,由于该自由流速度与机翼前缘垂直,因此,能产生气动力的有效分速为 $Ma = 0.80$。当自由流以 $Ma = 0.75$ 的速度流经后掠机翼时,机翼上表面的流速同样增加至 $Ma = 0.80$,由于该自由流速度与机翼前缘不垂直,能产生气动力的有效分速是与机翼前缘垂直的速度,即 $Ma = 0.69$。由此可知,同样大小的气流速度流经平直翼和后掠翼,流过后掠翼的速度将减小,气动性能变差。当飞行速度增加至平直翼的临界马赫数时,后掠翼上表面还未出现等音速点和超音速区域。只有当飞行速度增加至更大值时,后掠翼上才会出现等音速点,即后掠翼的临界马赫数比同翼型的平直翼的大。后掠角越大,其垂直分速越小,临界马赫数也相应越大。后掠翼的临界马赫数可按经验公式(4-51)估算:

$$M_{cr后掠翼} = M_{cr平直翼}\frac{2}{1+\cos\chi_0} \tag{4-51}$$

若平直翼的马赫数为 0.75,则 50° 后掠角的后掠翼的临界马赫数为 0.91,比平直翼的临界马赫数大得多。

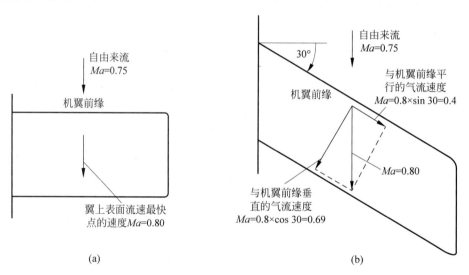

图 4-31　后掠翼和平直翼流动情况对比

(a) 平直机翼;(b) 后掠机翼

2. 后掠翼的翼根和翼尖效应

当空气流过后掠翼时,由于 v_t 不变,而 v_n 不断变化,所以像流过平直机翼那样径直向后流去,流线会左右偏斜,如图 4-32(a)所示。

对称气流从机翼远前方流向机翼前缘,其垂直分速受到阻滞,越来越慢,见图 4-32(a)中 $v_{nA} < v_n$,平行分速则不受影响,保持不变。这样一来,越靠近前缘,气流速度不仅越来越

慢,而且方向越来越向翼尖方向偏斜;经过前缘以后,气流在沿上表面流向最低压力点(图中 C 点)的途中,垂直分速又逐渐加快($v_{nC} > v_{nB}$),平行分速仍保持不变($v_{tC} = v_{tB}$),所以流速又逐渐加快,其方向则转向翼根;而后,又因垂直分速逐渐减慢,气流方向又转向翼尖。于是便形成了流线左右偏斜的现象。

流线左右偏斜的结果是引起所谓的"翼根效应"和"翼尖效应"。如图 4-32(b)和图 4-33 所示,在翼根部分的上表面前段,流线偏离对称面,流管扩张变粗;而在后端,流线向对称面偏折,流管收敛变细。在亚音速气流条件下,前段流速减慢,压力升高,吸力峰降低;后段流速加快,压力降低,压力分布较正常平缓。与此同时,流管最细的位置后移,最低压力点向后

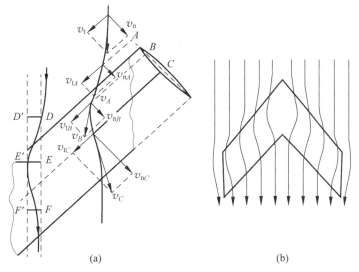

图 4-32 气流流过后掠翼时,流线左右偏斜的分析

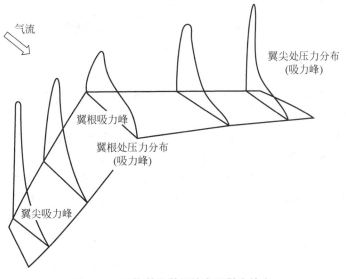

图 4-33 后掠翼的翼根效应和翼尖效应

挪动,这种现象称为翼根效应或中间效应。至于翼尖部分,则情况相反。因翼尖外侧气流径直向后,而翼尖部分表面前段流线向外偏斜,故流管收敛变细,流速加快,压力降低,吸力峰变陡;而在后段,因流线向里偏折,流管扩张变粗,流速减慢,压强升高,吸力峰减小。与此同时,流管最细位置前移,最低压强点向前挪动,这种现象称为翼尖效应。因此,后掠翼的翼根效应使得翼根处的升力减小,翼尖效应使得翼尖处的升力增加。

3. 后掠翼翼尖先失速

对于后掠机翼,由于翼根和翼尖效应,使得整个机翼失速的步调不一致,翼尖比翼根先失速,如图 4-34 所示。其原因有:一是在翼根的上表面,因翼根效应(即中间效应)造成平均吸力较小,而翼尖的上表面,因翼尖效应使平均吸力较大,于是,沿翼展从翼根到翼尖存在压力差,促使附面层空气向翼尖方向流动,致使翼尖部分的附面层变厚,容易产生气流分离;二是由于翼尖效应,翼尖部分上翼面前段流管变得更细,压力变得更低,在翼尖部分上翼面后段流管变得更粗,压力变得更高,于是翼尖上表面的后缘部分与最低压力点之间的逆压梯度增大,增强了附面层内空气的倒流趋势,容易形成气流分离。于是当迎角增大到一定程度时,机翼上表面的翼尖部分首先产生气流严重分离,造成翼尖先失速。

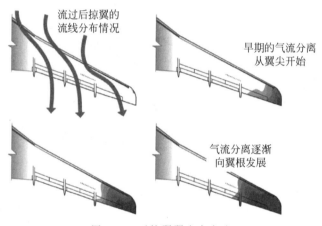

图 4-34　后掠翼翼尖先失速

后掠翼的翼尖先失速会对飞行安全产生一定的影响,主要表现在:

1) 后掠翼的"上仰"问题

随着迎角的增加,气流分离从翼尖开始,然后逐渐蔓延到整个机翼。所以,后掠翼飞机在没有到达临界迎角以前,会较早地出现抖动,抖动升力系数同最大升力系数相差较大,一般来说,$C_{L抖} \approx 0.85 C_{L\max}$。后掠翼翼尖区段出现的分离使得翼尖部分的升力大量损失,导致压力中心前移,使其到重心的距离减小,飞机出现抬头趋势,造成飞机迎角进一步增加,导致飞机进入全机失速状态。

2) 后掠翼横侧操纵效能丧失

由于后掠翼的气流分离从翼尖部位开始,且气流分离是从后缘逐渐向前缘发展的,而副翼正好安装在机翼的翼尖后缘位置,这就意味着,副翼将首先陷入分离区,致使其效能减弱,甚至完全丧失,进而引起机翼自转,使得飞机的横侧稳定性和操作性降低。为此,后掠翼飞机安装有高速内侧副翼,以提高飞机的横侧效能,如图 4-35 所示。

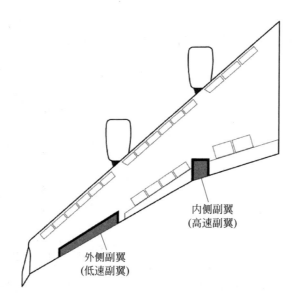

图 4-35　后掠翼内、外侧副翼

4. 后掠翼改善翼尖先失速的措施

在后掠翼改善翼尖先天失速的措施中,有些与改善有限翼展机翼失速特性采取的措施相同,如几何扭转、气动扭转和前缘装置缝翼等。然而,更多的措施是针对后掠翼的流动特点采取的,如翼上表面翼刀、前缘翼刀、前缘翼下翼刀、前缘锯齿、涡流发生器等。下面简略介绍它们的作用。

1) 几何扭转

几何扭转是指机翼翼根和翼尖的安装角不等,如图 4-36 所示。由于后掠翼翼尖先失速,为了保证后掠翼失速步调一致,通常翼根的安装角大于翼尖的安装角。例如,波音 767 飞机的翼根剖面安装角为 4.25°,翼尖剖面安装角为 1.3°。

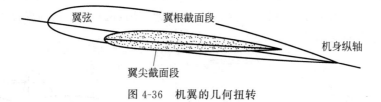

图 4-36　机翼的几何扭转

2) 气动扭转

气动扭转是指翼根和翼尖使用不同的翼型。通常,翼尖处所选翼型的失速特性要优于翼根处。

显然,气动扭转和几何扭转能够延缓后掠翼的翼尖先失速。

3) 翼上表面翼刀

这种翼刀平行于对称面,如图 4-37 所示,可阻止后掠翼附面层气流的展向流动。对后掠翼剖面升力系数的研究表明,在小迎角区,翼刀实际上不影响升力的展向分布,当接近分离的较大迎角时,翼刀影响开始显露,如图 4-38(a)所示。

从图 4-38(b)可以看出,带翼刀后,翼中部剖面的最大升力系数有所减小,但外翼剖面的最大升力系数得到提高,全翼的升力系数增加了,外翼段的升力系数裕度增大,翼尖失速得到充分改善。

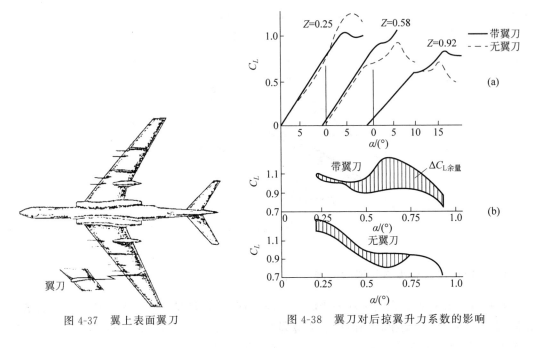

图 4-37　翼上表面翼刀

图 4-38　翼刀对后掠翼升力系数的影响

4) 前缘翼刀

如图 4-39(a)所示。这种翼刀通常安装在 $Z=0.35$ 处的前缘,不仅能阻挡附面层的展向流动,还能在上表面形成一束强尾涡,起到类似涡流发生器的作用。

5) 前缘翼下翼刀

如图 4-39(b)所示,这种翼刀在接近失速的大迎角下,起到和前缘翼刀同样的作用。不过它装在前缘驻点的后下方,在巡航和爬升的中小迎角下,不至于干扰气流的正常流动。翼下挂吊发动机的挂架,实际上也起着前缘翼下翼刀的作用,这些挂架的前缘位于机翼前缘的后下方,就是这个原因。

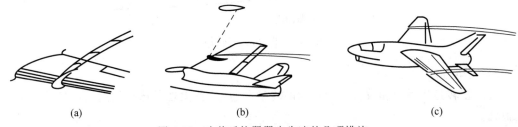

(a)　　　　　　　　　　　(b)　　　　　　　　　　(c)

图 4-39　改善后掠翼翼尖失速的几项措施

(a) 前缘翼刀；(b) 前缘翼下翼刀；(c) 前缘锯齿

6) 前缘锯齿

如图 4-39(c)所示,从锯齿处产生的旋涡可以阻挡附面层气流的展向流动,并给附面层气流输入能量,增大气流速度,延缓气流分离。

7) 涡流发生器

它一般安装在机翼外翼段的上表面前方,如图 4-40 所示。涡流发生器能产生旋转速度很大的小旋涡,这些小旋涡紧贴翼面流动,与附面层掺混,把外流的能量带进附面层,增强附面层承受逆压梯度的能力,推迟了气流分离。

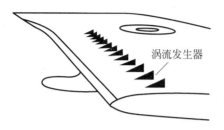

图 4-40　涡流发生器

4.3.2　后掠翼的亚、跨音速空气动力特性

1. 后掠翼的亚、跨音速升力特性

按理论计算,若将无限翼展平直翼斜置成无限展长后掠翼,后掠翼在中小迎角下的升力和阻力系数将分别是平直翼的 $\cos^2\chi_0$ 倍,后掠翼的升力系数曲线斜率是平直翼的 $\cos\chi_0$ 倍,都变小了,这是由于后掠翼空气动力取决于垂直分速造成的。

图 4-41 为后掠角 $\chi_0=35°$ 的后掠翼和相同展弦比、相同翼型的平直翼的升力系数曲线。由图可以看出:在同一迎角下,后掠翼的升力系数比平直翼小,后掠翼的升力系数曲线斜率也比平直翼小。

图 4-42 为后掠角不同的后掠翼的升力系数曲线斜率随展弦比的变化曲线。由图可知,当展弦比一定时,后掠角增大,升力系数斜率减小;当后掠角一定时,展弦比减少,升力系数斜率也减小。这是因为展弦比减小时,翼尖涡流对机翼上、下表面的均压作用增强的缘故。

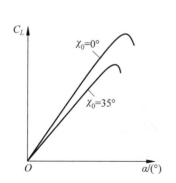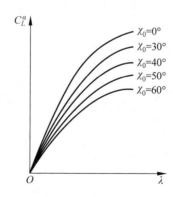

图 4-41　后掠翼对 C_L、C_L^α 的影响　　　　图 4-42　C_L^α 和 λ 的变化

图 4-43 为后掠角不同的后掠翼的 C_L 随 Ma 的变化图,由图可以看出:

(1) 后掠翼的 M_{cr} 比较大,C_L 在较大的飞行 Ma 下才开始起伏变化。

(2) C_L 在跨音速阶段内的增减幅度比较小。因为后掠翼的空气动力由有效分速决定,

而 C_L 却按飞行速度折算，所以 C_L 的增减幅度要小一些。此外，由于中间效应和翼尖效应，后掠翼沿翼展各处局部超音速区的产生有早有迟；翼尖激波、后激波、前激波的产生和发展也有先后与快慢的不同，致使升力系数增减的时机有了差异。比如说，随着飞行 Ma 的增大，翼根部分的升力系数正处于上升过程中，但翼尖部分的升力系数却开始下降，随后，在翼根部分的升力系数正处于下降过程中，但翼尖部分的升力系数却开始上升，这也是造成整个后掠翼升力系数随 Ma_∞ 数变化平缓的原因。

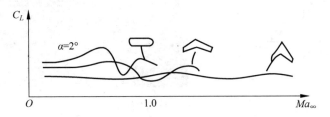

图 4-43　后掠角不同的后掠翼的 C_L 随 Ma_∞ 的变化

（3）升力系数随飞行 Ma 的变化比较平缓。因为平直翼的升力特性决定于飞机 Ma 的大小，而后掠翼的升力特性主要决定于有效分速所对应的 Ma（Ma_n）的大小。既然 $v_n < v$，并在飞行 Ma 增大的过程中，两者的差值越来越大，两者对应的 Ma（Ma 与 Ma_n）的差值也越来越大，致使后掠翼的局部超音速和局部激波的产生和发展比较缓慢，所以 C_L 随 Ma_∞ 的变化也就比较平缓。

后掠角越大，上述特点越突出。

2. 后掠翼的亚、跨音速阻力特性

在有限翼展后掠翼上，由于翼根效应和翼尖效应，升力系数减小得要少一些，压差阻力系数的减小也比理论值小。还应指出，在亚音速下，后掠翼对最小型阻系数实际上并无影响，因为这时的阻力主要是摩阻，而它既与 v_n 有关，也受 v_t 的影响。

如图 4-44 所示，后掠翼同平直翼相比，阻力系数随飞行 Ma 的变化是不同的，从图中可以看出：

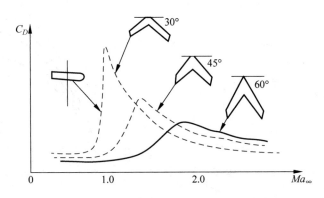

图 4-44　后掠翼的阻力系数随 Ma_∞ 的变化

（1）阻力系数在比较大的飞行 Ma 下才开始急剧增加，这是因为后掠翼的 M_{cr} 和 M_{dd} 都比平直翼大的缘故。

（2）后掠翼的最大阻力系数只有在超过音速更多的飞行速度下才会出现，而且数值也比较小。对平直翼而言，当飞行 Ma 在 1 附近时，其阻力系数达到最大。但对后掠翼而言，在来流速度超过音速不多时，v_n 仍然小于音速，阻力系数尚未达到最大，只有来流速度超过音速很多时，v_n 达到音速左右，阻力系数才能到达最大，此时按 v_∞ 折算出的阻力系数值当然比平直翼小得多。

（3）阻力系数随飞行 Ma 的变化比较平缓，其理由与升力系数相同。

后掠角越大，上述三个特点越突出。

3. 后掠翼的亚、跨音速升阻比特性

升阻比是一个气动特性参数，在低速飞行时，其大小与飞行速度无关，主要取决于迎角的大小。随着迎角的增加，升阻比先增大后减小，分界迎角成为最小阻力迎角。

在低速飞行阶段，空气压缩性对机翼压力分布影响很小。对任何迎角来说，升力系数和阻力系数均不随飞行 Ma 的变化而变化，所以升阻比不随飞行 Ma 的变化而变化。

在亚音速飞行阶段，空气压缩性的影响逐渐显现出来。对于小迎角和薄翼型来说，随着飞行 Ma 的增加，升力系数和阻力系数同时增加，故升阻比基本不变；但对于迎角较大或者厚翼型来说，随着 Ma 的增加，升力系数比阻力系数增加快，故升阻比有所增加。

在跨音速飞行阶段，随着飞行 Ma 的增加，升力系数虽然有增有减，但由于波阻的出现，阻力系数增加较快，所以升阻比随飞行 Ma 的增加而减小。

4. 高速飞机的极曲线

图 4-45 给出了波音 737-800 型飞机的高速极曲线。由图可知，随着飞行 Ma 的增加，极曲线向下并向右移动。

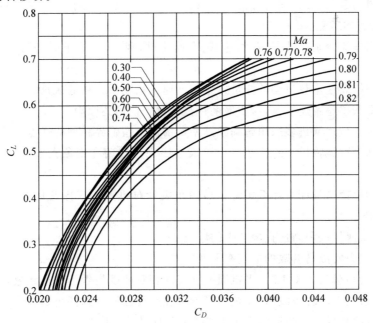

图 4-45　高速飞机的极曲线

176

飞行马赫数很小时(低速),空气压缩性对机翼压力分布的影响很小。对任何迎角来说,升力系数和阻力系数均不随飞行马赫数的变化而变化,这就说明飞行 Ma 很小时,各飞行 Ma 下的极曲线基本重合。

随着飞行马赫数的增加(亚音速),由于空气压缩性的影响,同一迎角下的升力系数和阻力系数会发生不同的变化,且马赫数越大,升力系数和阻力系数的变化程度更大,导致极曲线之间的差别也越大。在大迎角下,由于迎角大、临界马赫数低,随着飞行马赫数的增加,机翼首先在大迎角下达到临界马赫数,空气压缩性影响明显。而在超过临界马赫数后,则产生波阻,阻力系数增加,临界迎角和最大升力系数降低,故极曲线向右分开并变平。在小迎角下,机翼没有达到临界马赫数,空气压缩性影响不明显,同一迎角下的升力系数和阻力系数随飞行马赫数的变化不大,所以极曲线在小迎角范围内仍然重合。随着飞行马赫数的增加,到达临界马赫数的迎角越来越小,极曲线在各马赫数下重合的部分也越来越少。

飞行马赫数进一步增加(跨音速),当超过临界马赫数时,无论在哪个迎角下,都存在波阻。因此,各迎角下的阻力系数普遍增大,整个极曲线向右平移。在大迎角下,临界迎角和最大升力系数降低,升阻比下降,极曲线同时下移。特别是当飞行马赫数超过阻力发散马赫数后,由于阻力系数剧增,升阻比急剧减小,极曲线向右下方移动明显。

复习思考题

一、简答题

1. 空气的压缩性是通过什么物理量来衡量的? 其大小与哪些因素有关?

2. 试写出声速公式,简述空气压缩性与声速之间的关系。

3. 试写出马赫数公式,简述飞行马赫数和局部马赫数的区别,并讨论飞行速度、飞行高度对飞行马赫数的影响。

4. 简述当气流分别以低速、亚音速、超音速流过一收缩性管道时,其速度、压强、密度、温度的变化。

5. 简述一维高速绝热流动的能量方程与低速绝热能量方程的区别。

6. 如果要获得超音速气流,需要借助什么装置? 请简述原因。

7. 为什么大型运输机多采用超临界翼型? 请说出超临界翼型的优点及缺点。

8. 为什么大型运输机在跨音速飞行阶段会出现马赫俯冲现象? 多采用什么方法避免这一现象?

9. 机翼的后掠角设计有什么优势? 后掠角设计对机翼的临界迎角、升力系数、阻力系数有什么影响?

10. 简述低速抖振和高速抖振产生的原因。

11. 提高阻力发散马赫数的措施有哪些?

12. 当飞行马赫数大于 1 时,飞机周围气流的相对速度是否均已达到超音速?

13. 当飞机周围出现激波时,飞机的飞行速度是否已经达到甚至超过音速?

14. "飞机的临界马赫数通常小于 1。"这句话对吗? 为什么?

15. 简述当飞机进入跨音速飞行时,机翼上、下表面的局部激波生成顺序及移动方式,并说出激波移动过程中对机翼升力的影响。

16. 简述翼型的压力中心在跨音速阶段随马赫数的变化。

二、计算题

17. 某飞机飞行速度为 850km/h,在海平面标准大气环境下飞行,该飞机的飞行马赫数是多少? 当飞机在 1 000m 高度上时,该飞机的飞行马赫数是多少?

18. 某飞机在 5 000m 高度上飞行时,测得的总压 $p_0 = 90\ 000$Pa,密度 $\rho = 0.736\ 1$kg/m^3。已知飞行速度为 200m/s,求该点的温度、压力。

19. 已知某飞机的重量为 5 400kg,机翼面积为 22.6m^2,零升迎角为 0°,当飞行马赫数为 0.6 时,升力系数曲线斜率为 0.014/(°)。求在 50 000m 高度上($\rho = 0.736\ 1$kg/m^3,$C = 321$m/s),飞机做平飞时的迎角和升力系数。

第5章

螺旋桨的空气动力

活塞式发动机和燃气涡轮螺旋桨发动机的动力必须借助螺旋桨才能转化出来。螺旋桨产生的拉力是靠发动机带动螺旋桨桨叶旋转而产生的,是活塞式飞机和涡轮螺旋桨飞机前进的动力。螺旋桨工作的好坏直接关系到螺旋桨拉力的大小,而拉力的大小又关系到飞机的飞行性能。螺旋桨分为左旋和右旋两种,如果从驾驶舱看,左旋螺旋桨是逆时针旋转,右旋螺旋桨是顺时针旋转。大部分现代单发飞机的螺旋桨是右旋的(见图 5-1)。如无特殊说明,本章所涉及的螺旋桨均指右旋螺旋桨。

为了帮助飞行员正确掌握活塞式螺旋桨飞机的动力特性,本章着重分析螺旋桨空气动力的产生及其变化规律,同时介绍螺旋桨的功率、效率及负拉力、副作用等问题。

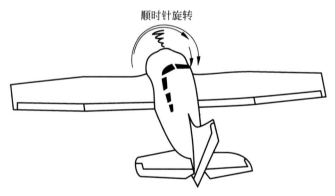

图 5-1　螺旋桨的旋转方向

5.1　螺旋桨简介

5.1.1　螺旋桨桨叶的几何参数

螺旋桨主要由桨叶、桨毂及桨叶变距机构等组成,如图 5-2 所示。

桨叶的平面形状有很多种,现代飞机使用较多的有椭圆形、矩形和马刀形等,如图 5-3 所示。

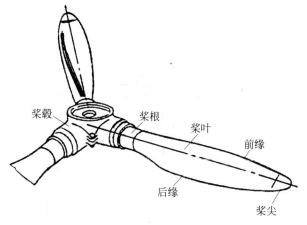

图 5-2 螺旋桨各部分的名称

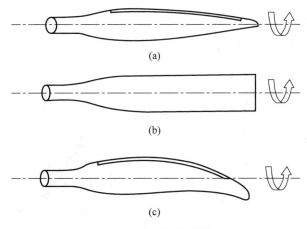

图 5-3 桨叶的平面形状

（a）普通桨叶；（b）矩形桨叶；（c）马刀形桨叶

1. 螺旋桨直径

螺旋桨旋转时，桨尖所画圆的直径，叫作螺旋桨的直径（D）。

2. 螺旋桨半径

螺旋桨桨尖所画圆的半径，叫作螺旋桨的半径（R）。

3. 剖面半径

螺旋桨旋转轴线至某一剖面的距离，叫作该剖面的半径（r）。剖面半径与螺旋桨半径的比值 r/R 叫作相对半径（$\bar{r}$）。

4. 旋转面

桨叶旋转时桨尖所划过的平面叫作旋转面，也称为桨盘，它与桨轴垂直，如图 5-4 所示。

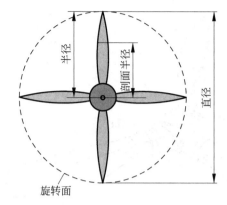

图 5-4　螺旋桨的直径、半径、相对半径和旋转面

5．桨叶剖面

和机翼类似,桨叶的截面形状称为桨叶剖面,相当于机翼的翼型;前、后桨面分别相当于机翼的上、下表面,如图 5-5 所示。

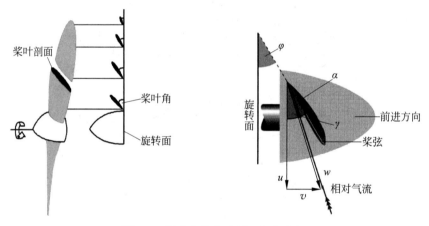

图 5-5　螺旋桨的桨叶剖面和桨叶角

6．桨弦

桨叶剖面前缘与后缘的连线,叫作桨弦(b)或桨叶宽度。

7．桨叶角

桨弦与旋转面之间的夹角叫作桨叶角(φ)。

定距螺旋桨和变距螺旋桨的区别在于其桨叶角是否可变。桨叶角不能改变的螺旋桨称为定距螺旋桨,能够改变的称为变距螺旋桨。桨叶角增大,叫作变大距或变高距;桨叶角减小叫作变小距或变低距。现代飞机使用自动变距螺旋桨。

1）定距螺旋桨

定距螺旋桨的桨叶角是制造厂商选定的,在整个飞行过程中不能改变。对于定距螺旋桨,只有在一定的飞行速度和转速下才能获得最佳效率。这就意味着飞机在起飞和巡航阶段不能同时获得最佳效率。

　　2）变距螺旋桨

　　现代飞机大都采用变距螺旋桨,在飞行中随着飞行条件的变化而改变桨叶角,以期获得任何飞行状态下的最佳效率。变距方式可以是人工变距,也可以是自动变距。人工变距以变距杆为代表,其主要功用是改变转速;自动变距以调速器为代表,其主要功用是维持转速不变。因此,装有调速器的螺旋桨飞机也叫作恒速螺旋桨飞机。

　　功率小的活塞式轻型飞机,一般没有专门的变距机构,主要靠桨叶的空气动力和配重的惯性离心力来改变桨叶角。空气动力力矩使桨叶变低距,配重的惯性离心力矩使桨叶变高距(见图5-6)。若前者大于后者,则桨叶角减小;若后者大于前者,则桨叶角增大。其转速大小取决于油门的位置:油门加大,转速增高;油门收小,转速降低;油门不变,转速基本不变。这种变距螺旋桨称为气动式变距螺旋桨。

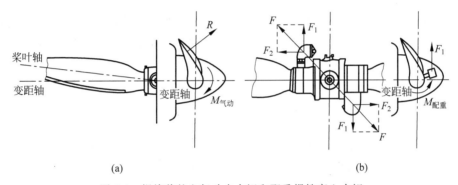

图 5-6　螺旋桨的空气动力力矩和配重惯性离心力矩

　　功率较大的活塞式发动机飞机设有专门的变距机构——调速器。它靠液压式电动力来改变桨叶角。这种飞机在操纵台上除油门杆外还设有变距杆,既可人工变距,也可自动变距,以保持或改变螺旋桨的转速。例如,前推变距杆,桨叶角及旋转阻力减小,转速增高;反之,后拉变距杆,桨叶角和旋转阻力增大,转速降低。如果不动变距杆,在油门位置不变、飞行速度或飞行高度改变时,调速器能自动调整桨叶角的大小,保持设定的工作转速。

5.1.2　螺旋桨的运动

　　根据第3章可知,迎角和速度对翼型的空气动力影响较大。与翼型类似,桨叶剖面的空气动力大小也主要取决于这两个因素。因此,我们首先需要研究螺旋桨桨叶的运动,进而确定其速度的大小和方向。

1. 螺旋桨桨叶剖面的速度

　　飞行中,螺旋桨的运动是一边旋转,一边前进,如图5-7所示。因此,桨叶各剖面具有两种速度:一是前进速度(v),即飞机的飞行速度;二是因旋转而产生的圆周速度,或叫作切向速度(u),其大小取决于螺旋桨的转速和各剖面的半径,即

$$u = 2\pi r n \tag{5-1}$$

式中　n——螺旋桨转速，r/s。

所以，螺旋桨桨叶上任意一点的运动轨迹就是一条螺旋线，如图 5-7 所示。

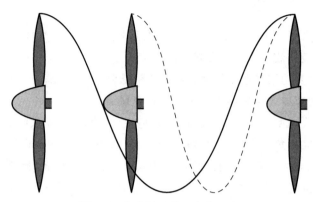

图 5-7　桨叶剖面某一点的运动

因此，螺旋桨桨叶剖面的速度为切向速度与前进速度的矢量和，叫作桨叶剖面的合速度（w），即 $w=u+v$，见图 5-5。桨叶剖面合速度的方向可用相对进距（λ）表示，相对进距是飞行速度同螺旋桨的转速与直径的乘积两者之比，即

$$\lambda = v/(nD) \tag{5-2}$$

合速度与旋转面之间的夹角称为入流角，用 γ 表示，即

$$\tan\gamma = v/u = v/(2\pi rn) = (D/2\pi r) \cdot \lambda \tag{5-3}$$

由式（5-3）可知，相对进距越大，γ 角相应也越大，说明合速度的方向偏离旋转面越多。反之，相对进距越小，说明合速度的方向越接近旋转面。

2．螺旋桨桨叶剖面的桨叶迎角

桨叶剖面相对气流方向与桨弦之间的夹角叫作桨叶迎角（α），如图 5-5 所示。桨叶迎角可表示为

$$\alpha = \varphi - \gamma = \varphi - \arctan\frac{R\lambda}{\pi r} \tag{5-4}$$

3．影响桨叶迎角的因素

桨叶迎角随桨叶角、飞行速度和转速的改变而变化。

1）桨叶角的影响

当飞行速度和转速一定时，桨叶迎角随桨叶角的增大而增大，随桨叶角的减小而减小。

2）飞行速度（前进速度）的影响

当桨叶角和转速一定时，桨叶迎角随飞行速度的增大而减小，飞行速度增大到一定程度时，桨叶迎角可能减小到零，甚至变为负值，如图 5-8 所示。

3）螺旋桨转速（切向速度）的影响

当桨叶角和飞行速度一定时，桨叶迎角随转速的增大而增大，随转速的减小而减小，如图 5-9 所示。

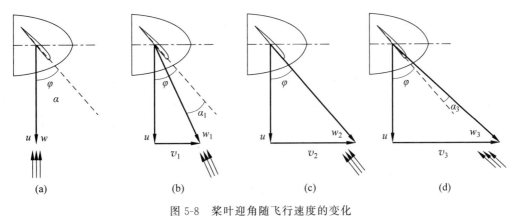

图 5-8　桨叶迎角随飞行速度的变化

(a) $v=0$,$\alpha=\varphi$；(b) $v_1>0$,$\alpha_1<\varphi$；(c) $v_2>v_1$,$\alpha_2=0$；(d) $v_3>v_2$,$\alpha_3<0$

4. 螺旋桨的几何扭转

从图 5-10 可以看出,如果桨叶无几何扭转,即各桨叶剖面的桨叶角相同,但由于桨叶各剖面的半径不同,导致各剖面的切向速度不相等,合速度的方向也就不相同,所以桨叶迎角也不一样。在飞行速度和桨叶角保持一定的情况下,桨尖处的切向速度最大,因而其桨叶迎角也最大。

为了使桨叶各剖面的迎角基本相等,常把桨叶设计成负扭转,即从桨根到桨尖桨叶角是逐渐减小的,以保持各剖面的桨叶迎角基本相等,如图 5-11 所示。

对于几何扭转的桨叶,通常用桨叶剖面 75% r 处的桨叶角代表整个桨叶的桨叶角。

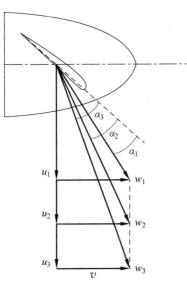

图 5-9　桨叶迎角随切向速度的变化

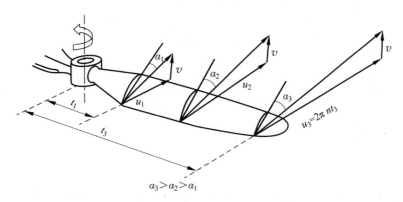

图 5-10　各桨叶剖面的合速度和桨叶迎角

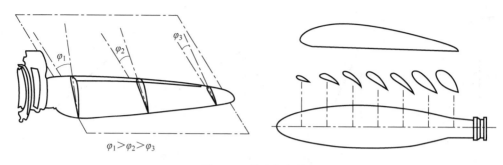

图 5-11　桨叶的扭转

5.2　螺旋桨的拉力和旋转阻力

5.2.1　螺旋桨的拉力和旋转阻力的产生

在桨叶半径 r 处取一宽度为 dr 的微元桨叶,该微元桨叶叫作叶素(见图 5-12)。与翼型产生空气动力的道理一样,在叶素上产生空气动力 dR,其大小为

$$dR = C_R \cdot \frac{1}{2}\rho w^2 \cdot ds \tag{5-5}$$

式中　C_R——叶素的空气动力系数;

　　　ds——叶素的面积,$ds = b \cdot dr$。

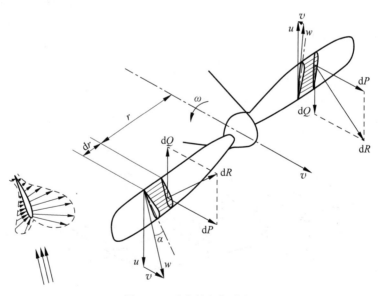

图 5-12　叶素的空气动力

根据 dR 对桨叶运动所起的作用,可把叶素的空气动力分解为两个分力:一个是与桨轴平行的拉螺旋桨前进的拉力 dP;另一个是与桨轴垂直的阻碍螺旋桨旋转运动的旋转阻力 dQ。

各叶素拉力的总和形成螺旋桨的总拉力,可写为

$$P = k \int_{r_0}^{R} \mathrm{d}P \tag{5-6}$$

式中 k——桨叶数目；

r_0——桨毂的半径。

如图 5-13 所示，空气动力 $\mathrm{d}R$ 分解为垂直于合速度方向和平行于合速度方向的两个分力 $\mathrm{d}Y$ 和 $\mathrm{d}X$，其大小分别为

$$\begin{cases} \mathrm{d}Y = C_Y \cdot \dfrac{1}{2}\rho w^2 b\,\mathrm{d}r \\[2mm] \mathrm{d}X = C_X \cdot \dfrac{1}{2}\rho w^2 b\,\mathrm{d}r \end{cases} \tag{5-7}$$

式中 C_Y——垂直于桨叶合速度方向的空气动力系数，其大小由实验确定；

C_X——平行于桨叶合速度方向的空气动力系数，其大小由实验确定。

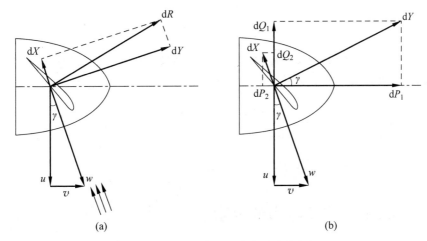

(a) (b)

图 5-13 桨叶的空气动力及其分布

根据几何关系，可求得该叶素所产生的拉力为

$$\mathrm{d}P = \mathrm{d}P_1 - \mathrm{d}P_2$$
$$= \mathrm{d}Y\cos\gamma - \mathrm{d}X\sin\gamma$$
$$= (C_Y\cos\gamma - C_X\sin\gamma)\,\frac{1}{2}\rho w^2 \cdot b\,\mathrm{d}r \tag{5-8}$$

桨叶剖面的合速度 w 可表示为

$$w = \sqrt{u^2 + v^2} = u/\cos\gamma = 2\pi rn/\cos\gamma \tag{5-9}$$

将式(5-9)代入式(5-8)，简化后再代入式(5-6)积分得整个螺旋桨的拉力为

$$P = (k/4) \cdot \pi^2 \rho w^2 \cdot D^4 \int_{\bar{r}_0}^{1} \frac{C_Y\cos\gamma - C_X\sin\gamma}{\cos^2\gamma} \bar{b}\bar{r}^2\,\mathrm{d}\bar{r} \tag{5-10}$$

式中，$\bar{b} = b/D$，称为相对宽度。

令

$$\beta = (k/4) \cdot \pi^2 \int_{\bar{r}_0}^{1} \frac{C_Y\cos\gamma - C_X\sin\gamma}{\cos^2\gamma} \bar{b}\bar{r}^2\,\mathrm{d}\bar{r}$$

于是,拉力公式可写为

$$P = \beta \rho w^2 D^4 \qquad (5\text{-}11)$$

式中 β——螺旋桨的拉力系数。

拉力系数的大小取决于相对进距、桨叶迎角、桨叶形状、马赫数及雷诺数。

螺旋桨各桨叶的旋转阻力的合力虽然为零,但因离桨轴有一段距离,其方向与桨叶的旋转方向相反,形成了阻碍螺旋桨旋转的力矩,该力矩称为旋转阻力矩($M_{阻}$)。这个力矩通常由发动机曲轴产生的旋转力矩($M_{扭}$)来平衡。当 $M_{扭} < M_{阻}$ 时,螺旋桨转速有降低的趋势;当 $M_{扭} > M_{阻}$ 时,螺旋桨转速有增加的趋势;当 $M_{阻} = M_{阻}$ 时,螺旋桨保持转速不变。

同计算叶素上的拉力一样,也可以计算叶素上的旋转阻力和旋转阻力矩。

由图 5-13 可知,叶素上的旋转阻力为

$$\begin{aligned} \mathrm{d}Q &= \mathrm{d}Q_1 + \mathrm{d}Q_2 \\ &= \mathrm{d}Y\sin\gamma + \mathrm{d}X\cos\gamma \\ &= (C_Y\sin\gamma + C_X\cos\gamma)\frac{1}{2}\rho w^2 \cdot b\,\mathrm{d}r \end{aligned} \qquad (5\text{-}12)$$

参看图 5-12,叶素的旋转阻力 $\mathrm{d}Q$ 对桨轴形成的旋转阻力矩 $\mathrm{d}M_{阻} = r\mathrm{d}Q$。各叶素上旋转阻力矩的总和就形成了螺旋桨的旋转阻力矩($M_{阻}$),即

$$M_{阻} = k\int_{r_0}^{R} r\,\mathrm{d}Q \qquad (5\text{-}13)$$

参照公式(5-10)的推导过程,可得

$$M_{阻} = \frac{k}{8}\pi^2\rho w^2 D^5 \int_{\overline{r}_0}^{1} \frac{C_Y\sin\gamma + C_X\cos\gamma}{\cos^2\gamma} \overline{b}\,\overline{r}^3\,\mathrm{d}\overline{r} \qquad (5\text{-}14)$$

5.2.2 影响螺旋桨拉力的因素

螺旋桨的拉力 P 是总空气动力 R 的一个分力。拉力的大小不仅取决于总空气动力的大小,还取决于总空气动力的方向。对于一具制造好的螺旋桨来说,总空气动力的大小又取决于桨叶迎角 α 和桨叶剖面合速度 w 的大小,而总空气动力的方向则取决于合速度的方向。也就是说,桨叶迎角、合速度的大小和方向都会影响拉力的大小。

飞行中,发动机的油门位置、飞机的飞行速度、高度和外界大气温度的变化都会引起桨叶迎角、合速度的大小和方向发生变化,从而使拉力发生变化。本节将分析拉力随上述四种因素变化的规律及负拉力产生的原因。

1. 螺旋桨的拉力随飞行速度的变化

在油门位置和飞行高度及大气温度不变的情况下,无论是涡轮螺旋桨飞机,还是活塞式飞机,随着飞行速度的增大,螺旋桨拉力都要逐渐减小。这是因为,飞行速度和螺旋桨拉力之间有着既互相联系又互相制约的关系,这种关系表现在两个方面:一是拉力直接决定着飞行速度的大小,例如增大飞行速度,通常要增大拉力;二是飞行速度改变以后,会引起拉力的大小发生变化。下面主要分析拉力随飞行速度变化的原因和规律。

对于活塞式恒速螺旋桨飞机来说,发动机的有效功率随飞行速度变化不大。在油门位置和飞行高度不变的情况下,如果飞行速度增大,桨叶角不变,则合速度方向将更加偏离旋

转面(见图 5-14),桨叶迎角势必减小,旋转阻力也跟着减小,导致转速增大。为了保持转速不变,调速器的自动变距机构驱使桨叶角增大,进而导致桨叶迎角增大;当桨叶迎角增大到旋转阻力恢复至原来大小时,转速便稳定在原来的转速上,桨叶角也停止增大。在此条件下,由于旋转阻力不变,Q_2 仍等于 Q_1,但合速度方向随飞行速度的增大而更加偏离旋转面,使桨叶总空气动力 R 更加偏离桨轴,所以拉力减小,如图 5-14 所示。从图中也可看到,这时虽然 $w_2 > w_1$,但 $\alpha_2 < \alpha_1$。总空气动力 R_2 比原来的总空气动力 R_1 小,拉力显然减小了。图 5-15 为某飞机拉力随飞行速度的变化曲线。

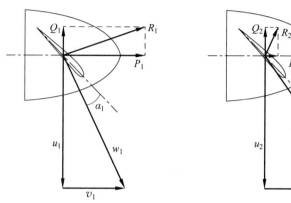

图 5-14 拉力随飞行速度的变化

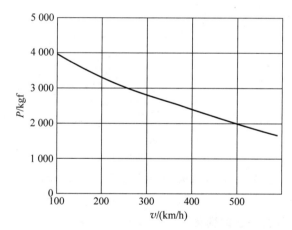

图 5-15 某飞机拉力随飞行速度的变化曲线

注:1kgf=9.8N,下同。

2. 螺旋桨拉力随油门位置的变化

在飞行速度和高度不变的条件下,无论哪种发动机,加大油门,螺旋桨拉力都将增大。这是因为,加大油门,发动机的有效功率提高,输出的扭矩增大,使螺旋桨转速增大,为了保持转速不变,调速器迫使桨叶变大距,使桨叶迎角增大,进而增大旋转阻力以维持转速不变(见图 5-16)。反之,收油门,则拉力减小。

由图 5-17 可看出不同油门位置时拉力的变化情形。

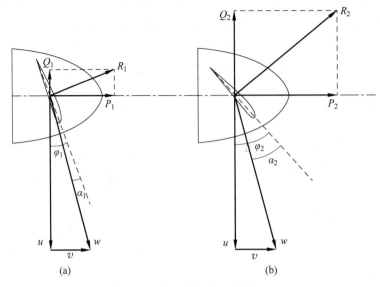

图 5-16　拉力随油门位置的变化

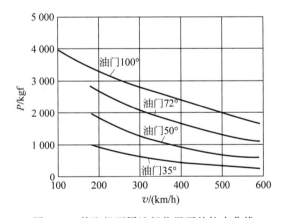

图 5-17　某飞机不同油门位置下的拉力曲线

3．螺旋桨拉力随飞行高度的变化

在飞行速度和油门位置不变的情况下,飞行高度改变,将影响空气密度的大小,使得发动机的有效功率发生变化,拉力也发生变化。

对于吸气式活塞发动机来说,随着飞行高度的增加,空气密度减小,发动机的有效功率一直降低,所以螺旋桨的拉力也一直减小,如图 5-18 所示。

对于增压式活塞发动机来说,在额定高度以下,随着高度的增加,拉力增大;在额定高度以上,随着高度的增加,拉力减小;在额定高度处,拉力最大。

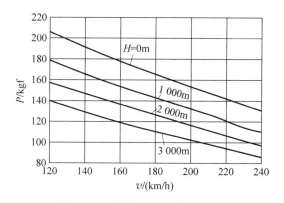

图 5-18 某吸气式活塞发动机在不同高度的拉力曲线

4. 螺旋桨拉力随气温的变化

在飞行速度、油门和飞行高度不变的情况下，气温改变，也将影响空气密度的大小，从而使发动机的有效功率发生变化，拉力也发生变化。

无论是吸气式活塞发动机还是增压式活塞发动机，气温升高，空气密度减小，发动机的有效功率减小，拉力也随之减小；反之，气温降低，空气密度增大，发动机的有效功率增大，拉力也随之增大，如图 5-19 所示。

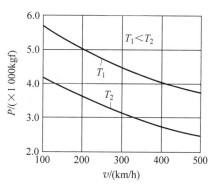

图 5-19 拉力随温度变化的曲线

5.3 螺旋桨的负拉力

一般情况下，螺旋桨是在正拉力状态下工作，即产生使飞机向前运动的拉力。但在某些特殊情况下，螺旋桨会产生负拉力，阻碍飞机前进。特别是涡轮螺旋桨发动机，产生的负拉力往往很大，这给飞机操纵带来了很大的困难，甚至危及飞行安全。因此，在正常飞行时，应极力避免负拉力的产生。但负拉力并不都是对飞行有害的，如涡轮螺旋桨飞机，在紧急下降和在湿滑、污染道面上着陆滑跑时，就要人为地使螺旋桨产生负拉力来减速，以缩短着陆滑跑距离。所以，了解螺旋桨负拉力产生的原因及其变化，对正确使用动力装置，保证飞行安全有着重要的意义。本节简要介绍一下产生负拉力的几种情况。

5.3.1 螺旋桨常见的工作状态

根据螺旋桨空气动力的特点，可以将螺旋桨的工作状态分为图 5-20 所示的五种，图中各矢量方向均指螺旋桨桨叶转至图示瞬时位置时的矢量方向。

1. 正拉力状态

正拉力状态下，桨叶迎角为正，产生正拉力，如图 5-20(a)所示，螺旋桨由涡轮带动旋转。

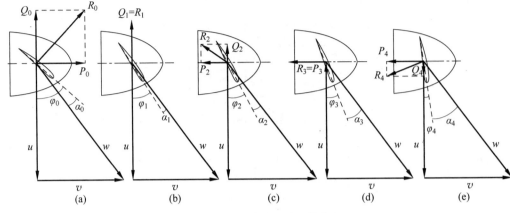

图 5-20　螺旋桨常见的工作状态

2．零拉力状态

在这种状态下，桨叶迎角很小，螺旋桨的总空气动力 R_1 同旋转面一致，只起旋转阻力作用（$Q_1 = R_1$），拉力等于零，如图 5-20（b）所示，螺旋桨仍由涡轮带动旋转。

3．制动状态

在这种状态下，桨叶迎角极小或为负迎角，此时桨叶前翼面的压力大于后桨叶翼面的压力，空气动力 R_2 指向后上方，如图 5-20（c）所示。此时，R_2 平行于桨轴的分力，指向后方，形成负拉力 P_2；垂直于桨轴的分力 Q_2 仍然阻止螺旋桨旋转，所以螺旋桨仍由涡轮带动转动。

4．自转状态

在这种状态下，空气动力 R_3 同桨轴平行，指向后方，如图 5-20（d）所示，全部起负拉力作用（$R_3 = P_3$），旋转阻力等于零。这种状态下，螺旋桨不是靠涡轮带动旋转，而是靠自身的惯性旋转，因此又称为惯性转动状态。

5．风车状态

在这种状态下，桨叶负迎角较大，空气动力 R_4 指向后下方，其平行于桨轴的分力 P_4 仍为负拉力；而垂直于桨轴的分力 Q_4 变为和螺旋桨旋转的方向一致，成了推动螺旋桨继续沿原来转动方向旋转的动力，如图 5-20（e）所示，称为风车状态。

在风车状态下，由于螺旋桨是自动旋转的，所以，自转转速包括风车状态下的转速。螺旋桨在风车状态下恒速转动时，负旋转阻力迫使螺旋桨旋转的功率（称为风车功率）正好同发动机压缩器等部件转动所需的功率互相平衡。

5.3.2　发动机正常工作时负拉力的产生

由螺旋桨常见的工作状态可知，螺旋桨的负拉力仅在桨叶迎角很小或为负值时产生。

飞行中,如果发动机和螺旋桨的工作正常,在下述情况下也会产生负拉力。

1. 飞行速度过大,油门比较小时

前面已分析了拉力随飞行速度的变化。在油门、转速和飞行高度不变的情况下,当飞行速度增大时,桨叶虽能自动变大距来调整桨叶角,以保持旋转阻力和转速不变,但由于桨叶迎角减小,总空气动力减小,且更偏向旋转面,故拉力减小。反之,飞行速度减小,拉力增大。图 5-21(b)所示是螺旋桨的正常工作状态,又叫作推进工作状态。

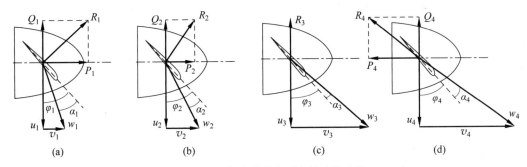

图 5-21　飞行速度增大时负拉力的产生

当继续增大飞行速度时,总空气动力就要继续减小而更靠近旋转面,速度增大到某一数值[图 5-21(c)中的 v_3]时,就可能使桨叶总空气动力完全和旋转面重合,此时 $R = Q$,拉力等于零,桨叶迎角接近零,这种工作状态叫作螺旋桨的零拉力工作状态。

若再继续增大飞行速度,相对气流就会指向桨叶前桨面,形成负桨叶迎角,如图 5-21(d)所示。这样,前桨面的空气压力就会大于后桨面的空气压力,总空气动力指向后上方,其中一个分力 Q_4 仍是阻止螺旋桨旋转的旋转阻力,另一个分力 P_4 就是阻止飞机前进的负拉力。这种工作状态叫作螺旋桨的制动工作状态。

2. 飞行速度不太大而油门过小时

由前面的分析可知,收小油门,发动机有效功率减小,所能提供给螺旋桨的旋转阻力矩减小,若要保持转速不变,桨叶会自动变低距来减小桨叶角,进而减小桨叶迎角,因而总空气动力减小,且方向偏向旋转面,故拉力减小。如图 5-20(b)所示,总空气动力从 R_0 减为 R_1,拉力从 P_0 减为 P_1。

若继续收小油门,桨叶继续变低距来减小桨叶迎角,就会使桨叶处于 0° 迎角下工作。图 5-20(b)中 φ_1 对应的 α_1 近似为 0°,这时空气动力 R_1 与旋转面完全重合,拉力为零。油门收得过小,桨叶就处于负迎角下工作,如图 5-20(e)中的 α_4,这时桨叶的总空气动力指向后下方,产生负拉力 P_4。

为了防止在飞行中由于油门过小产生负拉力,在发动机的油门操作系统中装有锁键限动器。锁键限动器的位置相当于保证飞机在飞行中不产生负拉力的最小供油量的油门杆位置。某运输机锁键限动器的原始位置相当于发动机油门杆指示器 13° 的位置,它保证飞机在 −10℃ 以上外界大气温度下具有正的拉力,该位置也就是发动机空中小油门的位置。飞行中,除了着陆飞机已接地,或在高空进行应急下降之外,不允许收油门过卡销,否则,涡轮

功率急剧下降,负拉力可能达到很大的数值。着陆目测过高,也绝对不允许用负拉力进行修正。涡轮螺旋桨飞机的螺旋桨装有桨叶中间限动器,其作用是防止空中停车或误将油门收过卡销而产生过大的负拉力。

3. 外界大气温度变化时

涡轮螺旋桨发动机对外界大气温度的变化是非常敏感的。飞行中,如果大气温度降低,空气流量增大,会引起压缩器旋转所需的功率和涡轮功率都增大。但因涡轮功率增大得慢一些,所以轴功率减小。为保持转速不变,调速器控制桨叶角和桨叶迎角减小。如果气温降低很多,加上油门较小,就可能出现涡轮功率稍大甚至小于压缩器旋转所需功率的情况,此时,为保持转速不变,调速器将控制桨叶形成负迎角,产生负拉力,甚至用螺旋桨的风车功率帮助涡轮带动压缩器。

如果外界大气温度升高,也同样可能产生负拉力。因为气温升高,空气流量减小,压缩器旋转所需的功率和涡轮功率都要减小;在气温高于 25℃ 的情况下,为了保持涡轮前燃气温度不致过高,燃油调节器自动减小供油量,致使涡轮功率进一步降低,在油门较小时,甚至低于压缩器旋转所需的功率。这种情况下,调速器就控制桨叶形成负迎角和产生负拉力,用螺旋桨的风车功率来弥补涡轮功率的不足。

可见,飞行中,无论大气温度降低还是升高,都可能产生负拉力,气温变化越大,负拉力也越大。特别是在小油门的情况下,很容易因气温改变而产生负拉力。为了避免在下滑着陆前产生负拉力,必须按外界气温的变化调整过渡锁的位置。因此,在着陆前,飞行员应及时询问着陆机场的气温,确定空中小油门(空中允许使用的最小油门)的度数,以防油门过小而产生负拉力,影响飞行安全。

4. 桨叶结冰时

桨叶结冰也会产生负拉力,因为发动机功率要克服增加了的螺旋桨旋转阻力力矩,当其不足以克服阻力力矩时就会产生负拉力。因此,一般飞机上的螺旋桨有防冰和除冰装置。

5.3.3 发动机空中停车时负拉力的产生

不论是活塞式飞机还是涡轮螺旋桨式飞机,发动机在空中停车后,螺旋桨就会像风车一样继续沿原来的方向旋转,这种现象叫作螺旋桨的自转。螺旋桨的这种工作状态叫作自转工作状态或风车工作状态。

如图 5-22 所示,发动机一旦空中停车,功率很快消失,螺旋桨的转速就要减小,为保持转速不变,调速器就促使螺旋桨变低距,桨叶角和桨叶迎角迅速减小,形成较大的负迎角。桨叶总空气动力 R 指向后下方,其中一个分力 Q 与螺旋桨的旋转方向相同,不再是阻碍螺旋桨转动的阻力,而成为推动螺旋桨转动的动力,带动螺旋桨和发动机按原方向继续旋转;另一个分力 P 与拉力方向相反,即为负拉力。由上可知,发动机停车、螺旋桨自转时,螺旋桨不是由发动机带动旋转的,而是在相对气流的推动下旋转。因此,螺旋桨不仅不产生拉力,反而增加了飞机的阻力,同时加剧了发动机的磨损。

为了避免发动机停车后的自转状态,现代活塞式螺旋桨飞机和涡轮螺旋桨飞机的发动机上一般装有顺桨机构。发动机一旦空中停车,可自动或人工顺桨。所谓顺桨就是把桨叶

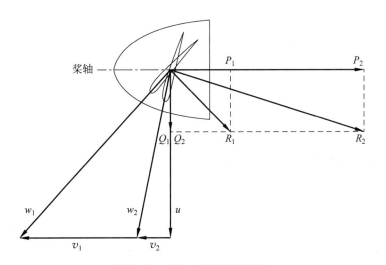

图 5-22　负拉力随速度的变化

角变到 90°左右,如图 5-23 所示。此时,桨叶几乎与飞行方向平行,顺着气流方向。这样螺旋桨不仅不会再旋转,还避免了发动机的磨损,并且消除了负拉力,这时螺旋桨只有不大的阻力。

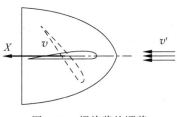

图 5-23　螺旋桨的顺桨

对于没有顺桨机构的活塞式飞机,在发动机停车后,可把变距杆拉向最后,使桨叶角增加至最大,以减小负拉力和减轻发动机的磨损。

5.4　螺旋桨的有效功率和效率

5.4.1　螺旋桨的有效功率

螺旋桨飞机的飞行性能与螺旋桨的有效功率有关。因此,飞行员对什么是螺旋桨的有效功率及螺旋桨有效功率在飞行中怎样变化应该有所了解。

螺旋桨产生拉力拉着飞机前进时对飞机做功。每秒钟内螺旋桨对飞机所做的功就是螺旋桨的有效功率(可用功率),用 $N_{桨}$ 表示,其大小可用式(5-15)计算:

$$N_{桨} = Pv/75 \tag{5-15}$$

式中　$N_{桨}$——螺旋桨的有效功率,W;

　　　P——螺旋桨的拉力,kgf(1kgf=9.8N);

　　　v——飞行速度,m/s。

由式(5-15)可以看出,螺旋桨的有效功率取决于拉力和飞行速度,拉力和飞行速度改变时,螺旋桨的有效功率也将改变。而油门位置、发动机转速和飞行高度都会影响拉力的大小。

1. 螺旋桨有效功率随飞行速度的变化

当油门位置、发动机转速和飞行高度一定时,飞行速度改变,螺旋桨的拉力随之改变,螺

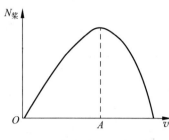

图 5-24　螺旋桨的有效功率随
飞行速度的变化

旋桨的有效功率也随之改变。螺旋桨的有效功率随飞行速度的变化规律是：在小于某一飞行速度的范围内，螺旋桨的有效功率随飞行速度的增大而增大；在大于某一飞行速度的范围内，螺旋桨的有效功率随飞行速度的增大而减小，如图 5-24 曲线所示。此曲线叫作螺旋桨有效功率曲线。现对该曲线做如下解释：

原点相当于地面试车情况，此时拉力虽然很大，但因飞机速度为零，拉力没有对飞机做功，故螺旋桨的有效功率等于零。随着飞行速度的增大，拉力逐渐减小。但当速度还不是很大时，速度增大的百分比大，而拉力减小的百分比小，故曲线在此段（图中 OA）范围，速度增大，螺旋桨的有效功率增大，速度增大到某一速度（图中 A 点）时，螺旋桨的有效功率增至最大，超过这一速度，由于速度增大的百分比小，而拉力减小的百分比大，所以速度增大，螺旋桨的有效功率减小，速度大到一定值，拉力减小到零，螺旋桨的有效功率也等于零。

2. 螺旋桨有效功率随油门位置的变化

当飞行速度、发动机转速和飞行高度一定时，不同油门位置的螺旋桨有效功率曲线如图 5-25 所示。从图中可以看出，油门位置越大，发动机的有效功率和螺旋桨的拉力越大，所以螺旋桨的有效功率也越大。

3. 螺旋桨的有效功率随发动机转速的变化

对于活塞式螺旋桨飞机，其转速可通过操纵变距杆来改变。在油门、高度和飞行速度一定的情况下，在一定转速范围内，增大转速，由于发动机有效功率增大，故螺旋桨有效功率增大；超过某一转速后，再增大转速，由于发动机的有效功率减小，故螺旋桨的有效功率减小。对于活塞式发动机，油门越大，获得最大有效功率所对应的转速也就越大。因此，要想使螺旋桨有效功率尽可能大，就应该在加油门的同时，相应地前推变距杆，增大转速；反之，在收油门的同时，相应地后拉变距杆，减小转速。

4. 螺旋桨的有效功率随飞行高度的变化

对于装有吸气式发动机的飞机来说，随着高度的升高，拉力总是减小的，故螺旋桨的有效功率也是减小的。对于装有增压式发动机的飞机来说，在额定高度以下，高度增加，因拉力增大，故螺旋桨的有效功率也增大；超过额定高度之后，如高度增加，拉力减小，故螺旋桨的有效功率也随之降低。图 5-26 是某飞机在不同高度上的螺旋桨有效功率曲线。由图可知，在额定高度 2 000m 以下，随着高度的升高，由于发动机的有效功率增大，故螺旋桨的有效功率也增大；在额定高度 2 000m 以上，随着高度的升高，由于发动机的有效功率减小，故螺旋桨的有效功率也减小。

根据以上分析，对于活塞式螺旋桨飞机，获得螺旋桨最大有效功率的方法是：在飞行速度和高度一定的情况下，在加油门的同时，应当前推变距杆，增大转速。

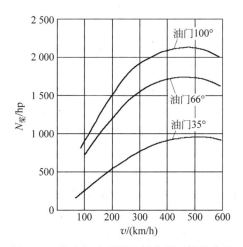

图 5-25　某飞机在不同油门位置时螺旋桨的
有效功率曲线
注：1hp＝0.735kW

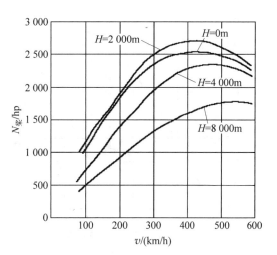

图 5-26　某飞机在不同高度上的螺旋桨有效
功率曲线

5.4.2　螺旋桨的效率

螺旋桨同其他各种机器一样,也可以用效率来评估其工作的好坏。螺旋桨效率的高低表明了螺旋桨性能的好坏。

螺旋桨是由发动机带动旋转的。螺旋桨的作用是把发动机传给桨轴的功率(叫作轴功率或发动机的有效功率)转变成拉飞机前进的功率(即螺旋桨的有效功率)。但是,螺旋桨并不能百分之百地把发动机传给桨轴的功率转变成拉飞机前进的功率。因为螺旋桨工作时,要向后推动空气和扭转空气,需要克服空气与桨叶之间的摩擦力和涡轮的阻力。如果螺旋桨的转速和飞行速度很大时,桨尖切面的合速度还可能接近或超过音速,从而产生激波阻力,这要消耗一部分发动机的有效功率。因此,螺旋桨的有效功率总是小于发动机的有效功率。

螺旋桨的有效功率与发动机的有效功率之比,定义为螺旋桨的效率,即

$$\eta = N_{桨} / N_{有效} \tag{5-16}$$

螺旋桨的效率是衡量螺旋桨性能好坏的重要标志。螺旋桨效率高,表明发动机有效功率损失少,螺旋桨的性能好。现代螺旋桨效率最高可达90％。螺旋桨的效率还可以表示为

$$\eta = \frac{拉力 \times 真空速}{扭矩 \times 转速} \tag{5-17}$$

在飞行中,某些因素改变时,螺旋桨效率将发生变化。所以对于飞行员来说,了解螺旋桨效率在飞行中的变化规律,充分发挥螺旋桨的效率是很重要的。下面将着重分析飞行中螺旋桨效率的变化情况。根据公式(5-17)可知,螺旋桨效率的大小取决于拉力、飞行速度、扭矩和发动机转速,其中,真空速与发动机转速的比值就是相对进距λ,而螺旋桨的拉力、扭矩与桨叶角密切相关。

196

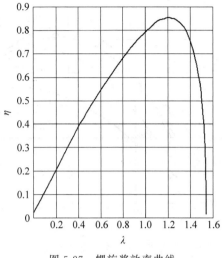

图 5-27　螺旋桨效率曲线

1. 螺旋桨效率与相对进距的关系

在桨叶角一定的条件下,螺旋桨效率随相对进距的变化而变化,如图 5-27 所示。由图可以看出,相对进距过大或过小,螺旋桨效率都很低,只有在某一相对进距时,才能获得最高的螺旋桨效率,这个相对进距叫作有利相对进距。

为什么相对进距过大或过小螺旋桨效率都很低呢?这是因为,相对进距过小,也就是前进速度很小,例如起飞滑跑阶段,螺旋桨的拉力虽然很大,但前进速度很小,结果螺旋桨的有效功率很小、效率很低,发动机有效功率大部分消耗于向后推动和扭转空气;反之,相对进距过大,即飞行速度很大,此时,桨叶空气动力的方向非常靠近旋转面,螺旋桨的拉力和有效功率都很小,故螺旋桨效率也很低,发动机的有效功率大部分消耗于克服桨叶的各种阻力。

2. 螺旋桨效率与桨叶角的关系

在相对进距一定的情况下,桨叶角过大或小,螺旋桨效率都很低,只有在某一桨叶角下,螺旋桨效率才较高,这个桨叶角叫作有利桨叶角。因为桨叶角过小,桨叶迎角也过小,螺旋桨的拉力和有效功率很小,所以螺旋桨效率很低;反之,桨叶角过大,桨叶迎角很大,性质角大,旋转阻力增大,螺旋桨效率也很低。

那么,究竟用多大的桨叶角才能获得较高的螺旋桨效率呢?这要根据相对进距的大小确定。图 5-28 表明,相对进距越大,对应较高效率的桨叶角(即有利桨叶角)也越大。

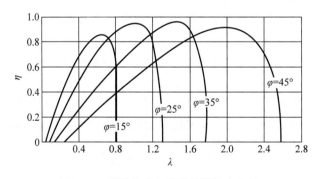

图 5-28　不同桨叶角的螺旋桨效率曲线

综上可得,对于定距螺旋桨,只有在较小的相对进距范围内才能获得较高的螺旋桨效率。要使螺旋桨在较大的相对进距范围内保持较高的效率,则必须根据相对进距的增减,相应地改变桨叶角,使其恰好等于各个相对进距的有利桨叶角。现代飞机采用变距螺旋桨,就是依据这个原理。

飞行中,使用的转速不同,与之相对应的相对进距和桨叶角也不同,因而螺旋桨的效率也不同。一般活塞式变距螺旋桨飞机在使用额定转速和额定油门做大速度平飞时,螺旋桨效率最高。因此,为了保持活塞式螺旋桨飞机的螺旋桨效率,在减小飞行速度时,除了收小油门、减小进气压力外,还应拉变距杆,相应地减小转速,使桨叶角仍处于较有利的范围内;反之,在增大飞行速度时,不仅应加油门,增大进气压力,还应前推变距杆,相应地增大转速。

5.5 螺旋桨的副作用

螺旋桨在工作过程中,一方面产生拉力,拉着飞机前进;另一方面还会产生一些副作用,给正常飞行带来不利的影响,这些副作用包括螺旋桨的进动、反作用力矩、滑流扭转和螺旋桨因素等。本节将分析它们产生的原因、对飞行的影响及其修正方法。

5.5.1 螺旋桨的进动

飞行中,当高速旋转的螺旋桨受到改变桨轴方向的操纵力矩作用时,并不完全绕与操纵力矩方向平行的轴转动,还要绕着另一个轴偏转,这种现象叫作螺旋桨的进动。例如,对于右转螺旋桨飞机(图 5-29),当飞行员操纵飞机上仰时,飞机给螺旋桨一个上仰力矩,使之不仅沿这个外力矩方向与飞机一起向上转动,还与飞机一起绕立轴向右偏转,这就是螺旋桨的进动。

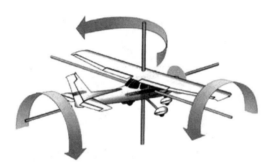

图 5-29 螺旋桨的进动

当高速旋转的螺旋桨受到改变转轴方向的外力矩作用以后,为什么会向另一个方向进动呢? 现以两叶右转螺旋桨为例做简要的说明。

如图 5-30 所示,如果飞行员拉杆使机头上仰,飞机给螺旋桨一个上仰力矩,当螺旋桨桨叶转到垂直位置时,上面的桨叶 I 受到一个向后的作用力 F,产生向后的加速度;而下面的桨叶 II 受到一个向前的作用力 F,产生向前的加速度。因为有了加速度,所以经过一段时间后,原来在上面的桨叶 I 转到右边时,就出现了向后的速度 v;原来在下面的桨叶 II 转到左边时,也会出现向前的速度 v。于是螺旋桨向右进动,并带动飞机向右偏转。

由此可见,飞行中螺旋桨的进动作用会改变飞机的姿态,给飞行带来影响。为此,飞行员必须学会正确判断螺旋桨进动的方向,以便及时操纵飞机,防止螺旋桨进动作用对飞行的影响。

螺旋桨的进动方向可用绘图和手示两种方法来判断。图 5-31 是用绘图法判断右转螺旋桨的进动方向,圆圈上的箭头标明了螺旋桨转动的方向,从圆心画出的箭头表示飞行员操纵机头转动的方向,圆上切线方向的细箭头表示螺旋桨进动的方向。

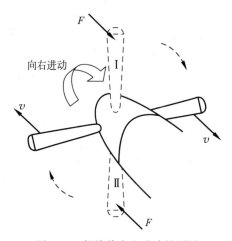

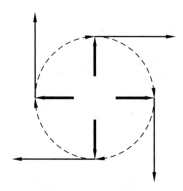

图 5-30　螺旋桨产生进动的原因　　　　图 5-31　绘图判断右转螺旋桨进动的方向

图 5-32 是用右手法则判断右转螺旋桨的进动方向,右转螺旋桨用右手表示,手心面向自己,四指代表飞行员操纵机头转动的方向,伸开的大拇指的方向就是螺旋桨进动的方向。

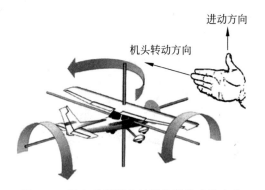

图 5-32　用右手判断右转螺旋桨进动的方向

飞行中,螺旋桨的进动会迫使飞机偏转,偏转的快慢取决于进动角速度的大小。进动角速度,可用式(5-18)计算:

$$\omega_{进} = \frac{M}{I\omega} \tag{5-18}$$

式中　$\omega_{进}$——螺旋桨进动的角速度,rad/s;

　　　M——改变桨轴方向的外力矩,N·m;

　　　I——螺旋桨绕桨轴的转动惯量,kg·m^2;

　　　ω——螺旋桨旋转的角速度,rad/s。

螺旋桨的转速一般是不变的,转动惯量是常量,所以进动角速度主要取决于外力矩的大小。飞行中,飞行员推、拉杆或蹬舵的动作越猛,改变桨轴方向的外力矩越大,进动角速度就越大,进动作用也越明显。

修正方法:飞行中,在操纵飞机改变飞机姿态时,必须根据进动规律向进动的反方向协调操纵驾驶杆和方向舵,防止飞机偏离预定的飞行方向。

5.5.2 螺旋桨的反作用力矩

螺旋桨在转动中不断地搅动空气,迫使空气沿螺旋桨转动方向旋转。与此同时,空气势必也给螺旋桨和机身一个反方向的力矩,该力矩称为螺旋桨的反作用力矩。

在空中飞行时,螺旋桨把这个反作用力矩传给发动机和飞机,迫使飞机向螺旋桨转动的反方向倾斜。例如,右转螺旋桨的飞机在螺旋桨反作用力矩的作用下,会向左倾斜,如图 5-33 所示。

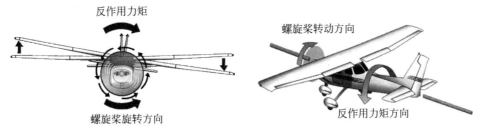

图 5-33 螺旋桨的反作用力矩

在地面滑跑时,螺旋桨的反作用力矩还会造成机头方向偏转。例如,右转螺旋桨飞机在起飞滑跑中,反作用力矩迫使飞机向左倾斜,于是左机轮对地面的正压力比右机轮大,如图 5-34(a)所示,左机轮与地面之间的摩擦阻力也就比右机轮大,如图 5-34(b)所示,两主轮摩擦阻力之差对重心形成偏转力矩,使飞机向左偏转。为了消除这一偏转力矩,保持滑跑方向,应适当右压驾驶盘加以修正。

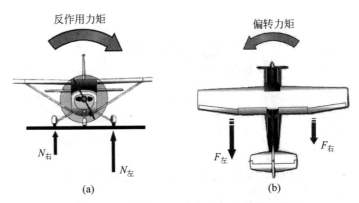

图 5-34 螺旋桨反作用力矩对起飞滑跑的影响

飞行中,螺旋桨反作用力矩的大小主要随油门位置的变化而变化。加油门,发动机的有效功率增大,桨叶角和桨叶迎角变大,桨叶的空气动力增大,故反作用力矩随之增大;反之,收油门,反作用力矩减小。为了防止反作用力矩的变化对飞行的影响,在加大油门的同时,飞行员应向螺旋桨转动方向压驾驶盘,而在减小油门的同时应该及时回驾驶盘。

5.5.3 螺旋桨的滑流扭转作用

螺旋桨转动时,桨叶搅动空气,一方面使之向后加速流动,另一方面又使之顺着螺旋桨的旋转方向流动,如图 5-35 所示。这种受螺旋桨作用向后加速和扭转的气流叫作螺旋桨的滑流。

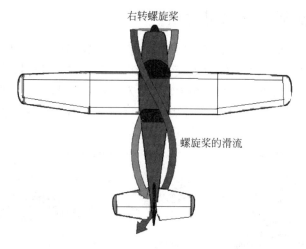

图 5-35　螺旋桨的滑流

　　螺旋桨滑流流过机翼时被分成上、下两层。如果螺旋桨是右转的,则上层滑流自左向右后方扭转,下层滑流则自右向左后方扭转,如图 5-35 所示。一般情况下,机身尾部和垂直尾翼都受到滑流上层部分的影响,即滑流的上层部分从左方作用于机身尾部和垂直尾翼,产生向右的空气动力,对飞机重心形成偏转力矩,使机头向左偏转,如图 5-36 所示。

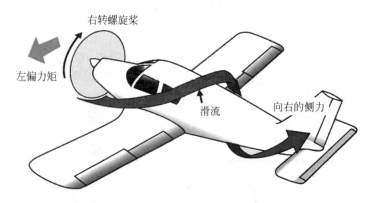

图 5-36　右转螺旋桨的滑流所引起的偏转力矩

　　修正方法:为了制止飞机偏转,必须向偏转反方向蹬舵。蹬舵量的大小主要与发动机的功率和飞行速度有关。如果飞行速度不变,加油门增大发动机功率,则滑流扭转角增大,空气动力也相应增大,为制止飞机偏转,所需蹬舵量增大;减小油门则相反。如油门位置不变,即发动机功率不变,当飞行速度增大时,一方面滑流的动压增大,使飞机机头左偏力矩增大;另一方面滑流扭转角减小,又会导致左偏力矩减小。这两种影响相互抵消,滑流的扭转作用可以近似地认为基本不变。但随着飞行速度的增大,舵面效应增强,为制止飞机偏转,所需的蹬舵量应减小。在起飞和着陆中,油门位置变化较大,螺旋桨滑流对飞机飞行方向的保持影响较明显。例如,右转螺旋桨飞机在起飞中,因为加油门,滑流扭转所形成的左偏力矩很大,飞行员应当相应地蹬右舵,保持起飞方向;在着陆拉平阶段,随着油门不断收小,滑流产生的左偏力矩也减小,飞行员要适当回右舵或蹬左舵以保持方向,否则,飞机会偏离跑道中心线,影响着陆。

对于左转螺旋桨飞机来说,滑流扭转作用对飞行的影响与上述相同,仅方向相反。

另外,加油门改变发动机功率时,还会因滑流速度变化导致水平尾翼产生附加空气动力($\Delta R_{y尾}$),这个附加空气动力对飞机重心形成俯仰力矩,影响飞机的俯仰平衡,应适当地前推或后拉驾驶杆,产生相应的俯仰操纵力矩来消除这一影响。图 5-37 说明飞机加油门后,滑流速度增大,在飞机上产生上仰力矩,使机头上仰,所以应稍向前推杆修正。反之,收油门时,应稍向后拉杆修正。

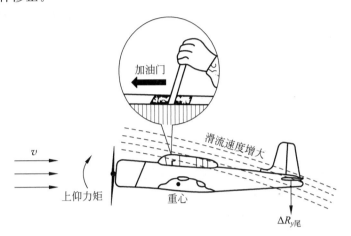

图 5-37　加油门,螺旋桨滑流对俯仰平衡的影响

5.5.4　螺旋桨因素

当螺旋桨飞机在大迎角下飞行时,两侧桨叶会出现不对称拉力,导致飞机机头偏转,这种现象叫作螺旋桨因素(P-factor)。当飞机大迎角飞行时,螺旋桨的旋转面与水平面不垂直,即切向速度与前进速度不垂直,这样就导致下行一侧桨叶的桨叶迎角大于上行一侧桨叶的桨叶迎角,所以下行一侧桨叶产生更大的拉力,使得机头偏转,如图 5-38 所示。例如,以右转螺旋桨飞机为例,下行的右侧桨叶和左侧桨叶相比,会产生更大的拉力,两侧桨叶的拉力差对飞机重心取力矩,会使得机头左偏,如图 5-38 所示。

我们还可以通过下面的方法解释为什么下行一侧的桨叶迎角大于上行一侧的。下行桨叶的运动轨迹是向下的,会出现一个向上的相对气流,改变了原来桨叶合速度的方向,进而导致更大的桨叶迎角。上行桨叶则与之相反,如图 5-39 所示。

根据螺旋桨因素对飞机产生的影响,可以向螺旋桨旋转方向蹬舵修正。例如,对于右转螺旋桨飞机,可以蹬右舵修正螺旋桨因素。

对于单发螺旋桨飞机来说,在起飞阶段,上述四种副作用表现最明显。以 C-172/SR20 右转螺旋桨飞机为例,在起飞滑跑阶段,满油门、速度逐渐增加。由于此时没有操纵飞机改变姿态,所以没有进动作用;反作用力矩使得飞机有左滚的趋势,导致左主轮摩擦力大,机头会出现左偏趋势;滑流扭转使得垂尾产生向右的侧力,机头有左偏的趋势;由于飞机在地面滑跑,迎角不大,所以没有螺旋桨因素副作用。在起飞抬前轮离地过程中,会出现向右的进动,反作用力矩会使得飞机出现左滚转的趋势,滑流扭转会使得机头左偏,而螺旋桨因

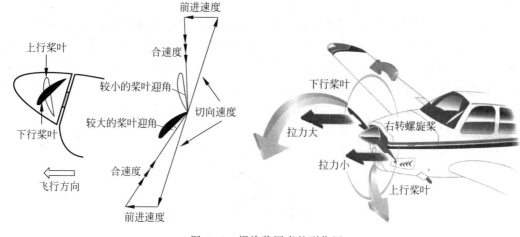

图 5-38　螺旋桨因素的副作用

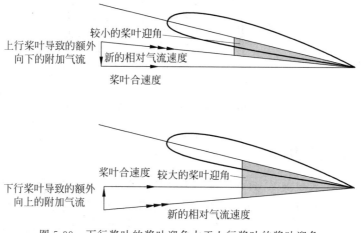

图 5-39　下行桨叶的桨叶迎角大于上行桨叶的桨叶迎角

素也会使得机头左偏。根据以上分析,在实际飞行训练中,飞行学员尤其要注意在起飞阶段螺旋桨副作用对飞机姿态的影响,严格控制好驾驶盘量和方向舵量,修正副作用的影响,以保证飞机沿预定的航迹飞行。在着陆阶段,由于油门不断减小,飞行员也要密切关注螺旋桨副作用的变化,适时修正,确保飞机沿预定的航迹着陆。

复习思考题

1. 在其他条件不变的情况下,螺旋桨的桨叶迎角随桨叶角如何变化?

2. 在其他条件不变的情况下,飞行速度增加,桨叶迎角如何变化?

3. 人工变距和自动变距的作用是什么?

4. 螺旋桨的拉力随速度如何变化(在油门、高度和温度一定的情况下)?

5. 在油门、温度一定的情况下,同一速度下的螺旋桨拉力如何随高度变化(对于吸气式发动机而言)?

6. 在什么情况下螺旋桨有可能产生负拉力？

7. 顺桨的作用是什么？

8. 对于没有顺桨机构的螺旋桨飞机，如果发动机空中停车，飞行员应如何操纵以减小风车阻力及发动机的磨损？

9. 螺旋桨的进动是如何产生的？

10. 飞行员如何判断螺旋桨的进动方向，又如何修正？

11. 螺旋桨的反作用力矩是如何产生的？

12. 螺旋桨的滑流扭转作用是如何产生的？

13. 飞行速度增大时，螺旋桨的滑流扭转作用是如何变化的？

14. 在起飞滑跑时，右转螺旋桨飞机的螺旋桨副作用对飞机滑跑会产生什么影响？飞行员应如何修正？

15. 螺旋桨因素副作用在什么飞行状态下才会出现？对飞机会产生什么影响？飞行员应如何修正？

CHAPTER

第2篇

飞 行 力 学

第6章

飞机的平衡、稳定性和操纵性

在前面的章节中,我们分析了飞机在低速、高速飞行时空气动力产生的原因和变化规律。在本章,我们将分析飞机在所受空气动力、发动机拉力及自身重力作用下的运动规律。

当飞机运动时,其与空气产生相对运动,形成了空气动力,即升力、阻力等。如果飞机所受合外力的大小不为零,那么飞机的运动状态就会发生改变;如果作用于飞机上的合外力矩大小不为零,则飞机的飞行姿态就会发生改变。因此,飞机飞行状态的变化可归因于合外力和合外力矩的作用。飞机的平衡、稳定性和操纵性就是阐述飞机在合外力和合外力矩的作用下,飞机状态保持和改变的基本原理。飞机状态的保持和改变都是相对于原来的平衡状态而言,所以,我们首先探讨飞机的平衡问题。

6.1 飞机的平衡

物体的平衡是指作用于物体上的所有合外力和合外力矩之和为零。对于飞机的平衡也是一样。飞机的平衡是指作用于飞机的各个外力之和为零,各力对重心所构成的力矩之和也为零。当飞机处于平衡状态时,飞行速度的大小和方向都保持不变,也不绕重心转动;反之,当飞机处于不平衡状态时,飞行速度的大小和方向将发生变化,并绕重心转动,飞机的运动状态就要发生改变。

6.1.1 飞机的重心和坐标系

1. 飞机的重心

重心可以视为整个物体全部质量的集中点,同时也是物体的平衡点。如图 6-1 所示,对于形状规则的物体,其重心就是该物体的几何形心。

图 6-1 物体的重心

飞机的重力是飞机各部件、燃料、乘员、货物等重力的合力，飞机重力的着力点叫作飞机的重心(center of gravity，CG)。重力着力点的所在位置，即为重心位置。飞机的重心位置包括重心的前后位置、上下位置和左右位置。这里重点讨论重心的前后位置。

重心的前后位置有两种表示方法：一种是平衡力臂表示法，另一种是平均空气动力弦表示法。

1) 平衡力臂(balance arm，BA)表示法

通常，飞机的重心可以用重心所在位置到某一参考面的距离来表示，该距离称为力臂。在配载计算中，这一参考面也叫作基准(DATUM)。我们把重心到基准的距离来表示重心前后位置的方法称为平衡力臂表示法，常见的单位有英寸、英尺、厘米、米等，如图 6-2 所示。该表示方法多用于按照 CCAR-23 部进行适航取证的飞机。

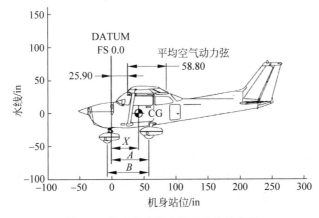

图 6-2　重心的平衡力臂表示法示意图

2) 平均空气动力弦表示法

对于大型运输机，其重心的表示方法多用平均空气动力弦表示法。重心的前后位置常用重心在某一特定翼弦上的投影点到该翼弦前端的距离占该翼弦的百分数来表示。这一特定的翼弦，就是平均空气动力弦。

所谓的平均空气动力弦，是一个假想的矩形机翼在任意展向位置处的翼弦。该假想的矩形机翼的面积、空气动力及俯仰力矩等特性都与原机翼相同，如图 6-3 所示。

对于矩形翼来说，沿翼展方向上任意位置处的翼弦相同，相对于机身的前后位置也相同，所以任一翼弦均可作为表示重心位置的基准。但对于梯形翼、后掠翼和三角翼等非矩形翼，因为沿翼展方向上任意位置处各翼型的翼弦不同，相对于机身的前后位置不同，则需要选择一特定翼弦作为表示重心位置的基准，即平均空气动力弦。

一旦得到了某机翼的平均空气动力弦，就可以在原真实机翼上找到与该平均空气动力弦长度相同的翼弦，该翼弦的位置即为平均空气动力弦的位置。以后掠翼为例，图 6-3 中的黑色实线即为平均空气动力弦在真实机翼上的位置和长度体现。对于飞机设计来说，平均空气动力弦的位置和长度是非常重要的参数，一般可以从各型飞机的技术说明书中查到，也可以通过公式(6-1)求解：

$$\mathrm{MAC} = 2/3[\xi + 1/(\xi + 1)]b_{\mathrm{r}} \tag{6-1}$$

208

式中　ξ——梢根比；

　　　b_r——翼根弦长。

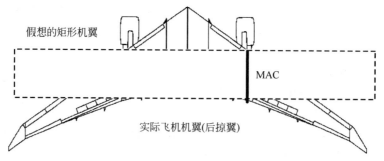

假想的矩形机翼

MAC

实际飞机机翼(后掠翼)

图 6-3　平均空气动力弦

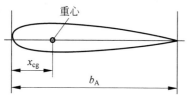

重心

x_{cg}

b_A

图 6-4　重心的 MAC 表示法示意图

已知平均空气动力弦的位置和弦长(b_A)，即可确定飞机重心的前后位置。如图 6-4 所示，重心在平均空气动力弦上的投影点到其前缘的距离为 x_{cg}，则飞机重心的前后位置可表示为

$$X_{CG} = (x_{cg}/b_A) \times 100\% \qquad (6-2)$$

飞机的重心随飞机装载数量和位置的变化而变化，如旅客和(或)货物重量的增减及移动、燃油消耗等，均会引起重心位置的改变。只要飞机装载(含燃油)的重量和位置不变，无论飞机的运动状态如何变化，其重心位置始终保持不变。

2．坐标轴系

坐标轴系是研究物体运动的基础，选取适当的坐标轴系能够简化对物体运动规律的研究。常用的坐标轴系有地面轴系、机体轴系、气流轴系及航迹轴系。

1）地面轴系

地面轴系是以地面为基准，以位于地面或空间的任一固定点为原点建立的三条互相垂直的坐标轴，分别记作 ox_g 轴、oy_g 轴、oz_g 轴，如图 6-5 所示。地面轴系是一固定的坐标系，不随飞机的运动而改变。

地面纵轴 ox_g——平行于海平面(地面)，指向某一规定方向(如航行起始方向或正北方向)为正；

地面立轴 oy_g——垂直于海平面(地面)，指向上方为正；

地面横轴 oz_g——与 ox_g、oy_g 两轴垂直，指向右方为正。

所谓的水平面、水平线、天地线、铅垂面和铅垂线等概念，都是在地面轴系下建立起来的。水平面是平行于 $x_g oz_g$ 的任意平面，水平面内的任一直线都是水平线。飞行员在座舱内看到的天空与地面的交界线就是一条

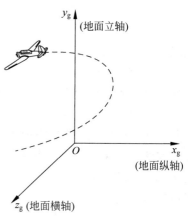

y_g

(地面立轴)

O

x_g

(地面纵轴)

z_g (地面横轴)

图 6-5　地面轴系

水平线,习惯上称为天地线。

2)机体轴系

机体轴系 $oxyz$ 与飞机固连,以飞机重心为原点,由通过重心的三条互相垂直的坐标轴,即机体纵轴、机体立轴和机体横轴组成,如图 6-6 所示。

机体纵轴 ox ——平行于机身轴或平行于机翼弦线,向前为正;

机体立轴 oy ——在飞机对称面内,垂直于 ox 与 oy 轴确定的平面,向上为正;

机体横轴 oz ——垂直于对称面,向右为正。

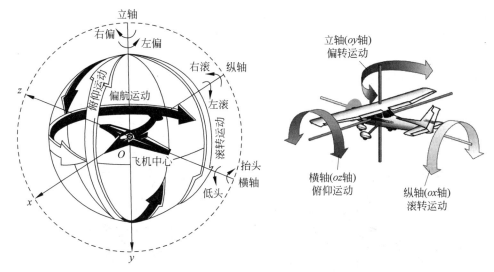

图 6-6   机体坐标轴 ox、oy、oz

飞机上某些仪表(如地平仪、过载表、试飞数据记录仪器)的指示和飞行员所看到的机头或风挡与天地线之间的位置关系都以机体轴系作为依据。飞机绕机体纵轴、立轴与横轴的转动分别称为滚转(左滚或右滚)、偏转(左偏或右偏)和俯仰(上仰或下俯,也称"抬头"或"低头")。飞机绕 ox、oy、oz 轴转动形成的力矩分别称为滚转力矩(L)、偏转力矩(N)和俯仰力矩(M);飞机绕 ox、oy、oz 轴的转动角速度分别称为滚转角速度(ω_x)、偏转角速度(ω_y)和俯仰角速度(ω_z)。

绕机体轴的角速度和力矩(力矩系数)均按右手螺旋规则判定它们的正负。

ω_x、L、C_l 分别为绕 ox 轴滚转的滚转角速度、滚转力矩和滚转力矩系数$\left(C_l = \dfrac{L}{\dfrac{1}{2}\rho v^2 S b_{\mathrm{A}}}\right)$,

机身向右滚动为正,向左滚转为负;

ω_y、N、C_n 分别为绕 oy 轴偏转的偏航角速度、偏航力矩和偏航力矩系数$\left(C_n = \dfrac{N}{\dfrac{1}{2}\rho v^2 S b_{\mathrm{A}}}\right)$,

机头向左偏转为正,向右偏转为负;

ω_z、M、C_m 分别为绕 oz 轴转动的俯仰角速度、俯仰力矩和俯仰力矩系数$\left(C_m = \dfrac{M}{\dfrac{1}{2}\rho v^2 S b_{\mathrm{A}}}\right)$,

机头上仰为正,下俯为负。

3）气流轴系

气流轴系也称为速度轴系，是以飞机重心为原点，以飞行速度方向（或相对气流方向）为基准，由通过飞机重心的三条互相垂直的坐标轴，即气流纵轴、气流立轴和气流横轴组成的，如图 6-7 所示。

气流纵轴 ox——与飞行速度方向平行，指向飞行速度的方向为正；

气流立轴 oy——在飞机对称面内，与气流纵轴垂直，指向座舱上方为正；

气流横轴 oz——与气流纵轴、立轴均垂直，指向右翼方向为正。

空气动力沿气流坐标轴系各轴的分力分别称为阻力、升力和侧力。按气流轴系将空气动力进行分解，对研究飞行速度大小和方向的变化非常方便。

4）航迹轴系

航迹轴系的原点位于飞机重心，航迹纵轴 ox_k 沿飞行速度方向，向前为正，该轴与气流轴系中的气流纵轴 ox 重合；航迹立轴 oy_k 在通过 ox_k 的铅垂面内且与 ox_k 轴垂直，向上为正；航迹横轴 oz_k 在水平面内垂直于 ox_ky_k 平面，构成右手坐标系，如图 6-8 所示。

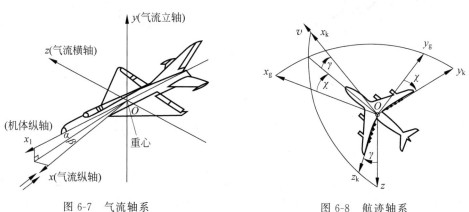

图 6-7　气流轴系　　　　　　　图 6-8　航迹轴系

为了简化计算，在研究飞机运动时，均采用机体轴系。一旦引入重心和机体轴系的概念，飞机在空中的运动无论怎样错综复杂，总可将其分解为随飞机重心的移动和绕飞机重心的转动。飞行员在空中操纵飞机，不外乎操纵油门、杆、舵，改变作用在飞机上的空气动力和力矩，以保持或者改变飞机重心的移动速度和飞机绕重心的转动角速度（即飞机姿态的变化）。可见，飞机的运动和操纵同飞机重心的位置有着密切关系。

3. 描述飞机运动的角度参数

1）俯仰角（ϑ）

俯仰角是指机体纵轴与水平面（地平线）之间的夹角，用符号 ϑ 表示。通常，机体纵轴与水平面之间的夹角位于水平面之上时，俯仰角为正，也称为仰角；夹角位于水平面之下时，俯仰角为负，也称为俯角。

2）迎角（α）

迎角是指飞机飞行速度方向在飞机对称面内的投影与翼弦之间的夹角，用 α 表示。无侧滑时，飞行速度方向（相对气流方向）与翼弦之间的夹角，就是飞机的迎角。另外，需要强调的是，由于沿翼展方向不同剖面的翼弦不尽相同，通常取翼根处的翼弦作为参考翼弦。

3）飞行航径角（θ）

飞行航径角，也称为飞行航迹角，是飞行航径矢量与地平线之间的夹角，也称为爬升角或下降角，用 θ 表示。

以上三个角度之间的关系如图 6-9 所示。俯仰角显示在姿态指示器或人工地平仪上。迎角是俯仰角（姿态）和飞行航径角之间的差值（假设无风）。平飞时，飞行航径角等于 0，俯仰姿态时等于迎角。俯仰角可显示在主飞行显示器（PFD）或平视显示器（HUD）上。

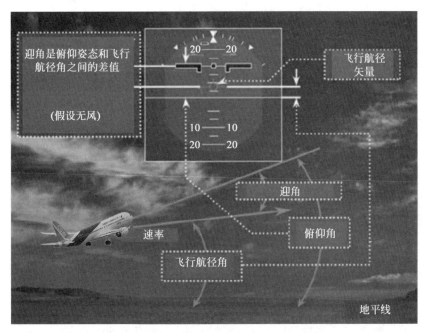

图 6-9　俯仰角、迎角、飞行航径角之间的关系

4）侧滑角（β）

飞行速度方向（或相对气流方向）偏离飞机对称面的飞行称为侧滑。飞行速度方向与飞机对称面之间的夹角称为侧滑角，用符号 β 表示，如图 6-10 所示。相对气流从飞机右侧吹来，称为右侧滑；反之，称为左侧滑。一般右侧滑时侧滑角为正。

5）坡度角（γ）

坡度角是指机体横轴与水平面之间的夹角，用符号 γ 表示。规定飞机向右倾斜时坡度为正，也称为右坡度；向左倾斜时坡度为负值，也称为左坡度，如图 6-11 所示。

6.1.2　飞机的俯仰平衡

飞机的俯仰平衡是指作用于飞机的各俯仰力矩之和为零，即 $\sum M = 0$，此时飞机不再绕横轴转动，保持迎角不变。

1. 俯仰力矩

作用于飞机的俯仰力矩很多，主要包括机翼正升力产生的俯仰力矩、水平尾翼的负升力产生的俯仰力矩、拉力（或推力）产生的俯仰力矩等。

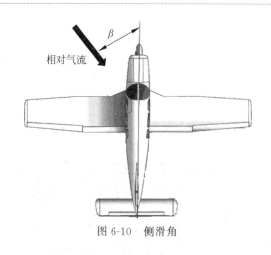

图 6-10　侧滑角

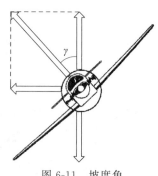

图 6-11　坡度角

1）机翼正升力产生的俯仰力矩

机翼产生的俯仰力矩是机翼升力对飞机重心所构成的俯仰力矩，用 $M_翼$ 表示，可用式（6-3）计算：

$$M_翼 = L_翼 \, x \tag{6-3}$$

式中　$L_翼$——机翼的升力。

而

$$L_翼 = C_{L翼} \cdot \frac{1}{2}\rho v^2 \cdot S_翼$$

故

$$M_翼 = C_{L翼} \cdot \frac{1}{2}\rho v_翼^2 \cdot S_翼 \cdot x_翼 \tag{6-4}$$

式中　$C_{L翼}$——机翼升力系数，其大小主要取决于机翼迎角和机翼形状；

　　$v_翼$——流向机翼的气流速度，与机型和飞行状态有关；

　　$S_翼$——机翼的面积；

　　$x_翼$——机翼升力的着力点（即压力中心）到飞机重心的距离，迎角改变时，压力中心也要改变。

由式（6-4）可知，对同一架飞机，在一定高度上，以一定的速度飞行（$\frac{1}{2}\rho v^2$ 不变）时，机翼产生的俯仰力矩大小只取决于升力系数 $C_{L翼}$ 和压力中心至重心的距离 $x_翼$。由于升力系数的大小和压力中心的位置都是随机翼迎角的改变和飞机构形的改变而变化的，所以机翼产生的俯仰力矩的大小最终只取决于飞机重心位置、迎角和飞机构形。

一般情况下，机翼产生低头力矩（见图 6-12）。当重心后移较多而迎角又很大时，压力中心可能移至重心之前，使机翼产生抬头力矩。

2）水平尾翼的负升力产生的俯仰力矩

水平尾翼产生的俯仰力矩是水平尾翼负升力

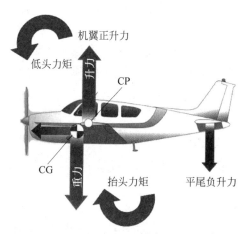

图 6-12　主要的俯仰力矩

对飞机重心所形成的俯仰力矩,用 $M_尾$ 表示。水平尾翼产生的俯仰力矩可用式(6-5)计算:

$$M_尾 = L_尾 \, x_尾 \tag{6-5}$$

式中 $L_尾$——水平尾翼的升力。

而

$$L_尾 = C_{L尾} \cdot \frac{1}{2}\rho v^2 \cdot S_尾$$

故

$$M_尾 = C_{L尾} \cdot \frac{1}{2}\rho v_尾^2 \cdot S_尾 \cdot x_尾 \tag{6-6}$$

式中 $C_{L尾}$——水平尾翼升力系数,水平尾翼迎角与飞机迎角的关系如图 6-13 所示,即 $\alpha_尾 = \alpha - \varphi - \varepsilon$,由此可知,因安装角($\phi$)一般不变,所以水平尾翼的升力系数主要取决于飞机的迎角和升降舵偏角;

$v_尾$——流向水平尾翼的气流速度,由于机身机翼的阻滞、螺旋桨滑流等的影响,流向水平尾翼的气流速度往往与飞机的飞行速度不相同,与机型和飞行状态有关;

$S_尾$——水平尾翼的面积;

$x_尾$——水平尾翼升力的着力点(即压力中心)到飞机重心的距离。迎角改变时,水平尾翼升力的着力点也要改变,但其改变量同 $x_尾$ 比较起来极其微小,故 $x_尾$ 可以认为不变。

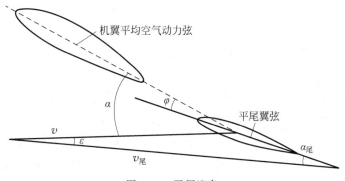

图 6-13 平尾迎角

由以上分析可知,对同一架飞机,在一定高度上飞行(即 ρ、$S_尾$、$x_尾$ 不变),若平尾安装角(φ)不变,而下洗角(ε)又取决于机翼迎角的大小,那么飞行中影响水平尾翼力矩的主要因素是机翼迎角、升降舵偏角和流向水平尾翼的气流速度。

一般情况下,水平尾翼产生负升力,形成抬头力矩(见图 6-12)。当机翼迎角很大时,也可能产生低头力矩。

3)拉力(或推力)产生的俯仰力矩

螺旋桨的拉力或喷气发动机的推力的作用线若不通过飞机重心,也会形成绕重心的俯仰力矩,叫作拉力或推力力矩,用 $M_拉$ 或 $M_推$ 表示。图 6-12 中表示的是拉力通过重心的情况,不形成俯仰力矩。对于同一架飞机来说,拉力或推力形成的俯仰力矩的大小主要受油门位置的影响。增大油门,拉力或推力增大,俯仰力矩增大。

2．俯仰平衡

飞机要取得俯仰平衡，必须使作用于飞机上的俯仰力矩之和为零，即

$$\sum M = 0$$

飞机的俯仰力矩公式为

$$M = C_m \frac{1}{2} \rho v^2 S_翼 b_A \tag{6-7}$$

式中　C_m——俯仰力矩系数；

　　　　ρ——空气密度，kg/m^3；

　　　　v——飞行速度，m/s；

　　　　$S_翼$——机翼面积，m^2；

　　　　b_A——平均空气动力弦长，m。

3．影响俯仰平衡的因素

影响俯仰平衡的因素很多，主要包括加减油门、收放襟翼、收放起落架和重心的移动。

1）加减油门

当发动机产生的拉力或推力不通过飞机重心时，就会形成俯仰力矩。加减油门会改变拉力或推力，从而改变拉力力矩或推力力矩，影响飞机的俯仰平衡。需要指出的是，加减油门后，飞机是上仰还是下俯，不能单看拉力力矩或推力力矩对俯仰平衡的影响，而需要综合考虑加减油门所引起的机翼、水平尾翼等力矩的变化。

2）收放襟翼

收放襟翼会引起飞机升力和俯仰力矩的变化，从而影响俯仰平衡。比如，放襟翼后，一方面，因机翼升力增大和压力中心后移（因机翼后缘襟翼部分上下压力差增加较多），飞机的下俯力矩增大，力图使机头下俯；另一方面，由于通过机翼的气流下洗角增大，水平尾翼的负迎角增大，负升力增大，飞机上仰力矩增大，力图使机头上仰（见图6-14）。放襟翼后，究竟是下俯力矩大还是上仰力矩大，与襟翼的类型、放下的角度及水平尾翼位置的高低、面积等有关。

为了减轻放襟翼对飞机的上述影响，各型飞机对放襟翼时的速度和放下角度都有一定的规定。

3）收放起落架

收放起落架会引起飞机重心位置的前后移动，飞机将产生附加的俯仰力矩。比如，放下起落架，如果重心前移，飞机将产生附加的下俯力矩；反之，重心后移，将产生附加的上仰力矩。此外，起落架放下后，在机轮和减振支柱上还会产生阻力，这个阻力对重心形成下俯力矩。上述力矩都将影响飞机的俯仰平衡（见图6-15）。收放起落架，飞机到底是上仰还是下俯，需要综合考虑上述力矩的影响。

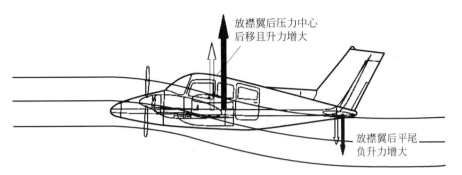

图 6-14 放襟翼对俯仰平衡的影响

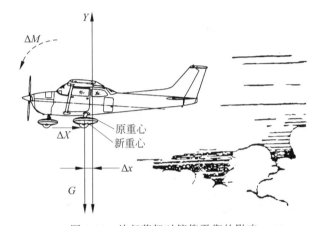

图 6-15 放起落架对俯仰平衡的影响

4）重心的移动

飞行中，人员、货物的移动，燃料的消耗等可能引起飞机重心位置的前后变动。重心位置的改变势必引起各俯仰力矩的改变，主要是引起机翼产生的力矩变化。所以重心前移，下俯力矩增大，飞机低头；反之，重心后移，上仰力矩增大，飞机抬头。

一旦飞机的俯仰平衡遭到破坏，飞行员可以前后移动驾驶杆偏转升降舵或使用俯仰配平片，利用偏转升降舵产生的俯仰操纵力矩来保持飞机的俯仰平衡。

6.1.3 飞机的方向平衡

飞机的方向平衡是指作用于飞机的各偏转力矩之和为零，即 $\sum N = 0$。此时，飞机不绕立轴转动，侧滑角不变或侧滑角为零。

1. 偏转力矩

飞机偏转角速度为零时，偏转力矩一般有以下几种：

1）机翼的阻力力矩

飞行中，一侧机翼的阻力对重心形成的力矩称为机翼阻力力矩，如图 6-16(a)所示。

2）拉力（推力）力矩

双发（或多发）飞机，发动机拉力对飞机重心形成的力矩称为推力力矩。在正常情况下，

216

左右发动机是对称布局的,拉力的大小相等,拉力的合力矩为零。如果两边拉力不对称,拉力力矩就会影响飞机的方向平衡,如图 6-16(a)所示。

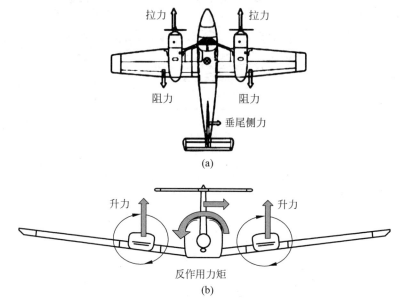

(a)

(b)

图 6-16　飞机的偏转力矩和滚转力矩(飞机的俯视图和后视图)

3)侧力力矩

侧力力矩主要由垂直尾翼(垂尾)产生,飞机做无侧滑飞行时,如方向舵不中立,会在垂尾上产生一侧力,对飞机重心形成偏转力矩。飞机做带侧滑飞行时,垂尾、机身产生的侧力对飞机重心也构成偏转力矩,这些力矩统称为侧力力矩。

4)螺旋桨滑流导致的偏转力矩

如果是螺旋桨飞机,其螺旋桨产生的滑流在机身和垂尾上将产生附加侧力,对飞机重心形成偏转力矩,该力矩随油门和飞行速度的变化而变化。油门越大,偏转力矩越大;飞行速度越大,偏转力矩越大,大约与飞行速度的二次方成正比。

2. 方向平衡

当飞机偏转力矩之和为零,即 $\sum N = 0$ 时,飞机取得方向平衡。当偏转角速度为零时,飞机的偏转力矩是上述几种力矩之和,方向平衡为上述力矩的平衡。

飞机的偏转力矩可表示为

$$N = C_n \frac{1}{2} \rho v^2 S_{翼} l \tag{6-8}$$

式中　C_n——航向力矩系数;

　　　l——飞机机翼展长,m。

3. 影响方向平衡的因素

1)方向舵偏转

稳定飞行中,飞行员没有蹬住舵会造成方向舵飘浮,使垂尾上产生一附加侧力,此侧力对重心形成的力矩使飞机偏转,产生侧滑。

2）拉力不对称

对于双发（或多发）飞机,左、右两边发动机的工作状态不同,或者一边发动机停车,从而产生不对称拉力,会使飞机偏转,产生侧滑。

3）外形不对称

由于制造或使用维护的原因造成飞机的左右两翼、垂尾外形不对称,都会破坏飞机的方向平衡。两翼外形不对称时,两翼阻力就不相同,阻力差会形成使飞机发生偏转的力矩；垂尾外形不对称,垂尾上就会产生附加侧力,此侧力对重心形成的力矩会使飞机发生偏转,产生侧滑。

4）螺旋桨滑流

螺旋桨飞机的方向平衡会受到螺旋桨滑流的影响,影响的强弱主要与发动机油门大小有关。因此,油门变化时,螺旋桨飞机的方向平衡就会受到影响。

飞机的方向平衡遭到破坏时,飞行员可以适当地蹬舵或使用方向舵配平片,利用偏转方向舵产生的方向操纵力矩来保持飞机的方向平衡。

6.1.4 飞机的横侧平衡

飞机的横侧平衡是指作用于飞机的各滚转力矩之和为零,即 $\sum L = 0$。飞机取得横侧平衡后,不绕纵轴滚转,坡度不变或坡度为零。

1. 滚转力矩

在无侧滑和飞机滚转角速度为零时,飞机的滚转力矩一般有以下几种:

1）机翼升力力矩

飞行中,一侧机翼升力对飞机重心形成的滚转力矩称为机翼升力力矩,如图 6-16（b）所示。

2）螺旋桨副作用引起的滚转力矩

如果是螺旋桨飞机,螺旋桨工作时形成的反作用力矩,会迫使飞机向螺旋桨转动的反方向滚转。另外,螺旋桨的滑流扭转作用会使两机翼的迎角不同,造成两翼升力不等。上述两力矩方向相反,可相互抵消一部分。

3）垂尾侧力力矩

有侧滑或侧滑角变化时,垂尾上会产生与侧滑（或侧滑角改变）方向相反的侧力（附加侧力）,这一侧力的作用点位于机体纵轴的上方,对机体纵轴形成一与侧滑反方向滚转的力矩。

2. 横侧平衡

当飞机滚转力矩之和为零,即 $\sum L = 0$ 时,达到滚转力矩平衡。当滚转角速度为零时,飞机的滚转力矩是上述几种力矩之和,滚转力矩平衡为上述力矩的平衡。

飞机的滚转力矩可表示为

$$L = C_l \frac{1}{2}\rho v^2 S_\text{翼} l \tag{6-9}$$

式中 C_l——滚转力矩系数。

3. 影响横侧平衡的因素

影响飞机横侧平衡的因素很多,这里主要分析机翼滚转力矩的变化对横侧平衡的影响。

1) 副翼偏转

飞行中,如果飞行员没有保持好杆位,副翼就会发生额外偏转,造成两侧机翼产生额外的升力差,影响飞机的横侧平衡。

2) 外形偏差

制造误差或使用维护不当会造成左、右两翼升力不等,或两翼弹性变形不一致,或副翼变形造成两翼升力不等。

3) 装载不对称

如果装载不对称,飞机重心就会偏离对称面,造成左、右两翼压力中心到机体纵轴的距离不等,以致左、右两翼绕飞机纵轴的滚转力矩不等。

6.2　飞机的稳定性

一架飞机,除了能够产生足够的升力来平衡重力,有足够的拉力来克服阻力及具有良好的飞行性能之外,还必须具备良好的稳定性和操纵性,才能在空中飞行。否则,如果飞机的平衡、稳定性和操纵性不好,也就是说在飞行过程中,飞机总是偏离预定的航向,或者稍受外界扰动,飞机的平衡即遭到破坏而又不能自动恢复,需要飞行员花费很大的精力予以纠正;在改变飞行状态时,飞行员操纵起来非常吃力,而且飞机反应迟钝。那么像这样的飞机就算不上是一架性能优良的飞机。

在飞行中,飞机经常会受到各种扰动(如阵风、发动机工作不均衡、舵面的偶然偏转等),从而偏离原来的平衡状态,偏离后,飞机若能自动恢复原来的平衡状态,则称飞机是稳定的,或飞机具有稳定性。

飞机的稳定性是飞机本身必须具有的一种特性,但飞机的稳定性不是一成不变的,而是随着飞行条件的改变而变化的。也就是说,在一定的飞行条件下,飞机具有足够的稳定性,而在其他飞行条件下,飞机的稳定性可能减弱,甚至由稳定变成不稳定。同时飞机的稳定性与飞机的操纵性有着密切的关系,要学习飞机的操纵性,就必须先懂得飞机的稳定性。

6.2.1　稳定性的概念及条件

在研究飞机的稳定性之前,先看一般物体的稳定性。一个稳定的物体必须具备一定的条件。例如,一个悬挂着的、处于平衡状态的单摆[见图 6-17(a)],受到微小扰动便偏离平衡位置,扰动消失后,在平衡位置附近来回摆动,摆动的幅度越来越小,最后在原来的平衡位置停下。这说明,悬摆的平衡是稳定的,或者说悬摆具有稳定性。所谓稳定性是指物体受到扰动后偏离原平衡状态,在扰动消失后,靠自身特性能够恢复原平衡状态的能力。

下面以悬摆为例来分析悬摆具有稳定性的条件:一是当悬摆偏离原平衡位置后,可将悬摆重力(W)分解成同摆杆平行的分力(W_1)和同摆杆垂直的分力(W_2),同摆杆垂直的分力(W_2)对摆轴构成一个力矩,使摆锤具有自动恢复到原来平衡位置的趋势,这个力矩叫作稳定力矩,其方向指向原平衡位置;二是摆锤在来回的摆动中,作用于摆锤的空气阻力对摆轴也构成一个力矩,阻止摆锤摆动,这个力矩叫作阻尼力矩,其方向与悬摆摆动的方向始终相反,所以摆锤摆动的幅度越来越小,最后完全消失,在原来的平衡位置上停下。

对于倒立的单摆,情况和悬摆有所不同。如图 6-17(b)所示,当倒立的单摆偏离平衡位置后,W_2 对摆轴构成的是一个不稳定力矩,使摆锤更加偏离平衡位置,直到倒下为止。这说明,倒立的单摆是不稳定的,或者说倒立的单摆没有稳定性。

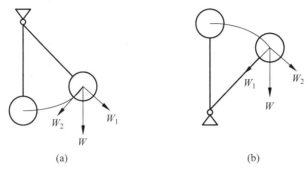

图 6-17　悬摆的稳定性和倒立单摆的不稳定性

（a）悬摆；（b）倒立单摆

由上述分析可知,稳定力矩的作用是力图使物体回到原平衡状态,所以稳定力矩是稳定性的必要条件。但是如果没有阻尼力矩,悬摆的摆锤将在平衡位置处来回不停地摆动,有了阻尼力矩才能使悬摆的摆幅逐渐减小,最终在平衡位置上停下来。这就是说,只有在稳定力矩和阻尼力矩的共同作用下,才能充分保证悬摆具有稳定性。

1. 静稳定性和动稳定性

通常将稳定性分成静稳定性和动稳定性。如果物体在外界瞬时扰动的作用下偏离平衡状态,在最初的瞬间所产生的是稳定力矩,使物体具有自动恢复到原来平衡状态的趋势,则称物体具有静稳定性;反之,若产生的是不稳定力矩,物体便没有自动恢复到原平衡状态的趋势,称为负的静稳定。所以,静稳定性是研究物体受扰后的最初响应问题,如图 6-18所示。

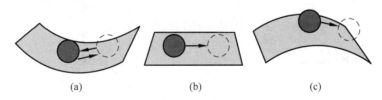

图 6-18　静稳定性描述

（a）正的静稳定性；（b）中立静稳定性；（c）负的静稳定性

显然,静稳定性只表明物体在受外界扰动后的最初瞬间是否有自动恢复到原来平衡状态的趋势,并不能说明物体稳定的整个过程,即能否最终恢复到原来的平衡状态。动稳定性研究的是在扰动过程中是否出现阻尼力矩,最终使物体回到原平衡状态,如果出现阻尼力矩,使物体的摆幅逐渐减小,则称物体是动稳定的。如果在扰动过程中,物体的摆幅偏离原平衡位置越大,则称为负的动稳定或动不稳定。动稳定性研究物体受扰运动的时间响应历程问题,如图 6-19 所示。

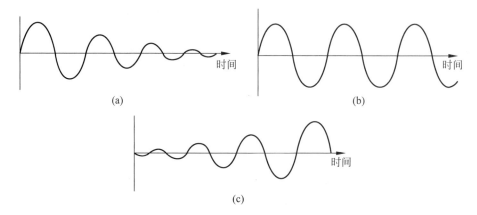

图 6-19　动稳定性描述

（a）正的动稳定性（稳定）；（b）中立动稳定性；（c）负的动稳定性（不稳定）

2."握杆"稳定性和"松杆"稳定性

飞机的稳定性又因"握杆"和"松杆"而有所差异。"握杆"是指飞机受扰动后,舵面位置不变;"松杆"则是指飞机受扰动后,舵面处于松浮状态,舵面偏角将会随舵面气动力的变化而变化。鉴于握杆稳定性是分析松杆稳定性的基础,本章主要分析握杆稳定性,如不加以说明,以后提到的稳定性,都是指握杆稳定性。

飞机的稳定性原理与悬摆的稳定性原理基本上是一样的。飞机之所以具有稳定性,首先是因为飞机偏离原平衡状态时出现了稳定力矩,使飞机具有自动恢复到原来平衡状态的趋势;其次是在摆动过程中,又出现了阻尼力矩,促使飞机的摆动减弱乃至消失。因此,飞机的稳定性是指在飞行中,当飞机受到微小扰动而偏离原来的平衡状态,并在扰动消失后,飞行员不加以任何操纵,飞机能够自动恢复到原来平衡状态的特性。研究飞机的稳定性,既要研究飞机受扰后的最初响应问题(静稳定性问题),又要研究时间响应历程问题(动稳定性问题)。

飞机的稳定性属于小扰动问题,为了研究问题方便,可以将飞机的稳定性沿着机体轴的三个轴分解,分别叫作俯仰稳定性、方向稳定性和横侧稳定性。

6.2.2　俯仰稳定性

1.俯仰静稳定性

假定飞机做定常直线飞行,合外力和合外力矩都处于平衡状态。飞机受到微小扰动以致俯仰平衡遭到破坏,在扰动消失的瞬间,若飞行员不加以操纵,飞机便具有自动恢复原俯仰平衡状态的趋势,则称飞机具有俯仰静稳定性;反之,在外界瞬时扰动作用后,扰动消失的瞬间,若飞行员不加以操纵,飞机便存在力图扩大偏离原俯仰平衡状态的趋势,则称飞机是俯仰静不稳定的;此外,飞机在受到外界瞬时扰动作用后,扰动消失的瞬间,若飞行员不加以操纵,飞机既无扩大又无恢复到原俯仰平衡状态的趋势,则称飞机是中立静稳定的。飞机俯仰静稳定性又包括迎角静稳定性和速度静稳定性。

1）迎角静稳定性

迎角静稳定性（也称过载静稳定性）是指飞机受到微小扰动，迎角发生变化而飞行速度不变，扰动消失的瞬间，飞机是否具有恢复原来迎角的特性。若飞机具有自动恢复原来迎角的趋势，则飞机是迎角静稳定的；若没有自动恢复原来迎角的趋势，则飞机是迎角静不稳定的。

（1）俯仰稳定力矩

飞机的俯仰稳定力矩主要由水平尾翼产生。如图 6-20 所示，当飞机受到扰动使机翼迎角增大时，水平尾翼迎角也增大，产生向上的附加升力 $\Delta L_尾$，对飞机重心形成下俯的稳定力矩，使飞机趋于恢复原来的迎角。反之，当飞机受到扰动导致迎角减小时，水平尾翼产生向下的附加升力 $\Delta L_尾$，对飞机重心形成上仰的稳定力矩，也使飞机趋于恢复原来的迎角。

图 6-20　水平尾翼产生的俯仰稳定力矩

实际上，当飞机受到扰动使得迎角发生变化时，除水平尾翼迎角随之变化外，机身、机翼、螺旋桨等部分的迎角也要发生变化，同样也会产生额外的升力（见图 6-21）。这些附加升力的总和就是飞机的附加升力（$\Delta L_{飞机}$），由于迎角变化所引起的飞机附加升力的着力点叫作飞机的焦点（aerodynamic center，AC），如图 6-21 所示。

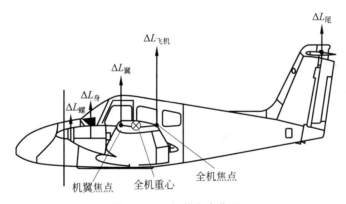

图 6-21　飞机的焦点位置

在研究俯仰稳定性问题时，不应只考虑平尾产生的附加升力的影响，而应综合考虑飞机各部件的附加升力产生的力矩作用。飞机的附加升力可以为正也可以为负，一般规定：迎角增加，附加升力为正；迎角减小，附加升力为负。

引入飞机焦点后，飞机的俯仰稳定性问题实际上就变成了研究飞机焦点与飞机重心的位置关系问题。由图 6-21 可知，飞机焦点位于重心之后，飞机产生俯仰稳定力矩。这是因为当飞机受到扰动而使迎角增大时，飞机附加升力（$\Delta L_{飞机}$）对飞机重心形成下俯的稳定力矩，使飞机具有自动恢复原来迎角的趋势。反之，当飞机受到扰动而使迎角减小时，就会产生上仰的稳定力矩。若飞机焦点位于飞机重心之前，飞机产生俯仰不稳定力矩。这是因为当飞机受到扰动而使迎角增大时,飞机的附加升力($\Delta L_{飞机}$)对飞机重心形成上仰的不稳定力矩,迫使迎角更大。反之,当飞机受到扰动而使迎角减小时,俯仰不稳定力矩则迫使迎角更小。若飞机焦点与飞机重心重合,飞机附加升力产生的俯仰力矩为零,飞机既不自动恢复原来的迎角,也不偏离原来的迎角,这种状态叫作中立不稳定。我们把焦点和重心之间的距离称为纵向静稳定度。

由上述分析可知,为保证飞机具有俯仰稳定力矩,飞机的焦点必须位于飞机的重心之后。对一般飞机来说,飞机焦点之所以能位于飞机重心之后,是因为水平尾翼的贡献。这是因为水平尾翼附加升力距离飞机重心的距离远。根据平行力求合力的原理,必然使飞机总的附加升力的作用点即飞机焦点,大大向后移动。

焦点是一个气动特性参数,它的位置是在飞机设计之初就定好的,仅取决于机翼形状、机身长度,特别是机翼和尾翼的位置和尺寸。在进行常规飞机设计时,首先要合理安排重心的位置,并恰当地选择水平尾翼的位置和面积等参数,以确保飞机具有俯仰稳定性。对常规翼型来说,低、亚音速时焦点位于离翼型前缘 $22\%\sim25\%$ 弦长的地方,而在超音速时则增加到 $40\%\sim50\%$ 弦长。实验结果表明,低速飞行时,飞机的焦点位置不随迎角的改变而变化。而飞机的重心位置却因燃油的消耗、装载的改变及人员的走动而移动。如果飞机重心原来位于焦点之前,飞机是静稳定的。但由于上述原因,飞机重心逐渐向后移动,静稳定性逐渐降低。当重心移至焦点之后时,飞机就丧失了静稳定性。这也是为什么要对飞机重心变化范围严格限制的原因。

现代飞机采用主动控制技术,可以实现放宽静稳定性设计,甚至允许飞机设计成为静不稳定,即焦点在重心之前。对于不稳定的飞机,随着迎角的增加,平尾靠自动器增加下偏量,从而增大低头力矩,使飞机保持纵向稳定。这样,设计飞机时就不一定要花费力气把飞机的重心配到焦点之前,尾翼也不需要很大的面积,从而可以大大减轻飞机的重量,提高飞机的性能。这种技术目前仅在军机中使用。

（2）曲线飞行中的"机头追气流"现象

根据俯仰稳定力矩产生的原因,只要飞机焦点位于重心之后,飞行中不论何种原因引起飞机迎角变化,都会产生俯仰稳定力矩,力图使飞机恢复原来的迎角。如图 6-22 所示,在曲线飞行中,飞机在俯仰力矩平衡的情况下,飞行轨迹向上弯曲,相对气流的方向变化引起飞机的迎角减小,则会产生上仰的俯仰稳定力矩,使机头上仰转动,力图保持原来的迎角不变。飞行轨迹弯曲,相对气流方向的变化是连续的,所以机头的上仰转动也是连续的。同理,如果飞行轨迹向下弯曲,机头将向下转动。这种由于轨迹弯曲而引起的飞机俯仰转动与飞行轨迹转动相适应的现象,称为"机头追气流"现象。

2）速度静稳定性

分析迎角静稳定性时,只考虑了迎角变化所引起的力矩变化,而假定飞行速度不变化。实际上,飞机受到纵向扰动,不仅迎角发生变化,飞行速度也会发生变化。因此,除了考虑迎角的静稳定性,还要考虑速度静稳定性。

（1）速度静稳定性的概念

速度静稳定性是指飞机在油门杆和调整片平衡位置下做水平飞行时,若飞机定载扰动使飞行速度发生变化,在扰动消失后,飞机具有自动恢复原飞行速度的趋势,则称速度是静稳定的,否则称速度是静不稳定的。

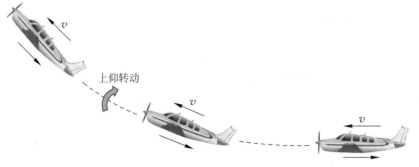

图 6-22　飞机运动轨迹向上弯曲引起的飞机上仰转动

假定飞机在受到外界瞬时扰动作用后,迎角和飞行马赫数都发生变化,则飞机上产生的气动力矩便是马赫数和迎角的函数(舵偏角不变),即 $C_m = f(C_L, Ma)$。此时,飞机静稳定度便不能用偏导数来表示,而必须采用全导数 $\mathrm{d}C_m/\mathrm{d}C_L$ 或 $\mathrm{d}C_m/\mathrm{d}\alpha$ 作为判别的参数,在过载为 1 的条件下来确定速度静稳定性的全导数大小。故有

$$C_m = f(C_L, Ma)$$

$$\left(\frac{\mathrm{d}C_m}{\mathrm{d}C_L}\right)_{n_y=1} = \frac{\partial C_m}{\partial C_L} + \frac{\partial C_m}{\partial Ma}\left(\frac{\mathrm{d}Ma}{\mathrm{d}C_L}\right)_{n_y=1} \tag{6-10}$$

如果 $\left(\dfrac{\mathrm{d}C_m}{\mathrm{d}C_L}\right)_{n_y=1} < 0$,飞机具有自动地恢复原速度的趋势;反之,若 $\left(\dfrac{\mathrm{d}C_m}{\mathrm{d}C_L}\right)_{n_y=1} \geqslant 0$,则飞机没有恢复原来速度的趋势。全导数 $\left(\dfrac{\mathrm{d}C_m}{\mathrm{d}C_L}\right)_{n_y=1}$ 称为速度静稳定度或定载静稳定度。

例如,飞机在水平飞行中受到扰动使速度增大,要保持 $n_y = 1$,则飞机迎角应减小,即 $\Delta C_L < 0$。如果此时能产生一上仰力矩,力图增大迎角,减小速度,说明飞机具有恢复原来速度的趋势,飞机是速度静稳定的;如果此时产生的是下俯力矩,力图减小迎角,进一步增大速度,说明飞机是速度静不稳定的。

由以上分析可知,迎角静稳定性与速度静稳定性是有区别的,但也有联系。根据 $n_y = 1$,则有

$$C_L = \frac{2W}{\rho c^2 Ma^2 S} \tag{6-11}$$

式中　c——声速。

马赫数对 C_L 求偏导数,得

$$\left(\frac{\partial Ma}{\partial C_L}\right)_{n_y=1} = -\frac{Ma}{2C_L} \tag{6-12}$$

将式(6-12)代入式(6-10)得

$$\left(\frac{\mathrm{d}C_m}{\mathrm{d}C_L}\right)_{n_y=1} = C_m^{C_L} - \frac{Ma}{2C_L}C_m^{Ma} \tag{6-13}$$

由此可见,速度静稳定度由两项组成:迎角静稳定度[式(6-13)中第一项]和飞行马赫数对纵向力矩系数的影响量。当 $C_m^{Ma} > 0$ 时,有

$$\left|\frac{\mathrm{d}C_m}{\mathrm{d}C_L}\right|_{n_y=1} > \left|C_m^{C_L}\right| \tag{6-14}$$

表明此时速度静稳定性较迎角静稳定性好。

当飞行马赫数超过临界马赫数(M_{cr})后，机翼上出现局部超声速区、局部激波，C_m^{Ma} 可能由正变负，而 $\left(\dfrac{\partial Ma}{\partial C_L}\right)_{n_y=1}$ 就有可能由负变正，出现速度静不稳定现象。

（2）高速飞机速度静稳定性的变化趋势

高速飞机速度静稳定性的一般变化趋势是：随着飞行马赫数的增大，速度静稳定性首先减弱，继而出现速度静不稳定现象；随后又逐渐增强，在更高的速度阶段，速度静稳定性继续减弱。速度静稳定性之所以有这样的变化，根本原因在于速度变化引起了空气压缩性的变化，从而产生附加俯仰力矩。下面按不同的马赫数范围分别加以说明。

在超过临界马赫数不多的飞行马赫数范围内，速度静稳定性先减弱，继而出现速度静不稳定现象。图 6-23 给出了 δ_z、H 为常数，$n_y=1$ 时的纵向力矩系数曲线 $C_m=f(C_L)$。从图中可以看出：在低马赫数到 $Ma=0.8$ 范围内，$n_y=1$ 曲线的斜率为负，但其绝对值是减小的，说明此时速度静稳定性是减弱的；而在跨声速范围，该 $n_y=1$ 曲线的斜率为正，说明飞机在这个范围内的速度为静不稳定。这是因为：

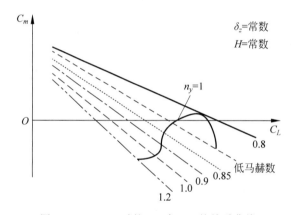

图 6-23　$n_y=1$ 时的 C_m 与 C_L 的关系曲线

① 当飞机受扰动导致马赫数增大时，机翼上表面的局部激波向后移动，局部超声速区向后扩展。这引起机翼后段吸力增大，压力中心后移，产生附加的下俯力矩。

② 当飞机因受扰动而增大飞行马赫数时，导致激波出现气流分离，机翼后气流下洗角减小，平尾的负升力减小，这就相当于产生了一个附加的下俯力矩。

由于上述两个方面的原因，额外产生的下俯力矩就会促使迎角自动减小，保持 $n_y=1$ 时，速度应增大，即速度是静不稳定的。

随着马赫数的继续增大，速度静稳定性不仅得到了恢复，还显著增强。其原因是：

① 在这一飞行马赫数范围内，机翼上、下表面已产生局部超声速区和局部激波，当飞机因受扰动而增大飞行马赫数时，机翼上、下表面的局部激波要向后移动。但下表面的局部激波比上表面的移动的快些，局部超声速区也向后扩展的快些，所以机翼下表面后段的吸力迅速增大，致使机翼的压力中心前移，产生附加的上仰力矩。

② 对后掠翼而言，翼尖部分的临界马赫数较小，局部超声速区和局部激波产生的较早，而翼根部分的临界马赫数较大，局部超声速区和局部激波产生的较晚。飞行马赫数超过临

界马赫数后,在某一段马赫数范围内,就可能出现这种情况:翼尖部分下表面已产生局部超声速区和局部激波,升力降低;而翼根部分,只有上表面产生局部超声速区和局部激波,升力增大。机翼的压力中心前移,产生上仰力矩,导致速度静稳定性增强。

在更高的飞行马赫数阶段,速度静稳定性又随飞行马赫数的增加而减弱,甚至可能再次出现微弱的速度静不稳定现象。大致原因如下:飞行马赫数增大到一定程度时,机翼下表面的局部激波将首先移动到后缘。此时,如果飞机因受扰动而增大马赫数,机翼上表面的局部超声速区将继续后移扩展,以致机翼上表面后段的吸力增大,机翼压力中心后移,引起附加的下俯力矩,导致速度静稳定性减弱,甚至可能再次出现微弱的速度静不稳定现象。

可见,在高速飞行中,随着马赫数的增大,速度静稳定性将出现交错变化。这种现象对于现代高速飞行来说大体是相同的。在速度静不稳定的飞行马赫数范围内,由于某种原因导致速度增加,如果飞行员不进行操纵,飞机将会发生"自动俯冲"现象。

2. 俯仰动稳定性

在飞机恢复俯仰平衡的过程中,必然会产生绕横轴的俯仰转动,进而产生俯仰阻尼力矩。

1) 俯仰阻尼力矩

(1) 俯仰阻尼力矩的产生

飞行中,仅有俯仰稳定力矩还无法保证飞机自动恢复到原来的迎角。要使飞机最后恢复到原来的迎角,除了有俯仰稳定力矩,使飞机具有自动恢复到原来迎角的趋势外,还要在飞机俯仰摆动过程中,出现阻尼力矩,迫使飞机的摆动逐渐减弱直至消失。

俯仰阻尼力矩主要由水平尾翼产生。例如,飞机受到扰动而使迎角增加时,飞机绕着重心转动,机头向上,平尾向下。由于平尾向下运动,会额外出现一个向上的相对气流速度,使得平尾处原来的相对气流速度大小和方向都发生变化,进而形成向上的附加升力,这个力对重心形成的力矩方向正好与飞机的转动方向相反,阻止飞机偏离原平衡位置更远,所以该力矩称为俯仰阻尼力矩。俯仰阻尼力矩的大小主要取决于飞机受扰后转动速度的大小。转动速度越大,俯仰阻尼力矩就越大,飞机的稳定性就越强,如图6-24所示。

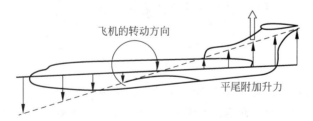

图 6-24 俯仰阻尼力矩的产生

(2) 俯仰阻尼力矩的计算公式及影响因素

由于平尾产生的俯仰阻尼力矩是飞机俯仰阻尼力矩的主要部分,所以,以平尾产生的阻尼力矩为代表来分析整个飞机的俯仰阻尼力矩。进行估算时,对平尾产生的俯仰阻尼力矩进行修正,就可得到全机的俯仰阻尼力矩。

设飞机以速度 v 飞行,此时绕重心的俯仰角速度为 ω_z,则平尾处的迎角变化量 $\Delta\alpha_t$ 可用式(6-15)计算:

$$\tan\Delta\alpha_t = \frac{\Delta v_t}{v_t} \tag{6-15}$$

一般 $\Delta\alpha_t$ 较小,故 $\tan\Delta\alpha_t \approx \Delta\alpha_t$,又 $\Delta v_t = \omega_z l_t$,则有

$$\Delta\alpha_t = \frac{\Delta v_t}{v_t} = \frac{\omega_z l_t}{v_t} \tag{6-16}$$

在平尾上由 $\Delta\alpha_t$ 产生的附加升力为

$$\Delta L_t = C_{L_t}^{\alpha_t} \Delta\alpha_t \frac{1}{2}\rho v_t^2 S_t \tag{6-17}$$

平尾产生的阻尼力矩为

$$M_{dt} = -\Delta L_t l_t = -C_{L_t}^{\alpha_t} \Delta\alpha_t \frac{1}{2}\rho v_t^2 S_t l_t \tag{6-18}$$

式中　S_t——平尾的面积,m^2;

　　　l_t——平尾距重心的距离,m。

将 $\Delta\alpha_t = \dfrac{\omega_z l_t}{v_t}$、$v_t = \sqrt{K_q}\,v$ 代入式(6-18)有

$$M_{dt} = -C_{L_t}^{\alpha_t} \omega_z \frac{1}{2}\rho S_t l_t^2 \sqrt{K_q}\,v \tag{6-19}$$

式中　K_q——速度阻滞系数,由试验测定,$K_q = v_t^2/v^2$。

将平尾俯仰阻尼力矩乘以一个修正系数 K 便得到飞机的俯仰阻尼力矩,故影响全机俯仰阻尼力矩的因素主要由影响平尾俯仰阻尼力矩的因素决定。由式(6-19)可以看出,飞机俯仰阻尼力矩与俯仰角速度(ω_z)、空气密度(ρ)、平尾面积(S_t)、平尾距重心的距离(l_t)、平尾升力系数斜率($C_{L_t}^{\alpha_t}$)和飞行速度(v)成正比。飞机俯仰阻尼力矩的计算式为

$$M_d = M^{\omega_z}\omega_z = C_m^{\omega_z}\omega_z \frac{1}{2}\rho v^2 S b_A \tag{6-20}$$

式中　M^{ω_z}——俯仰力矩对俯仰角速度的偏导数,$N\cdot m/[(°)/s]$;

　　　$C_m^{\omega_z}$——俯仰力矩系数对俯仰角速度的偏导数,$s/(°)$。

由前面的推导可知

$$C_m^{\omega_z} = -C_{L_t}^{\alpha_t} \frac{S_t}{S} \frac{l_t^2}{b_A v} \sqrt{K_q}\,K \tag{6-21}$$

由此可以得出,俯仰阻尼力矩与俯仰转动角速度成正比,其原因也可以由图 6-25 得到说明。以机头上仰为例,当上仰角速度增大 1 倍时,平尾的相对气流速度(Δv)增大 1 倍,平尾迎角约增加 1 倍,因而平尾上的附加升力会增加 1 倍,俯仰阻尼力矩也就增大 1 倍。

当其他条件一定时,从式(6-20)和式(6-21)可以看出:俯仰阻尼力矩只与飞行速度的一次方成正比。其原因可以结合图 6-26 进行分析,ω_z 不变而速度 v 增加 1 倍时,一方面要使尾翼上产生的附加升力(ΔL_t)与 v^2 成正比增加,即 ΔL_t 为原来的 4 倍;另一方面尾翼迎角变化量 $\Delta\alpha_t$ 减小为原来的一半,又要使 ΔL_t 减小一半。综合两方面的作用变化,ΔL_t 只增加了 1 倍,也就是平尾附加升力只与速度的一次方成正比增加。因此,飞机的俯仰阻尼力矩

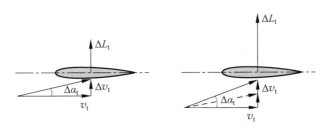

图 6-25　俯仰角速度对阻尼力矩的影响

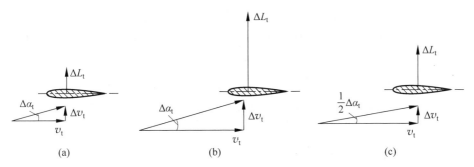

图 6-26　俯仰角速度一定,俯仰阻尼力矩与速度成正比

也只与速度的一次方成正比。

俯仰阻尼力矩不仅在飞机俯仰动稳定过程中起作用,在机动飞行中,有俯仰角速度时也会影响飞机的俯仰平衡。

2）俯仰扰动运动及恢复平衡过程

飞机受到扰动偏离原俯仰平衡状态后,飞机的迎角和速度都要发生变化。在最初阶段,速度变化慢,迎角变化快,迎角能在较短时间内基本上恢复到原平衡迎角,之后迎角基本不再变化,而飞行速度的变化则逐渐变得比较明显起来,持续时间相对较长,并且会出现飞行轨迹起伏波动的现象,如图 6-27 所示。

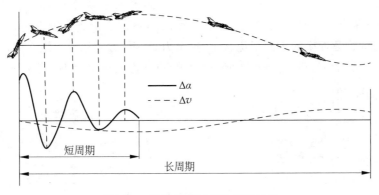

图 6-27　飞机俯仰平衡的恢复过程

飞机的俯仰扰动运动之所以存在上述运动形态,是因为飞机一般都具有较强的迎角静稳定性,迎角变化后能产生较大的俯仰稳定力矩,同时飞机还会产生较强的俯仰阻尼力矩,

使飞机迎角很快恢复,俯仰力矩能在几秒内基本得到平衡;但是飞机受到扰动后,力的平衡也受到破坏,由于不平衡的力相对较小,飞机重量又大,线加速度较小,所以最初阶段由于力的不平衡所引起的运动现象表现得不明显。

通过上述分析可以得出:恢复迎角的过程实质上就是恢复飞机上的俯仰力矩平衡的过程,这种恢复过程主要表现在最初阶段,它的往复振荡周期比较短,称为短周期模态;恢复速度的过程实质上是恢复飞机上的力的平衡过程,主要表现在后来的阶段,这种变化恢复过程周期长,称为长周期模态。飞机的俯仰扰动运动就是短周期和长周期模态的组合。俯仰扰动运动从一开始就同时存在上述两种模态。如果飞机最终能够恢复到原平衡状态,则说明飞机俯仰动稳定;如果不能恢复到原平衡状态,则飞机俯仰动不稳定。

要使飞机恢复原来的迎角,需要短周期模态和长周期模态都收敛。如短周期收敛,而长周期发散,则飞机在扰动运动开始时,迎角能很快接近平衡迎角,但最终却因力的不平衡导致力矩的不平衡而使迎角发散。但由于长周期运动周期长,一般发散较缓慢,飞行员来得及修正。因此,飞行员最关心的是最初几秒内飞机是否稳定,也就是短周期模态是否收敛,所以有时只分析短周期模态的迎角恢复情形,认为在恢复过程中速度不变。

6.2.3 方向稳定性

假定飞机做定常直线飞行,合外力和合外力矩都处于平衡状态。飞机受微小扰动以致方向平衡遭到破坏,在扰动消失的瞬间,若飞行员不加以操纵,飞机便具有自动恢复原方向平衡状态的趋势,则称飞机具有方向静稳定性;反之,称为方向静不稳定。飞机是否方向静稳定,关键在于飞机受到扰动后能否产生方向稳定力矩。

1. 方向静稳定性

方向稳定力矩主要是在飞机侧滑时由垂直尾翼产生。前面已经讲过侧滑的概念。相对气流方向与飞机对称面不一致的飞行状态叫作侧滑。相对气流从左前方吹向飞机叫作左侧滑;相对气流从右前方吹向飞机叫作右侧滑。

如图 6-28 所示,在平飞中,飞机受到微小扰动而出现左侧滑时,空气从左前方吹向飞机,作用在垂直尾翼上,产生向右的空气动力($\Delta Z_{尾}$),对重心形成左偏力矩,力图消除侧滑,使飞机自动趋向恢复原来的方向平衡状态,这个力矩就是方向稳定力矩。同理,飞机出现右侧滑时会产生向右的方向稳定力矩。所以,简单来讲,方向稳定力矩的作用就是消除侧滑。

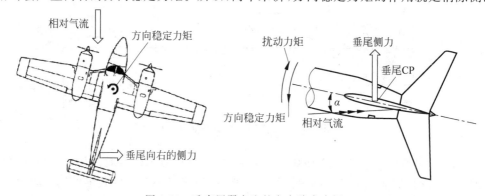

图 6-28　垂直尾翼产生的方向稳定力矩

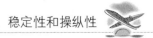

此外,机翼的上反角和后掠角也能产生方向稳定力矩。

上反角之所以能产生方向稳定力矩,主要原因是侧滑前翼的迎角大于侧滑后翼的迎角。例如,如果飞机出现右侧滑,相对气流从右前方吹来,导致右机翼(侧滑前翼)迎角增大,阻力增大;左机翼(侧滑后翼)的迎角减小,阻力减小。两翼的阻力差对重心形成了方向稳定力矩,如图 6-29 所示。

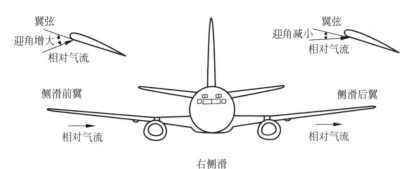

图 6-29　上反角产生的方向稳定力矩

后掠角之所以能产生方向稳定力矩,主要原因是飞机产生侧滑时,侧滑前翼的有效分速大于侧滑后翼的有效分速。我们知道,只有垂直于机翼前缘的速度才能产生气动力,称为有效分速。如图 6-30 所示,对于后掠翼,假如飞机出现右侧滑,根据速度矢量关系,侧滑前翼的有效分速大于侧滑后翼的有效分速,导致侧滑前翼的阻力比侧滑后翼的阻力大,两翼的阻力差对重心形成了方向稳定力矩。

此外,有的飞机机身上设有背鳍和腹鳍,相当于增大了垂直尾翼的面积,增强了方向稳定性。垂直尾翼的后掠使垂直尾翼侧力($\Delta Z_{尾}$)到重心的力臂增长,也增强了方向稳定性。

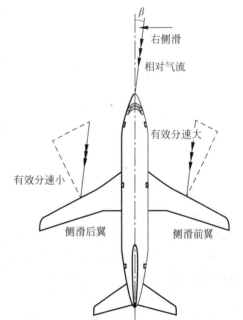

图 6-30　后掠翼产生的方向稳定力矩

2．方向动稳定性

1) 方向阻尼力矩的产生

飞机出现方向稳定力矩只能使飞机有自动恢复原方向平衡的趋势,因此飞机还必须在机头摆动过程中产生方向阻尼力矩,才能使飞机方向摆动逐渐减弱,直至消失。

方向阻尼力矩主要由垂直尾翼产生。例如,飞机受到扰动,机头右偏,飞机绕着重心顺时针转动。此时垂尾向左运动,会额外出现一个向右的相对气流速度,使得垂尾处原来的相对气流速度的大小和方向都发生变化,进而形成向右的侧力,这个力对重心形成的力矩方向(逆时针方向)正好与飞机的转动方向相反,以阻止飞机偏离原平衡位置更远,所以该力矩称

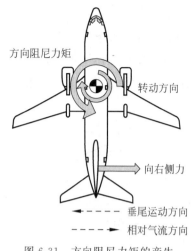

方向阻尼力矩

转动方向

向右侧力

- - - - 垂尾运动方向

- - - - 相对气流方向

图 6-31　方向阻尼力矩的产生

为方向阻尼力矩。方向阻尼力矩的大小主要取决于飞机受扰后转动速度的大小。转动速度越大，方向阻尼力矩就越大，飞机的稳定性也越强，如图 6-31 所示。

2) 方向阻尼力矩的计算公式

方向阻尼力矩的变化规律也与俯仰阻尼力矩雷同，即它与偏转角速度和飞行速度的一次方成正比，即

$$N_{\mathrm{d}} = N^{\omega_y} \omega_y = C_n^{\omega_y} \omega_y \frac{1}{2} \rho v^2 Sl \qquad (6\text{-}22)$$

式中　　N^{ω_y}——偏转力矩对偏转角速度的偏导数，$\mathrm{N \cdot m}/[(°) \cdot \mathrm{s}^{-1}]$；

$C_n^{\omega_y}$——偏转力矩系数对偏转角速度的偏导数，$\mathrm{s} \cdot (°)^{-1}$。

6.2.4　横侧稳定性

假定飞机做定常直线飞行，合外力和合外力矩都处于平衡状态。飞机受微小扰动以致横侧平衡遭到破坏，在扰动消失的瞬间，若飞行员不加以操纵，飞机便具有自动恢复原横侧平衡状态的趋势，则称飞机具有横侧静稳定性；反之，称为横侧静不稳定。飞机是否横侧静稳定，关键要看飞机受扰后有无横侧稳定力矩产生。

1. 横侧静稳定性

1) 横侧稳定力矩的产生

飞机的横侧稳定力矩主要由侧滑中的机翼上反角、后掠角产生，垂尾也产生小部分横侧稳定力矩。

(1) 侧滑与坡度的关系

如果飞机受扰出现坡度，则一定会出现侧滑。例如，飞机受扰出现左坡度，升力向左倾斜，此时，升力与重力的合力形成向左的侧力，使飞机向左侧方移动，出现左侧滑。

如果飞机受扰出现侧滑，在不加任何操纵的情况下，飞机一定会出现坡度。例如，如果飞机受扰出现右侧滑，侧滑前翼升力大于侧滑后翼升力，飞机出现左坡度。

(2) 上反角产生横侧稳定力矩的原因

在 6.2.3 节中我们介绍了上反角产生方向稳定力矩的原因是侧滑前翼的迎角大、阻力大，侧滑后翼的迎角小、阻力小，两翼的阻力差对重心形成了方向稳定力矩。横侧稳定力矩产生的原因与之类似。例如，飞机在平飞中，受微弱扰动后带右坡度，则飞机会出现右侧滑，由于上反角的原因，会使得侧滑前翼（右机翼）的迎角大、升力大，侧滑后翼（左机翼）的迎角小、升力小，此时两翼的升力差对重心取力矩使得飞机向左滚转，力图消除右坡度，使飞机具有自动恢复到原来横侧平衡状态的趋势。这个力矩就是横侧稳定力矩，如图 6-29 所示。显然，飞机机翼的下反角将产生横侧不稳定力矩。

(3) 后掠角产生横侧稳定力矩的原因

机翼的后掠角也将使飞机产生横侧稳定力矩，其道理与后掠翼产生的方向稳定力矩类

似。例如,飞机在平飞中,受微弱扰动后带右坡度,则飞机会出现右侧滑,由于后掠角的原因,使得侧滑前翼(右机翼)的有效分速大、升力大,侧滑后翼(左机翼)的有效分速小、升力小;此时两翼的升力差对重心取力矩使得飞机向左滚转,力图消除右坡度,从而消除侧滑,使飞机具有自动恢复到原来横侧平衡状态的趋势。这个力矩就是横侧稳定力矩,如该图所示为后掠角产生的方向稳定力矩,而非横侧稳定力矩。

此外,飞机在侧滑中,垂直尾翼上的附加侧力($\Delta Z_{尾}$)因其着力点在飞机重心位置之上,也会对重心形成横侧稳定力矩。

另外,机翼的上、下位置不同对飞机的横侧稳定性也有影响。如图 6-32 所示,当飞机受到扰动呈现坡度产生侧滑时,对于上单翼飞机来说,侧滑前翼下表面气流受机身的阻挡,流速减慢,压力升高,升力增大,于是形成横侧稳定力矩,使飞机的横侧稳定性增强;对于下单翼飞机来说,侧滑前翼上表面气流受到阻挡,流速减慢,压力升高,升力减小,于是形成横侧不稳定力矩,使飞机的横侧稳定性减弱;对于中单翼飞机来说,侧滑前翼上下表面气流均受到机身阻挡,流速均减小,压力均增高,对飞机的横侧稳定性影响不大。

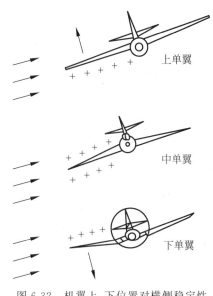

图 6-32 机翼上、下位置对横侧稳定性的影响

2) 横侧静稳定度

飞机是否具备横侧静稳定性及横侧静稳定性的强弱,可以用横侧静稳定度来表示和衡量。飞机横侧静稳定度是指单位侧滑角变化量所引起的滚转力矩系数改变量,用符号 C_l^β 表示。

当飞机产生正升力时,对于能产生横侧稳定力矩的飞机来说,右侧滑角增大($\Delta\beta > 0$)时,飞机会产生左滚力矩($C_l < 0$);左侧滑角增大($\Delta\beta < 0$)时,飞机会产生右滚力矩($C_l > 0$)。因此,飞机横侧静稳定的条件是:$C_l^\beta < 0$,C_l^β 的绝对值越大,则横侧静稳定性越强;$C_l^\beta > 0$,则飞机横侧静不稳定;$C_l^\beta = 0$,为横侧中立静稳定。

飞机在产生负升力的情况下飞行时,$C_l^\beta < 0$,飞机横侧静不稳定;$C_l^\beta > 0$,飞机横侧静稳定;$C_l^\beta = 0$,飞机横侧中立静稳定。

3) 影响横侧静稳定性的因素

(1) 迎角

由机翼上反角的作用产生的横侧稳定力矩是由两翼迎角差造成的。侧滑角一定时,两翼的迎角差也一定,与飞机的迎角大小无关。在正常迎角范围内,其他条件不变时,两翼迎角差一定,形成的横侧稳定力矩的大小也一定。但当迎角大于临界迎角后,侧滑引起的两翼迎角差就会产生相反的结果,会使侧滑前翼的升力小于侧滑后翼的升力。这是因为,迎角超过临界迎角越多,升力系数越小。但是有些飞机,如初教-6飞机,当迎角大于临界迎角时出现侧滑,仍能产生横侧稳定力矩,主要是由于飞机侧滑时,侧滑后翼受机身遮挡,机翼上表面气流更加紊乱,升力系数更小,机身遮挡作用对升力的影响大于两翼迎角差对升力的影响,

232

从而使侧滑前翼的升力仍大于侧滑后翼的升力,加之垂尾等因素的作用,故仍能产生横侧稳定力矩。

由机翼后掠角作用所产生的横侧稳定力矩则与迎角有关。因为后掠角引起的两翼升力差是由于侧滑前后两翼的气流有效分速不一样,两翼升力大小除与有效分速有关外,还与当时的飞机迎角有关。侧滑角一定时,迎角越大,则升力系数越大,两翼升力差越大,横侧稳定力矩越大。

（2）飞行马赫数

在高速飞行中,随着飞行马赫数的增加,横侧静稳定度先增大后减小,如图6-33所示。这是因为高速飞机通常采用后掠翼或三角翼,左右两翼在侧滑中的有效后掠角不同,临界马赫数(M_{cr})也不同。在亚声速阶段,空气压缩性影响不大,故 C_l^β 基本不变。在跨声速阶段,同一迎角下,两翼因侧滑导致 M_{cr} 不同。侧滑前翼有效后掠角小,M_{cr} 较低,升力系数(C_L)增大时机早且变化量大;侧滑后翼有效后掠角大,M_{cr} 较高,C_L 增大时机较晚且变化量小,使侧滑前翼 $C_{L前翼}$ 大于侧滑后翼 $C_{L后翼}$,C_l^β 绝对值增大。但在跨声速后段和超声速阶段侧滑前翼的 $C_{L前翼}$ 开始下降,而侧滑后翼的 $C_{L后翼}$ 仍处于上升阶段,使横向静稳定度 C_l^β 的绝对值减小。另外,在这一阶段垂尾的侧力系数曲线斜率降低,垂尾所提供的横向稳定作用也在不断减弱,所以导致飞机的横向静稳定度下降,横向静稳定性变差。

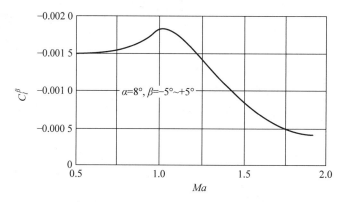

图 6-33　某型飞机的横向垂尾产生的横侧稳定力矩

（3）机翼安装位置

飞机在侧滑中,由于机身与机翼的相互干扰,沿机身和两翼的压力分布左右不对称,会额外产生滚转力矩。上单翼飞机在左侧滑中,左翼下表面的气流受到机身阻挡,流速减慢,压力升高,上、下压力差增大;右翼下表面压力有所降低,上、下压力差减小,这样就会产生附加的横侧稳定力矩,增强飞机的横侧静稳定性。下单翼飞机在左侧滑中,左翼上表面的气流受到机身阻挡,流速减慢,压力升高,上、下压力差减小;右翼上表面受涡流的影响,压力降低,上、下压力差增大,这样就会产生附加的横侧不稳定力矩,削弱了飞机的横侧静稳定性。对于中单翼飞机来说,在左侧滑中,左翼上、下表面气流受到机身阻挡,速度减小,压力增加,而右翼上、下表面受到涡流区的影响,压力减小,故对升力大小影响不大,飞机的横侧静稳定性所受影响不大。

此外,垂尾的高低,背鳍、腹鳍、襟翼位置等因素也会影响横侧静稳定性的强弱。

233

2. 横侧动稳定性

1) 横侧阻尼力矩的产生

飞机的横侧阻尼力矩主要由机翼产生。图 6-34 所示的是飞机的后视图,当飞机向右滚转时,右翼下沉,在右翼上引起向上的相对气流速度(Δv),而使迎角增大,产生正的附加升力(在临界迎角范围内);左翼上扬,在左翼上引起向下的相对气流速度(Δv)而使迎角减小,产生负的附加升力。左、右机翼升力之差,形成向左的横侧阻尼力矩,阻止飞机向右滚转。同理,飞机向左滚转时,产生向右的横侧阻尼力矩。同样,横侧阻尼力矩的大小主要取决于飞机受扰后转动速度的大小。转动速度越大,横侧阻尼力矩越大,飞机的稳定性就越强。

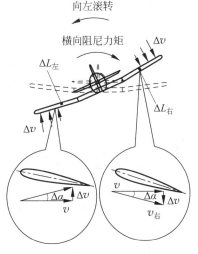

图 6-34 横侧阻尼力矩的产生

2) 横侧阻尼力矩的计算公式

横侧阻尼力矩同俯仰和方向阻尼力矩类似,它与滚转角速度和飞行速度的一次方成正比,其计算公式为

$$L_{\mathrm{d}} = L^{\omega_x} \omega_x = C_l^{\omega_x} \omega_x \frac{1}{2} \rho v^2 S l \tag{6-23}$$

式中 L^{ω_x} ——滚转力矩对滚转角速度的偏导数,$\mathrm{N \cdot m / [(°) \cdot s^{-1}]}$;

$C_l^{\omega_x}$ ——滚转力矩系数对滚转角速度的偏导数,$\mathrm{s \cdot (°)^{-1}}$。

6.2.5 飞机方向稳定性和横侧稳定性的关系

由前面的分析可知,飞行中,飞机若无侧滑,既不会产生方向稳定力矩,也不会产生横侧稳定力矩。如果飞机有侧滑,除了产生向侧滑一边偏转的方向稳定力矩外,还要产生向侧滑反方向滚转的横侧稳定力矩。比如,飞机受扰动出现左侧滑时,除了产生方向稳定力矩,使机头左偏外,还要产生横侧稳定力矩,使飞机向右滚转。又如,飞机受扰动向左倾斜时,则会出现左侧滑,除了产生横侧稳定力矩,使飞机向右滚转,以消除倾斜外,还产生方向稳定力矩,使飞机向左偏转而消除侧滑。

由此可见,飞机的方向稳定性和横侧稳定性是彼此互相联系的,也是相互耦合的。飞机的方向稳定性和横侧稳定性的总和,叫作侧向稳定性。要使飞机具有侧向稳定性,除了必须使飞机具有方向稳定性和横侧稳定性外,还必须使飞机的方向稳定性和横侧稳定性之间具有一定的关系。也就是说,只有当飞机的方向稳定性和横侧稳定性配合恰当,才能保证飞机具有侧向稳定性。否则,飞机将不具有侧向稳定性,会出现飘摆或螺旋下降等现象。

1. 飘摆(荷兰滚)现象

如果飞机的横侧稳定性过强,而方向稳定性过弱,飞机在飞行中受到微小扰动出现倾斜、侧滑时,就会产生明显的飘摆现象,即所谓的荷兰滚。

比如,飞机在平飞中受微小扰动向左倾斜时,升力和飞机重力的合力使飞机出现左侧滑,在左侧滑中,如果飞机产生右滚的横侧稳定力矩过大(横侧稳定性过强),飞机就会迅速改平左坡度,如果产生迫使机头左偏的方向稳定力矩过小(方向稳定性过弱),飞机就不能立即消除左侧滑。飞机坡度改平时,左侧滑还未完全消除,并且具有一定的右滚角速度,继续向右滚转,形成右坡度,进而产生右侧滑。飞机向右倾斜后,由于同样的原因,又会向左倾斜。于是,飞机左右往复摆头,形成飘摆。

飘摆的危害性在于:飘摆的振荡周期只有几秒,修正飘摆超出了人的反应能力,并在修正过程中极易推波助澜,加大飘摆。正常情况下,飘摆半衰期很短,但当方向稳定性和横侧稳定性不协调时,易使飘摆半衰期延长甚至不稳定,严重危及飞行安全。

一般情况下,平直翼飞机很少出现荷兰滚,而后掠翼飞机很容易出现荷兰滚,因为后掠角有加大横侧稳定力矩的作用。大型运输机在高空和低速飞行时,由于稳定性发生变化,易发生飘摆,因此广泛使用偏航阻尼器(飘摆阻尼器)。

偏航阻尼器的主要作用是抑制飘摆现象的发生。它是通过速率陀螺检测预定飞行轨迹的微量偏航变化,并通过机械的方式促使方向舵偏转进行修正,以增加方向稳定力矩,最终使横侧稳定力矩与方向稳定力矩大小相匹配。许多运输类飞机至少有两套偏航阻尼器,这两套系统连续运行,并且它们的基本运行与自动驾驶仪相独立。但在某些飞机上,偏航阻尼系统也从副翼控制回路中获取扰动信息,辅助飞行员或自动驾驶仪协调转弯。

2. 螺旋下降

如果飞机的方向稳定性过强,而横侧稳定性过弱,则飞机在飞行中受微小扰动发生倾斜、侧滑时,就会自动地产生缓慢的螺旋下降。

比如,飞机在平飞中受微小扰动向左倾斜、向左侧滑时,如果右滚的横侧稳定力矩过小,则飞机"无力"改平左坡度;左偏的方向稳定力矩过大,机头就会继续向左偏转。飞机向左偏转时,右翼的前进速度比左翼大,右翼的升力也比左翼大,迫使飞机左滚转。这样一来,飞机就会自动并缓慢地进入向左的螺旋下降。飞机的这种不稳定性,也叫作螺旋不稳定性。

可见,飞机的横向稳定性和方向稳定性紧密联系并互相影响。如果飞机的方向稳定性同横侧稳定性配合不好,飞机的侧向稳定性也会不好,甚至可能不稳定。

6.2.6 从力矩系数曲线看飞机的方向、横侧稳定性

图 6-35、图 6-36 分别是飞机的偏转力矩系数(C_n)、滚转力矩系数(C_l)随侧滑角(β)变化的曲线,它们分别叫作飞机的偏转力矩系数曲线和滚转力矩系数曲线。

与分析俯仰力矩系数曲线一样,两曲线的斜率$\left(\dfrac{\partial C_n}{\partial \beta}\right)$和$\left(\dfrac{\partial C_l}{\partial \beta}\right)$,分别叫作飞机的方向稳定度和横侧稳定度。它们分别表示侧滑角变化 1°时,飞机偏转力矩系数和滚转力矩系数的变化量。

$\dfrac{\partial C_n}{\partial \beta} < 0$,即曲线斜率为负值时,飞机具有方向稳定性,负值越大,方向稳定性越好;

$\dfrac{\partial C_n}{\partial \beta} > 0$,飞机没有方向稳定性。

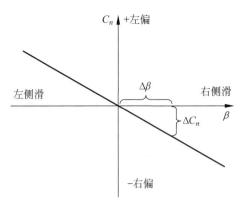

图 6-35 飞机偏转力矩系数随侧滑角的变化曲线

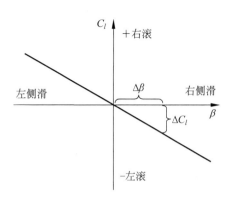

图 6-36 飞机滚转力矩系数随侧滑角的变化曲线

同样，$\dfrac{\partial C_l}{\partial \beta} < 0$，即曲线斜率为负值时，飞机具有横侧稳定性，负值越大，横侧稳定性越好；$\dfrac{\partial C_n}{\partial \beta} > 0$，飞机没有横侧稳定性。

6.2.7 影响飞机稳定性的因素

飞机稳定性的强弱一般用摆动衰减时间、摆动幅度、摆动次数来衡量。若飞机受扰动后，恢复原来平衡状态用的时间短、摆动幅度小，摆动次数越少，则飞机的稳定性越好。

1. 重心位置前后变动对飞机稳定性的影响

重心的前后位置对俯仰稳定性的影响较大。飞机重心位置越靠前，重心到飞机焦点的距离越远，即纵向静稳定度增加，飞机受扰动后，迎角变化 1° 所产生的俯仰稳定力矩就越大，即 $\partial m_z / \partial \alpha$ 负值越大，飞机的俯仰稳定性越强。飞机重心位置越靠前，在同样的扰动下，俯仰摆动的幅度比较小。这是因为重心位置越靠前，飞机的俯仰稳定力矩越大，由扰动所引起的迎角增量就越小，即飞机俯仰摆动的幅度越小。

重心的前后位置对方向稳定性影响较小。重心位置越靠前，飞机的方向稳定性虽有所增强，但不明显。因为重心到垂尾侧力着力点的距离，比重心到飞机焦点的距离大得多，所以，重心位置移动对方向稳定性的影响小。

重心的前后位置对横侧稳定性无影响。重心位置前、后移动，不影响飞机的横侧稳定性，因为重心位置前后移动不影响飞机滚转力矩的大小。

2. 速度变化对飞机稳定性的影响

飞机摆动衰减时间的长短，主要取决于飞机阻尼力矩的大小。阻尼力矩越大，摆动消失得越快，飞机恢复原平衡状态越迅速。实践表明，在同一高度上，飞机所产生的阻尼力矩与速度的二次方成正比，速度越大，阻尼力矩越大，迫使飞机摆动迅速消失，因而飞机稳定性增强；反之，速度越小，稳定性越弱。

3. 高度变化对飞机稳定性的影响

高度增加,空气密度减小,使得飞机的阻尼力矩减小,飞机摆动的衰减时间增长,稳定性减弱。

4. 大迎角飞行对飞机稳定性的影响

在大迎角或接近临界迎角飞行时,因飞机的横侧阻尼力矩方向可能发生变化,飞机可能丧失横侧稳定性,出现机翼自转现象。

比如,飞机受扰动向左倾斜时,左翼下沉,出现向上的相对气流,迎角增大;右翼上扬,出现向下的相对气流,迎角减小。如果超过临界迎角,迎角大的左翼升力反而小,迎角小的右翼升力反而大(参见图 6-37)。这样,两翼升力之差形成的横侧阻尼力矩就改变了方向,不仅不能阻止飞机滚转,反而使左滚趋势加大,从而失去横侧稳定性。这种现象称为机翼自转现象。

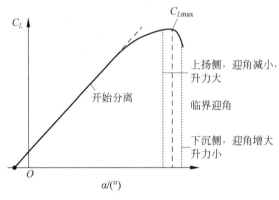

图 6-37　升力系数曲线

6.2.8　高空飞行稳定性的特点

在高空以相同的表速飞行,对应的真空速较大。飞机受到扰动引起迎角变化时,在自动恢复原来迎角的摆动过程中,同一俯仰角速度下的水平尾翼迎角变化量小。阻尼力矩小,飞机的俯仰摆动不易消失。在高空如以相同的真空速飞行,由于空气密度小,动压小,阻尼力矩小,飞机的俯仰摆动也不易消失。同理,在高空飞行,飞机受到扰动发生倾斜或侧滑时,侧向摆动消失也较慢。

高空飞行改变迎角或者侧滑角时,由于阻尼比减小,用阶跃操纵超调量易超过规定值。所以,高空飞行操纵飞机改变状态时,应注意动作柔和。

飞机的稳定性是飞机本身应具有的一种特性。在飞行中,飞机的稳定性固然能帮助飞行员保持飞机的平衡状态。但是,飞机的稳定性是相对的、有条件的。对同一机型,飞行速度、飞行高度、迎角、重心位置等飞行条件发生了变化,飞机的稳定性也随之发生变化。比如,小速度飞行,稳定性较差;迎角超过临界迎角时,由于没有横侧阻尼力矩,飞机会丧失侧向稳定性;当飞机重心后移至飞机焦点之后时,由于飞机附加升力对重心形成俯仰不稳定力矩,飞机丧失了俯仰稳定性。在有些情况下,飞机受扰动偏离原来的平衡状态时,只能自动恢复原来的力和力矩平衡,而不能自动恢复原来的飞行状态。比如,在平飞中,飞机受扰动发生倾斜和侧滑时,在升力和重力的合力作用下,飞机向侧下方运动,此时具有侧向稳定性的飞机虽能自动消除倾斜和侧滑,迫使飞机恢复原来的平衡状态,却不能恢复原来的飞行状态,因为飞机的高度和方向都发生改变了。而且,飞机受扰动作用越强,或者扰动作用的时间越长,飞机偏离平衡状态越多,飞行状态改变越显著。再者,稳定性是相对于小扰动而言的,如阵风扰动等,如果飞机遇到了下击暴流等强对流天气时,单靠飞机自身的稳定性不足以让飞机回到原来的平衡状态。因此,要想飞机完全恢复原来的飞行状态,飞行员就不能完全依赖飞机自身的稳定性,而必须主动、及时、正确地对飞机实施操纵。

6.3 飞机的操纵性

6.3.1 操纵性的概念

飞机除了应具有必要的稳定性外,还应具有良好的操纵性,以保证飞行员实现有意识的飞行。

所谓飞机的操纵性,通常是指飞行员操纵升降舵、方向舵和副翼改变飞机飞行状态的特性。操纵动作简单、省力、飞机反应快,操纵性就好;反之,操纵动作复杂、笨重、飞机反应慢,操纵性就差。飞机的操纵性与飞机的稳定性有密切关系,稳定性太强,也就是说飞机保持原有平衡状态的能力强,则要改变它就越不容易,操纵起来就越费劲;若稳定性过弱,则操纵力也很小,飞行员很难掌握操纵的分量,容易出现过量操纵,也是不理想的。所以飞机设计时要正确处理好稳定性和操纵性之间的关系。

研究飞机的操纵性,主要是研究飞机飞行状态的改变与杆舵行程(即升降舵偏角)和杆舵力大小之间的基本关系、飞机反应快慢及影响操纵性的因素等。飞机的操纵性可分为俯仰操纵性、方向操纵性和横侧操纵性。

飞机的操纵性也可以分为静操纵性和动操纵性。静操纵性是指飞行员操纵杆、舵的位移量和力的大小与稳定后飞行状态之间的对应关系,也称为飞机的稳态反应;动操纵性则是指飞行员操纵杆、舵后,飞机从原来的飞行状态转入另一个稳定飞行状态的过渡过程特性,也称为飞机的动态反应。

6.3.2 俯仰操纵性

飞机的俯仰操纵性是指飞行员操纵驾驶杆偏转升降舵后,飞机绕横轴转动而改变其迎角等飞行状态的特性。

1. 俯仰静操纵性

1) 直线飞行中改变迎角的基本原理

在直线飞行中,若飞行员向后拉杆,升降舵就向上偏转一个角度,于是水平尾翼上产生向下的附加升力($\Delta L_{尾}$),对飞机重心形成抬头力矩[见图 6-38(a)],由于该力矩是由飞行员给出的,所以我们称为俯仰操纵力矩。在俯仰操纵力矩的作用下,飞机开始绕横轴转动,迎角增加。由于迎角增大,引起飞机产生向上的附加升力($\Delta L_{飞机}$),其着力点是飞机焦点[见

238

图 6-38(b)]。具有稳定性的飞机,焦点在重心后面。因此,飞机的附加升力对重心形成俯仰稳定力矩,其方向同操纵力矩的方向相反。随着迎角的增大,飞机的附加升力和它所形成的稳定力矩逐渐增大。当迎角增大到一定程度时,稳定力矩与操纵力矩相等,飞机俯仰力矩重新取得平衡,飞机停止转动,并保持较大的迎角飞行[见图 6-38(b)]。此时,力矩的平衡关系是:

$$M_{操} = M_{稳} \qquad\qquad (6-24)$$

式中　$M_{操}$——俯仰操纵力矩;

　　　$M_{稳}$——俯仰稳定力矩。

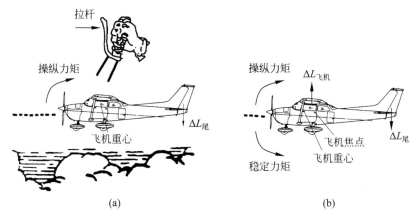

图 6-38　直线飞行时改变迎角的基本原理

如果飞行员再向后拉一点杆,增大一些上仰操纵力矩,迎角就会再增大一点,下俯的稳定力矩也相应增大一些,直至上仰操纵力矩同下俯稳定力矩重新平衡时,飞机便保持更大的迎角飞行。相反,飞行员向前推一点杆,飞机就会保持较小的迎角飞行。

由此可见,在直线飞行中,驾驶杆前后的每一个位置(或升降舵偏转角)对应着一个迎角。驾驶杆位置越靠后,升降舵上的偏角越大,对应的迎角也越大。反之,驾驶杆位置越靠前,升降舵下偏角越大,对应的迎角也越小。如果飞机处于平飞状态,飞机的升力与重力必须相等($L=W$),用不同的速度平飞,须用不同的迎角,才能保持升力不变,使升力始终等于重力,这就是说,在直线飞行中,驾驶杆前后的每一个位置对应着一个迎角或飞行速度。

图 6-39 是某飞机在平飞时,升降舵偏转角(δ)与平飞速度(v)的关系曲线。从该曲线可以看出,小速度平飞时,需要升降舵上偏,而大速度平飞时,需要舵面下偏。随着速度的增大,升降舵由原来的上偏角逐渐减小到零,进而转为下偏,如果速度再增大,需要的下偏角也逐渐增大。改变同样速度或迎角大小时,在小速度范围下所需的舵偏角要比大速度范围下所需的舵偏角(即杆的行程)大。

2) 曲线飞行中改变迎角的基本原理

如图 6-40 所示,飞机作曲线飞行,轨迹向上弯曲。飞机在从 A 点转至 B 点的过程中,速度方向不断变化,具有俯仰稳定性的飞机要保持迎角不变,机头势必不断地绕横轴做上仰转动。此时,由升降舵产生的操纵力矩,不仅要克服迎角增大产生的稳定力矩,还要克服飞机绕横轴转动所产生的阻尼力矩。当转动角速度一定时,飞机俯仰力矩的平衡关系是:

$$M_{操} = M_{稳} + M_{阻} \qquad\qquad (6-25)$$

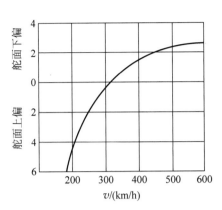

图 6-39　平飞中升降舵偏转角与飞行速度的关系曲线

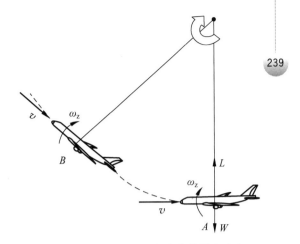

图 6-40　飞机在曲线飞行中的旋转角速度

这就是说,操纵力矩的一部分与稳定力矩平衡,以保持飞机迎角不变,而另一部分则与阻尼力矩平衡,以保持飞机绕横轴做等角速度转动。

由此可知,曲线飞行和直线飞行相比,飞行员移动同样多的拉杆行程,改变的迎角要小些;或者说,改变同样多的迎角,拉杆行程要大些。

3) 驾驶杆力

飞行员操纵驾驶杆时要施加一定的力,这个力叫作驾驶杆力,简称杆力。

(1) 杆力的产生和影响因素

参看图 6-41,当飞行员向前推杆,升降舵向下偏一个角度(δ)时,升降舵上产生一个向上的空气动力($\Delta L_舵$),对升降舵铰链形成一个力矩(叫作铰链力矩),这个力矩迫使升降舵和杆返回中立位置。前面讲过,要想让飞机保持一个固定的迎角,必须有一个相应的升降舵偏角。为保持升降舵偏角不变,亦即保持杆位置不变,飞行员必须用一定的力(P)推杆,以平衡铰链力矩的作用。反之,为保持升降舵处于一定的上偏角,飞行员必须用一定的力拉杆。所以说飞行员施加驾驶杆力的主要目的是为了克服铰链力矩。

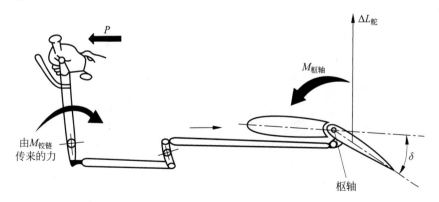

图 6-41　升降舵铰链力矩所引起的杆力

飞行中,升降舵偏转角越大,气流动压越大,升降舵上的空气动力也越大,因而铰链力矩越大,所需杆力也就越大。

平飞中,升降舵偏转角与速度有一定的关系,而要保持一定的升降舵偏转角,又必须对杆施加一定的力,因此,杆力和平飞速度之间必然存在一定的关系。平飞中,杆力(P)与速度(v)的关系,可用图 6-42 所示的曲线表示,此曲线叫作杆力曲线。从图中可以看出,小速度平飞,升降舵需要向上偏转,故飞行员需要拉杆力;大速度平飞,升降舵需要向下偏转,此时飞行员需要推杆力。随着速度的增大,升降舵由原来的上偏角逐渐减小到零,进而转为下偏角,杆力由拉杆力慢慢转变为推杆力。如果速度再增大,需要逐渐增大下偏角,所需的推杆力也越大。改变同样速度或迎角大小时,在小速度范围下,所需的杆力要比大速度范围下所需的杆力小。

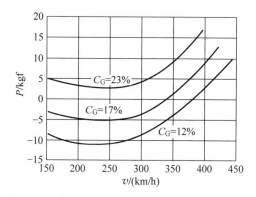

图 6-42 平飞中杆力大小与飞行速度的关系曲线

(2) 配平片的作用

飞行中,使用配平片可减小或消除杆力。配平片的位置如图 6-43 所示。

这里以俯仰配平片为例加以说明。当升降舵下偏一个角度时,飞行员必须对驾驶杆施加一个推杆力。在这种情况下,若将俯仰配平片向上偏一个角度(见图 6-44),配平片上偏将产生向下的空气动力($L_{调}$),对升降舵铰链形成力矩($L_{调} \cdot l_1$),帮助升降舵向下转动,抵消

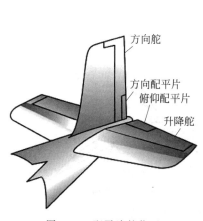

图 6-43 配平片的位置

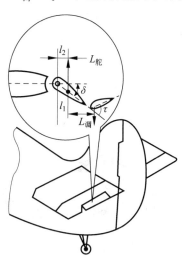

图 6-44 升降舵调整片的作用

了一部分铰链力矩,因而减小了杆力。当配平片向上偏到一定角度,配平片产生的铰链力矩同升降舵产生的铰链力矩取得平衡(即 $L_调 \cdot l_1 = L_舵 \cdot l_2$)时,升降舵就自动保持某一偏角不变,此时杆力为零。

若飞行员先操纵俯仰配平片向上偏转一定的角度,配平片产生的铰链力矩就会带动升降舵向下偏转,当升降舵产生的铰链力矩和配平片产生的铰链力矩取得平衡时,升降舵就自动保持某一下偏角不变,这同飞行员前推驾驶杆的作用一样,也能保持飞机平衡。

配平片的正确使用对于安全飞行有很大的益处。飞行员应牢固掌握配平片的使用方法。配平片的操纵有专门的配平手轮,例如,前推配平手轮,配平片上偏,飞机低头。在起飞前,飞行员可以通过舱单图获知当前配载情况下所需配平片的位置,然后操纵配平轮,使配平片放在合适的位置上,以期达到在起飞抬前轮时减小杆力的目的。这样,无论配载如何变化,只要起飞前将配平片放在合适的位置上,就可以保证每次起飞带杆时飞行员使用同样大小的力便可将飞机拉起来。

此外,为减轻飞行员操纵杆舵的力量,在飞机构造设计上采取了一些改变舵面气动力着力点和铰链相对位置的措施,以减小铰链力矩。这些措施叫作气动补偿。在操纵系统中加装弹簧和配重也能改善杆舵力。另外,在飞机主操纵面后缘加装补偿片、伺服补偿片也可以达到减小杆力的目的。

对于大型高速飞机,由于飞行速度快、舵面积大,铰链力矩变得很大,因而杆舵力很大,人力操纵难以胜任。所以,一般都采用以液压或电力为动力的助力操纵系统。飞行员操纵助力器,通过助力器带动舵偏转。而杆力完全来自杆力模拟机构,与舵面空气动力无关。显然,在小型低速飞机上用配平片减轻或消除杆力的办法不适用于这种大型高速机。

4)影响俯仰静操纵性的因素

俯仰静操纵性受到很多因素的制约,现就主要影响因素分析如下。

(1)飞机重心位置前、后移动对俯仰静操纵性的影响和重心的前后极限位置

重心位置的前后移动会引起平飞时升降舵偏转角和杆力发生变化。图6-45是某飞机在不同重心位置时,升降舵偏角与杆力同平飞速度的关系曲线。

从图6-45可以看出,在同一平飞速度下,重心位置不同,所需升降舵偏转角和杆力也不同。重心前移,所需升降舵的上偏角增大(或下偏角减小),所需拉杆力增大(或推杆力减小)。这是由于重心前移后飞机升力对重心形成一个附加的下俯力矩。为保持飞机平衡,飞行员必须向后拉杆,上偏升降舵,产生一个上仰的操纵力矩来平衡由于重心前移所形成的附加下俯力矩。此时,飞行速度(或飞机迎角)并没有变化,而升降舵上偏角和拉杆力却增大了。重心前移越多,升力所形成的附加下俯力矩越大,所需要的升降舵上偏角和拉杆力也越大,操纵性变差。相反,重心位置后移,所需升降舵下偏角和推杆力将增大。

① 重心前限

由以上分析可知,重心前移,增大同样的迎角,所需的升降舵上偏角增大。重心前移过多,所需升降舵上偏角越大。但升降舵上偏角受到结构和气流分离的限制,不能无限增大,重心前移过多时,即使把驾驶杆拉到底,迎角也不能增加到所需的程度。因此,重心位置应有前限,对于小型低速飞机有:

a. 着陆时,把飞机拉成接地迎角,升降舵偏转角不超过最大偏角的90%。

b. 对于前三点式飞机,起飞时升降舵偏角应能保证在规定的速度时抬起前轮。

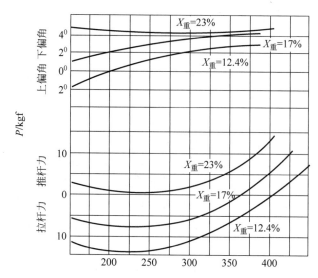

图 6-45　重心位置对平飞升降舵偏角和杆力的影响

c. 着陆进场时,杆力不超过规定值。

为什么重心前限要根据这些条件来确定呢? 这是因为接地时,飞机迎角比较大,本身就需要升降舵上偏角度大;再者,飞机接近地面飞行时,由于地面效应的作用,水平尾翼区域气流下洗角减小,使水平尾翼的负迎角减小,使得下俯力矩增大。要保持同样的迎角,同远离地面相比,也需要增大升降舵上偏角,也就是说,着陆接地时"拉"到接地迎角状态,所需升降舵上偏角最大。用当前飞行状态来确定重心前限最为安全。

② 重心后限

重心位置后移,飞机的俯仰稳定性变差。重心位置过于靠后,以至于接近飞机焦点时,俯仰稳定性变得很差。在这种情况下,改变同样的迎角,飞机所产生的俯仰稳定力矩很小,飞行员稍稍移动驾驶杆,飞机的迎角和升力就会变化很多,飞机显得"过于灵敏",飞行员不易掌握操纵量。一旦重心后移到飞机焦点之后,飞机就会失去俯仰稳定性。因此,飞机重心位置应有后限。为保证飞机具有一定的俯仰稳定性,飞机重心位置后限应在飞机焦点(称为中立重心或临界重心)之前留有一定的安全裕量[小型运输机为(3%~4%)MAC,大型运输机在 10%MAC 以上]。

③ 有利的重心范围

正常情况下,机翼产生正升力,对飞机形成低头力矩,为了保证飞机稳定飞行,要靠平尾产生的负升力提供抬头力矩来平衡。如果重心靠前,机翼产生的正升力形成的低头力矩就要增加,需要平尾产生更大的负升力才能够维持平衡。由于平尾负升力增加,使得飞机的总升力减小。为使平尾产生更大的负升力,就需要加大平尾的偏转量,这又使得平尾的阻力增大,该阻力称为配平阻力。所以,重心靠前会使同迎角下飞机的升力系数和最大升力系数减小,阻力系数增加,耗油率增大,飞机的性能变差。因此,为提高飞行性能,飞机除规定重心位置前限和后限外,还规定了飞机的有利重心范围,即希望在允许的重心前后限范围内,飞机的重心尽量靠后。比如,某飞机重心位置的前限和后限分别是 16%MAC 和 32%MAC,飞机的有利重心范围是(25%~28%)MAC。为使飞机重心位置能在有利重心范围内,飞机配载、燃油消耗顺序、空投次序等均应严格按规定执行。

（2）飞行速度对俯仰静操纵性的影响

由平飞时杆力与速度之间的关系可知：对于采用机械操纵系统的飞机，小速度平飞时，飞行员应带住杆；大速度平飞时，应顶住杆。大速度情况下，飞行表速增大时，飞行员向前推杆的行程虽然不大，推杆力却增大很多；小速度情况下正好相反，因气流动压较小，速度改变时，驾驶杆移动的行程很大，而杆力变化不多。

杆力变化幅度应适度：杆力变化幅度过大，有可能使平飞最大速度所需的推杆力超过飞行员的臂力，以致达不到平飞最大速度，即使飞行员能用力推动杆，时间过长也会引起过度疲劳；反之，杆力变化幅度过小，则在所有速度下的杆力相差无几，飞行员就很难确切地感觉和掌握操纵量。

（3）飞行高度对俯仰静操纵性的影响

高空飞行时，由于空气密度小，大气温度低，飞机操纵性具有不同于中、低空飞行时的特点。

飞行高度不同，则空气密度不同。如果保持表速不变飞行，由于作用在舵面上的空气动压不变，则高度变化不会影响相同舵偏角下的杆力大小。如果保持真空速不变飞行，则高度升高时，动压减小，相同舵偏角对应的杆力减小；高度降低时，动压增大，相同舵偏角对应的杆力增大。

高空飞行时，飞行员会产生"杆、舵变轻"的感觉，这主要是因为：

① 以同一真空速在高空飞行，气流动压减小，飞行员为保持杆、舵位置或移动杆、舵所需的力减轻。

② 在高空每一平飞速度下，由于升降舵上偏角度普遍增大，故做大速度飞行时，推杆力减轻。

③ 在高空以小速度平飞时，因升降舵上偏角度较大，所用拉杆力较低空时大，但相差有限。可见，在同样的平飞速度范围内，高空飞行的杆力变化幅度比低空时小一些。

2．俯仰动操纵性

飞机的动操纵性是指飞行员操纵驾驶杆后飞机响应的动态特性，即飞机在接受操纵后的整个过渡过程的品质及其跟随能力。

1）典型操纵形式

典型操纵形式有四种，即阶跃型、谐波型、脉冲型和斜坡型，如图 6-46 所示。

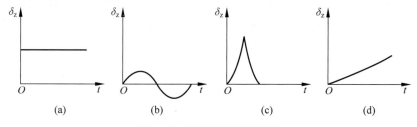

图 6-46　四种典型操纵形式

（a）阶跃型；（b）谐波型；（c）脉冲型；（d）斜坡型

四种典型操纵形式是对一定操纵动作的抽象或近似,具有一定的代表性。如阶跃型代表飞行员做机动动作而急剧偏转舵面,偏转过程时间极短的一种极限情况;谐波型代表飞行员实施精确跟踪和精确控制轨迹时,理想化了的正弦形式的反复修正;脉冲型操纵模拟在大气湍流中飞行时所遇到的瞬时干扰;斜坡型代表缓慢机动飞行、等速偏转舵面的情况。

2)动操纵性指标

以单位阶跃操纵输入研究飞机的动稳定性指标。图 6-47 给出了单位阶跃操纵输入时,过载改变量(Δn_y)的时间响应曲线。

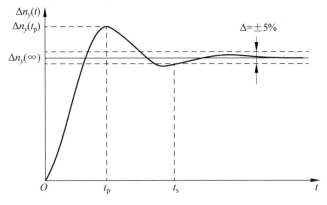

图 6-47　单位阶跃操纵的过载改变量响应曲线

(1)峰值时间(t_p),是指从飞行员做阶跃操纵开始,到飞机运动参数达到第一峰值为止的时间。

(2)调节时间(t_s),是指在阶跃操纵之后,飞机运动参数衰减到与稳态值相差 5%(指包络线)所经历的时间。调节时间短,说明过渡过程短,操纵动态反应好。

(3)超调量($\sigma\%$),是指在阶跃操纵后的过渡过程中,动态反应超过稳态值的最大偏差与稳态值之比,定义为

$$\sigma\% = \frac{\Delta n_y(t_p) - \Delta n_y(t_\infty)}{\Delta n_y(t_\infty)} \times 100\% \tag{6-26}$$

超调量($\sigma\%$)大,说明飞机运动参数在飞行员阶跃操纵之后的变化幅度大。以过载为例,$\sigma\%$ 大,不但表现为过载的变化幅度大,而且过载容易超过最大允许值,甚至导致飞机结构破坏。为此,限制过载的超调量 $\sigma\%$ 一般不得大于 30%。但目前由于飞行速度、飞行高度范围大,有的飞机往往超过这一限制。所以在作机动动作时,操纵上应切忌粗猛。因为粗猛拉杆时,虽然杆行程一样,但由于迎角和过载增加到稳态值时的上仰角速度大,超调量就大,小表速飞行时容易使飞机失速,大表速飞行时则容易引起超载。

3)影响俯仰动操纵性的主要因素

(1)飞行高度

保持同一真空速,在不同高度飞行时,高度升高,空气密度降低,将杆(或脚蹬)移动同样的行程,则高空操纵力矩减小,角加速度也随之减小。因此,达到其对应的平衡迎角或侧滑角所需的时间增长。与此同时,由于空气密度降低,同样迎角或侧滑角所造成的过载也随之降低,于是飞机作曲线运动的曲率半径增大,飞行方向改变得慢,阶跃操纵的超调量增大,调

节时间和峰值时间增长。

随着高度的升高,即使副翼偏转同样的角度,由于空气密度减小,所产生的操纵力矩和角加速度也比较小,即飞机反应迟缓,到达同样坡度的时间延长。

(2) 飞行马赫数

飞行马赫数的变化将直接影响飞机俯仰操纵的动态反应。例如,在亚声速和跨声速范围内,短周期无阻尼自振频率随飞行马赫数的增大而增大,使得调节时间和峰值时间减小。在阶跃操纵下,飞机反应加快,但由于阻尼比变化不大,使得飞机在阶跃操纵下的超调量变化也不大。在超声速阶段,短周期无阻尼自振频率和阻尼比都将因升力系数随马赫数的增加而减小,所以在阶跃操纵时,飞机超调量和调节时间有所增加,而峰值时间因无阻尼自振频率和短周期阻尼比两者影响的相互抵消而变化不大。超调量和调节时间的增大使飞行员明显感到飞机在超声速飞行时,飞机对俯仰操纵的动态反应变差。

6.3.3 方向操纵性

方向静操纵性(飞机无滚转)

飞机的方向操纵性就是在飞行员通过蹬舵偏转方向舵后,飞机绕立轴偏转而改变其侧滑角等飞行状态的特性。

1) 方向操纵力矩

偏转方向舵改变侧滑角的原理同偏转升降舵改变迎角的原理基本相同。如图 6-48 所示,在没有侧滑的直线飞行中,飞行员蹬左舵使方向舵向左偏转一定的角度,在垂直尾翼上产生向右的侧力,对重心形成一个左偏的力矩,由于该力矩是由飞行员给出的,所以我们把它叫作方向操纵力矩。在方向操纵力矩的作用下,飞机开始绕立轴转动,使侧滑角增加。在机头左偏过程中,出现右侧滑,相对气流从右前方吹来,在机身、垂直尾翼上产生向左的侧力,对重心形成右偏的方向稳定力矩,力图阻止侧滑角的扩大。起初,由于左偏的方向操纵力矩大于右偏的方向稳定力矩,侧滑角会继续

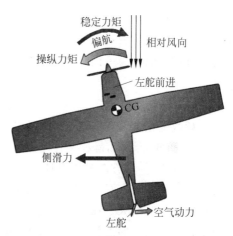

图 6-48 无滚转时飞机改变侧滑角的基本原理

增大。但右偏的方向稳定力矩是随着侧滑角的增大而增大的,当方向稳定力矩增大到与方向操纵力矩达到平衡时,飞机保持一定的侧滑角(β)不变。此时,力矩的平衡关系为

$$N_{操} = N_{稳} \tag{6-27}$$

式中 $N_{操}$——方向操纵力矩;

$N_{稳}$——方向稳定力矩。

与俯仰操纵相似,对方向操纵而言,在直线飞行中,每一个脚蹬位置对应着一个侧滑角。蹬右舵,飞机产生左侧滑;蹬左舵,飞机产生右侧滑。

方向舵偏转后,同样产生方向铰链力矩,故飞行员需要用力蹬舵才能保持方向舵偏转角不变。方向舵偏转角越大,气流动压越大,蹬舵力越大。可以使用方向配平片来减小和消除

246

脚蹬力的大小。

2）影响方向静操纵性的因素

影响方向静操纵性的因素主要有：侧滑角、飞行马赫数等。

（1）侧滑角

① 直线飞行的脚蹬力和方向舵飘浮角

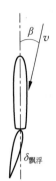

图 6-49　方向舵飘浮角

保持直线侧滑时，需要有一定的方向舵偏转角，产生方向操纵力矩，保持飞机的方向平衡。而要保持这一方向舵偏转角，飞行员需用力蹬住脚蹬，这个力就是脚蹬力。由于飞机带有侧滑，当飞行员松开脚蹬，即脚蹬力为零时，方向舵将顺着相对气流方向偏转一个角度，这个角度就是方向舵漂浮角，如图 6-49 所示。侧滑角越大，方向舵漂浮角越大，一个侧滑角对应一个漂浮角。

② 自动上舵

在直线飞行中，保持航向力矩平衡，一定的侧滑角对应一定的方向舵偏转角。同时，一定的侧滑角又对应一定的方向舵漂浮角。在侧滑角不大时，方向舵漂浮角小于该侧滑角所需对应的方向舵偏角，所以飞行员须施加一定的脚蹬力使方向舵再偏转一个角度（即上述两个偏角的差值），使方向舵达到该侧滑角所需对应的方向舵偏角。上述操纵动作符合飞行员的操纵习惯。但当侧滑角大到一定程度，漂浮角正好等于方向舵偏角时，为保持这一侧滑角，飞行员无须蹬舵。如此时侧滑角再增大，由于漂浮角大于方向舵偏角，在方向舵漂浮角的作用下，飞机侧滑角将额外增大，方向舵漂浮角又增大，直至偏转至最大，这就是所谓的"自动上舵"现象。

（2）飞行马赫数

马赫数变化会引起空气压缩性发生变化，从而给方向静操纵性带来以下影响：

① 舵面效能下降，静操纵性变差

亚声速飞行时，方向静操纵性较好；超声速后，方向静操纵性变差。其原因如下：随着飞行马赫数的增大，动压增大，方向舵枢轴力矩随之增大，飞行员偏转同样的方向舵偏角，脚蹬力也需要相应增大。在亚音速范围内，只要是直线飞行，一个脚蹬位置总是和一个固定的侧滑角相对应。方向舵偏角与所造成的侧滑角之间的一一对应关系不受飞行马赫数的影响。而在超声速飞行中，这个关系发生了变化。因为偏转方向舵所引起的压力变化传不到方向舵前的安定面上去，加上垂尾焦点后移、垂尾扭转变形加剧等原因，使方向舵效能下降。所以，要产生一定的侧滑角，蹬舵量增大，蹬舵也很费力。为此，有些超音速飞机在航向操纵系统中也使用助力器。

超声速飞行时，因操纵性变差，操纵时应注意提前量。

② 可能出现"蹬舵反倾斜"现象

飞行品质规范中规定，应能单独利用方向舵操纵，使飞机按应有的方向改变其倾斜姿态，即蹬左舵，飞机向左滚转；蹬右舵，飞机向右滚转。如果蹬舵后的效果与滚转方向相反，即出现所谓的"蹬舵反倾斜"现象，原因如下：

如飞行员蹬左舵，机头左偏使飞机出现右侧滑，同时垂尾上的侧力会产生右滚力矩。若此时飞机仍是横侧静稳定的，则会产生左滚的横侧稳定力矩。当左滚稳定力矩超过右滚操纵力矩时,飞机便会向左滚转,这符合规范要求。若左滚稳定力矩不足以克服右滚操纵力矩,或当失去横侧静稳定性,如某些后掠翼飞机在跨音速飞行时,由于蹬舵后飞机带有侧滑,侧滑前翼的下翼面先产生局部激波,侧滑前翼升力系数下降,使向左滚的横侧稳定力矩小于偏转方向舵产生的向右的滚转力矩,飞机向右滚转,即出现"蹬舵反倾斜"现象。

6.3.4　横侧操纵性

1. 横侧静操纵性(飞机无侧滑)

飞机的横侧静操纵性是指在飞行员操纵副翼以后,飞机绕纵轴滚转而改变其滚转角速度、坡度等飞行状态的特性。

1) 横侧操纵力矩

如图 6-50 所示,当飞行员向右压驾驶杆时,左副翼下偏,左副翼的升力增大;右副翼上偏,右副翼的升力减小,两翼的升力差对重心形成右滚力矩,由于该力矩是由飞行员给出的,所以我们把它叫作横侧操纵力矩。在横侧操纵力矩的作用下,飞机开始绕纵轴转动,使飞机向右加速滚转。由于我们讨论的是无侧滑的横侧操纵,所以飞机在出现坡度后不会有稳定力矩出现。但飞机右滚时会有滚转角速度,因而产生横侧阻尼力矩,阻止飞机右滚。初期,横侧操纵力矩大于横侧阻尼力矩,

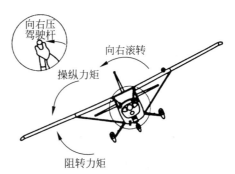

图 6-50　无侧滑时飞机横侧操纵的基本原理

滚转角速度是逐渐增大的;随着滚转角速度的增大,横侧阻尼力矩也逐渐增大。所以滚转角速度的变化只取决于横侧操纵力矩和横侧阻尼力矩,当横侧阻尼力矩增大到与横侧操纵力矩平衡时,飞机保持一定的角速度滚转,这时的力矩平衡关系式为

$$L_{操} = L_{阻} \tag{6-28}$$

式中　$L_{操}$——横侧操纵力矩;

　　　$L_{稳}$——横侧阻尼力矩。

飞行员再向右压一点盘,增加一点右滚的操纵力矩,右滚角速度又会增大一点,横侧阻尼力矩也随之增大一点,当横侧操纵力矩同横侧阻尼力矩再次平衡时,飞机保持在较大的角速度下做稳定滚转。

可见,在无侧滑的横侧操纵中,驾驶杆左右转动的每个位置对应着一个稳定的滚转角速度,驾驶杆左右转动的角度越大,滚转的角速度也越大。

由上面的分析可知,对俯仰操纵而言,前后推拉驾驶杆对应一个迎角;对方向操纵而言,左右蹬舵对应一个侧滑角;对横侧操纵而言,左右压盘对应的却是一个稳定的滚转角速度,而不是一个坡度。为什么会出现这种特殊的差别呢? 这是因为在俯仰和方向操纵中,操纵力矩是由稳定力矩来平衡的,而在无侧滑的滚转中,不存在稳定力矩,操纵力矩是由阻尼力矩来平衡的,由于用来平衡操纵力矩的力矩性质不同,就形成了横侧操纵同俯仰操纵和方向操纵之间的本质差别。

飞行员在做盘旋和转弯时,为了保持一定的坡度,就必须在接近预定坡度时将盘回到中

立位置,消除横侧操纵力矩,飞机在横侧阻尼力矩的阻止下,使滚转角速度消失。有时,飞行员甚至可以向飞机滚转的反方向压一点驾驶杆,迅速制止飞机滚转,使飞机准确地达到预定坡度。

2)影响横侧静操纵性的因素

(1)迎角

在大迎角或接近临界迎角飞行时,飞机可能丧失横侧操纵性,出现横侧反操纵现象。

比如飞行员向右压盘,左右两翼升力之差形成操纵力矩,使飞机向右滚转。飞机在向右滚转时,不仅因滚转产生右侧滑,力图减小其滚转角速度,还因左副翼下偏,使左翼阻力大于右翼阻力而进一步加强右侧滑。由于机翼上反角和后掠角的作用,使右翼升力增大,左翼升力减小,从而产生向左滚转的力矩,进一步阻止飞机向右滚转,削弱了副翼的作用。小迎角时,两翼阻力之差很小,造成的侧滑角也不大,故横侧操纵性比较好。大迎角时,两翼阻力之差比较大,造成的侧滑角也大,故横侧操纵性变差。接近临界迎角时,机翼上出现严重的气流分离,不但因副翼处于涡流区内,偏转副翼后两翼升力差减小,产生的操纵力矩小,而且因两翼阻力差很大,侧滑作用很强烈,产生阻止飞机向右滚转的力矩很大,故横侧操纵性显著变差,甚至会出现向右压盘、飞机向左滚转的现象,这就是所谓的横侧反操纵现象。综上分析,造成横侧反操纵的主要原因是由于在大迎角下,两翼的阻力差增加,使得飞机的侧滑加大;除此之外,两翼的升力差减小也是横侧反操纵现象产生的一个原因。

为了改善横侧操纵性,特别要消除大迎角下的横侧反操纵现象。除了在飞机设计上采取措施,比如使用差角副翼、阻力副翼、开缝副翼等外,在大迎角、小速度下飞行时,飞行员可利用方向舵来帮助副翼操纵,即使用副翼和方向舵联动。例如,修正飞机的左坡度,可在向右压盘的同时蹬右舵修正,或者只用右舵修正。

(2)飞行高度

随着高度的升高,如果飞行员仍保持表速不变,则真速必然增大。而真速增大,阻尼力矩会减小,此时飞行员压杆所造成的最大滚转角速度会增大。

如果保持真速不变,则高度升高,空气密度减小,但它对操纵力矩和阻尼力矩的影响是一样的,所以压杆所造成的最大滚转角速度并不改变。

2. 横航向动操纵性

尽管副翼操纵和方向舵操纵是互相影响的,但这里只研究副翼操纵下的单纯滚转和方向舵操纵下的单纯偏转运动。虽然与飞机的实际动态有所差别,但它们反映了横航向操纵动态反应的主要方面。

1)偏转副翼之后的单纯滚转运动

偏转副翼之后的单纯滚转运动是理论上的一种理想运动,是指飞机在飞行员偏转副翼之后,不产生侧滑,而只产生滚转角加速度的单自由度滚转。它能够反映飞行员偏转副翼后飞机动态过渡过程的主要方面。

过渡过程时间长,说明飞机反应慢;过渡过程时间短,则说明飞机反应快。

飞行员阶跃操纵副翼,滚转反应的快慢主要取决于飞机的横向转动惯量(I_x)和滚转阻尼力矩导数(L^{ω_x})。横向转动惯量大,则反应时间长;反之,横向转动惯量小,则反应时间短。滚转阻尼力矩导数大,则反应时间短;反之,滚转阻尼力矩导数小,则反应时间长。现代高速飞机的滚转转动惯量较小,有利于提高滚转反应速度。但滚转阻尼一般不足,特别是高速飞行时,横向操纵性有所减弱。

2）偏转方向舵之后的单纯偏转运动

飞行员阶跃偏转方向舵,在副翼中立（$\delta_x = 0$）、无坡度的条件下,可以认为飞机不滚转,只作绕机体立轴的单自由度偏转运动,这种理想运动称为飞机对飞行员阶跃操纵方向舵后的单纯偏转运动。它反映了飞机对方向舵操纵反应的主要方面。进行这样的简化后,飞行员偏转方向舵使飞机侧滑角变化的情况与飞行员偏转升降舵改变迎角的情况类似。侧滑角随时间（t）的变化情况与飞机纵向阶跃操纵后飞机迎角（过载）的变化情况类似。如航向阻尼比在 0～1 之间,飞机以一定的侧滑角振荡,最后稳定在与该方向舵位置对应的侧滑角上,如图 6-51 所示。

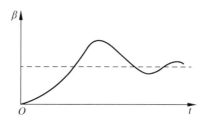

图 6-51　侧滑角随时间的变化曲线

复习思考题

1. 除了收放起落架、襟翼和减速板对飞机的俯仰平衡有影响外,还有没有其他因素影响飞机的俯仰平衡？ 如果有,请详细说明。

2. 单摆受到微小扰动在平衡位置附近来回摆动的过程中,摆锤在什么位置的时候,只有稳定力矩而无阻尼力矩？ 在什么位置时只有阻尼力矩而无稳定力矩？ 在什么情况下,这两个力矩的方向相同？ 在什么情况下,这两个力矩的方向相反？

3. 飞机在负升力飞行时,机翼上反角对横侧静稳定性有什么影响？ 机翼后掠角对横侧静稳定性有什么影响？

4. 方向静稳定性和横侧静稳定性有哪些区别和联系？

5. 飞机动稳定性与静稳定性有哪些区别和联系？

6. 飞机高速飞行时的稳定性和低速飞行相比有哪些特点？

7. 飞机的稳定性是相对的、有条件的。那么,在实际飞行中,飞行员应如何对待飞机的稳定性问题？

8. 在直线飞行中,影响杆力、杆位移的因素主要有哪些？ 分别是怎样影响杆力、杆位移的？

9. 飞行员拉杆使飞机从平飞转入向上的曲线飞行的过程中,平尾会产生哪几种附加升力？ 这些附加升力的本质区别是什么？ 它们能否互相抵消？ 为什么？

10. 试分析出现侧滑会对飞机的俯仰、方向和横侧静操纵性产生的影响。

11. 以俯仰稳定性和俯仰操纵性为例,说明飞机的稳定性和操纵性既是对立又是统一的。

第7章

正常类飞机飞行性能

　　飞行性能是指飞机在气动力和发动机拉力/推力等外力作用下所表现出来的运动能力,其主要作用是在确保安全的前提下,如何获得最大的经济效益。完成一次飞行任务,需要经历起飞、上升、平飞(巡航)、下降、着陆、转弯(盘旋)六个阶段。在不同阶段,对安全和效益的侧重点有所不同。因此,飞行性能的研究方法是以完成一次飞行任务所必须经历的六个阶段为基准,分别讨论六个阶段的性能,即起飞性能、上升性能、巡航性能、下降性能、着陆性能及转弯性能。其中,平飞、上升、下降指的是飞机既不带倾斜也不带侧滑的等速直线飞行。飞机的盘旋是指飞机不带侧滑,飞行高度、速度、盘旋半径等参数均不随时间而改变,是飞机在水平面内的一种机动飞行,是匀速曲线运动。飞机的起飞和着陆是变速运动。

　　无论是匀速直线运动还是曲线运动,都是力作用的结果。第6章飞机的平衡、稳定性和操纵性已经研究了力矩的平衡问题,若作用在飞机上的力矩达到平衡,则表明飞机的姿态保持不变。本章将结合飞机常见的六种基本飞行状态,研究作用于飞机上的力的平衡问题。若作用在飞机上的力达到平衡,则表明飞机保持稳定的飞行状态。在研究飞机力的平衡问题时,假定飞机已经达到了力矩平衡。

　　本章从飞机处于不同的飞行状态所受的作用力出发,用图解的方法分析飞机基本飞行状态的飞行性能,讨论飞行条件对这些性能的影响。本章所涉及的飞行性能均针对的是按照正常类飞机取证的小型飞机,而大型运输类飞机的飞行性能将在后续其他课程中进行专门介绍。

7.1　平飞

　　平飞是指飞机做等高等速的直线飞行,是飞机的一种最基本飞行状态。

7.1.1　平飞时的受力分析

　　平飞时,作用在飞机上的力有升力(L)、重力(W)、拉力(P)[或推力(T)]和阻力(D),如图 7-1 所示。

　　为了保持高度不变,重力应与升力平衡;为了保持速度不变,拉力应与阻力相等。由此可得,飞机平飞的运动方程为

$$\begin{cases} L = W \\ D = P \end{cases} \tag{7-1}$$

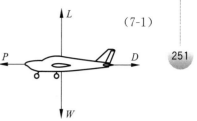

图 7-1 飞机平飞时的受力情况

为保持平飞状态,需要足够的升力以平衡飞机的重力(即 $L=W$),为产生这一升力所需要的飞行速度,叫作平飞所需的速度,以 $v_{平飞}$ 表示。

由平飞运动方程 $L=W$ 及升力公式 $L = C_L \cdot \frac{1}{2} \rho v_{平飞}^2 \cdot S$ 可以得到

$$v_{平飞} = \sqrt{\frac{2W}{C_L \rho S}} \tag{7-2}$$

由式(7-2)可以看出影响平飞所需速度的因素有飞机重量、机翼面积、空气密度、升力系数。下面重点讨论飞机重量、升力系数的影响。

在其他飞行条件不变的情况下,飞机的飞行重量越重,则平飞所需的速度越大;反之,平飞所需的速度则越小。

在其他飞行条件不变的情况下,飞机升力系数越大,则平飞所需的速度越小;反之,则平飞所需的速度越大。飞机的升力系数主要取决于飞机迎角和襟翼的使用情况。迎角、襟翼偏角不同,则升力系数不同,飞机平飞所需的速度也就不同。飞机在小于临界迎角的范围内飞行时,迎角大,升力系数大,则平飞所需的速度小;迎角小,升力系数小,则平飞所需的速度大。即大迎角,小速度;小迎角,大速度。襟翼偏角大,升力系数大,则平飞所需的速度小;襟翼偏角小,升力系数小,则平飞所需的速度大。

在实际飞行中,飞机平飞所需的速度主要随飞机升力系数(迎角)的改变而变化。

7.1.2 平飞拉力曲线和平飞功率曲线

反映飞机平飞性能的参数主要有平飞最大速度、平飞最小速度、最小功率速度、最小阻力速度和平飞速度范围。这些性能参数可以通过平飞拉力曲线和平飞功率曲线来确定。

1. 平飞拉力曲线

把平飞所需拉力曲线和可用拉力曲线画在同一坐标系上,称为平飞拉力曲线。

由平飞运动方程(7-1)可得

$$P_{平飞} = \frac{W}{K} \tag{7-3}$$

式(7-3)表明,飞机平飞所需的拉力(平飞气动阻力)$P_{平飞}$ 与飞行重量 W 成正比,与飞机的升阻比 K 成反比,即飞行重量越重,平飞所需的拉力越大;升阻比越小,平飞所需的拉力越大。

飞机可以用不同的速度平飞,而每一平飞速度对应于一个迎角和升阻比,换言之,平飞所需的拉力是随平飞所需的速度变化的。

把平飞所需拉力随平飞所需速度变化的规律用曲线表示出来,即为平飞所需拉力曲线。随着平飞速度的增大,平飞所需拉力先减小,后增大。这是因为:平飞速度增大,其对应的迎角减小,在临界迎角到有利迎角的范围内,迎角减小,升阻比增大,则平飞所需拉力减小;

在小于有利迎角的范围内,迎角减小,升阻比减小,则平飞所需拉力增大。以最小阻力迎角平飞,升阻比最大,则平飞所需拉力最小。

活塞式发动机飞机的可用拉力随着速度的增加而减小,而喷气式发动机飞机的可用拉力随着速度的增加基本保持不变。这两种飞机的平飞拉力曲线分别如图 7-2 和图 7-3 所示(速度以指示空速 v_I 表示)。

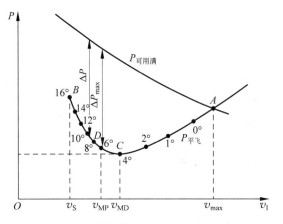
图 7-2 活塞式螺旋桨飞机的平飞拉力曲线

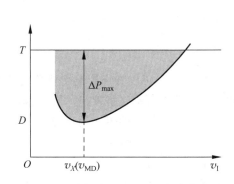
图 7-3 喷气式飞机的平飞拉力曲线

剩余拉力是指在同一速度下,飞机的可用拉力与平飞所需拉力之差,以 ΔP 表示,即

$$\Delta P = P_{可用} - P_{平飞}$$

由图 7-2 可以看出,对于活塞式螺旋桨发动机飞机,随着飞行速度的增大,剩余拉力先增大后减小。同一油门下,最大剩余拉力(ΔP_{max})对应平飞所需功率最小的速度(v_{MP})。对于喷气式发动机飞机,最大剩余拉力(ΔP_{max})对应平飞所需拉力最小的速度(v_{MD}),如图 7-3 所示。

2. 平飞功率曲线

把飞机的平飞所需功率曲线和可用功率曲线画在同一坐标系上,称为平飞功率曲线。

平飞中,需要克服阻力对飞机做功。平飞所需拉力在单位时间内所做的功就是平飞所需功率,记为 $N_{平飞}$。

根据平飞所需功率的定义,其计算公式为

$$N_{平飞} = P_{平飞} \, v_{平飞} \tag{7-4}$$

从式(7-4)可以看出,平飞所需功率的大小取决于平飞所需的速度和平飞所需的拉力。

把平飞所需功率随平飞速度的变化规律用曲线表示出来,即为平飞所需功率曲线。随着平飞速度的增大,平飞所需功率先减小,后增大。这是因为:从临界迎角对应的最小速度开始,起初,由于平飞所需拉力的急剧减小,平飞所需功率迅速减小,随着平飞速度的继续增大,虽然平飞所需拉力仍旧减小,但其减小的变化量小于速度增大的变化量,故平飞所需功率增大。当飞行速度大于最小阻力速度后,随着平飞速度的增大,平飞所需拉力也增大,所以平飞所需功率显著增大。

对于活塞式螺旋桨发动机飞机的可用功率随着速度的增加先增大后减小,而喷气式发动机飞机的可用功率随着速度的增加一直增大。

活塞式螺旋桨发动机飞机和喷气式发动机飞机的平飞功率曲线分别如图 7-4 和图 7-5 所示(速度以真空速 v_T 表示)。

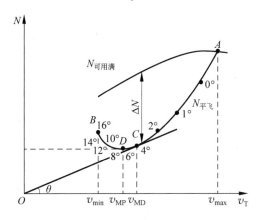

图 7-4   活塞式螺旋桨飞机平飞功率曲线

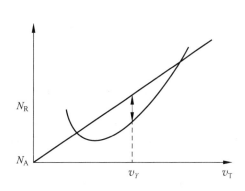

图 7-5   喷气式飞机平飞功率曲线

剩余功率是指同一速度下,飞机的可用功率与平飞所需功率之差,以 ΔN 表示:

$$\Delta N = N_{可用} - N_{平飞} \tag{7-5}$$

由图 7-4 可以看出,对于活塞式螺旋桨发动机飞机,随着飞行速度的增大,剩余功率先增大后减小。同一油门下,最大剩余功率(ΔN_{max})对应平飞所需拉力最小的速度(v_{MD})。

因小型飞机均为活塞式螺旋桨飞机,因此,本书仅讨论活塞式螺旋桨飞机的平飞拉力曲线和平飞功率曲线。

7.1.3　平飞性能参数

1. 平飞最大速度

平飞最大速度是指飞机在满油门条件下保持平飞能达到的稳定飞行速度,以 v_{max} 表示。

由图 7-2 和图 7-4 可看出,在 A 点,满油门下的可用拉力(或可用功率)与所需拉力(或所需功率)相等,该点对应的速度就是平飞的最大速度。

由于发动机不能长时间在最大功率状态下工作,所以也将发动机在额定功率状态下工作时飞机能达到的稳定平飞速度,称为平飞最大速度。

上述方法确定的平飞最大速度是飞机理论上而非实际运行中的最大使用速度,由于受到飞机结构强度等限制,最大使用速度比理论的平飞最大速度要小。

因此,平飞最大速度受到发动机性能和飞机结构强度的限制。

2. 平飞最小速度

平飞最小速度是指飞机平飞所能保持的最小稳定速度,以 v_{min} 表示。在发动机功率足够的条件下(低高度),平飞最小速度受最大升力系数限制,平飞最小速度为飞机的失速速度

(v_S),如图 7-2 和图 7-4 中 B 点所对应的速度。在发动机功率不足的条件下(接近升限),平飞最小速度大于失速速度。

实际飞行中,当飞机接近临界迎角飞行时,由于流过机翼的气流严重分离,飞机会出现抖动,此时的速度为抖杆速度,飞机以此速度飞行不但容易失速,而且稳定性和操纵性都很差,因此以失速速度或抖杆速度保持稳定飞行是不安全的。为了保证飞行安全,对迎角的使用要留有余量,平飞最小使用速度要比失速速度大,一般 $v_{\min使用}=(1.1\sim1.25)v_{\min}$。

因此,平飞最小速度受到发动机性能和飞机失速速度的限制。

3. 最小阻力速度

最小阻力速度是指平飞所需拉力最小的飞行速度,以 v_{MD} 表示。以最小阻力迎角飞行时,飞机的升阻比最大,平飞所需拉力最小,以最小阻力迎角飞行对应的速度就是最小阻力速度。如图 7-2 和图 7-4 中 C 点所对应的速度。

图 7-4 中 C 点为从原点所引平飞所需功率曲线的切点,该点对应的平飞所需拉力最小。证明如下:

$$\tan\theta = N_{平飞}/v_{平飞} = (P_{平飞}\,v_{平飞})/v_{平飞} = P_{平飞}$$

因为切点对应的 θ 角最小,则平飞所需拉力最小,所以切点对应的速度为 v_{MD}。

活塞式螺旋桨发动机飞机以 v_{MD} 平飞时,航程较长。

4. 最小功率速度

最小功率速度是指平飞所需功率最小的速度,以 v_{MP} 表示。如图 7-2 和图 7-4 中 D 点所对应的速度。活塞式螺旋桨发动机飞机以 v_{MP} 平飞所需的发动机功率最小,但航时较长。

5. 平飞速度范围

从平飞最大速度到平飞最小速度,称为平飞速度范围。从理论上讲,在此范围内用任一速度均可保持平飞。但实际飞行中使用的平飞速度范围要小一些。飞机平飞速度范围越大,说明飞机的平飞性能越好。

7.1.4 影响平飞性能的因素

1. 飞行高度的影响

随着飞行高度的增加,平飞最大表速和平飞最大真空速将减小;平飞最小表速先保持不变,然后增加,而平飞最小真空速则一直增加。原因分析如下:

随着飞行高度的增高,飞机以同一表速飞行时,飞机的动压和阻力系数不变,飞机平飞所需拉力不变,即以表速为横坐标的平飞所需拉力曲线不随高度变化;但随着飞行高度的增高,发动机的有效功率降低,可用拉力减小。这样,随着飞行高度的增高,平飞最大表速将减小,平飞最大真空速也将减小,如图 7-6 所示。

图 7-7 给出了随着飞行高度的增高,平飞所需功率和平飞可用功率的变化情况。随着

飞行高度的增高,同一表速的真空速增大,使平飞所需功率增大;而飞行高度增高,发动机的有效功率降低,使平飞可用功率减小,这样平飞最大表速和最大真空速随飞行高度的增高而减小,如图7-8所示。

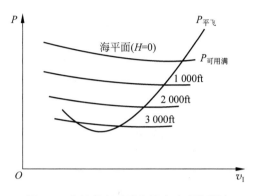

图7-6 飞行高度对平飞最大速度的影响
（拉力曲线）

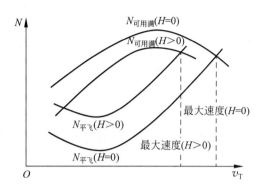

图7-7 飞行高度对平飞最大速度的影响
（功率曲线）

在低飞行高度飞行时,发动机功率足够,平飞最小速度受临界迎角限制,故随着飞行高度的增高,对应于临界迎角的平飞最小指示空速不变,而平飞最小真空速增大;在接近升限飞行时,由于满油门的可用拉力和可用功率降低到小于以临界迎角平飞时所需拉力和所需功率之下,因此,随着飞行高度的增高,平飞最小表速将增大,而平飞最小真空速则增大更多,如图7-9所示。

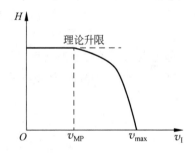

图7-8 平飞最大速度随飞行高度的变化曲线

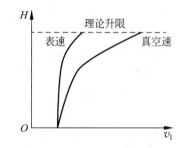

图7-9 平飞最小速度随飞行高度的变化曲线

2. 温度的影响

随着温度的增加,平飞最大表速和平飞最大真空速将减小;平飞最小表速先保持不变,然后增加,平飞最小真空速则一直增加。原因与飞行高度的影响一致。

3. 飞机重量的影响

随着飞机重量的增加,平飞最大表速和平飞最大真空速将减小;平飞最小表速和平飞最小真空速则一直增加。

4. 飞行包线

飞机的平飞速度范围随飞行高度变化的曲线称为飞行包线,如图 7-10 所示。由飞行包线可以看出,随着飞行高度的增高,飞机的平飞速度范围逐渐缩小,当达到一定高度(理论升限)时,飞机只能以一个速度(最小功率速度)平飞。在实际飞行中,考虑到飞机强度、稳定性、操纵性等的影响,实际使用的飞行包线比理论飞行包线要小一些。

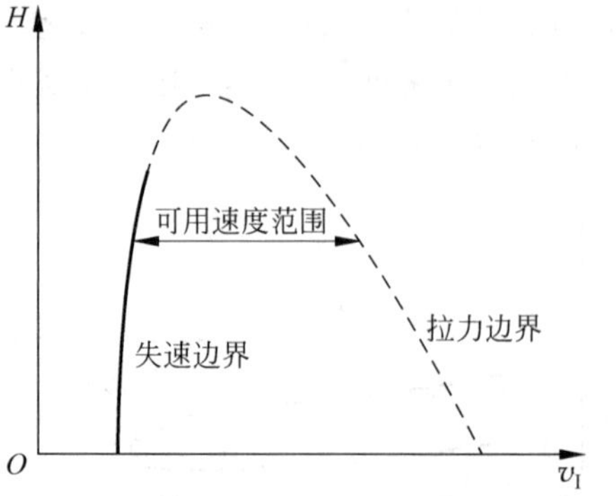

图 7-10　飞行包线

7.1.5　平飞性能图表的使用

平飞状态主要用于飞机的巡航飞行。

1. 巡航性能参数

衡量巡航性能好坏的参数主要是航时和航程。航时是指飞机耗尽其可用燃油,在空中所能持续飞行的时间。航程是指飞机耗尽其可用燃油,沿预定方向所飞过的水平距离。航时越长,航程越远,意味着巡航性能越好。通常,用小时燃油消耗量和千米(海里)燃油消耗量来研究航时和航程。

1) 航时

(1) 小时燃油消耗量

小时燃油消耗量是指飞机在空中飞行 1h 发动机所消耗的燃油量,以 q_h 表示,单位为 kg/h、L/h、lb/h 或 gal/h。小时燃油消耗量越小则平飞航时越长。大型飞机通常用燃油流量(fuel flow,FF)来表示航时。

每马力有效功率(N_e)在 1h 内所消耗的燃油量,称为发动机的燃油消耗率,以 sfc 表示,单位为 kg/(hp · h)、L/(hp · h)或 gal/(hp · h)。所以,小时燃油消耗量为发动机有效功率与燃油消耗率的乘积,即

$$q_h = N_e \cdot \text{sfc} \tag{7-6}$$

平飞时

$$N_e = N_{桨} / \eta \tag{7-7}$$

$$N_{平飞} = N_{桨} \tag{7-8}$$

式中　$N_{桨}$——螺旋桨的有效功率;

　　　η——螺旋桨的效率。

由此可得

$$q_h = N_{平飞} \cdot \frac{\text{sfc}}{\eta} \tag{7-9}$$

从式(7-9)可以看出,飞机的小时燃油消耗量取决于发动机燃油消耗率、螺旋桨效率和平飞所需的功率。

(2) 飞行条件改变对平飞航时的影响

① 发动机转速

发动机转速变化将导致发动机燃油消耗率和螺旋桨效率发生变化,从而引起小时燃油

消耗量发生变化。对于活塞式螺旋桨发动机来说,相同的发动机有效功率可以用不同的转速配合不同的进气压力来获得,但其燃油消耗率不一样,只有一个转速配合以相应的进气压力,才能使燃油消耗率最小。螺旋桨的高效率一般在额定功率下用大速度平飞才能获得。当燃油消耗率最小时,螺旋桨效率并不一定最高;而螺旋桨效率最高时,发动机的燃油消耗率并不一定最小。为了减小小时燃油消耗量,增长平飞航时,应根据既能获得高的螺旋桨效率,又能得到小的燃油消耗率的原则来选择发动机转速。飞机制造公司一般提供专门的巡航功率设置表,以便于飞行员选择发动机转速和进气压力。

② 飞行速度

飞机在同一高度上以不同的速度平飞,由于平飞所需功率不同,使小时燃油消耗量不同,因而平飞航时也不同。能获得平飞航时最长的速度称为久航速度。活塞式螺旋桨飞机如不考虑速度对燃油消耗率和螺旋桨效率的影响,以最小功率速度平飞,平飞航时最长。但考虑到速度对燃油消耗率和螺旋桨效率的影响,情况则不同。活塞式螺旋桨发动机燃油消耗率最小的功率一般为额定功率的 $40\% \sim 70\%$,以最小功率速度平飞时,燃油消耗率不是最小的,同时能获得最高螺旋桨效率的速度也比最小功率速度大。因此,用比最小功率速度稍大一些的速度平飞,虽然平飞所需功率有所增大,但由于螺旋桨效率的提高和发动机燃油消耗率的降低,小时燃油消耗量可略微减小,即可得到最小的小时燃油消耗量。活塞式螺旋桨飞机的久航速度稍大于最小功率速度。

③ 飞行高度

不同的飞行高度,小时燃油消耗量有所不同,平飞航时也不相同。能获得最长平飞航时的飞行高度叫作久航高度。对于活塞式螺旋桨飞机,飞行高度增高,螺旋桨效率变化不大,而发动机燃油消耗率增大,同一表速的平飞所需功率增大,使小时燃油消耗量增大,平飞航时缩短。因此,活塞式螺旋桨飞机以相同的表速飞行时,高度越低,小时燃油消耗量越小,平飞航时越长,平飞航时最长只有在低空飞行时才能得到。

④ 飞行重量

飞行重量变化将引起平飞所需功率的变化,使小时燃油消耗量发生变化,导致平飞航时变化。若飞行重量的增大是因载重的增大引起的,由于平飞所需功率的增大,使小时燃油消耗量增大,平飞航时缩短;若飞行重量的增大是因载油量的增大引起的,虽然由于平飞所需功率的增大导致小时燃油消耗量增大,但是燃油量的增加使平飞航时增长。

2) 航程

(1) 千米(或海里)燃油消耗量

飞机相对地面飞行 1km(或 n mile)所消耗的燃油量,叫作千米(或海里)燃油消耗量,以 $q_{km}(q_{nm})$ 表示,单位为 kg/km、gal/n mile、lb/n mile。千米(或海里)燃油消耗量越小,则平飞航程越长。大型飞机通常用燃油里程(specific range,SR)来表示航程。燃油里程是指单位燃油所能飞行的距离。

在无风条件下,飞行速度就是飞机相对于地面飞行 1h 的距离,于是可得

$$q_{km} = \frac{q_h}{v} \tag{7-10}$$

将式(7-9)代入式(7-10)得

$$q_{km} = \frac{N_{平飞}}{\upsilon} \cdot \frac{sfc}{\eta} = P_{平飞} \cdot \frac{sfc}{\eta} \qquad (7\text{-}11)$$

由式(7-11)可看出,飞机的千米(或海里)燃油消耗量取决于平飞所需拉力、发动机燃油消耗率和螺旋桨效率。

(2) 飞行条件改变对平飞航程的影响

飞行条件改变会引起发动机燃油消耗率、螺旋桨效率、平飞所需拉力等发生变化,使千米(或海里)燃油消耗量发生变化。由于飞行重量、发动机转速和螺旋桨效率对平飞航程的影响与其对平飞航时的影响相同,下面着重分析飞行速度、飞行高度和风对平飞航程的影响。

① 飞行速度

以最小阻力速度飞行时,平飞所需拉力最小。若不考虑发动机燃油消耗率和螺旋桨效率的影响,以最小阻力速度飞行时,千米(或海里)燃油消耗量最小,平飞航程最长。但活塞式螺旋桨飞机以最小阻力速度飞行,不仅所需的发动机有效功率低于燃油消耗率最小的功率,其燃油消耗率也不是最小,且螺旋桨效率也不是最高,即 sfc/η 较大,千米(或海里)燃油消耗量不是最小。若用比最小阻力速度稍大些的速度飞行,可以使 sfc/η 减小,而平飞所需拉力增大不多,这样可以使千米(或海里)燃油消耗量最小,平飞航程最长。我们把能获得千米(或海里)燃油消耗量最小、平飞航程最长的速度称为远航速度,远航速度稍大于最小阻力速度。

② 飞行高度

飞行高度增高时,以同一指示空速平飞的所需拉力不变。因此,飞行高度增高,千米(或海里)燃油消耗量的变化取决于发动机燃油消耗率和螺旋桨效率的变化。在低高度以远航速度飞行,动力装置提供的可用功率大于所需的功率,需要调整发动机的功率,这样将提供一个效率较低的发动机功率,使发动机燃油消耗率增大,导致千米(或海里)燃油消耗量增大,平飞航程缩短。在高高度飞行时,高度增高,使千米(或海里)燃油消耗量增大,平飞航程缩短。如图 7-11 所示,随着飞行高度的增高,远航速度所需的功率增大,发动机可用功率减小,当飞行高度增到某一高度时,可用功率与所需功率相等,以这个高度飞行可以使千米(或海里)燃油消耗量最小,平飞航程最远。这个能获得最远平飞航程的高度称为远航高度。

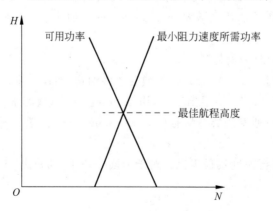

图 7-11　飞行高度对平飞航程的影响

③ 风

大小和风向都不发生改变的风称为稳定的风。稳定风场对航程会产生较大的影响。

风速、风向将影响飞机的地速,从而影响飞机的平飞航程。对于顺、逆风平飞,可以用公式(7-12)计算飞机的千米(或海里)燃油消耗量:

$$q_{km风} = \frac{q_h}{v \pm u} = \frac{q_{km}}{1 \pm u/v}$$ (7-12)

式中 u——风速,顺风取"+"号,逆风取"—"号。

由式(7-12)可以看出,在保持同一空速的情况下,顺风飞行,地速增大,千米(或海里)燃油消耗量减小,平飞航程增长;逆风飞行时则相反。

顺、逆风飞行对航程的影响不仅决定于风速,还与空速有关。当风速一定时,顺风飞行,如空速减小,可以使千米(或海里)燃油消耗量减小,增大平飞航程;逆风飞行时,如空速增大,可以使千米(或海里)燃油消耗量减小,增大平飞航程。

因此,顺风飞行时,可以适当减小空速以增大平飞航程;逆风飞行时,可适当增大空速以增大平飞航程。

2. 巡航性能图表的使用

在实际飞行中,飞机的巡航性能参数是利用飞机飞行手册中提供的性能图表确定的,这些图表给出了特定条件下的飞机巡航性能数据。目前,性能图表有两种形式:表格和曲线。不同的飞机制造商使用的形式有所不同。例如,SR20 飞机的性能图表以表格形式给出,如附录中图 7-1-1 所示,而 PA44 飞机的性能图表则以曲线的形式给出,如附录中图 7-1-2 所示。下面分别举例说明这两种性能图表的使用方法。

例 7-1 SR20 飞机重量为 2 600lb,巡航高度为 10 000ft,温度为－5℃,发动机转速为 2 700r/min,气压 20.6 为 inHg。利用附录中图 7-1-1 确定飞机巡航时的发动机功率、飞行速度和油耗。

解:飞机的巡航高度为 10 000ft,所以使用该高度下对应的数据进行计算。

① 计算 ISA 偏差:

$$T_{标准} = 15℃ － 2 \times 10\,000/1\,000℃ ＝－5℃$$

$$T_{实际} － T_{标准} ＝－5℃ －(－5℃) ＝0℃$$

得出 ISA＋0。

② 在发动机转速 2 700r/min、气压 20.6inHg、ISA 条件下,可以读出:

发动机功率 72%,飞行速度 155kt,油耗 11.2gal/h。

如果巡航的压力高度或 ISA 偏差不属于表中提供的选项,可以使用线性插值的方法。线性插值法假设两个数值点之间为线性变化,基于这一假设,两点之间的数值(如 11 000ft 或 ISA＋10℃)可用直线方程求出,下面举例说明。

例 7-2 SR20 飞机重量为 2 600lb,巡航压力高度为 10 000ft,温度为 10℃,发动机转速为 2 700r/min,气压为 20.6inHg,空调系统正常工作。利用附录中图 7-1-1 确定飞机巡航时的发动机功率、飞行速度和油耗。

解:飞机的巡航高度为 10 000ft,所以使用该高度下对应的数据。

① 计算 ISA 偏差：

$$T_{标准} = 15℃ - 2 \times 10\,000/1\,000℃ = -5℃$$

$$T_{实际} - T_{标准} = 10℃ - (-5℃) = 15℃$$

ISA 偏差为：ISA+15℃。

② 由于表格中无法直接读出对应 ISA+15℃ 的数据，故采用线性插值的方法计算。

在发动机转速为 2\,700r/min，气压为 20.6inHg 条件下，ISA 对应的发动机功率、飞行速度和油耗分别是 72%、155kt、11.2gal/h；ISA+30℃ 对应的发动机功率、飞行速度和油耗分别是 68%、152kt、10.9gal/h，由线性插值得

$$\frac{72\% - 68\%}{72\% - \text{PWR}} = \frac{0 - 30}{0 - 15}$$

$$\frac{155 - 152}{155 - \text{KTAS}} = \frac{0 - 30}{0 - 15}$$

$$\frac{11.2 - 10.9}{11.2 - \text{GPH}} = \frac{0 - 30}{0 - 15}$$

则

$$\text{PWR} = 72\% - (72\% - 68\%) \times 15/30 = 70\%$$

$$\text{KTAS} = 155\text{kt} - (155 - 152) \times 15/30\text{kt} = 153.5\text{kt}$$

$$\text{GPH} = 11.2\text{gal/h} - (11.2 - 10.9) \times 15/30\text{gal/h} = 11.05\text{gal/h}$$

可以得到：发动机功率为 70%，飞行速度为 153.5kt，油耗为 11.05gal/h。

③ 由图表下部的"Note"可知，如果空调系统正常使用，巡航速度需要减小 2kt。因此，需要对②中的飞行速度进行修正：

$$\text{KTAS} = 153.5\text{kt} - 2\text{kt} = 151.5\text{kt}$$

故发动机功率为 70%，飞行速度为 151.5kt，油耗为 11.05gal/h。

下面介绍曲线形式性能图表的使用方法。

例 7-3 已知 PA44 飞机重量为 3\,800lb，发动机功率为 55%，巡航压力高度为 4\,000ft，温度为 1℃。利用附录中图 7-1-2 确定飞机的航程。

解：① 从图中左侧的压力高度 4\,000ft 向右引直线，进入到"RANGE WITH 45 MIN RESERVE"（携带 45min 储备油的航程）一栏，与发动机功率 55% 对应的直线相交于一点。

② 再垂直向下引直线与横轴相交，读出交点对应的数值大约是 690n mile，即飞机携带 45min 储备油的航程是 690n mile。

③ 从 4\,000ft 继续向右引直线，进入到"RANGE WITH NO RESERVE"（无储备燃油航程）一栏，与发动机功率 55% 对应的直线相交于一点。

④ 再垂直向下引直线与横轴相交，读出交点对应的数值大约是 770n mile，即飞机无储备燃油的航程是 770n mile。

⑤ 计算 ISA 偏差为：ISA-6℃。

⑥ 由"NOTE"可知，如果温度比标准温度每高 1℃，航程增加 1n mile；如果温度比标准温度每低 1℃，航程减小 1.5n mile。因此，需要对②和④中的航程进行修正。

RANGE WITH 45 MIN RESERVE：

$$\text{RANGE}_{45} = 690\text{n mile} - 1.5 \times 6\text{n mile} = 681\text{n mile}$$

RANGE WITH NO RESERVE：
$$RANGE_{no} = 770 - 1.5 \times 6 = 761n \ mile$$

故携带 45min 储备油的航程为 681n mile，无储备燃油的航程为 761n mile。

例 7-4 已知 PA44 飞机重量为 3 483lb，发动机功率为 55%，巡航压力高度为 5 000ft，温度为 10℃。利用附录中图 7-1-3 确定飞机巡航的真空速。

解：① 从图中左侧外界环境温度 10℃ 向上引直线，与巡航压力高度 5 000ft 对应的曲线相交。

② 从交点水平向右引直线，直到与发动机功率 55% 对应的直线相交。

③ 再垂直向下引直线与横轴相交，读出交点对应的数值大约是 139kt，即飞机巡航的真空速是 139kt。

7.2 上升

飞机沿倾斜向上的轨迹做等速直线的飞行叫作上升。上升是飞机取得高度的基本方法。

7.2.1 上升时的受力分析

飞机稳定上升所受的作用力有升力(L)、阻力(D)、拉力(P)[或推力(T)]和重力(W)。上升时重力与飞行轨迹不垂直，为便于分析问题，把重力分解为垂直于飞行轨迹的分力（重力第一分力 W_1）和平行于飞行轨迹的分力（重力第二分力 W_2），如图 7-12 所示。

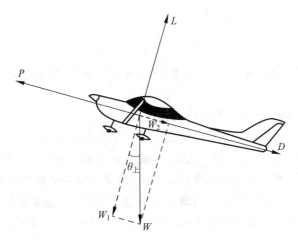

图 7-12 飞机上升时的受力情况

稳定上升时，飞机各力矩平衡，作用于飞机上的各力均通过重心，且作用于飞机上的合外力平衡，由此可得到稳定上升时的平衡方程为

$$\begin{cases} P = D + W_2 = D + W\sin\theta_{上} \\ L = W_1 = W\cos\theta_{上} \end{cases} \tag{7-13}$$

式(7-13)叫作飞机上升的运动方程或上升条件。如果其中一个条件不满足，飞机均不能作等速直线上升。从式(7-13)可以看出，同速度上升时，飞机所需的拉力大于飞机的气动

262

阻力,飞机上升所需的升力小于飞机的重力。

由 $L=W\cos\theta_{上}$ 可以得到

$$v_{上}=\sqrt{\frac{2W}{C_L\rho S}}\cdot\sqrt{\cos\theta_{上}}=v_{平飞}\sqrt{\cos\theta_{上}} \qquad (7\text{-}14)$$

即在相同的重量下,以同迎角飞行的 $v_{上}<v_{平飞}$,但由于 $\theta_{上}$ 较小,$\cos\theta_{上}\approx1$,可以认为 $v_{上}=v_{平飞}$。这样可以用平飞拉力(或功率)曲线来分析上升性能。

7.2.2　上升性能参数

反映飞机上升性能的参数主要有上升角、上升率、升限及上升时间、油耗和距离等。

1. 上升角和陡升速度(v_X)

飞机的上升角是指上升轨迹与水平面的夹角。与上升角相对应的还有一个物理量——上升梯度。上升梯度是指飞机上升高度(H)与前进的水平距离($l_{上}$)之比,等于上升角的正切值,即 $\tan\theta_{上}=\dfrac{H}{l_{上}}=$ 上升梯度。

上升角(上升梯度)大,则说明通过同样的水平距离,飞机上升的高度高,飞机的越障能力强。

由式(7-13)中 $P=D+W\sin\theta_{上}$ 得

$$\sin\theta_{上}=\frac{P-D}{W}=\frac{\Delta P}{W} \qquad (7\text{-}15)$$

上升角不大时,$\sin\theta_{上}\approx\tan\theta_{上}$,则得

$$\tan\theta_{上}=\frac{P-D}{W}=\frac{\Delta P}{W} \qquad (7\text{-}16)$$

从式(7-15)和式(7-16)可以看出,飞机的剩余拉力越大,重量越轻,飞机的上升角和上升梯度越大。

能获得最大上升角和最大上升梯度的速度称为陡升速度,以 $v_{陡升}$ 或 v_X 表示。在飞行重量不变的条件下,飞机的上升角和上升梯度取决于剩余拉力的大小。而剩余拉力的大小取决于油门和飞行速度的大小。同一表速下,油门越大则剩余拉力越大,上升角和上升梯度越大。在油门一定时,速度不同则剩余拉力不同,活塞式螺旋桨发动机飞机以最小功率速度飞行,剩余拉力最大,即加满油门时,以最小功率速度上升,剩余拉力最大,上升角和上升梯度最大。所以,活塞式螺旋桨发动机飞机的陡升速度为最小功率速度(v_{MP})。

通常,飞机的上升角和上升梯度较小。标准仪表离场程序设计的标准梯度为 3.3%,运行规章要求双发飞机在航道二段的最低梯度为 2.4%。正常全发起飞时,飞机的上升角为 5°~8°,上升梯度为 9%~14%,而如果飞机起飞出现一发失效后,飞机的爬升性能明显降低,上升梯度为 3%~5%。飞行程序设计考虑全发运行,标准仪表离场程序的程序设计梯度(PDG)为 3.3%,如果离场航迹下方有较高的障碍物,离场程序设计梯度可以提高,但程序设计梯度一旦超过 5%,很多航空公司运行的飞机将可能面临减载的问题。如果飞机上升梯度为 5%,则飞机爬升过程中,前进 1n mile 大约能上升 300ft 高度;如果飞机上升梯度为 10%,则飞机爬升过程中,前进 1n mile 大约能上升 600ft 高度。

2．上升率和快升速度（v_Y）

上升率是指单位时间内飞机上升的高度，也是飞机上升速度的垂直分速，单位为 m/s、ft/min。飞机的上升率大，说明飞机上升到同一高度所需的时间短，飞机的上升性能好。

由上升率与上升角、上升速度的关系可得

$$v_{Y上} = v_上 \cdot \sin\theta_上 \tag{7-17}$$

将式(7-15)代入式(7-17)得

$$v_{Y上} = v_上 \cdot \frac{\Delta P}{W} = \frac{\Delta N}{W} \tag{7-18}$$

从式(7-18)可以看出，飞机的剩余功率越大，飞行重量越轻，飞机的上升率越大。

能获得最大上升率的速度称为快升速度，以 $v_{快升}$ 或 v_Y 表示。在飞行重量一定的条件下，上升率取决于剩余功率的大小。油门越大，剩余功率越大，上升率越大。在油门一定时，剩余功率随速度的变化而变化，低高度飞行，螺旋桨飞机以最小阻力速度上升，剩余功率最大，上升率最大，即螺旋桨飞机的快升速度为最小阻力速度（v_{MD}）。

通过分析可知，上升率不仅与上升角有关，还与上升速度有关。如飞机的上升角为 5°，若飞机上升速度（真空速）为 80n mile/h，则上升率约为 700ft/min；若飞机上升速度（真空速）为 350n mile/h，则上升率约为 3 000ft/min。

3．升限

随着飞行高度的增高，飞机上升到一定高度时，上升率会减小到零，这时飞机不可能继续上升。最大上升率等于零时的高度称为理论升限。在理论升限，飞机只能以最小功率速度平飞。由于高度增高，上升率减小，上升单位高度的时间越长，越接近理论升限，上升率越小，飞机上升越缓慢，理论升限上的最大上升率为零，则飞机上升到理论升限的时间趋于无穷大。这就是说，飞机要稳定上升到理论升限，实际上是不可能的。为此，实用中规定，活塞式螺旋桨发动机飞机以最大上升率为 100ft/min 对应的高度为实用升限；而高速喷气式发动机飞机则以最大上升率为 500ft/min 对应的高度为实用升限。

随着飞行重量的增大，飞机的升限将会降低。

4．上升时间、油耗和距离

上升时间是指上升到预定高度所需的时间。

上升油耗是指上升到预定高度所需的燃油量。

上升距离是指上升到预定高度所前进的地面距离。

7.2.3 影响上升性能的因素

1．飞行高度的影响

以同一指示空速上升，飞机的阻力不变，但随着高度的增加，发动机的有效功率降低，使可用拉力减小，导致剩余拉力减小，上升角和上升梯度减小。当飞机上升到一定高度时，剩余拉力会减小到零，飞机的上升角和上升梯度也减小到零。

飞行高度增加时,因为空气密度的降低使发动机的有效功率降低,可用功率降低;而飞机同一表速下所需功率因真空速的增大而增大,导致剩余功率随高度的增大而减小,上升率减小。与此同时,最大剩余功率对应的速度逐渐趋向最小功率速度,快升表速随高度的增加而减小。因此,随着高度的增加,上升角和上升率均减小。

2．温度的影响

气温升高,发动机的有效功率减小,飞机的剩余拉力减小,导致飞机的上升角和上升梯度减小。反之,气温降低,使飞机的上升角和上升梯度增大。

气温升高,发动机的有效功率降低,上升所需功率增大,剩余功率减小,上升率减小。反之,气温降低,上升率增大。

3．飞行重量的影响

飞行重量的变化会引起飞机阻力的变化,导致剩余拉力变化,影响上升角和上升梯度的大小。飞行重量增大,则阻力增大,剩余拉力减小,使上升角和上升梯度减小;飞行重量减轻,则使上升角和上升梯度增大。所以,当起飞上升的上升梯度要求高,而飞机的上升梯度满足不了要求时,应减轻重量以达到要求。

飞行重量增大,则上升所需功率增大,剩余功率减小,飞机的上升率降低。反之,飞行重量减轻,则上升率增大。

4．风的影响

有风的情况下,飞机除了相对空气运动外,还随空气一起相对地面移动。此时,飞机的上升率、空速、迎角、仰角与无风时一样,但飞机的地速发生了变化,飞机相对地面的上升轨迹也发生了变化。

顺风上升,上升角和上升梯度减小,上升率不变;逆风上升,上升角和上升梯度增大,上升率不变。如图 7-13 所示。

在垂直气流中上升时,上升角和上升率都要改变。在上升气流中上升时,上升角和上升率增大;在下降气流中上升时,上升角和上升率减小。如图 7-13 所示。

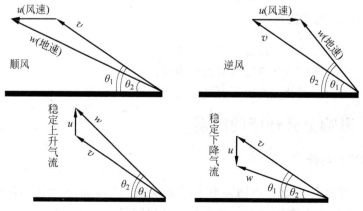

图 7-13　顺、逆风,上升、下降气流对上升性能的影响

7.2.4 上升性能图表的使用

在实际飞行中,飞机的上升性能是利用飞机飞行手册中提供的性能图表来确定的,这些图表给出了特定条件下的飞机上升性能数据。例如,SR20 飞机的起飞上升梯度图表如附录图 7-2-1 所示,起飞上升率图表如附录图 7-2-2 所示,上升时间、油耗和距离图表如附录图 7-2-3 所示。根据实际需求,结合分析条件,可以从不同的上升性能图表中分别确定出飞机的起飞上升梯度、起飞上升率,以及从机场起飞上升到巡航高度所需的时间、燃油量和前进距离等。下面举例介绍其使用方法。

例 7-5 已知某机场压力高度为 2 000ft,机场温度为 20℃,起飞重量为 3 050lb,襟翼为 50%。利用附录图 7-2-1 确定 SR20 飞机的起飞上升梯度。

解:飞机的起飞重量是 3 050lb,所以只能使用该重量下对应的数据。由题干信息查表可得:找到压力高度 2 000ft 所在行及机场温度为 20℃,查出起飞爬升梯度为 481ft/n mile。

例 7-6 已知某机场压力高度为 3 000ft,机场温度为 20℃,起飞重量为 3 050lb,襟翼为 50%。利用附录图 7-2-1 确定 SR20 飞机的起飞上升梯度。

解:在温度为 20℃时,压力高度为 2 000ft 对应的起飞上升梯度是 481ft/nm,压力高度为 4 000ft 对应的起飞上升梯度是 398ft/nm,假设 3 000ft 对应的起飞上升梯度为 $\mathrm{GoC}_{3\,000}$,由线性插值得

$$\frac{481-398}{481-\mathrm{GoC}_{3\,000}}=\frac{2\,000-4\,000}{2\,000-3\,000}$$

则 $\mathrm{GoC}_{3\,000}=481\mathrm{ft/n\ mile}-(481-398)\times1\,000/2\,000\mathrm{ft/n\ mile}=439.5\mathrm{ft/n\ mile}$。

例 7-7 已知某机场压力高度为 1 000ft,机场温度为 10℃,起飞重量为 2 500lb,襟翼为 50%。利用附录图 7-2-2 确定 SR20 飞机的起飞上升率。

解:由于表格中无法直接读出对应的压力高度和温度的数据,故采用线性插值的方法,且需要对压力、高度和温度进行二维线性插值计算。

(1) 不同温度条件下,对压力高度进行线性插值计算。

① 在温度为 0℃时,压力高度为 SL 对应的起飞上升率是 1 201ft/min,压力高度为 2 000ft 对应的起飞上升率是 1 077ft/min,假设 1 000ft 对应的起飞上升率为 RoC_0,由线性插值得

$$\frac{1\,201-1\,077}{1\,201-\mathrm{RoC}_0}=\frac{0-2\,000}{0-1\,000}$$

则 $\mathrm{RoC}_0=1\,201\mathrm{ft/n\ mile}-(1\,201-1\,077)\times1\,000/2\,000\mathrm{ft/n\ mile}=1\,139\mathrm{ft/n\ mile}$。

② 在温度为 20℃时,压力高度为 SL 对应的起飞上升率是 1 144ft/min,压力高度为 2 000ft 对应的起飞上升率是 1 017ft/min,假设 1 000ft 对应的起飞上升率为 RoC_{20},由线性插值得

$$\frac{1\,144-1\,017}{1\,144-\mathrm{RoC}_{20}}=\frac{0-2\,000}{0-1\,000}$$

则 $\mathrm{RoC}_{20}=1\,144\mathrm{ft/n\ mile}-(1\,144-1\,017)\times1\,000/2\,000\mathrm{ft/n\ mile}=1\,080.5\mathrm{ft/n\ mile}$。

(2) 对温度进行线性插值计算。

在压力高度为 1 000ft 时,假设温度为 10℃对应的起飞上升率为 RoC_{10},由线性插值得

$$\frac{1\ 139-1\ 080.5}{1\ 139-\text{RoC}_{10}}=\frac{0-20}{0-10}$$

则 $\text{RoC}_{10}=1\ 139\text{ft/n mile}-(1\ 139-1\ 080.5)\times10/20\text{ft/n mile}=1\ 109.75\text{ft/n mile}$。

故起飞上升率为 $1\ 109.75\text{ft/min}$。

例 7-8 已知某机场压力高度为 $1\ 000\text{ft}$，机场温度为 $18℃$，起飞重量为 $3\ 050\text{lb}$，巡航高度 $8\ 500\text{ft}$。利用附录图 7-2-3 确定：

(1) 无风时，飞机的上升时间、燃油量和前进距离；

(2) 顺风风速为 10kt 时，飞机的上升时间、燃油量和前进距离。

解：① 读出巡航高度在 $8\ 000\text{ft}$ 时的时间、燃油量、前进距离：

时间：12.3min，燃油量：2.9gal，前进距离：21n mile。

② 读出巡航高度在 $9\ 000\text{ft}$ 时的时间、燃油量、前进距离：

时间：14.6min，燃油量：3.3gal，前进距离：25n mile。

③ 用线性插值法计算巡航高度在 $8\ 500\text{ft}$ 时的时间、燃油量、前进距离：

$$\frac{14.6-12.3}{14.6-\text{Time}}=\frac{9\ 000-8\ 000}{9\ 000-8\ 500}$$

$$\frac{3.3-2.9}{3.3-\text{Fuel}}=\frac{9\ 000-8\ 000}{9\ 000-8\ 500}$$

$$\frac{25-21}{25-\text{Dist}}=\frac{9\ 000-8\ 000}{9\ 000-8\ 500}$$

则

$$\text{Time}=13.45\text{min}$$

$$\text{Fuel}=3.1\text{gal}$$

$$\text{Dist}=23\text{n mile}$$

时间：13.45min，燃油量：3.1gal，前进距离：23n mile。

④ 读出压力高度在 $1\ 000\text{ft}$ 时的时间、燃油量、前进距离：

时间：1.3min，燃油量：0.3gal，前进距离：2n mile。

⑤ 由③④求得：

时间：12.15min，燃油量：2.8gal，前进距离：21n mile。

⑥ 由"Note"可知，温度比标准温度每高出 $10℃$，需要在所有计算数据上增加 10%。因此，需要计算 ISA 偏差，然后再对⑤的结果进行修正。

计算 ISA 偏差：$\text{ISA}+5℃$。

计算无风时的时间、燃油量、前进距离：

$$\text{Time}=12.15\times\left(1+10\%\times\frac{5}{10}\right)\text{min}=12.76\text{min}$$

$$\text{Fuel}=2.8\times\left(1+10\%\times\frac{5}{10}\right)\text{gal}=2.94\text{gal}$$

$$\text{Dist}=21\times\left(1+10\%\times\frac{5}{10}\right)\text{n mile}=22.05\text{n mile}$$

无风时的时间、燃油量、前进距离为：时间：12.76min，燃油量：2.94gal，前进距离：22.05n mile。

⑦ 上述结果都是基于无风条件计算得到的,当上升过程中遇到顺、逆风时,需要对距离进行修正。因此,在顺风风速为10kt时,距离修正为:

$$\text{Dist} = 22.05\text{n mile} + 10 \times 12.76/60\text{n mile} = 24.18\text{n mile}$$

故顺风风速为10kt的时间、燃油量、前进距离为:时间:12.76min,燃油量:2.94gal,前进距离:24.18n mile。

例7-9　已知某机场压力高度为2 000ft,机场温度为10℃,起飞重量为3 400lb,全发正常工作,起落架收起。利用附录图7-2-4确定PA44飞机的上升率。

解:① 从图中左侧外界环境温度10℃向上引直线,与机场压力高度2 000ft对应的曲线相交。

② 由交点水平向右引直线,直到与起飞重量3 400lb对应的曲线相交。

③ 再垂直向下引直线与横轴相交,读出交点对应的数值大约是1 450ft/min,即飞机的上升率是1 450ft/min。

例7-10　已知某机场压力高度为2 000ft,机场温度为0℃,巡航高度为7 000ft,外界温度为−14℃,上升速度为88kt,无风。利用附录图7-2-5确定PA44飞机的上升时间、燃油量和前进距离。

解:① 从图中左侧外界环境温度0℃向上引直线,与压力高度2 000ft对应的曲线相交。

② 由交点水平向右引直线,分别与燃油、时间和距离对应的曲线相交。

③ 从交点处分别垂直向下引直线与横轴相交,三个交点对应的数值即为飞机从海平面上升到2 000ft高度所需的上升燃油量、时间和前进距离。读出上升燃油量为1gal,时间为1.5min,前进距离为2.5n mile。

④ 根据条件温度−14℃,压力高度7 000ft,重复上述步骤,可以得到飞机从海平面上升到7 000ft高度所需的上升燃油量、时间和前进距离。读出上升燃油量为3gal,时间为6min,前进距离为9.5n mile。

⑤ 由④~①可以得到飞机的上升时间、燃油量和前进距离,即

时间:4.5min,燃油量:2gal,前进距离:7n mile。

7.3　下降

飞机沿倾斜向下的轨迹做等速直线的飞行叫作下降。下降是飞机降低高度的基本方法。

7.3.1　下降时的受力分析

飞机稳定下降时所受的作用力有升力(L)、阻力(D)、拉力(P)[或推力(T)]和重力(W)。下降时,重力与飞行轨迹不垂直,为便于分析问题,把重力分解为垂直于飞行轨迹的分力(重力第一分力W_1)和平行于飞行轨迹的分力(重力第二分力W_2),如图7-14所示。

稳定下降时,飞机各力矩平衡,作用于飞机上的各力均通过重心,且作用于飞机上的各力也平衡,由此可知稳定下降时的平衡方程为

$$\begin{cases} L = W_1 = W\cos\theta_{\text{下}} \\ D = W_2 + P = W\sin\theta_{\text{下}} + P \end{cases} \tag{7-19}$$

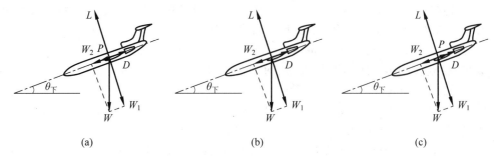

图 7-14 飞机下降时的受力情况

(a) 正拉力；(b) 零拉力；(c) 负拉力

通常情况下，飞机正常下降过程中发动机采用慢车状态，即可以忽略拉力（P），称为零拉力下降，其运动方程变为

$$
\begin{cases}
L = W_1 = W\cos\theta_{下} \\
P = W_2 = W\sin\theta_{下}
\end{cases}
\tag{7-20}
$$

零拉力下降也叫作下滑。

由 $L = W\cos\theta_{下}$ 可得

$$
v_{下} = \sqrt{\frac{2W}{C_L\rho S}} \cdot \sqrt{\cos\theta_{下}} = v_{平飞}\sqrt{\cos\theta_{下}}
\tag{7-21}
$$

由式（7-21）可知，下降时，飞机的升力小于飞机的重量，同迎角的下降速度小于平飞速度。但由于 $\theta_{下}$ 很小，$\cos\theta_{下}\approx1$，可以认为 $v_{下}=v_{平飞}$，即 $D_{下}=D_{平飞}$，这样就可以用平飞拉力（功率）曲线来分析飞机的下降性能了。

7.3.2 下降性能

反映飞机下降性能的参数主要有下降角、下降率，以及下降时间、油耗和距离。

1. 下降角

下降角是指飞机的下降轨迹与水平面之间的夹角，以 $\theta_{下}$ 表示。下降距离是指飞机下降一定高度所前进的水平距离，以 $l_{下}$ 表示，如图 7-15 所示。

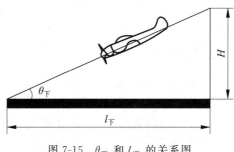

图 7-15 $\theta_{下}$ 和 $l_{下}$ 的关系图

与下降角相对应的还有一个物理量，即下降梯度。下降梯度是指下降高度（H）与前进的水平距离（$l_{下}$）之比，即下降梯度等于下降角的正切值：

$$\tan\theta_{\text{下}} = \frac{H}{l_{\text{下}}} = 下降梯度 \tag{7-22}$$

通常,飞机的标准下降角为 3°,对应的标准下降梯度为 5.2%。

1) 零拉力下滑时的下滑角和下滑距离

由零拉力下滑的平衡方程式(7-20)得

$$\tan\theta_{\text{下}} = \frac{1}{K} \tag{7-23}$$

又由 $\theta_{\text{下}}$ 和 $l_{\text{下}}$ 的关系得

$$l_{\text{下}} = \frac{H}{\tan\theta_{\text{下}}} = HK \tag{7-24}$$

由式(7-23)和式(7-24)可知,零拉力下滑时,飞机下滑角取决于飞机升阻比;下滑距离取决于下滑高度和升阻比,在下滑高度一定时,下滑距离只取决于升阻比。当升阻比增大时,下滑角减小,下滑距离增长。以最小的阻力速度下滑时,飞机的升阻比最大,下滑角最小,下滑距离最长。这里必须注意,零拉力下滑时,飞机的下滑角和下滑距离不受飞行重量的影响。

2) 正拉力下降时的下降角和下降距离

由式(7-19)可得

$$\tan\theta_{\text{下}} = \frac{D - P}{W} = \frac{1}{K} - \frac{P}{W} = \frac{-\Delta P}{W} \tag{7-25}$$

$$l_{\text{下}} = \frac{H}{\tan\theta_{\text{下}}} = \frac{H}{\left(\dfrac{1}{K} - \dfrac{P}{W}\right)} \tag{7-26}$$

当飞机正拉力下降时,飞机的下降角和下降距离不仅取决于升阻比,还取决于拉力和飞行重量。重量越大,下降角越大,下降距离越小;正拉力越大,下降角越小,下降距离越大。

2. 下降率

下降率是指飞机在单位时间内下降的高度,以 $v_{y\text{下}}$ 表示,单位为 m/s 或 ft/min。下降率也可以看作下降速度的垂直分量。

1) 零拉力时的下滑率

由式(7-20)可得

$$v_{y\text{下}} = v_{\text{下}} \cdot \sin\theta_{\text{下}} \approx \frac{v_{\text{下}}}{K} \tag{7-27}$$

或

$$v_{y\text{下}} = v_{\text{下}} \cdot \sin\theta_{\text{下}} \approx v_{\text{下}} \cdot \frac{D}{W} = \frac{N_{\text{平飞}}}{W} \tag{7-28}$$

由式(7-28)可知,当 $N_{\text{平飞}}$ 最小时,下滑率最小,即活塞式螺旋桨飞机以最小功率速度下滑时,可以获得最小的下滑率。

2) 正拉力时的下降率

$$v_{y\text{下}} = v_{\text{下}} \cdot \sin\theta_{\text{下}} \approx v_{\text{下}}\left(\frac{1}{K} - \frac{P}{W}\right) \tag{7-29}$$

又因 $L \approx W$,式(7-29)可以改写为

$$v_{y\text{下}} = v_{\text{下}} \cdot \sin\theta_{\text{下}} \approx v_{\text{下}} \cdot \frac{D-P}{W} = \frac{-\Delta N}{W}$$ (7-30)

当飞机正拉力下降时,飞行重量增加,下降率增大。

7.3.3 影响下降性能的因素

1.飞行高度和温度的影响

高度和气温增高,同迎角对应的升阻比不变,故零拉力下滑的下滑角不变。但高度和气温增高,使空气密度减小,同表速的真空速增大,下滑率增大。高度和气温降低时则相反。

正拉力下降时,高度和气温增高,拉力减小,负的剩余拉力增大,下降角增大。高度和气温降低时则相反。

2.飞行重量的影响

飞行重量增大,零拉力下滑时,同迎角下的升阻比不变,下滑角不变,下滑距离不变,但由于下滑速度增大,使下滑率增大。飞行重量减轻时则相反。

正拉力下降时,飞行重量增大,飞机的下降角和下降率都增大,下降距离缩短。这是因为重量增大,使相同迎角下的下降速度增大,阻力增大,负的剩余拉力(功率)增大,飞机的下降角和下降率增大。

3.风的影响

风对下降性能的影响与风对上升性能的影响相同。

顺风下降,下降角减小,下降距离增长,下降率不变;逆风下降,下降角增大,下降距离缩短,下降率不变。

上升气流中下降,下降角和下降率都减小,下降距离增长;下降气流中下降,下降角和下降率都增大,下降距离缩短。如图 7-16 所示。

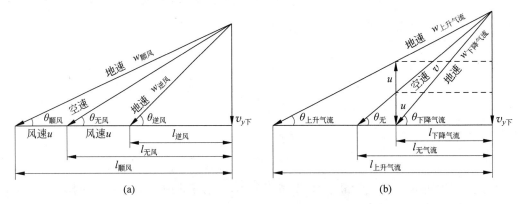

图 7-16 顺、逆风,上升、下降气流对下降性能的影响
(a)顺风、逆风对下降性能影响;(b)稳定、升降气流对下降性能影响

有风时,最大下降距离将不在最小阻力速度获得。顺风下降,适当减小速度,增长下降

时间,风的影响增大,可以增长下降距离;逆风下降,适当增大速度,则可以增长下降距离。

7.3.4 下降性能图表的使用

因下降与上升非常类似,其图表使用方法也与上升性能图表一致,故这里不再赘述。

7.4 转弯(盘旋)

转弯是飞机在水平面内的一种机动飞行。而盘旋是指飞机连续转弯不小于360°的飞行。正常盘旋是指飞机不带侧滑,坡度、飞行高度、速度、盘旋半径等参数均不随时间而改变。

通常,按转弯的坡度大小将转弯分为三种:坡度小于20°的转弯称为小坡度转弯;坡度在20°~45°的转弯称为中坡度转弯;坡度大于45°的转弯称为大坡度转弯。民航飞机转弯的坡度一般在30°以内。

7.4.1 转弯时的受力分析

1. 转弯运动方程

飞机稳定转弯时所受的力如图7-17所示,包括升力 L、重力 W、拉力 P 和阻力 D。根据升力所起的作用,可将其分解为垂直方向的分力和水平方向的分力。根据转弯的定义,需要保持盘旋的坡度、高度、速度和半径不变。由力学原理可知,质量为 m 的飞机,要保持盘旋坡度 γ、高度 h、速度 v 和半径 r 不变,必须满足转弯运动方程:

$$\begin{cases} W = L\cos\gamma \\ L\sin\gamma = m\dfrac{v^2}{r} \\ P = D \end{cases} \tag{7-31}$$

由式(7-31)可知,若保持高度不变,升力垂直分力应与重力平衡。对同一架飞机来说,重力可认为不变,升力垂直分力则是随着升力方向而改变的。升力不变而坡度增大时,升力垂直分力减小;坡度不变而升力增大时,升力垂直分力增大。升力主要由速度和迎角决定。显然,盘旋坡度增大时,必须增大盘旋升力,才能保持高度不变。

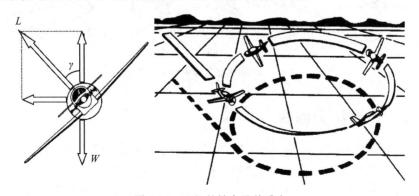

图7-17 飞机的转弯及其受力

要保持转弯速度不变,应当使拉力与阻力平衡。拉力由油门位置决定,阻力主要由速度、迎角决定。

要保持转弯半径不变,须保持盘旋速度和盘旋的向心力即升力水平分力不变。

因此,稳定转弯时,飞机的升力大于重力,升力的水平分力提供了飞机转弯时的向心力。

2．载荷因数(load factor)

飞机的结构强度一般用飞机可以承受的最大载荷因数来加以限制。

飞机的载荷是指除了飞机本身重量以外的其他作用力(发动机推力和气动力)的总和,通常用载荷因数,即载荷与飞机重力的比值来表示。载荷因数是一个无单位的矢量,其方向为载荷的方向。

由于发动机拉力在飞机立轴方向的分量很小,因此,沿飞机立轴方向的载荷一般只考虑气动力的分量即飞机升力,立轴方向的载荷因数(n_y)就是飞机升力与重力之比,即

$$n_y = \frac{L}{W} \tag{7-32}$$

在飞机三个方向的载荷因数中,由于 n_y 起着重要作用,如果不加以指明,一般所说的载荷因数就是立轴方向的载荷因数。

载荷因数越大,表示升力比飞机重力大得越多,飞机各部件的受力越大。因此飞机的结构强度可用飞机可以承受的最大载荷因数来表示。

平飞时,升力等于重力,所以载荷因数等于1。

稳定上升和下降时,升力小于重力,所以载荷因数小于1。

正常盘旋时,升力大于重力,所以载荷因数大于1。

由 $W = L\cos\gamma$ 可知

$$n_y = \frac{1}{\cos\gamma} \tag{7-33}$$

由式(7-33)可知,正常盘旋中的载荷因数只取决于坡度,坡度越大,盘旋中的载荷因数越大。飞机以90°坡度正常盘旋时,载荷因数将为无穷大。换句话说,要做90°坡度的正常盘旋是不可能的,因为这时没有力在垂直方向上与重力平衡,如图7-18所示。

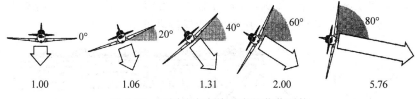

图 7-18　不同坡度盘旋对应的载荷因数

7.4.2　转弯拉力曲线

前面我们通过对平飞拉力曲线和平飞功率曲线的分析确定了平飞性能。对于转弯,也可通过对转弯拉力曲线和转弯功率曲线的分析来确定转弯性能。

拉力曲线是由转弯所需拉力曲线和可用拉力曲线组成的。转弯所需拉力曲线是飞机在一定高度以一定坡度转弯时,转弯所需拉力随所需速度变化的曲线。

如果已知飞机平飞所需拉力曲线,利用前面的公式,即可计算出不同坡度转弯时所需的速度和拉力,将其画在坐标图上,即可得到在不同坡度下的转弯所需拉力曲线,如图7-19所

示。转弯所需拉力曲线是一组曲线,每根曲线对应一个转弯坡度,而可用曲线与平飞可用曲线是完全一样的。从图中可以看出:

(1) 同一速度转弯时,坡度增加,则迎角增加,所需拉力增大。这是由于增大坡度,需要增大升力才能保持高度不变。升力增大则阻力增大,故所需拉力也随之增大。

(2) 同一迎角转弯时,坡度越大,则所需速度和拉力也越大。因为增大坡度,须增大升力,在迎角不变时,只能增大所需速度,则阻力即所需拉力也相应增大。

(3) 同一坡度转弯时,迎角增大,则所需速度减小,所需拉力先减后增,以最小阻力速度转弯,所需拉力最小。同时可以看出,转弯最小阻力速度是随坡度而变化的。

(4) 坡度越大,转弯的可用速度范围越小,失速速度越大。

由上面的分析可知,飞机在一定的高度转弯时,每一个姿态(即坡度和迎角)有其对应的速度和拉力,若不遵循这个规律,就不能做出正确的转弯。

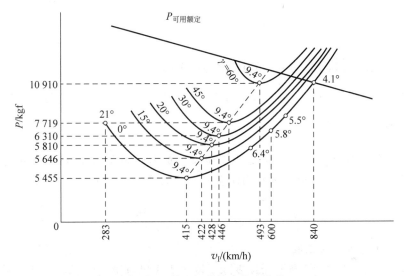

图 7-19　某飞机的转弯拉力曲线

飞机的极限转弯能力是由多方面因素限制的,归结起来可分为三类:

1) 飞机结构强度

由前面的分析可知,转弯坡度越大,转弯半径和盘旋时间越小,飞机的载荷因数就越大。但飞机的最大载荷因数是设计时就预定了的,最大载荷因数对应一个最大转弯坡度,实际当中的转弯坡度不能超过这个值。对于民用客机而言,使用大坡度转弯不但使旅客的舒适性降低,而且在正常飞行情况下,也无此必要。军用战斗机的结构强度往往设计更高,这类飞机的极限转弯能力通常不是受其强度限制,而是受人的生理极限限制。

2) 失速边界

转弯所需拉力曲线左端对应速度为飞机的失速速度。从理论上说,飞机可以以失速速度转弯,但考虑到飞机的稳定性、操纵性及安全裕度,实际上要求飞机转弯的最小速度必须大于该坡度下的抖动速度,这限制了飞机的最小速度转弯边界。

3) 发动机功率

发动机功率越大,满油门对应的可用拉力曲线位置就越高,从图 7-20 中可以明显看出,飞机的高速盘旋边界受到发动机最大可用功率的限制。即使飞机的强度再高,如果发动机功率不足,也将使极限盘旋范围缩小。

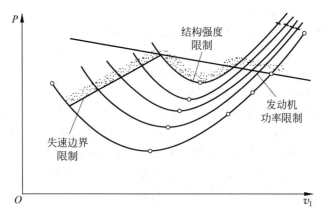

图 7-20　极限转弯限制因素

7.4.3　转弯性能参数及其影响因素

反映飞机转弯性能的参数主要有转弯速度、拉力、功率、半径和转弯率(角速度)。

1.转弯速度

保持转弯高度不变,使升力垂直分力平衡飞机重力所需要的速度,叫作转弯所需速度。根据转弯运动方程(7-31)和转弯时的升力公式得出转弯所需速度 v 为

$$v = \sqrt{\frac{2W}{C_L \rho S \cos\gamma}} = v_{平飞} \frac{1}{\sqrt{\cos\gamma}} = v_{平飞} \sqrt{n_y} \tag{7-34}$$

式中　$v_{平飞}$——平飞所需速度。

由式(7-34)可以看出,转弯所需速度除了取决于飞机重量、空气密度、升力系数外,还取决于坡度(即载荷因数)。转弯中的载荷因数始终大于1,因此转弯所需速度大于相同迎角平飞所需的速度,且转弯坡度越大,同样迎角下转弯所需的速度也越大。

2.转弯拉力

保持转弯所需速度所需要的拉力,叫作转弯所需拉力。转弯时所需拉力应等于转弯时的阻力,即

$$P = D = C_D \cdot \frac{1}{2}\rho v^2 S \tag{7-35}$$

将式(7-35)代入式(7-34)得:

$$P = C_D \cdot \frac{1}{2}\rho v_0^2 S \frac{1}{\cos\gamma} = P_{平飞} \frac{1}{\cos\gamma} = P_{平飞} n_y$$

式中　$P_{平飞}$——平飞所需拉力。

同一架飞机,在高度和迎角均不变的条件下,转弯所需拉力是平飞所需拉力的 n_y 倍,转弯中 $n_y>1$,所以转弯所需拉力大于同样迎角平飞时所需拉力。转弯坡度越大,载荷因数越大,转弯所需拉力也越大。

3．转弯功率

转弯所需拉力和转弯所需速度的乘积就是转弯所需功率,即转弯所需拉力每秒所做的功,表示为

$$N = Pv = N_{平飞}\sqrt{n_y^3} \qquad (7\text{-}36)$$

式中　$N_{平飞}$——平飞所需功率。

同一架飞机,在高度和迎角均不变的条件下,转弯所需功率是平飞所需功率的$\sqrt{n_y^3}$倍。随着坡度的增加,转弯所需功率比同样迎角条件下的平飞所需功率大得更多。比如$30°$坡度盘旋时,与同样高度和迎角下的平飞相比,速度必须增大8%,而功率则增大25%。

总之,转弯坡度越大,载荷因数越大,转弯所需速度、拉力和功率也越大。所以飞机的可用拉力、功率和飞机允许的载荷因数值就限制了飞机转弯的最大坡度。

4．转弯半径

由式(7-31)可知,转弯半径为

$$r = \frac{mv^2}{L\sin\gamma} = \frac{W}{g} \cdot \frac{v^2}{L\sin\gamma} = \frac{L\cos\gamma}{g} \cdot \frac{v^2}{L\sin\gamma} = \frac{v^2}{g \cdot \tan\gamma} \qquad (7\text{-}37)$$

5．转弯率（角速度）

转弯率是指飞机单位时间内转过的角度,单位一般为度每秒$[(°)/s]$。所以

$$\omega = \frac{2\pi}{T} = \frac{2\pi}{\dfrac{2\pi}{g} \dfrac{v}{\tan\gamma}} = \frac{g\tan\gamma}{v} \qquad (7\text{-}38)$$

其中,转弯一周的时间等于转弯一周的周长与转弯速度之比,即

$$T = \frac{2\pi r}{v} = \frac{2\pi}{g} \cdot \frac{v}{\tan\gamma} \qquad (7\text{-}39)$$

由式(7-37)和式(7-38)可知,转弯半径和转弯率取决于飞行速度和坡度。当转弯坡度一定时,转弯速度越大,盘旋半径越大,转弯率越小;当速度一定时,坡度越大,转弯半径越小,转弯率越大。对于任何飞机,只要转弯速度和坡度相同,转弯半径和转弯率也相同。

在实际飞行中,空管部门常常要求不同类型的飞机必须在相同的时间内完成$360°$转弯,不同飞机转弯的角速度必须相等,即标准速率转弯。所谓标准速率转弯是指按$3°/s$的速率进行转弯,各型飞机以标准速率盘旋一周所需的时间为$2\min$。由于转弯侧滑仪测量的是转弯角速度,它可以很好地用于标准速率转弯,只需在转弯中将转弯侧滑仪上的小飞机翼尖始终对准标准速率转弯标记即可,如图7-21所示。

图 7-21　转弯侧滑仪(标准速率转弯)

7.5 起飞

飞机从地面滑跑到离地升空,是由于升力不断增大,直到大于飞机重力的结果。而只有当飞机速度增大到一定程度时,才可能产生足以支持飞机重力的升力。可见飞机的起飞是一个速度不断增加的加速过程。

7.5.1 小型飞机起飞的定义及受力分析

对于正常类、实用类飞机,起飞是指飞机从跑道上开始滑跑,到 v_R 时抬前轮离开地面,上升到距起飞表面50ft(15m)的高度,速度达到起飞安全速度 v_2 的运动过程。CCAR-23.53规定,起飞安全速度必须不小于 $1.2v_{S1}$。

对于运输类飞机,起飞是指飞机从地面开始加速滑跑,到飞机离地高度不低于1 500ft,完成从起飞到航路爬升构型的转换,速度不低于 v_{FTO}($v_{FTO} \geqslant 1.25v_S$ 或 $1.18v_{SR}$)的过程(CCAR-25.111)。本节重点介绍小型飞机的起飞。

起飞一般可分为起飞滑跑、抬前轮离地、初始上升三个阶段,如图7-22所示。

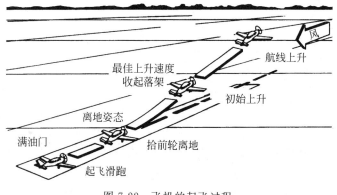

图 7-22 飞机的起飞过程

1. 起飞滑跑

飞机从跑道头速度为零,到获得离地速度的加速过程,叫作起飞加速滑跑阶段。在起飞加速滑跑过程中,飞机先是三点滑跑,在加速到一定速度时,改成两点滑跑,一直到离地为止。通常,在受力分析时,假定整个滑跑过程都是用两点滑跑进行的。此时飞机上所受的力有拉力 P、重力 W、升力 L、阻力 D、地面支撑力 N 及机轮与地面间的摩擦力 F,如图7-23所示。

起飞滑跑时,飞机的运动是水平直线加速运动,假定拉力 P 与地面平行,可得到地面加速滑跑阶段的运动方程式:

$$\frac{W}{g}\frac{\mathrm{d}v}{\mathrm{d}t} = P - D - F \tag{7-40}$$

$$N = W - L \tag{7-41}$$

式中 $\mathrm{d}v/\mathrm{d}t$——起飞滑跑时的加速度。

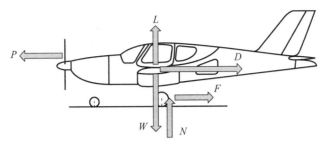

图 7-23 飞机起飞加速滑跑阶段的受力分析

通常,用起飞滑跑距离(take-off run distance,TOR)表征飞机的起飞滑跑性能。起飞滑跑距离是自跑道头松刹车点至飞机离地点的距离。加速度和离地速度是影响起飞滑跑距离的主要因素。离地速度小,飞机短时间内就能增速到离地速度离地,所以滑跑距离短。在离地速度一定时,加速度大,则飞机增速快,能更快地增速到离地速度,所以滑跑距离也短。要加大加速度,就要增大推力和减小阻力及摩擦力,所以起飞过程中发动机一般采用满油门起飞。

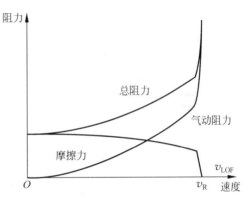

图 7-24 飞机地面加速滑跑阶段阻力的变化情况

在滑跑过程中,随着飞机速度的增加,作用在飞机上的各个力也在发生着变化。速度增加,发动机拉力减小,气动阻力增加,升力也增加,因而地面支撑力减小,地面的摩擦阻力减小,但包括摩擦阻力和气动阻力在内的飞机总阻力还是随着速度的增加而增加,如图 7-24 所示。因而,地面加速滑跑过程中,飞机的加速度逐渐减小。

在式(7-40)中,摩擦力 F 可表示成

$$F = fN = f(W - L) \tag{7-42}$$

式中 f——摩擦系数,主要取决于跑道表面质量,不同的跑道表面,其值不同。

将式(7-42)代入式(7-40)得

$$\frac{W}{g}\frac{\mathrm{d}v}{\mathrm{d}t} = P - fW - \frac{\rho v^2 S}{2}(C_D - fC_L) \tag{7-43}$$

对式(7-43)进行积分,即可得到起飞滑跑阶段所需要的时间 t:

$$t = \frac{W}{g}\int_0^{v_{离}} \frac{\mathrm{d}v}{P - fW - \dfrac{\rho v^2 S}{2}(C_D - fC_L)} \tag{7-44}$$

则起飞滑跑距离 l_1 为

$$l_1 = \frac{W}{g}\int_0^{v_{离}} \frac{v\,\mathrm{d}v}{P - fW - \dfrac{\rho v^2 S}{2}(C_D - fC_L)} \tag{7-45}$$

由于式(7-44)和式(7-45)中的被积函数随积分变量速度而变化,因而起飞滑跑所需时

间和滑跑距离一般用图解法或数值积分法来求解。

在工程估算时,可假设整个起飞滑跑过程为匀加速过程,平均加速度 a_{av} 可用沿速度方向作用在飞机上的各个力的平均值来计算:

$$\frac{W}{g}a_{av} = P_{av} - f_{av}W - \left[\frac{\rho v^2 S}{2}(C_D - fC_L)\right]_{av} \tag{7-46}$$

式中　P_{av}——起飞滑跑过程中作用在飞机上的平均推力;

　　　f_{av}——滑跑跑道表面的平均摩擦系数。

在近似估算中因式(7-46)中右边第三项,即气动部分 $C_D - fC_L$ 的值很小,可以忽略,这样,起飞滑跑距离可表示为

$$l_1 = \frac{1}{2g} \frac{v_{离}^2}{\dfrac{P_{av}}{W} - f_{av}} \tag{7-47}$$

式中　$v_{离}$——离地速度。

2. 抬前轮离地

当飞机加速到离地速度时,飞机的升力等于重力,飞机自动离地升空。

飞机的离地速度是起飞滑跑时,当升力刚好等于重力时的瞬时速度,可按式(7-48)计算:

$$v_{离} = \sqrt{\frac{2W}{C_{L离}\rho S}} \tag{7-48}$$

式中　$C_{L离}$——飞机离地时的升力系数,根据飞机近地面起飞襟翼构型的升力特性和离地迎角 $\alpha_{离}$ 确定。

由式(7-48)可知,离地速度与翼载荷(W/S)和离地升力系数 $C_{L离}$(迎角)有关,增大离地姿态及襟翼角度,都可以减小离地速度,从而缩短起飞滑跑距离。但要注意的是,飞行员虽然可以通过增大离地迎角来提高 $C_{L离}$,但离地迎角的增加还要受到抖动迎角和擦尾迎角的限制。例如,"运七"飞机的擦尾迎角约为 12°,为了保持腹鳍不擦地(留 2°~ 3°的余量),地面最大可用迎角为 9°~10°,此即最大离地迎角。

另外,离地速度还与空气密度有关。在保持同一表速抬前轮的情况下,机场高度和气温增加,大气密度将减小,使离地速度增大,在高原机场,起飞离地速度大,就是因为空气密度小的缘故。

但是离地速度过小会使飞机在空中的稳定性和操纵性变差,危及飞行安全。因此,实际起飞时的最小离地速度应由最大可用迎角限制的离地速度和空中最小操纵速度两者中的较大者确定。

3. 初始上升

飞机离地后,沿某一倾斜向上轨迹爬升并加速,此时航迹是一条直线。飞机加速上升阶段的受力分析如图 7-25 所示,图中 θ 为航迹倾角,W_1 为重力的第一分量,与升力方向相反;W_2 为重力的第二分量,沿航迹方向。

飞机加速上升过程中,主要受到拉力、升力、阻力和重力的作用,可写出飞机的运动方

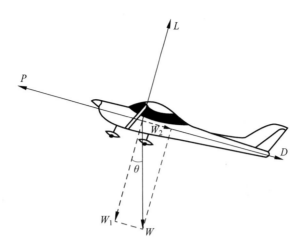

图 7-25　初始上升阶段飞机的受力情况

程为

$$\frac{W}{g}\frac{\mathrm{d}v}{\mathrm{d}t}=\frac{W}{g}\frac{\mathrm{d}v}{\mathrm{d}t}\frac{\mathrm{d}l}{\mathrm{d}t}=\frac{W}{g}v\frac{\mathrm{d}v}{\mathrm{d}l}$$

$$=P-D-W_2$$

$$=P-D-W\sin\theta \tag{7-49}$$

$$L=W_1=W\cos\theta \tag{7-50}$$

将 $v=\dfrac{\mathrm{d}l}{\mathrm{d}t}$ 代入式(7-50),可得

$$\frac{W}{g}v\frac{\mathrm{d}v}{\mathrm{d}l}=P-D-W\sin\theta \tag{7-51}$$

由式(7-51)得

$$\mathrm{d}l=\frac{W}{2g}\frac{\mathrm{d}v^2}{P-D-W\sin\theta} \tag{7-52}$$

则加速上升段沿航迹方向经过的距离 l 为

$$l=\int_{v_{离}}^{v_{升}}\frac{W}{2g}\frac{\mathrm{d}v^2}{P-D-W\sin\theta} \tag{7-53}$$

式中　$v_{升}$——飞机上升到安全高度的瞬时飞行速度,它必须大于 CCAR 规定的起飞安全速度。

因航迹倾角 θ 很小,因此按式(7-52)求得的距离 l 可近似作为加速上升段的水平距离 l_2。

由于加速上升过程中阻力、升力的大小要随速度而变化,因此在一定的航迹角下,式(7-53)只能采用图解积分法求解。

近似估算中,加速上升段的水平距离可采用能量法计算。

根据能量守恒,飞机在安全高度 H_2 上所具有的总能量应等于飞机离地瞬间具有的总能量再加上上升过程中剩余推力 $(P-D)$ 做的功。

当航迹倾角不大时,航迹距离与水平距离差别不大,将 $(P-D)$ 沿航迹所做的功看作沿水平距离做的功,即有

$$l_2(P-D)_{平均}=\left(WH_2+\frac{W}{2g}v_升^2\right)-\left(WH_1+\frac{W}{2g}v_离^2\right) \qquad (7\text{-}54)$$

式中 H_1——地面处的标高。

取 $H_2-H_1=15\mathrm{m}$,得到起飞加速上升段的空中水平距离 l_2:

$$l_2=\frac{W}{(P-D)_{平均}}\left(\frac{v_升^2-v_离^2}{2g}+15\right) \qquad (7\text{-}55)$$

式中,$(P-D)_{平均}$可按 $v_{平均}=(v_升+v_离)/2$ 及发动机最大转速和 $L\approx G$ 的条件,利用发动机特性曲线和飞机起飞极曲线确定。

7.5.2 起飞性能参数

反映飞机起飞性能的参数主要是离地速度、起飞滑跑距离和起飞距离。

离地速度是指起飞滑跑时,当升力刚好等于重力时的瞬时速度。可按照式(7-48)计算。

起飞滑跑距离(take-off run distance,TOR)是指飞机从开始滑跑至离地之间的距离,称为起飞滑跑距离,可按照式(7-47)计算。

起飞距离(take-off distance,TOD)是指飞机从跑道上开始滑跑,到离地 50ft 高度所经过的水平距离,它等于起飞滑跑距离和初始上升段所经过的水平距离之和,如图 7-26 所示。可按照式(7-47)加上式(7-55)计算。

飞机所需起飞距离的长短,是衡量起飞性能好坏的重要指标之一。

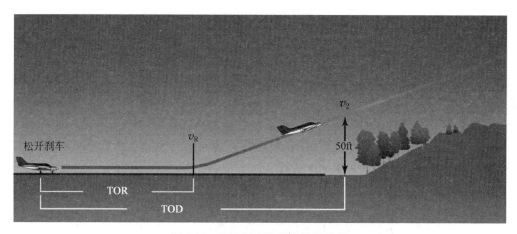

图 7-26　起飞距离和起飞滑跑距离

7.5.3 影响起飞性能的因素

影响起飞滑跑距离和起飞距离的因素有油门位置、离地姿态、襟翼位置、起飞重量、机场标高与气温、跑道表面质量、风向风速、跑道坡度等。这些因素一般是通过影响离地速度或起飞滑跑的平均加速度来影响起飞滑跑距离和起飞距离的。

1. 油门位置

油门越大,拉力越大,飞机增速越快,起飞滑跑距离和起飞距离就越短。所以,一般应用起飞功率或最大油门状态起飞。

2．离地姿态

离地姿态的大小取决于抬前轮的高度。抬前轮高度高，离地姿态大，离地迎角大，离地速度小，起飞滑跑距离短；反之，起飞滑跑距离长。但姿态过大容易导致飞机失速或机尾擦地，因此，应按手册中规定的姿态离地。

3．襟翼角度

放大角度襟翼，升力系数较大，导致飞机离地速度较小，滑跑距离缩短；同时升阻比较小，导致飞机升空后上升梯度小。反之，放小角度襟翼，升力系数小，导致离地速度较大，起飞滑跑距离增加；同时升阻比较大，导致飞机升空后上升梯度大。因此，起飞时使用襟翼角度的大小应综合考虑滑跑距离和升空后的越障能力。一般地，起飞阶段使用小角度襟翼。具体应按照机型手册中推荐的襟翼角度起飞。

4．起飞重量

起飞重量增大，不仅使飞机离地速度增大，还会引起机轮摩擦力增加，使飞机不易加速。因此，起飞重量增大，起飞滑跑距离和起飞距离都增长。飞机的实际起飞重量不能超过允许的最大起飞重量。

5．机场压力高度与气温

机场压力高度或气温升高，都会引起空气密度减小，一方面使拉力减小，飞机加速慢；另一方面，离地真速增大（离地表速不变），起飞滑跑距离必然增长。所以，在炎热的高原机场起飞，起飞滑跑距离和起飞距离将显著增长。

6．跑道表面质量

不同跑道表面质量的摩擦系数不同，滑跑距离也不同。跑道表面如果光滑平坦而坚实，则摩擦系数小，飞机增速快，起飞滑跑距离短。反之，跑道表面粗糙不平或松软，起飞滑跑距离就长。

7．风向风速

起飞滑跑时，为了产生足够的升力使飞机离地，不论有风或无风，离地空速（即表速）是一定的，但滑跑距离由地速决定。逆风滑跑时，保持同一表速离地时地速小，所以起飞滑跑距离比无风时短。反之，顺风滑跑时，离地地速大，起飞滑跑距离比无风时长。

顺、逆风风速越大，对滑跑距离的影响越大。所以，飞机的起飞方向应尽量选择逆风方向。

8．跑道坡度

跑道有坡度时，由于重力沿航迹方向的分力作用会使飞机加速力增大或减小：下坡起飞，加速力增大，滑跑距离缩短；上坡起飞，加速力减小，滑跑距离增长。

从以上分析可知，影响起飞距离的因素中，有些因素（如油门位置、离地姿态、襟翼角度等)是飞行员能够加以操纵改变的,有些因素(如跑道表面质量、风向风速和跑道坡度等)虽然飞行员无法改变,但可以充分利用这些因素的有利方面。

因此,为缩短起飞滑跑距离,应使用最大油门,放下一定角度的襟翼,朝着逆风方向起飞。情况许可时,适当减轻重量或利用下坡起飞可进一步缩短起飞滑跑距离,保证飞行安全。

7.5.4　起飞性能图表的使用

在实际飞行中,飞机的起飞性能参数是利用飞行手册中提供的性能图表来确定的,这些图表给出了特定起飞条件下的飞机起飞性能数据。

例如,SR20飞机的起飞性能图表如附录图7-5-1所示。该图表首先确定了起飞条件,即起飞重量为3 050lb,襟翼为50%,离地速度为71kt,高度50ft处的速度为77kt,跑道为经过平整的干道面。使用该表时,如果知道起飞机场的实际温度和机场压力高度,就可以得到在这种起飞条件下的起飞滑跑距离和起飞距离。特别需要注意的是,如果起飞时遇到了顺逆风,或者跑道表面、空调系统不再是标准条件,应该根据相关要求对起飞滑跑距离和起飞距离进行修正。下面举例说明。

例 7-11　某机场压力高度为1 000ft,机场温度为20℃,起飞重量为3 050lb,襟翼为50%。利用附录图7-5-1确定无风、干道面条件下,飞机的起飞滑跑距离和起飞距离。

解:由题干信息查表可得:起飞滑跑距离为1 684ft,起飞距离为2 515ft。由于是无风、干道面条件,所需结果不需要修正。

如果机场的压力高度或温度不属于表中提供的选项,则需要使用线性插值的方法求得具体数据。下面举例说明。

例 7-12　某机场压力高度为3 500ft,机场温度为20℃,起飞重量为3 050lb,襟翼为50%。利用附录图7-5-1确定无风、干道面条件下,飞机的起飞滑跑距离和起飞距离。

解:机场的压力高度为3 500ft,已知表格中没有这一栏数据,需要进行线性插值,拟合出对应3 500ft的两行数据。

在温度为20℃时,压力高度为3 000ft对应的起飞滑跑距离是2 034ft,压力高度为4 000ft对应的起飞滑跑距离是2 237ft,假设3 500ft对应的起飞滑跑距离为$l_{\text{TOR3 500}}$,由线性插值得

$$\frac{2\ 237 - 2\ 034}{2\ 237 - l_{\text{TOR3 500}}} = \frac{4\ 000 - 3\ 000}{4\ 000 - 3\ 500}$$

则$l_{\text{TOR3 500}} = 2\ 135.5\text{ft}$。

同理,假设3 500ft对应的起飞距离为$l_{\text{TOD3 500}}$,由线性插值得

$$\frac{3\ 305 - 3\ 015}{3\ 305 - l_{\text{TOD3 500}}} = \frac{4\ 000 - 3\ 000}{4\ 000 - 3\ 500}$$

则$l_{\text{TOD3 500}} = 3\ 160\text{ft}$。

故起飞滑跑距离为2 135.5ft,起飞距离为3 160ft。

如果起飞时遇到顺、逆风,或者跑道道面、空调系统不是标准条件,此时应该按照图表中提供的修正要求对非标准条件(如起飞时遇到逆风6ft、湿草地起飞或起飞时空调系统打开)进行修正,以得到正确的数值。下面举例说明。

例 7-13 某机场压力高度为 3 500ft,机场温度为 20℃,起飞重量为 3 050lb,襟翼为 50%。利用附录图 7-5-1 确定:(1)顺风风速为 6kt、干道面条件下,飞机的起飞滑跑距离和起飞距离;(2)无风、湿草地条件下,飞机的起飞滑跑距离及起飞距离。

解: 由例 7-12 可以得到,在压力高度 3 500ft,温度 20℃,无风干道面条件下,飞机的起飞滑跑距离为 2 135.5ft,起飞距离为 3 160ft。

(1)查表可得:顺风风速每增加 2kt,起飞相关距离增加 10%。假设顺风风速 6kt 的起飞滑跑距离和起飞距离分别为 l_{TOR6} 和 l_{TOD6},计算可得

$$l_{TOR6} = 2\,135.5 \times \left(1 + \frac{6}{2} \times 0.1\right) ft = 2\,776.15ft$$

$$l_{TOD6} = 3\,160 \times \left(1 + \frac{6}{2} \times 0.1\right) ft = 4\,108ft$$

故顺风风速 6kt、干道面条件下,起飞滑跑距离为 2 776.15ft,起飞距离为 4 108ft。

(2)查表可得:湿草地起飞时,起飞滑跑距离增加 30%。假设湿草地起飞的滑跑距离和起飞距离分别为 $l_{TOR\,WET}$ 和 $l_{TOD\,WET}$,计算可得

$$l_{TOR\,WET} = 2\,135.5 \times (1 + 0.3) ft = 2\,776.15ft$$

$$l_{TOD\,WET} = 3\,160ft + 2\,135.5 \times 0.3ft = 3\,800.65ft$$

故无风、湿草地条件下,起飞滑跑距离为 2 776.15ft,起飞距离为 3 800.65ft。

在飞行手册中,这样的表格通常给出若干个,每个表格对应一个起飞重量。如果实际起飞重量正好与表格对应的起飞重量相等,则只需直接使用对应的表格数据即可。但是,如果实际起飞重量与每个表格对应的起飞重量均不相等,应该如何处理呢?

正确的处理方法仍然是线性插值法,将最接近实际起飞重量的两个表格的相应数据进行线性插值,得到一个新的表格,新的表格与实际起飞重量相对应。然后,就可以按照前面的 3 个例子进行处理了。当然,实际处理时,不一定需要将新表格中的所有数据算出,只要将所需行列算出即可。

可见,线性插值法广泛应用于性能数据的处理中,必须掌握其使用方法。

另外一种常见的性能图表以曲线的形式给出,使用曲线形式性能图的优点是不需要进行计算,但是它的结果不如表格形式精确。附录图 7-5-2 为 PA44 飞机的起飞性能图。下面举例说明。

例 7-14 某机场压力高度为 1 000ft,机场温度为 10℃,起飞重量为 3 100lb,逆风风速 5kt 起飞,襟翼为 25°,利用附录图 7-5-2 求飞机的起飞距离。

解:(1)从图中左侧外界环境温度 10℃向上引直线,与机场压力高度 1 000ft 对应的曲线相交。

(2)由交点水平向右引直线与重量的参考线相交。在这个交点做标记,从该点作一条辅助线,沿着图中提供的一组提示线按比例偏折,直到对应起飞重量 3 100lb 的位置。

(3)再水平向右引直线,与风的参考线相交。从该点作一条辅助线,沿图中提供的提示线按比例偏折,直到对应逆风风速 5kt 的位置。需要注意的是,这一栏提供的提示线有两组,实线对应逆风起飞,虚线对应顺风起飞。本例中由于是逆风起飞,应使用实线。

(4)再向水平右引直线,与曲线最右边的数轴相交,得到的数值即为起飞距离,本例中为 970ft。

7.6 着陆

与起飞相反,着陆是飞机高度不断降低、速度不断减小的运动过程。

7.6.1 小型飞机着陆的定义及受力分析

飞机以 3°下降角和着陆进场参考速度 v_{REF},从 50ft 高度过跑道头开始,下降接地滑跑直至全停的整个过程,叫作着陆。大型飞机和小型飞机着陆的定义基本相同。

着陆过程一般分为四个阶段:下降、拉平、接地和着陆滑跑。飞机从安全高度进入着陆的下降阶段时,航迹接近直线,当下降到距离地面 5~10m 时,飞行员须操纵飞机改变姿态,从下降阶段转入拉平阶段。拉平阶段包括拉平和平飘段(一般大型飞机没有平飘段),平飘段一般出现在拉平的后段。在平飘段,飞机速度继续减小,飞机的轨迹通常为下滑角很小的直线,飞机接近水平飞行,受空气动力阻力作用,速度不断降低,飞机缓慢下沉。当升力减小到小于飞机重力时,进入接地阶段,飞机逐渐飘落。当主轮接地时便进入着陆滑跑阶段。首先是两点滑跑,随着速度的减小,转入三点滑跑,同时使用减速装置使飞机进一步减速,直至完全停止。在后续着陆距离计算中,将分为五部分计算,分别用 l_1、l_2、l_3、l_4 和 l_5 表示,具体如图 7-27 所示。

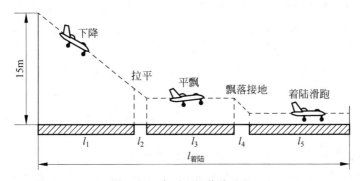

图 7-27 小型飞机着陆过程

1. 下降

在下降时,飞机放下襟翼及起落架,油门位置处于慢车工作状态,发动机的可用推力近似为零,飞机近似作等速直线下滑(本节统一将着陆前的下降阶段称为下滑),其受力情况如图 7-28 所示。

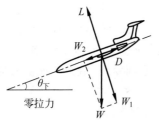

图 7-28 飞机下滑过程受力分析

下滑过程运动方程为

$$D = W\sin\theta_{下} \tag{7-56}$$

$$L = W\cos\theta_{下} \tag{7-57}$$

飞机下滑阶段所经过的水平距离,称为下滑距离,用 l_1 表示。

由式(7-55)和式(7-56)可求得下滑角 $\theta_{下}$ 为

$$\tan\theta_{下} = \frac{D}{L} = \frac{1}{K_{下滑}} = \frac{15}{l_1'} \tag{7-58}$$

由此得到

$$l_1' = 15K_{下滑} \tag{7-59}$$

式中　$K_{下滑}$——飞机下滑时的升阻比。

实际下滑过程中,飞机没有一直降至地面,而是在离地 $5\sim10\mathrm{m}$ 处开始拉平,因此实际下滑段经过水平距离及下滑距离,经验表明,$l_1 < l_1'$,l_1' 大致等于下滑段距离 l_1 和水平段距离 l_2 之和(见图 7-27),即 $l_1 + l_2 \approx l_1' = 15K_{下滑}$。

2. 拉平

拉平是飞机由下滑转入平飘的曲线运动过程,即飞机由下滑状态转入近似平飞状态的过程。飞行员在规定高度(一般为 $5\sim6\mathrm{m}$)开始拉杆并收油门,使飞机逐渐退出下滑角,形成接地姿态。拉平过程中,飞机的俯仰姿态和迎角逐渐增大,下滑角逐渐减小,飞机的速度和下滑率也不断减小。

飞机拉平后水平飞行,这时飞机在阻力的作用下,速度不断减小,进入平飘阶段。其运动方程为

$$\frac{W}{g}\frac{\mathrm{d}v}{\mathrm{d}t} = -D \tag{7-60}$$
$$W \approx L$$

由式(7-59)和式(7-60),得

$$\frac{1}{g}\frac{\mathrm{d}v}{\mathrm{d}t} = \frac{1}{g}\frac{\mathrm{d}v}{\mathrm{d}l}\frac{\mathrm{d}l}{\mathrm{d}t} = \frac{1}{2g}\frac{\mathrm{d}v^2}{\mathrm{d}l} = -\frac{D}{L} = -\frac{1}{K} \tag{7-61}$$

由此可求得平飘阶段经过的距离 l_3:

$$l_3 = -\frac{1}{2g}\int_{v_{拉平}^2}^{v_{接地}^2} K\,\mathrm{d}v^2 \tag{7-62}$$

由于升阻比 K 与速度有关,所以式(7-62)通常用图解法求解。

工程估算中,可近似取 $K = K_{\max}$,$v_{拉平} = v_{下滑}$,但由此求得的 l_3 比实际值偏大,实践中认为算大的部分相当于飘落阶段的水平距离 l_4,即有

$$l_3 + l_4 \approx \frac{K_{\max}}{2g}(v_{下滑}^2 - v_{接地}^2) \tag{7-63}$$

3. 接地

为了减小接地速度和增大滑跑中的阻力,以缩短着陆滑跑距离,接地时使用较大的迎角,故前三点式飞机以两主轮接地,而后三点式飞机通常以三轮同时接地。

在飞机接地的瞬间,升力等于重力,由此可计算得到飞机的接地速度为

$$v_{接地} = K\sqrt{\frac{2W}{\rho S C_{L接地}}} \tag{7-64}$$

式中　$C_{L接地}$——接地时的升力系数;

K——速度修正系数,一般取 $0.9\sim0.95$。

此时飞机的构型为:起落架放下,襟翼及其他增升装置位于着陆位置,考虑地面效应的

影响。

由式(7-64)可以看出,与离地速度一样,接地速度的大小取决于飞机着陆重量、空气密度和接地时的升力系数。若着陆重量增加,飞机接地时所需的升力增加,接地速度也相应增大。若空气密度减小,为保持升力不变,须相应地增大接地速度。所以气温升高或在高原机场着陆时,接地真空速要增大(但接地表速不随密度变化)。接地升力系数取决于接地迎角和襟翼的位置。接地迎角大,升力系数大,接地速度就小。但接地迎角受飞机临界迎角和擦尾角的限制。襟翼角度越大,升力系数越大,接地速度就越小,所以一般飞机放全襟翼着陆。

4. 着陆滑跑

着陆滑跑过程中,飞机在气动阻力和摩擦力的作用下逐渐减速,直至完全停下来。和起飞过程相反,着陆滑跑时,随着速度的减小,气动阻力 D 越来越小,而摩擦阻力 F 越来越大。近似计算中,认为整个着陆滑跑过程为三点滑跑的匀减速运动。滑跑过程中的平均加速度可用式(7-65)计算:

$$a_{pj} = -\frac{g}{W}(D+F)_{pj} = -\frac{g}{2}\left(f + \frac{1}{K_{接地}}\right) \tag{7-65}$$

式中 $K_{接地}$——接地时的升阻比。

由此可求得飞机在着陆滑跑过程中经过的水平距离为

$$l_5 = \frac{v_{接地}^2}{g\left(\dfrac{1}{K_{接地}} + f\right)} \tag{7-66}$$

可见,接地速度越小,着陆滑跑距离越短。

7.6.2 着陆性能参数

反映飞机着陆性能的参数主要是着陆滑跑距离和着陆距离,如图 7-29 所示。而进场速度和接地速度均会影响着陆距离。

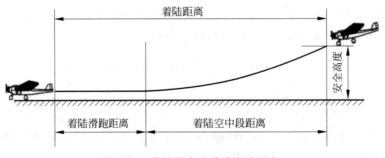

图 7-29 着陆距离和着陆滑跑距离

飞机在跑道头 50ft 高度时的速度叫作进场速度。正确的进场速度无风时应为着陆进场参考速度,它是根据飞机着陆时应保留的安全裕量而确定的一个速度,其大小为着陆构型失速速度 v_{S0} 的 1.3 倍。飞机着陆构型和着陆重量会影响其失速速度,从而影响着陆进场参考速度。着陆进场参考速度大将使飞机的接地速度增加,使着陆距离及着陆滑跑距离增长。

飞机接地瞬间的速度叫作接地速度。其大小可按式(7-64)计算,接地瞬间的升力大致与飞机重量相等。

飞机从接地到滑跑停止所经过的距离叫作着陆滑跑距离,其大小可按式(7-66)计算。

从高于跑道表面50ft的高度开始,下降接地滑跑直至完全停止运动所经过的水平距离叫作着陆距离。其大小由 l_1、l_2、l_3、l_4 和 l_5 相加计算得出。

飞机着陆距离的长短是衡量着陆性能的重要标志之一。

7.6.3 影响着陆性能的因素

1. 进场高度和速度

正确的进场速度在无风时应为着陆进场参考速度,其大小为着陆构型失速速度 v_{S0} 的1.3倍。正确的进场高度应该是在跑道头50ft。进场高度偏高,将使得着陆滑跑距离与着陆距离增长。

进场速度大,飞机接地速度大,着陆滑跑距离与着陆距离增长。

进场高度高,着陆滑跑距离与着陆距离增长。

2. 接地姿态

接地姿态直接影响接地速度的大小。接地姿态大,接地迎角大,升力系数大,接地速度小,着陆滑跑距离短。但接地姿态大,速度过小,可能导致飞机失速,也易造成飞机擦机尾。为缩短着陆滑跑距离,应使用规定的接地姿态接地。

3. 襟翼位置

大角度襟翼着陆时,一方面升力系数增加,使得着陆进场参考速度和接地速度减小,同时阻力系数增大,下降、平飘和滑跑段减速快,所以着陆距离和着陆滑跑距离缩短。反之,不放襟翼着陆,着陆距离和着陆滑跑距离增长。因此,除训练飞行、襟翼系统故障及其他特殊的情况外,正常情况一般都必须放襟翼着陆。为缩短着陆距离和着陆滑跑距离,各型飞机一般均规定着陆时应将襟翼放到最大位置,即着陆位襟翼。

4. 着陆重量

着陆重量增大,需要的升力也增大,使得50ft速度和接地速度随之增大,导致着陆距离和着陆滑跑距离增长。飞机的实际着陆重量不能超过飞机的最大允许着陆重量。

5. 机场压力高度与气温

机场压力高度或气温升高时,空气密度减小。由于飞行中的各速度均是按表速进行规定的,保持同样的50ft表速和接地表速,则50ft真速和接地真速增大,着陆距离和着陆滑跑距离增长。

6. 跑道表面质量

跑道表面光滑平坦,机轮与地面之间的摩擦力小,着陆滑跑距离增长。反之,跑道表面粗糙柔软,着陆滑跑距离短。

7．刹车状况

在着陆滑跑中,正确使用刹车是缩短着陆滑跑距离常用的有效方法。刹车效率对着陆滑跑距离影响很大,在被水或湿雪覆盖的跑道上着陆,刹车效率很低,滑跑距离大大增长。尤其是在下大雨、跑道表面上有水层的情况下更为明显。因为轮胎在跑道上高速运动时(在较大的速度范围内),轮胎表面与跑道之间的一层水起着润滑作用,此时刹车效率更低,甚至会使刹车失灵。在这种情况下着陆,必须考虑机场跑道长度是否够用。另外,刹车使用时机和刹车的使用度也有较大影响:刹车使用较早,着陆滑跑距离缩短;刹车使用度大,着陆滑跑距离缩短,但刹车使用度过大将使刹车过度磨损,可能导致拖胎,严重时还可能引起爆胎事故。

8．风向风速

在表速不变时,若逆风着陆,50ft 地速和接地地速小,着陆距离和着陆滑跑距离缩短。反之,若顺风着陆,着陆距离和着陆滑跑距离增长,且风速越大,对着陆滑跑距离的影响越明显。如有可能,着陆方向应尽量选择逆风方向进行。

9．跑道坡度

与起飞滑跑的情况相似,上坡滑跑时,重力沿航迹方向的分力起减速作用,飞机减速快,着陆滑跑距离短。反之,下坡滑跑时,着陆滑跑距离增长。

由以上分析可知,要缩短着陆距离和着陆滑跑距离,应严格控制好飞机在 50ft 处的速度和接地速度,将襟翼放在着陆位,并尽可能向逆风和上坡方向着陆,接地时应将飞机拉成规定的接地姿态,滑跑中应及时正确地使用刹车,使飞机尽快减速。

7.6.4　着陆性能图表的使用

如同起飞一样,飞机的着陆性能也是通过飞行手册中提供的着陆性能图表来确定的,这些图表和曲线给出了特定着陆条件下的飞机着陆性能数据。

例如,SR20 飞机的着陆性能图表如附录图 7-6-1 所示。该图表首先确定了着陆条件,即着陆重量为 3 050lb,襟翼为 100％,50ft 速度为 78kt,跑道为经过平整的干道面。使用该图表时,如果知道着陆机场的实际温度和机场压力高度,就可以得到在这种着陆条件下的着陆滑跑距离和着陆距离。特别需要注意的是,如同起飞性能表格一样,如果着陆时遇到了顺、逆风,或者跑道表面不再是标准条件,应该根据相关要求对着陆滑跑距离和着陆距离进行修正。下面举例说明。

例 7-15　某机场压力高度为 3 000ft,机场温度为 20℃,着陆重量为 3 050lb,襟翼为 100％。利用附录图 7-6-1 确定无风、干道面条件下,飞机的着陆滑跑距离和着陆距离。

解:由题干信息查表可得:着陆滑跑距离为 968ft,着陆距离为 2 852ft。由于是无风、干道面条件,所需结果不需要修正。

如果机场的压力高度或温度不属于表中提供的选项,则需要使用线性插值的方法求得具体数据。下面举例说明。

例 7-16 某机场压力高度为 3 000ft，机场温度为 25℃，着陆重量为 3 050lb，襟翼为 100%。利用附录图 7-6-1 确定无风、干道面条件下，飞机的着陆滑跑距离和着陆距离。

解： 机场温度为 25℃，已知表格中没有这一栏数据，需要进行线性插值，拟合出对应 25℃ 的两行数据。

在压力高度为 3 000ft 时，温度为 20℃ 的着陆滑跑距离是 968ft，温度为 30℃ 的着陆滑跑距离是 1 001ft，假设 25℃ 对应的着陆滑跑距离为 l_{LDR25}，由线性插值得

$$\frac{1\ 001 - 968}{1\ 001 - l_{LDR25}} = \frac{30 - 20}{30 - 25}$$

则 $l_{LDR25} = 984.5$ft。

同理，假设 25℃ 对应的着陆距离为 l_{LD25}，由线性插值得

$$\frac{2\ 916 - 2\ 852}{2\ 916 - l_{LD25}} = \frac{30 - 20}{30 - 25}$$

则 $l_{LD25} = 2\ 884$ft。

故着陆滑跑距离为 984.5ft，着陆距离为 2 884ft。

如果着陆时遇到顺、逆风，或者跑道表面不是标准条件，应该按照图表中提供的修正要求对非标准条件（如着陆时遇到逆风风速 6ft 或湿草地着陆）进行修正，以得到正确数值。另外，在飞行手册中，这样的表格通常给出若干个，每个表格对应一个着陆重量。如果实际着陆重量与每个表格对应的着陆重量不相等，仍然需要用线性插值的方法进行处理。具体方法同起飞性能表格的使用一样。

另外一种常见的性能图表以曲线的形式给出，附录图 7-6-2 为 PA44 飞机的着陆性能曲线图；下面举例说明。

例 7-17 某机场压力高度为 1 000ft，机场温度为 10℃，着陆重量为 3 200lb，顺风风速 5kt 着陆，襟翼角度为 40°，利用附录图 7-6-2 求飞机的着陆滑跑距离。

解：（1）从图中左侧外界环境温度 10℃ 向上引直线，与机场压力高度 1 000ft 对应的曲线相交。

（2）由交点水平向右引直线与重量的参考线相交。在这个交点做标记，从该点作一条辅助线，沿着图中提供的一组提示线按比例偏折，直到对应起飞重量 3 200lb 的位置。

（3）再水平向右引直线，与风的参考线相交。从该点作一条辅助线，沿着图中提供的一组提示线按比例偏折，直到对应顺风风速 5kt 的位置。需要注意的是，这一栏提供的提示线有两组，实线对应逆风着陆，虚线对应顺风着陆。本例中由于是顺风着陆，应使用虚线。

（4）再继续水平向右引直线，与曲线最右边的数轴相交得到的数值即为着陆滑跑距离，本例中为 640ft。

7.7 性能相关的限制

飞机在飞行中的速度除了受飞机气动性能的限制外，还要受到很多的因素限制，其中主要受飞机结构强度（即最大载荷因数）和飞机操纵性的限制。飞行员需要熟悉所飞机型相关的限制，并确保飞机在任何时候都在其限制范围内运行，以保证飞行安全。每个机型所提供的飞行手册中，均有单独的一章介绍该机型的限制规定，包括系统限制、发动机限制、运行限

制、燃油限制及标牌等。本节重点介绍与性能相关的限制内容,主要为飞机的结构强度限制、速度限制及重量、重心限制。

7.7.1 飞机的结构强度限制

飞机的结构强度一般用飞机可以承受的最大载荷因数来加以限制。载荷因数越大,表示升力比飞机重力大得越多,飞机各部件的受力越大。

1. 限制载荷因数和极限载荷因数

根据 CCAR-23.305 对飞机强度的规定,飞机的最大载荷因数分为限制载荷因数(limit load factor)和极限载荷因数(ultimate load factor)。飞机的限制载荷因数为服役期中正常使用下的最大允许载荷与重力之比,飞机结构必须能够承受限制载荷因数而不会产生危及飞行安全的永久变形。除非另有说明,飞机所规定的载荷因数均为限制载荷因数,限制载荷因数也称为最大允许使用载荷因数。

极限载荷因数以限制载荷因数乘以 1.5 倍的安全系数来规定,飞机的结构必须能够承受极限载荷因数至少 3s 而不被破坏。

飞机的审定类别不同,其可以承受的最大载荷因数也不相同。根据 CCAR 的划分,常见的民用飞机类别的限制载荷因数见表 7.1。

表 7.1 民用飞机的限制载荷因数

类 别		限制载荷因数	
		正过载	负过载
CCAR-23 部	正常类	3.8	1.5
	实用类	4.4	1.8
	特技类	6.0	3.0
CCAR-25 部	运输类	2.5	1.0

2. 机动飞行中飞行员对载荷的感受

机动飞行中,人和飞机一起做曲线运动,故具有同样的加速度。当飞机做向上的曲线运动时,飞行员和飞机具有相同的过载,即

$$\frac{L}{W} = \frac{F_{人体}}{W_{人体}} \tag{7-67}$$

等式左端为飞机的过载,右端为飞行员的过载。两者相等,说明在上述曲线飞行中,飞机和飞行员必然具有相同的过载。按照相同的分析方法,可以证明这个结论也适用于任何其他形式的曲线飞行。

飞行员在飞机上经常要承受飞机通过座椅给予人体的压力($F_{人体}$)。过载越大,这个压力就越大。平飞中,此压力与人体重力平衡,飞行员感觉到的压力就是其体重。当过载增大时,飞行员身体与座椅间的压力增大,飞行员就感觉体重好像变重了,呈现所谓的"超重"现象。对于人体和飞机所承受的载荷来说,过载是相同的。所以当飞机的过载为 n_y 时,人体的过载也同样是 n_y。人体与座椅之间的压力就变为原来体重的 n_y 倍。从俯冲改出时,过

载增大,飞行员之所以有强烈地压向座椅的感觉,就是这个原因。

反之,从平飞推杆进入俯冲,过载减小,此时,人体与座椅之间的压力小于体重,飞行员感觉体重变轻,容易从座椅上腾起。这就是所谓的"失重"现象。$0 < n_y < 1$ 的情形称为部分失重;$n_y = 0$ 的情形称为完全失重。

如过载小于零,飞机已不会通过座椅对人体施加压力。此时,飞行员有可能头顶座舱盖,两脚自动离开脚蹬,身体"悬"在安全带上。负过载过大(即 $n_y < -1$),将形成反方向的超重现象。

由此可见,飞行员对载荷的感觉直接来源于人体与座椅之间压力的变化,其变化程度取决于飞机过载的大小,而与飞行状态无关。

人体对于载荷有一定的适应能力,在一定的范围内不会感觉到特殊不适,但是,人体对于载荷的承受能力也有一定的限度。当飞行速度发生变化时,飞行员要承受沿纵轴方向的载荷,例如,飞机加速,身体紧压座椅背;当飞机受到侧力作用而做曲线运动(如不带坡度的侧滑转弯)时,飞行员要受到沿横轴方向的载荷,身体有向转弯方向倾斜的感觉,如同汽车转弯,会有被向外甩的感觉一样。但是由于人体对纵轴与横轴方向的载荷的承受能力较强,而且在飞行中也不可能造成很大的纵向、横向载荷,因此这两个方向的载荷对人体的影响不大。

3. 过载限制

1) 结构强度限制

为了保证飞行安全,要求飞机具有足够的强度和刚度,但是又不能为增加强度和刚度而过多地增加机体的重量,所以,各种飞机根据其执行的任务,规定了飞行中允许使用的最大过载。一般来说,歼击机受结构强度限制的最大使用过载要大一些,为 7~9;轰炸机、运输机受结构强度限制的最大过载要小一些,为 2.5~3.5。超过了结构强度所限制的最大过载,会引起承力构件的永久变形,因此不应使过载超过所飞机种的规定数值,以免飞机受力过大而损坏。

2) 飞行员生理限制

飞行员生理限制是由飞行员生理因素所决定的对过载的最大承受能力。

飞行员以正载荷飞行时,飞行员体内的血液因惯性向下肢积聚,时间久了会头晕,出现"黑视"现象,甚至失去知觉。一般情况下,飞行员坐姿正确,在 5~10s 内持续承受的最大过载可达到 8,在 20~30s 内为 4~5,穿抗荷服时可以提高到 6 左右。

飞行员以负过载飞行时,飞行员体内血液向头部积聚,容易感到头痛、眼球发痛、视力模糊,出现"红视"现象。飞行员在短时间内能够正常承受的负过载只有 $-2 \sim -1$。提高人体抗载荷能力的方法,除了穿抗荷服来限制人体血液向下肢积聚外,还可以通过改变身体的姿势来改变载荷对人体的作用方向。

3) 抖动过载限制

飞机在中、低空以较小的表速飞行时,即使把飞机拉到抖动升力系数,产生的过载也比较小,不至于超过结构强度或飞行员的生理限制。这时,飞机的允许使用过载受抖动升力系数($C_{L抖}$)的限制。

4) 平尾(或升降舵)最大上偏角限制

高空大马赫数飞行时,由于飞机焦点后移,纵向静稳定性增强,加上平尾效能降低,拉杆到底,飞机既未抖动,过载也未达到飞机结构强度或飞行员的生理限制。这时最大允许使用过载受平尾(或升降舵)最大偏角的限制。例如,某飞机高度在 11km 以上,速度大于 1 300km/h($Ma>1.2$)时,最大允许使用过载受平尾(或升降舵)最大偏角的限制。

综上所述,一般歼击机的最大允许使用过载是由飞行员的生理条件决定的。轰炸机、运输机的最大允许使用过载是由飞机结构强度限制决定的。而小表速飞行和高空大马赫数飞行时,可以使用的过载往往受抖动迎角或平尾(或升降舵)最大偏角的限制。

7.7.2 飞行的速度限制

1. 飞行包线

飞行包线也叫作速度载荷因数图,在适航规章中明确了每个机型需要提供飞行包线,具体见 CCAR-23.335 和 CCAR-25.335 条。飞行包线给出了飞机能够正常运行的范围,其边界上和边界内的空速和载荷因数的任一组合必须表明符合规章的强度要求。飞行包线表示分别由机动和突风准则所规定的飞行载荷情况的范围。

图 7-30 显示出了飞机速度与载荷因数的关系,通常用此图来分析飞机的操纵限制速度。图上的虚线 SL 表示飞机作平飞,即飞机的载荷因数为 1。曲线 OA 表示在临界迎角时,飞机在不同速度下的载荷因数。直线 AD 表示飞机在任何飞行速度下的最大允许载荷因数,图中的最大允许载荷因数为 3.8(正常类飞机)。曲线 OG 表示在负的临界迎角时,飞机的负载荷因数随飞行速度的变化状况。直线 GF 表示飞机的最大允许负载荷因数,图上的最大负载荷因数为 −1。直线 DE 表示在任何载荷因数下的最大飞行速度。图中 A 点对应设计机动速度 v_A,C 点对应设计巡航速度 v_C,D 点对应设计俯冲速度 v_D。这些速度须按照 CCAR-23.335 和 CCAR-25.335 条中的条款由试飞确定。

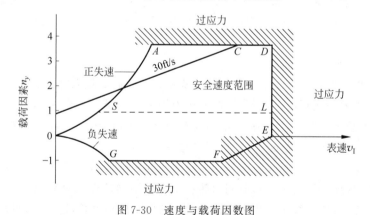

图 7-30　速度与载荷因数图

2. 最小速度的限制

1) 失速速度

飞机能够稳定飞行的最小速度,称为失速速度,用 v_S 表示。失速的产生取决于飞机迎角是否超过临界迎角,而在飞行状态一定(载荷因数一定)的情况下,速度与迎角有着一定的关系,当飞机速度接近失速速度时,飞机迎角也接近临界迎角,飞机速度为失速速度时,飞机迎角为临界迎角,因此,可以根据飞机迎角的大小来判断飞机是否接近失速或已经失速。通常情况下,飞机不会用失速速度飞行,但这个速度是其他很多重要速度的参考因素。

失速速度的大小由试飞来确定,当试飞确定失速速度的方法和时机不同时,得到的失速速度也不一样。目前,常用的失速速度有两种:一是常规失速速度 v_S,二是 1g 失速速度 v_{S1g}。

常规失速速度对应已有明显的失速特征,即飞机开始掉高度,此时升力开始快速减小,过载系数小于 1。1g 失速速度对应升力即将减小之前,即升力仍然等于重力,过载等于 1。从升力特性曲线来看,记录升力特性曲线最高点后的任意一点处的失速速度均为常规失速速度,记录升力曲线最高点处的速度为 1g 失速速度,如图 7-31 所示。

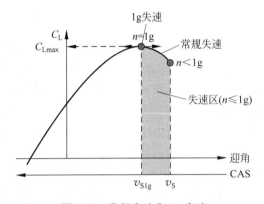

图 7-31 常规失速和 1g 失速

飞机平飞时的失速速度($v_{S平}$)可表示为

$$v_{S平} = \sqrt{\frac{2W}{C_{L\max}\rho S}} \tag{7-68}$$

其他飞行状态下,飞机失速时的升力为

$$L = C_{L\max}\frac{1}{2}\rho v_S^2 S \tag{7-69}$$

则

$$v_S = \sqrt{\frac{2L}{C_{L\max}\rho S}}$$

由载荷因数的定义得

$$L = n_y W \tag{7-70}$$

将式(7-70)代入式(7-69)得

$$v_S = \sqrt{\frac{2n_y W}{C_{L\max}\rho S}} = v_{S平}\sqrt{n_y} \tag{7-71}$$

由式(7-71)可知,影响失速速度大小的因素有飞机重量、最大升力系数及过载大小。除此之外,发动机功率、重心位置及机翼形状也会影响失速速度大小。

飞机重量增加,则失速速度增大。

放下襟翼等增升装置,飞机的最大升力系数增大,失速速度相应减小。通常情况下,起飞使用小角度襟翼,着陆使用大角度襟翼,因此,着陆构型下的失速速度小于起飞构型下的失速速度。

载荷因数越大,则失速速度越大。飞行状态不同,载荷因数不同,失速速度也不一样。飞机转弯时,坡度及颠簸气流是导致载荷因数发生变化的最常见的两个因素。飞机在水平转弯或盘旋中,随着坡度的增大,载荷因数增大,对应的失速速度也增大。表 7.2 列出了在不同坡度时,盘旋失速速度与平飞失速速度的比值。颠簸即阵风,会改变作用于飞机上的升力,改变载荷因数,进而改变了飞机失速速度。

表 7.2　盘旋失速速度与平飞失速速度的比值

坡度/(°)	0	15	30	45	60
载荷因数 n_y	1.00	1.04	1.16	1.41	2.00
盘旋失速速度与平飞失速速度之比	1.00	1.02	1.10	1.20	1.40

发动机功率越大,则失速速度越小。在失速科目训练时,我们需要分别训练无功率失速和带功率失速,以了解飞机在不同飞行阶段失速时的特性。当飞机在大迎角时,发动机的拉力向上倾斜,如此在升力方向会有分量,起到了增加升力的作用,延缓了失速。因此,带功率失速速度要小于无功率失速速度。

在其他条件相同时,重心靠前,失速速度增大。在第 6 章,我们已经知道,在其他条件相同时,重心靠前,同迎角下飞机的升力系数和最大升力系数减小,阻力系数增大。根据式(7-71),最大升力系数减小,会使得失速速度增大。

机翼的平面形状不同,失速速度也不一样。一般地,矩形机翼翼根处的失速速度大于翼尖处的失速速度,而后掠机翼翼根处的失速速度小于翼尖处的失速速度,即矩形机翼翼根先失速,后掠机翼翼尖先失速。

飞行手册通常给出飞机在某一特定重量下,不同飞行状态、不同襟翼位置的失速速度。

2) 空中最小操纵速度(v_{MC})

与单发飞机相比,多发飞机必须考虑一发失效时能否控制飞机方向,保持直线飞行。对于螺旋桨飞机,随着飞行速度的减小,拉力增大,一发失效后的偏转力矩将不断增加,而蹬舵产生的方向操纵力矩却随速度的减小而减小。如果偏转力矩仅由方向操纵力矩来平衡,则当飞行速度减小到一定程度时,蹬舵将不能阻止飞机偏转。所谓最小操纵速度就是当方向操纵力矩和偏转力矩刚好相等时的速度,也是能维持一发失效飞行方向控制的最小速度,如图 7-32 所示。

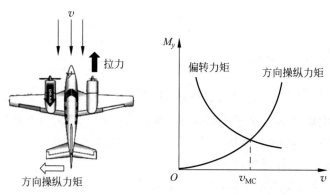

图 7-32　最小操纵速度

CCAR-23.149 对最小操纵速度有严格的定义,通常要求临界发动机(有时也称为关键发动机)失效后,在相同的速度下能够维持坡度不大于 5°的直线飞行;在机动中,飞机不得出现任何危险的姿态,并能防止大于 20°航向改变;保持操纵所需的方向舵脚蹬力不得超过 150lb,并且无须降低工作发动机的功率。同时,规章要求 v_{MC} 不得超过 $1.2v_{S1}$,该 v_{S1} 是在最大起飞重量下确定的。

另外,为保证飞机离地后出现一发失效时能够实施对飞机的操纵,CCAR-23 部还要求多发飞机的 v_R 必须不小于 $1.05v_{MC}$,v_2 必须不小于 $1.1v_{MC}$。

飞机重量、构型、外界大气条件等均会影响 v_{MC}。飞机重量重、襟翼角度大、重心靠前、发动机拉力小、温度增加、压强减小、非关键发动机失效,均会使得 v_{MC} 减小。

3. 最大速度的限制

1) 机动速度(v_A)

飞机做机动飞行时,飞机的升力大于重力,即飞机的载荷因数大于 1。飞机的载荷因数大,则飞机的受力也大,如载荷因数超过最大载荷因数,会使飞机的结构受到严重损伤,危及飞行安全。对于小型螺旋桨飞机(正常类),最大载荷因数一般为 3.8。飞机以临界迎角飞行时,其升力系数最大,相同速度下产生的升力最大;随着速度的增大,飞机的载荷因数增大,如图 7-33 所示。

机动速度就是指飞机以临界迎角飞行,载荷因数为 3.8 时(正常类飞机)的飞行速度,以 v_A 表示。当飞行速度小于机动速度飞行时,即使拉杆过多使飞机失速,飞机的载荷因数也不会超过 3.8;当飞行速度大于机动速度飞行时,即使拉杆增大迎角时飞机没有失速,也可能会使飞机的载荷因数超过 3.8,如图 7-34 所示。因此,在飞行速度大于机动速度时,飞行员不能做突然或全量的操纵,以防止飞机的载荷因数超过最大允许载荷因数。

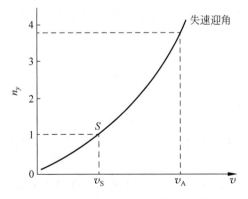

图 7-33　在临界迎角时飞机的载荷因数随
　　　　　飞行速度的变化

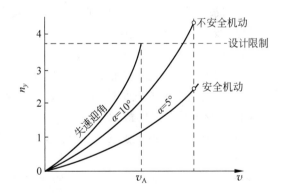

图 7-34　飞行速度大于机动速度的机动

2) 结构强度限制的最大巡航速度(v_{NO})

结构强度限制的最大巡航速度是指飞机在扰动气流中飞行的最大速度,以 v_{NO} 表示,如图 7-30 中 C 点对应的速度。如果飞行速度大于该速度,飞机只能在平静的大气中飞行。

飞机在扰动气流中飞行时,会受到扰动气流的影响,其中,上升气流的影响最大。在巡航时,飞机遇到上升气流,飞机的载荷因数为

$$n_y = 1 + \frac{C_L^\alpha \rho u v S}{2W} \tag{7-72}$$

飞行中的变量主要是 u、v。对于小型飞机,在确定 v_{NO} 时,一般是给定某一风速(如有的飞机为 30ft/s),这样,当载荷因数为 3.8 时,对应的速度就是 v_{NO}。

由于飞机一般是在非平静的大气中飞行,因此,结构强度限制的最大巡航速度 v_{NO},就是飞机在正常操纵范围内的最大飞行速度。

3) 极限速度(v_{NE})

极限速度是指飞机在所有飞行中的最大飞行速度,如图 7-30 中 E 点对应的速度。飞机在任何飞行中的飞行速度严禁超过该速度,否则会使飞机的载荷因数超过最大设计载荷因数,引起飞机结构损伤甚至失效,危及飞行安全。

4) 襟翼放下时的最大速度(v_{FE})

飞机放下襟翼时,会改变飞机机翼的上、下表面压力分布,使机翼表面的应力增大,特别是襟翼部分。如果飞行速度过大,飞机的动压很大,使襟翼受力过大,影响襟翼的结构强度,严重时还会引起襟翼变形。因此,当飞机的襟翼在放下位时,应有一个最大速度限制。

襟翼在放下位时,允许的增大飞行速度称为襟翼放下时的最大速度,以 v_{FE} 表示。这里应注意,飞机的襟翼在不同的位置时,襟翼放下时的最大速度不同。

5) 起落架限制速度

飞机在起飞上升到规定高度和规定速度时,要收起起落架。飞机在着陆时要放下起落架。一般飞机收放起落架时的速度较小。当飞机的起落架放下时,相对气流作用在起落架上,使起落架受到很大的力,特别是起落架与机身连接处的应力很大,这对起落架的结构强度不利。如飞机在收放起落架时的速度大,则会使起落架的受力很大,同时使飞机的俯仰变化大,这对飞行安全不利。因此,收放起落架及当起落架在放下位时,应有一个最大速度限制。这里涉及两个起落架限制速度。

(1) 收放起落架时的最大速度(v_{LO})

最大起落架收放速度是指在进行起落架收放操纵时的最大允许速度,以 v_{LO} 表示。当飞机的飞行速度大于该速度时,不允许收起或放下起落架。

(2) 起落架放下时的最大速度(v_{LE})

起落架放下时的最大速度是指当飞机的起落架在放下位时允许的最大飞行速度,以 v_{LE} 表示。

各型飞机对操纵限制速度有严格的规定,为了保证飞行安全,飞行员必须清楚所飞机型的操纵限制速度,并在飞行中严格保证飞行速度不超过限制规定。

7.7.3　飞机的重量、重心限制

航空器的载重平衡工作简称配载,主要包括飞机重量和重心的计算与检查。配载工作是保证飞行安全的重要环节。

重量工作主要是检查实际重量是否超过了最大允许重量。重心工作主要是检查实际重心是否在允许的重心前、后限范围内。通常,我们用重心包线图来进行重量和重心检查。

图 7-35 给出了 C172 飞机的重心包线图。具体的重量和重心计算和检查方法将在后续课程中详细介绍。

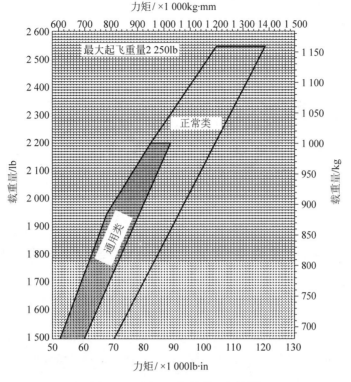

图 7-35 C172 飞机的重心包线图

在每次飞行前,须根据实际装载情况,如飞行员重量、乘客重量、行李重量、燃油重量等计算出重量和重心,再利用重心包线图进行检查,只有在重心包线内方可运行。

复习思考题

一、简答题

1. 什么是平飞所需速度?影响平飞所需速度大小的因素有哪些?

2. 什么是平飞最大速度、平飞最小速度、最小阻力速度、最小功率速度?

3. 画图说明平飞所需拉力随平飞速度变化的规律,并结合公式说明变化的原因。

4. 飞行高度、飞行重量、气温对平飞最大速度和平飞最小速度有哪些影响?

5. 什么是飞机的上升角和上升梯度?怎样才能获得最大的上升角和上升梯度?

6. 什么是飞机的上升率?怎样才能获得最大的上升率?

7. 什么是飞机的下降角和下降梯度?在零拉力情况下,怎样才能获得最小的下降角和下降梯度?

8. 什么是飞机的下降率?在零拉力情况下,怎样才能获得最小的下降率?

9. 试说明飞行高度、飞行重量、气温、风对飞机上升性能的影响。

10. 试说明飞行高度、飞行重量、气温、风对飞机下降性能的影响。

11. 结合公式说明转弯速度、坡度的变化对转弯半径、转弯率和转弯一周的时间有哪些影响。

12. 简述小型飞机起飞和着陆的定义。

13. 起飞过程中飞机上的各力是如何变化的？

14. 影响飞机起飞/着陆性能的主要因素有哪些？它们是如何影响的？

15. 飞机的载荷因数及强度等级是如何定义的？

16. 试说明速度与载荷因数图边界的含义。

17. 什么是机动速度？机动速度对于飞行安全有何重要意义？

18. 什么是失速速度？影响飞机失速速度的主要因素有哪些？它们是如何影响的？

19. 什么是飞机的空中最小操纵速度（v_{MC}）？影响 v_{MC} 的主要因素有哪些？

二、计算题

20. 某飞机巡航性能图表如附录图 7-1-4 所示，已知飞机重量 1 999kg，巡航压力高度 8 000ft，温度 5℃，襟翼收上位，起落架收上。试确定飞机巡航时的发动机功率、燃油消耗率和飞行速度。

21. 某飞机巡航性能图表如附录图 7-1-5 所示，已知飞机重量 2 300lb，发动机功率为 65％，巡航压力高度 6 000ft，温度 3℃。试确定无储备燃油的航程。

22. 某飞机的上升性能图表如附录图 7-2-6 所示，已知某机场压力高度为 1 000ft，机场温度为 23℃，起飞重量为 1 900kg，巡航高度 11 000ft，逆风 6kt。试确定飞机上升的时间、燃油量和前进距离。

23. 某飞机的上升性能图表如附录图 7-2-7 所示，已知某机场压力高度为 2 000ft，机场温度为 20℃，巡航高度 9 000ft，外界温度 6℃，上升速度 90kt，襟翼收起，无风。试确定飞机上升的时间、燃油量和前进距离。

24. 某飞机的起飞性能图表如附录图 7-5-3 所示，已知某机场压力高度为 2 500ft，机场温度为 15℃，起飞重量为 1 999kg。试确定：

(1) 逆风风速 7kt 起飞，飞机的起飞滑跑距离和起飞距离；

(2) 草长 7cm 的干燥草地条件下，飞机的起飞滑跑距离和起飞距离。

25. 某飞机的起飞性能图表如附录图 7-5-4 所示，某机场压力高度为 1 000ft，机场温度为 12℃，起飞重量为 2 500lb，逆风 10kt 起飞，襟翼收上，试确定飞机的起飞距离和起飞滑跑距离。

26. 某飞机的着陆性能图表如附录图 7-6-3 所示，已知某机场压力高度为 2 000ft，机场温度为 25℃，着陆重量为 1 999kg，襟翼着陆位。试确定：

(1) 顺风风速 6kt 着陆，飞机的着陆滑跑距离和着陆距离；

(2) 草长 12cm 的干燥草地条件下，飞机的着陆滑跑距离和着陆距离。

27. 某飞机的着陆性能图表如附录图 7-6-4 所示，某机场压力高度为 3 000ft，机场温度为 50℉，着陆重量为 2 300lb，顺风风速 5kt 着陆，襟翼放下，试确定飞机的着陆距离和着陆滑跑距离。

CHAPTER

第3篇

飞 行 技 术

第8章

基本飞行

实际飞行训练环节包括单发私照、仪表等级和多发商照三部分。在进入单发私照阶段，就要求飞行学员掌握基本的飞行驾驶术，包括滑行、起飞、机动飞行(平飞、上升、下降和转弯操纵及"四态互换")、着陆等。

本章根据完成一次飞行所必须经历的飞行阶段，以各个阶段的性能为基础，讲述滑行、起飞、上升、平飞、下降、转弯及着陆等各个科目的操纵原理及方法。

8.1 滑行和起飞

8.1.1 起落航线

建立起落航线的目的是使进入和离开机场的飞行流量得到合理的控制。它广泛地应用在目视进近中。虽然每个起落航线的方向、宽度和高度不尽相同，但是大部分机场使用矩形起落航线形式。矩形起落航线由五条直线段组成，从起飞到着陆的五条直线段分别叫作一边(departure leg)、二边(crosswind leg)、三边(downwind leg)、四边(base leg)、五边(final leg)。矩形起落航线由四个转弯组成，从起飞到着陆的四个转弯分别叫作一转弯、二转弯、三转弯和四转弯，如图8-1所示。

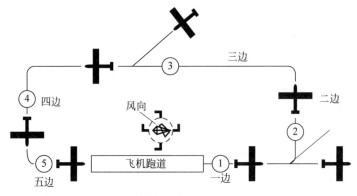

图 8-1　起落航线(traffic pattern)

矩形起落航线的一边沿着起飞跑道的方向，开始于飞机起飞离地，终止于一转弯的开始。如果要脱离起落航线，可保持起飞方向直线离场或进行 45°左转离场。二边航迹垂直于跑道中心线。三边航迹平行于跑道，离跑道的距离为 0.5～1mile，典型的三边飞行高度为距跑道平面 1 000ft。加入起落航线时，一般在三边以 45°角度加入。三边飞行正切跑道头或预定接地点时，计时至规定值后进入三转弯。四边为三边与最后进近段的过渡段，其地面航迹垂直于跑道中心线，一般为下降飞行。五边即最后进近段，是整个起落航线中最重要的部分，要求飞行员对飞机速度和下降角做出精确判断和控制，使飞机在预定地点接地。

起落航线中，如果一转弯、二边、二转弯是一个 180°的转弯，三转弯、四边、四转弯也是一个 180°的转弯，即由两个 180°转弯组成的起落航线叫作标准起落航线。由两个 180°转弯组成且低高度的起落航线叫作低空小航线。

除非特别声明，起落航线一般为左航线，即起飞后的转弯均为左转弯。CCAR91 部规定：除非机场另有规定或者指令，航空器驾驶员应当采取左转弯加入机场起落航线，并避开前方航空器的尾流。

8.1.2　滑行阶段的操纵原理

在机场停机坪内及其周围，通常有各种活动存在，如飞机在附近的跑道上起飞或着陆、飞机滑进和滑出停机坪，加油车和人员在飞机周围活动等。因此，在地面上对飞机进行任何操纵时，必须对周围的情况加以警觉。小型飞机上最危险的部件通常是螺旋桨，在某些情况下，可能很难看见正在旋转的螺旋桨，因此，任何人员应该养成一个离开与接近飞机的正确习惯，即从飞机的后部接近飞机，离开时则以相反的次序进行。

在进入飞机以前，首先需要对飞机的外部情况进行目视检查，然后，按计划对发动机进行启动、预热检查。飞机滑进跑道后，进行起飞前检查，以发现任何系统和操纵上的错误。这些检查通常按照飞行手册中提供的检查单逐项进行。检查单确保所有的项目按照正常的顺序得以检查，飞行员不能认为检查单只是对记忆力不好的人员的一种辅助手段，即使是很有经验的职业飞行员也不允许在没有检查单的情况下飞行，它是确保飞行安全的一项必要手段。

飞机以不超过规定的速度，在地面所做的直线或曲线运动，叫作滑行。

下面主要讨论飞机在起飞前及着陆后在滑行道上的地面滑行技术。

1. 直线滑行

对直线滑行的基本要求是：飞机平稳起滑，滑行中保持好速度和方向，并使飞机能停止在预定的位置。

滑行前，须注意检查飞机周围及沿滑行道周围任何物体的移动情况，观察其他正在起飞、着陆和滑行的飞机，这是确保安全的基础。飞机从静止开始移动，拉力必须大于最大静摩擦力，故飞机开始滑行时应适当加大油门。飞机开始移动后，摩擦力有所减小，应适量减小油门，保持起滑平稳。

前三点式飞机在直线滑行中，当飞机受扰偏转时，主轮的侧向摩擦力对重心形成的力矩能制止飞机偏转，起方向稳定的作用；前轮的侧向摩擦力对重心形成的力矩会加速飞机的偏转，起方向不稳定的作用。由于飞机主轮承受的载荷大，致使主轮侧向摩擦力形成的稳定力矩大于前轮侧向摩擦力所形成的不稳定力矩。这就是说，在直线滑行中，当扰动使滑行方向发生偏离时,前三点式飞机具有自动修正这个偏离的特性,即前三点式飞机在滑行中具有自动保持方向的能力,而后三点式飞机则相反。前三点式飞机滑行时受扰动后的受力情况如图 8-2 所示。

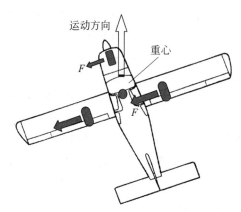

图 8-2　前三点式飞机滑行时受扰后的受力情况

　　直线滑行时,视线以前方固定距离的地面为主,参看滑行道中心线,并对前方左右 45°的扇形区域进行观察。根据飞机纵轴与滑行道中心线的相对偏转和飞机是否偏离预定路线来判断滑行方向,根据飞机与地面的相对运动快慢来判断速度。若发现偏转,应及时向偏转的反方向蹬舵修正。滑行速度的大小应以维持对飞机的控制为准,如接近障碍物、道面质量差或准备转弯时,应适量减小滑行速度。如要加大滑行速度,应柔和地加大油门,接近预定速度时,再适当收小油门。如滑行速度大,应收小油门,必要时使用刹车减速。在正常的滑行速度下,飞机各个气动舵面只产生很小的气动力,因此,在杆舵上通常感觉不到气动力的存在。

2. 滑行转弯

　　前三点式飞机一般可用脚蹬操纵前轮偏转来进行滑行转弯。例如,要使飞机向左滑行转弯,飞行员蹬左舵,前轮左偏,在前轮偏转的初始瞬间,前轮连同飞机仍然保持原来的运动方向,于是,前轮产生一个向左的侧向摩擦力,飞机向左偏转的同时,主轮上也产生向左的侧向摩擦力,主轮与前轮侧向摩擦力的合力就是滑行转弯的向心力。

　　采用向转弯方向单刹车的方法也可以使机头偏转进行转弯。例如,滑行中只踩左刹车,左主轮摩擦力大于右主轮摩擦力,形成左偏力矩,使飞机向左转弯。使用单刹车转弯,内侧主轮除了承受侧向摩擦力外,还要承受因刹车而增加的后向摩擦力。速度越大,转弯半径越小,则内侧主轮承受的载荷越大。所以,禁止使用单刹车进行大速度小半径的转弯。

　　转弯前,应首先减小飞机的滑行速度,并向转弯方向观察,然后向转弯方向蹬舵,使飞机进入转弯。转弯中,主要用脚蹬量的大小调整转弯角速度,必要时可适当使用刹车。当飞机纵轴接近改出目标时,脚蹬应逐渐放平,使飞机对准预定中心线,退出转弯。

　　转弯时,应注意蹬舵量不宜过大,禁止带刹车滑行。

　　一般情况下,滑行转弯时作用于机轮上的侧向摩擦小于机轮与地面之间的最大静摩擦力,即机轮不产生侧向滑动,其运动轨迹仍与飞机的运动方向一致。由力学原理可知,滑行转弯半径的大小取决于滑行速度和向心力。滑行速度一定,向心力越大,转弯半径就越小;向心力一定,滑行速度越小,转弯半径也越小。

滑行转弯中,可借助机头偏转的快慢来控制转弯半径。在滑行速度一定的情况下,偏转越快,侧向摩擦力越大,转弯半径越小。不管采用何种方法使飞机滑行转弯,转弯半径都不能过小,这是因为,要得到很小的转弯半径,前轮和主轮上产生的侧向摩擦力势必加大,这样一来,一方面会加剧轮胎的磨损;另一方面,机轮上的侧向摩擦力还会对起落架支柱连接点形成很大的侧向力矩,当这种力和力矩大到一定程度时,会使轮胎磨破,或使起落架支柱变形甚至折断。为此,各型飞机规定有最小转弯半径,如图8-3所示。

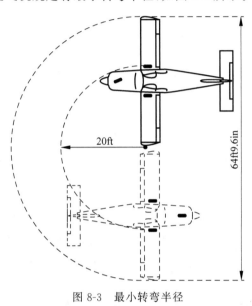

图 8-3 最小转弯半径

8.1.3 起飞操纵原理

飞机从地面滑跑到离地升空,是升力不断增大,直到大于飞机重力的结果。而只有当飞机速度增大到一定程度时,才可能产生足以支持飞机重力的升力。可见飞机的起飞是一个速度不断增加的加速过程。

起飞一般可分为起飞滑跑、抬前轮离地、初始上升三个阶段,如图8-4所示。下面分别讨论这三个阶段的操纵方法。

1. 起飞滑跑

起飞滑跑的目的是增大飞机的速度,直到获得离地速度。如何使飞机加速滑跑,如何保持滑跑方向,这是起飞滑跑阶段要关注的主要问题。

为使飞机缩短起飞滑跑距离,应使用最大拉力即满油门起飞。加油门应考虑滑流导致的机头偏转,应抵舵修正。开始滑跑后,应把脚移至脚蹬的下半部分,以避免在起飞滑跑过程中无意刹车。

前三点式飞机在滑跑中具有良好的方向稳定性,易于保持滑跑方向。随着滑跑速度的增加,飞机各舵面的气动效能增强,杆舵上的杆力增加。对螺旋桨飞机,起飞滑跑中引起飞

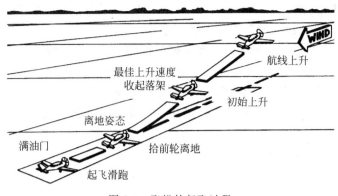

图 8-4 飞机的起飞过程

机偏转的主要原因是螺旋桨的副作用。加减油门和推拉驾驶杆的动作越粗猛,螺旋桨的副作用越大。以右转螺旋桨飞机为例,在起飞滑跑阶段,反作用力矩和滑流的扭转作用都使机头有向左偏转的趋势,应适当抵右舵。抬前轮时,进动作用使飞机有向右偏转的趋势,使得飞机的左偏趋势减弱。为使起飞滑跑过程中保持方向,应正确分配注意力,根据机头与前方目标的相对运动,及时发现和修正偏差。用舵修正方向时,注意舵量不宜过大。

2. 抬前轮离地

如果在整个起飞滑跑阶段保持三点姿态滑跑,由于迎角小,必然要将速度增大到很大,才能产生足够的升力使飞机离地,这将导致起飞滑跑距离过长。因此,当速度增大到适当值时,即预先规定的抬前轮速度时,应柔和地向后带杆抬起前轮,以增大迎角、增大升力并离地,缩短滑跑距离。

抬前轮过程中,迎角增加,升力增加,飞机有继续上抬的趋势,因此在接近预定俯仰姿态时,应向前回杆,以使飞机保持在规定的离地姿态。离地姿态是通过机头与天地线的相对高低位置,并结合地平仪来判断的。抬起前轮后,继续保持姿态,飞机经过短暂的两点滑跑加速到离地速度,升力稍大于重力,即自动离地。机轮离地后,其摩擦力消失,地面效应减弱,飞机有上仰的趋势,此时应向前迎杆以保持俯仰姿态。

一方面,如果抬前轮时机过早,飞机以小速度升空,稳定性和操纵性较差,拉杆的杆位移大,小速度升空的安全裕量小,在升空后的机动飞行如侧风修正时,将使飞机失速的危险性增加。小速度升空,还可导致飞机升空后由于地面效应的减弱或消失,使飞机升力重新小于重力,导致飞机再次接地,危及飞行安全。另一方面,如果抬前轮时机过晚,飞机以大速度离地,则起飞滑跑距离过长,起飞性能差。因此,应严格按照飞行手册中规定的抬前轮速度拉杆。

前轮抬起过低,会使飞机迎角过小,导致两点滑跑段增长,起飞性能差;前轮抬起过高,会使迎角过大,导致飞机迅速升空,安全裕度小。另外,仰角过大,还可能造成机尾擦地。因此,前轮抬起高度应严格按照飞行手册中规定的离地姿态进行。

3. 初始上升

离地后,确保飞机有正的上升率,即升降速度表显示为正,收起落架。同时,须用驾驶杆使飞机继续保持在规定的俯仰姿态加速上升,在 50ft 处飞机加速至大于起飞安全速度 v_2。过 50ft 高度后,根据飞行手册中规定的起飞程序,继续上升至相应的高度,再收襟翼和收油门至上升功率,然后按照规定的程序和路线离场,加入航线或飞往指定训练空域。在这一过程中可随时配平杆舵。

初始上升中,由于油门保持最大功率状态,速度的调整是通过俯仰姿态的调整来进行的。通过机头与天地线的相对位置和仪表指示来判断俯仰姿态和坡度的大小,根据侧滑仪判断飞机是否带有侧滑。密切注意飞机的上升轨迹,应沿跑道起飞方向进行检查,避免飞机起飞后发生侧向漂移,导致与障碍物接近或相撞。及时发现偏差,并用盘舵修正。

8.2 平飞、上升、下降和转弯

第 7 章中介绍了平飞、上升、下降和转弯四种基本飞行状态的性能。本节以性能为基础,介绍这四种基本飞行状态的操纵原理。在实际飞行训练中,四种飞行状态互相转换的操纵是最基本的飞行科目,称为“四态互换”。

8.2.1 平飞加减速操纵原理

下面我们由平飞时的平衡条件,结合平飞拉力曲线,讨论飞机平飞增减速的原理。从理论上讲,从平飞最小速度到平飞最大速度的各点上可以实现平飞。如图 8-5 所示,平飞拉力曲线上的每一点对应一个迎角和速度。为保持需要的迎角和速度,飞行员应前后操纵驾驶杆,偏转升降舵,同时操纵油门调整发动机功率,使可用拉力与所需拉力相等。

我们分第一速度范围和第二速度范围进行讨论。

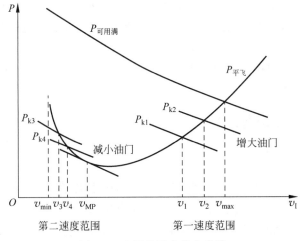

图 8-5 飞机的平飞拉力曲线

1. 在第一速度范围内

设飞机以速度 v_1 平飞时,所对应的迎角为 α_1,油门为 P_{k1},此时飞机的升力 L 等于重力 W,拉力 P_1 等于阻力 D_1。若要增大速度到 v_2,必须加大油门(由 P_{k1} 增大到 P_{k2}),使可用拉力大于阻力,让飞机获得加速度而开始加速,随着飞机速度的增大,飞机的升力也增大,这会引起飞机高度的增加。为保持高度不变,在速度增大的同时,应相应地向前推驾驶杆以减小迎角(由 α_1 减小到 α_2),使升力始终等于重力,保持高度不变。在第一速度范围内,顶杆减小迎角,速度增大时,剩余拉力 ΔP 不断减小,速度增大到 v_2 时,剩余拉力为零,可用拉力 P_2 等于阻力 D_2,飞机就以迎角 α_2 对应的速度 v_2 稳定飞行。反之,要减小平飞速度,就应减小油门,同时相应地向后拉杆增大迎角。如图 8-5 所示。

由此可见,飞机在平飞时改变速度的操纵方法是:要增大平飞速度,必须增大油门,并随着速度的增大相应地向前推驾驶杆;要减小平飞速度,必须减小油门,并随着速度的减小相应地向后拉驾驶杆。此外,对于螺旋桨飞机还必须修正因加减油门而引起的螺旋桨副作用。

2. 在第二速度范围内

当飞机以速度 v_3 平飞时,迎角和油门都调到了与速度 v_3 所对应的位置上,飞机的升力 L 等于重力 W,拉力 P_3 等于阻力 D_3。若要增大速度到 v_4,必须加大油门使飞机增速,随着飞机速度的增大,相应地向前推驾驶杆减小迎角,使升力始终等于重力,保持高度不变。在第二速度范围内,速度增大,所需拉力减小,所以当速度增大到 v_4 时,要将油门收小到与速度 v_4 相对应的位置。要从速度 v_3 减速,飞行员先加油门,同时向后拉驾驶杆,但当速度减小到预定速度时,还要将油门加大到较大的位置。

由此可见,在第二速度范围改变速度的操纵规律与在第一速度范围是相反的,且与人的正常操作习惯相反,这不利于飞行安全。此外,在第二速度范围飞行,不但速度小,飞机的稳定性和操纵性差,易失速,而且速度也不易稳定。例如,飞机偶尔受到扰动(如阵风)以致速度增大时,将转入上升,飞行员为了保持高度,常会向前推杆来阻止,但其结果是飞机迎角减小,平飞所需拉力减小,出现剩余拉力,飞机继续增速。相反,如果飞机偶尔受扰动以至速度减小时,飞机会转入下降,飞行员常会向后拉杆阻止,其结果是速度不仅不易恢复,反而继续减小,甚至失速。因此,如在飞行中误入第二速度范围,应立即加油推杆,使飞机尽快从第二速度范围进入第一速度范围。

8.2.2 上升操纵原理

1. 上升的两个速度范围

飞机上升时,必须有剩余拉力。剩余拉力不同,则上升角不同;剩余拉力最大时,上升角最大。满油门时,最小功率速度(v_{MP})对应的剩余拉力最大。

由图 8-6 可知,在速度大于最小功率速度到平飞最大速度范围内,飞行员拉杆,迎角增大,速度减小,剩余拉力增大,上升角增大。当速度减小到最小功率速度时,剩余拉力和上升角最大。继续拉杆,迎角增大,速度减小,但剩余拉力减小,上升角减小,当迎角增大到临界迎角时,飞机失速。

从以上分析可知,当速度大于最小功率速度时,飞行员拉杆,上升角增大,这与人的正常操纵习惯是一致的;而当速度小于最小功率速度时,飞行员拉杆,上升角最终却是减小的,这与人的正常操纵习惯是不一致的。因此,以最小功率速度为界,最小功率速度到平飞最大

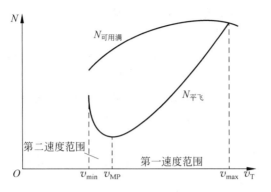

图 8-6　飞机上升的两个速度范围

速度称为上升第一速度范围；最小功率速度到平飞最小速度称为上升第二速度范围。

在上升第二速度范围内，不但操纵与飞行员的正常操纵习惯不一致，而且由于速度小，飞机的稳定性和操纵性差，飞行不安全，一般不采用上升第二速度范围的速度上升。

2．飞机由平飞转上升的操纵

飞机要由平飞转入上升，首先必须有向上的向心力，即首先使飞机的升力大于重力，飞机的轨迹才能向上弯曲，才能逐渐增大上升角，使飞机转入上升。

如图 8-7 所示，飞机原以速度 v_1 平飞，飞行员不动油门，向后拉驾驶杆，则飞机迎角增大，升力增大（大于重力），有了向上的向心力（$L-W$）。在向心力（$L-W$）的作用下，飞机的运动轨迹向上弯曲，转入上升。飞机迎角增大，则阻力增大，飞机转入上升后分解出与飞行速度平行的重力分量 W_2，不动油门则拉力不足以平衡阻力和重力分量 W_2，则飞机速度减小。当飞机速度减小到 v_2 时，由于 v_2 的阻力比 v_1 的小，而可用拉力又比 v_1 的大，出现剩余拉力 ΔP，当 ΔP 等于 W_2 时，飞机就以速度 v_2 稳定上升。

如图 8-8 所示，飞机原以速度 v_1 平飞，飞行员不动驾驶杆而加大油门，最初由于拉力大于阻力而使飞机加速，速度增大则升力增大（大于重力）。在向心力（$L-W$）的作用下，飞机的运动轨迹向上弯曲，飞机转入上升。飞机转入上升后分解出与飞行速度平行的重力分量 W_2，同时速度增大，阻力也增大，这又使飞机减速。当剩余拉力 ΔP 等于 W_2 时，飞机基本保持速度 v_1（实际稍小于 v_1）并稳定上升。

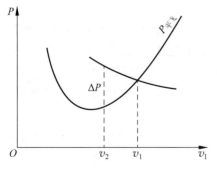

图 8-7　只拉驾驶杆使飞机上升

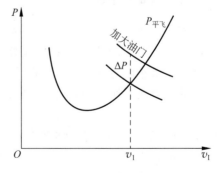

图 8-8　只加油门使飞机上升

从以上分析可知,飞机原处于平飞状态,不动油门,只拉驾驶杆,飞机将以小于原平飞速度稳定上升;只加油门,不动驾驶杆,飞机基本保持原速度稳定上升。我们知道,飞机转入上升的效率决定于向心力的大小,上升角决定于剩余拉力的大小,而上升角大则重力分量 W_2 大,减速作用强。为了使飞机转入上升快,并按预定的速度上升,一般在向后拉驾驶杆的同时,相应地加大油门以增大拉力,使拉力与阻力和重力分量 W_2 之和相平衡。如果预定的上升角(或上升率)越大,则油门需要加得越多。

飞机转入等速直线上升后,飞机升力只平衡重力在垂直于速度方向的分量 W_1,因此,当飞机接近预定的上升角(或上升率)时,就应适当地前推驾驶杆减小迎角,以减小升力,使升力正好等于重力的分量 W_1。

因此,飞机由平飞转入上升的基本操纵方法是:加大油门到预定位置,同时柔和地向后拉驾驶杆,使飞机逐渐转入上升,当接近预定的上升角(或上升率)时,适当前推驾驶杆,以便飞机稳定在预定的上升角(或上升率)。必要时,调整油门,以保持预定的速度。对于螺旋桨飞机,还应注意修正螺旋桨副作用的影响。

3. 飞机由上升转平飞的操纵

飞机由上升转入平飞,飞行员应前推驾驶杆减小迎角,以减小升力,使飞机的升力小于重力分量 W_1,产生向下的向心力,使飞机的运动轨迹向下弯曲,从而使飞机逐渐转入平飞。

在飞机转入平飞的过程中,上升角和上升率不断减小,重力分量 W_2 也随之减小,飞机的速度有增大的趋势。为了保持预定的平飞速度,应在前推驾驶杆的同时,相应地减小油门和减小可用拉力,以便在达到平飞状态时,飞机的可用拉力恰好等于阻力。当飞机的上升角和上升率接近平飞状态时,还应适当地拉驾驶杆增大迎角,增大升力,以便在达到平飞状态时,飞机的升力恰好等于重力。

因此,飞机由上升转入平飞的操纵方法是:柔和地前推驾驶杆,同时适当地收小油门,使飞机逐渐转入平飞,待上升角(或上升率)接近零时,适当地后拉驾驶杆保持平飞。必要时,调整油门以保持预定的平飞速度。对于螺旋桨飞机,还应注意修正螺旋桨副作用的影响。

8.2.3 下降操纵原理

1. 飞机下降的两个速度范围

由前面的分析可知,当飞机的下滑速度等于最小阻力速度时,飞机的下滑角最小。如速度大于最小阻力速度,飞行员后拉驾驶杆增大迎角,升阻比增大,飞机的下滑角减小;如飞机的速度小于最小阻力速度,飞行员后拉驾驶杆增大迎角,虽然最初飞机的下滑角由于飞机升力的增大而有所减小,但随后由于阻力增大得更多,升阻比减小,下滑角最终是增大的。

由此可见,在大于最小阻力速度和小于最小阻力速度的两种情况下,同样的操纵动作,下滑角的变化却是相反的。因此,以最小阻力速度为界,把下滑速度也分为两个范围。大于最小阻力速度到平飞最大速度为下滑第一速度范围,小于最小阻力速度到平飞最小速度为下滑第二速度范围。在下滑第一速度范围内下滑,飞行员前推驾驶杆,下滑角增大,后拉驾驶杆,下滑角减小;在下滑第二速度范围内下滑,飞行员前推驾驶杆,下滑角减小,后拉驾驶杆,下滑角增大,这与飞行员的正常操纵习惯不符,而且在第二速度范围下滑,飞机迎角大、速度小,其稳定性和操纵性差,飞行不安全。通常不选择在第二速度范围内下滑。

2. 改变下降角、下降速度、下降率和下降距离

在稳定的下降过程中,一个迎角对应一个下降速度。前后移动驾驶杆改变迎角,就可以相应地改变下降角、下降速度、下降率和下降距离。在下降第一速度范围内,后拉驾驶杆,飞机迎角增大,升力系数和阻力系数增大,下降角、下降速度及下降率减小,下降距离增长。反之,前推驾驶杆,下降角、下降速度及下降率增大,下降距离缩短。

下降过程中,不动驾驶杆加油门,飞机可用拉力增大,下降速度增大,升力和阻力增大。升力大于重力分量 W_1,飞机运动轨迹向上弯曲,下降角减小。由于下降角减小时,重力分量 W_2 随之减小,重力分量 W_1 随之增大。重力分量 W_2 与拉力之和小于阻力,使下降速度减小。下降角减小到一定程度时,重力分量 W_2 与拉力之和等于阻力,下降速度不再改变;而重力分量 W_1 增大到等于升力时,下降角也不再减小。最后,飞机稳定在较小的下降角和稍大的下降速度。因此,下降中增大油门,会使下降角减小,下降速度稍增大,下降距离增长;下降中减小油门,会使下降角增大,下降速度稍减小,下降距离缩短。

下降过程中,主要是操纵驾驶杆和油门,保持好规定的下降角、下降率和下降速度。只要油门在规定的位置,操纵驾驶杆保持好规定的下降速度,就可以获得规定的下降角和下降率。

3. 平飞转下降和下降转平飞的操纵

飞机由平飞转入下降时,飞机的升力应小于重力,产生向下的向心力,飞机的运动轨迹才能向下弯曲,才能逐渐增大下降角,使飞机转入下降。

如图 8-9 所示,飞机原以速度 v_1 平飞,飞行员不动油门前推驾驶杆,飞机迎角减小,升力减小,升力小于重力,在向心力$(W-L)$的作用下,飞机运动轨迹向下弯曲。迎角减小,飞机阻力减小,拉力大于阻力,加上重力分量 W_2 的作用,飞机速度增大。当速度增大到 v_2 时,负的剩余拉力 ΔP 与 W_2 平衡,升力 L 与 W_1 平衡,飞机以速度 v_2 稳定下降。

如图 8-10 所示,飞机原以速度 v_1 平飞,飞行员不动驾驶杆而减小油门,最初由于拉力小于阻力而使飞机减速。速度减小则升力减小,在向心力$(W-L)$的作用下,飞机运动轨迹

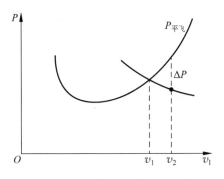

图 8-9 只推驾驶杆使飞机下降

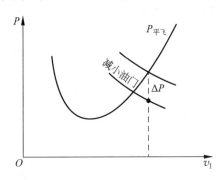

图 8-10 只收油门使飞机下降

向下弯曲,下降角逐渐增大。飞机转入下降,出现重力分量 W_2,既使拉力与重力分量 W_2 之和小于阻力,又使飞行速度增大。当负的剩余拉力 ΔP 与 W_2 平衡、升力 L 与 W_1 平衡时,飞机基本保持速度 v_1(实际稍小些)下降。

由以上分析可知,飞机原处于某一速度平飞,不动油门而只前推驾驶杆,飞机将以比原速度大的速度下降;不动驾驶杆而只收油门,飞机基本保持原速度下降。

实际飞行中,由平飞转入下降,一般是先推驾驶杆减小升力,使飞机转入下降。随着下降角的逐渐增大,重力分量 W_2 的加速作用增强,为了保持规定的下降角和下降速度,在前推驾驶杆的同时,收小油门,以便使拉力与重力分量 W_2 之和等于阻力。油门收小的幅度应根据预定的下降角和下降速度确定,如预定的下降角大,下降速度小,应多收小油门。

直线下降中,升力应等于重力分量 W_1,所以,当接近预定的下降角(或下降率)时,应后拉驾驶杆增大迎角,增大升力,以便飞机达到预定的下降角时,升力恰好等于重力分量 W_1,使飞机保持预定的下降角下降。

综上所述,飞机由平飞转入下降的操纵方法是:柔和地前推驾驶杆,使飞机转入下降,随着下降角的增大同时收小油门,待飞机接近预定的下降角(或下降率)时,及时后拉驾驶杆,保持好预定的下降角(或下降率)稳定下降。对于螺旋桨飞机,还应注意修正螺旋桨副作用的影响。

飞机由下降转入平飞时,飞行员应后拉驾驶杆增大迎角,使飞机的升力大于重力分量 W_1,产生向上的向心力,才能使飞机的运动轨迹向上弯曲,减小下降角而逐渐转入平飞。当下降角减小时,重力分量 W_2 随之减小,应在后拉驾驶杆的同时,加油门到预定的平飞位置。当飞机接近平飞状态时,应适当地前推驾驶杆,减小迎角和升力,以便使飞机达到平飞状态时,升力恰好等于重力,保持平飞。

因此,飞机由下降转入平飞的操纵方法是:加大油门到预定的平飞位置,同时柔和地后拉驾驶杆,待飞机接近平飞状态时,适当地前推驾驶杆保持平飞。对于螺旋桨飞机,还应注意修正螺旋桨的副作用影响。

8.2.4 转弯操纵原理

1. 转弯中的侧滑与盘舵协调

飞机的对称面和相对气流方向不一致的飞行,叫作侧滑。飞机带有侧滑时,空气从飞机侧方吹来。相对气流的方向和飞机对称面之间的夹角叫作侧滑角,用 β 表示。空气从左前方吹来时的侧滑叫作左侧滑,从右前方吹来时的侧滑叫作右侧滑,如图 8-11 所示。

飞机带有侧滑,会引起飞机空气动力性能降低,所以在一般情况下应避免飞机产生侧滑。侧滑产生的原因有两个:

1) 飞机对称面偏离飞行轨迹

飞行中由于飞机对称面偏离飞行轨迹而造成的侧滑,从操纵上讲主要是由于只蹬舵或舵量过大造成的。

例如,在稳定的直线飞行中,飞行员只蹬左舵,机头左

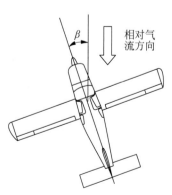

图 8-11 侧滑与侧滑角

偏,最初飞机轨迹是保持原方向的,即对称面偏离飞行轨迹,出现右侧滑。侧滑出现后,垂尾侧力产生使机头右偏的方向稳定力矩。同时,侧滑前翼(右翼)升力大于侧滑后翼(左翼)升力,形成使飞机左滚的横侧稳定力矩,升力水平分力作为向心力,使飞机进入带右侧滑的左下降转弯。

这种向转弯反方向的侧滑,叫作外侧滑(slip),如图 8-12 所示。

2) 飞行轨迹偏离飞机的对称面

飞行中,由于飞行轨迹偏离飞机对称面而造成的侧滑,从操纵上讲主要是由于只压盘或压盘过多所造成的。

例如,在稳定的直线平飞中,飞行员只向左压盘(盘量较小),则飞机带左坡度,升力的水平分力使飞机向左侧移,即轨迹偏离对称面,形成左侧滑。出现侧滑后,方向稳定力矩促使机头左偏,力图减小侧滑;两翼升力差形成的横侧稳定力矩力图平衡由压盘产生的横侧操纵力矩。飞机进入带左侧滑的左下降转弯。

这种向转弯方向的侧滑,叫作内侧滑(skid),如图 8-12 所示。

图 8-12　内侧滑与外侧滑

可见,在转弯飞行中,盘的作用是使飞机带坡度,以升力的水平分力作为向心力;舵的作用是使飞机协调偏转,不产生侧滑。如果同时带杆增大升力,飞机就可以保持高度。因此,不带侧滑的正常盘旋需要副翼、方向舵和升降舵的协调操纵。

2.盘旋的操纵原理

盘旋可分为进入、稳定旋转和改出三个阶段。在进入盘旋阶段,飞机坡度逐渐加大;在稳定旋转阶段,坡度保持不变;而在改出阶段,坡度又逐渐减小。飞行员应根据不同阶段的特点来操纵飞机,才能做好盘旋。

1) 进入阶段的操纵原理

从平飞进入盘旋,所需升力增大,这可从增加迎角和增加速度两个方面来实现。单纯带杆增加迎角,可能使盘旋迎角增大较多,导致飞机失速。因此,实际中增大升力是通过同时增大迎角和速度的方法来实现的。

进入盘旋前,可采用平飞加速的方法增大飞行速度,即加油门顶杆。首先加油门至规定值,当速度增大至预定速度时,手脚一致地向盘旋方向压盘蹬舵。压盘是为了使飞机带坡度,以产生升力水平分力,使飞机进入曲线运动;蹬舵是为了使飞机绕立轴偏转,避免产生侧滑。

随着坡度的增大,升力的垂直分力减小,为保持高度不变,在压盘的同时,须向后带杆增加迎角,以增大升力。坡度和升力的增大使向心力加大,所以要继续向盘旋方向蹬舵,以防止出现侧滑。

参照地平仪,在飞机达到预定坡度以前,应及时提前回盘,以减小并制止飞机继续滚转,使飞机坡度稳定在预定坡度。根据进入时压盘量的大小,回盘修正应过中立位,以保持飞机稳定在预定坡度为准。

在回盘的同时,还要相应地回一些舵。这是因为进入盘旋时,为了使飞机加速偏转,一般舵量稍大些,使方向操纵力矩大于因绕力轴旋转而形成的方向阻转力矩,以及因副翼偏转导致两翼阻力差而形成的反向偏转力矩。当飞机接近预定坡度时,方向舵的作用只是以方向操纵力矩平衡方向阻转力矩和反向偏转力矩,避免产生侧滑,所以舵量比进入时小些。

综上所述,盘旋进入阶段的操纵方法是:加油门、顶杆,速度增大至规定值时,手脚一致地向进入方向压盘蹬舵,同时带杆保持高度,接近预定坡度时,回盘回舵。

2) 稳定旋转阶段的操纵原理

进入盘旋阶段后,如果飞机的坡度、迎角增加适当,油门也符合要求,飞机就有条件保持稳定的旋转。但是操纵动作不可能在任何时候都做得绝对准确,这就需要飞行员及时发现和修正各种偏差。在稳定旋转阶段中,经常出现的偏差是高度、速度保持不好。以下着重分析如何保持高度和速度。

(1) 如何保持高度

盘旋中高度保持不好的主要原因是没有保持好坡度和迎角。

保持坡度是保持正常盘旋的首要条件。坡度不正确将会引起所有盘旋参数不正确。坡度大了,升力的垂直分力小于飞机重力,引起飞行高度降低,同时盘旋速度增加;反之,坡度小了,升力的垂直分力大于飞机重力,则飞机高度要增加,同时盘旋速度减小。在保持坡度的情况下,再用驾驶杆保持高度。如带杆多,飞机会增加高度;如带杆少,飞机会降低高度。

(2) 如何保持速度

盘旋中,在保持坡度与高度不变的前提下,应该正确使用驾驶杆和油门以保持速度。如果坡度与高度正确,但速度大于预定速度,则说明油门偏大,应适当收小油门,随着速度的减小,同时带杆以保持高度;反之,如果速度偏小,应适当加大油门,随着速度的增大,同时松杆以保持高度。

盘旋高度的变化会影响到盘旋速度。如果盘旋高度增加,则飞机重力沿运动轨迹平行向后的分力会使盘旋速度减小。反之,盘旋高度降低,会引起盘旋速度增大。当盘旋高度和速度同时存在偏差时,应先保持好高度,再修正速度。

此外,任何时候都要做到盘舵协调,不使飞机产生侧滑。

(3) 盘旋中的盘舵量

盘旋中,飞机同时存在着绕立轴和横轴转动的角速度。飞机围绕盘旋中心旋转,外翼经过的路程长,相对气流速度较大;内翼经过的路程短,相对气流速度较小(见图 8-13)。以小坡度盘旋时,盘旋半径较大,外翼升力大于内翼升力较小,加上作用在两机翼上的惯性力力矩有使飞机坡度减小的趋势,为保持所需坡度,盘一般处于中立位置附近(少量顺盘或反盘);中坡度和大坡度盘旋时,盘旋半径相对较小,外翼升力大于内翼升力较小,飞机有自动加大坡度的趋势,须压反盘以保持坡度。

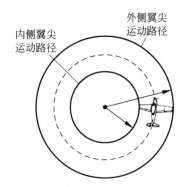

图 8-13 盘旋中两侧机翼的速度不同

盘旋时,飞机绕立轴转动,产生向盘旋外侧转动的方向阻转力矩。中小坡度盘旋时,蹬舵量并不大;大坡度盘旋时,向盘旋方向的蹬舵量相应加大。舵量的大小应以保持没有侧滑为准。

在盘旋中,还需要合理地进行注意力的分配。根据机头与天地线的相对位置和地平仪指示,保持好坡度。根据高度表、升降速度表的指示,保持好飞机的高度,同时检查空速表、转弯侧滑仪,发现偏差及时修正,并向转弯方向观察。

归纳起来,盘旋的基本操纵方法是:用杆保持好坡度和高度,用舵保持飞机不带侧滑,用油门保持速度。杆、舵、油门三者正确的配合是做好盘旋的关键。

3)改出阶段的操纵原理

从盘旋改为平飞,飞机的坡度减小需要一个过程。在这个过程中,飞机还带有坡度,会继续偏转。为使飞机改出盘旋时处于预定方向,就必须提前做改出动作。坡度越大,提前量也必须大一些。通常情况下,提前改出的角度可设定为盘旋坡度的一半。改出的时机过晚,或改出的动作过慢,会使改出后超过预定方向;反之,改出时机过早,或改出动作过快,会使改出后落后于预定方向。

改出盘旋首先需要消除向心力。为此,应向盘旋的反方向压盘,以减小飞机坡度,同时向盘旋的反方向蹬舵,以阻止飞机偏转,避免产生侧滑。飞机坡度减小,升力垂直分力逐渐增大,为了保持高度不变,须逐渐向前顶杆,同时柔和地收油门。当飞机接近平飞状态时,将盘和舵回到中立位置。

归纳起来,改出盘旋的基本操纵方法是:提前一定的角度,向盘旋反方向手脚一致地压盘、蹬舵,逐渐减小飞机坡度,并防止侧滑。随着坡度的减小,向前顶杆,并收小油门,飞机接近平飞状态时,将盘和舵回到中立位置,保持平飞。

3. 侧滑对盘旋的影响

当舵量与盘量不协调时,飞机就会出现侧滑。侧滑将引起飞机上的力和力矩发生变化,使飞机偏离预定的飞行状态,如图 8-14 所示。

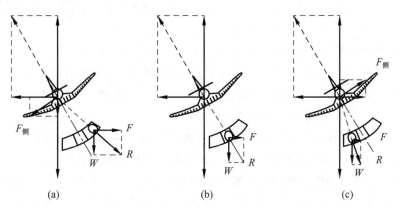

图 8-14　盘旋中有无侧滑时侧滑仪小球的受力
(a)外侧滑;(b)无侧滑;(c)内侧滑

例如,盘旋中坡度正常,蹬舵过多产生外侧滑,产生向内侧的侧力。侧力的垂直分力使盘旋高度降低,侧力的水平分力使盘旋半径减小。同时,外侧滑还会引起外翼升力增大,内翼升力减小,促使飞机坡度增大,进一步使盘旋高度降低,盘旋半径减小。外侧滑时,侧滑仪小球因惯性离心力增大而滚向玻璃管的外侧,即表示飞机带有外侧滑,如图 8-15 所示。

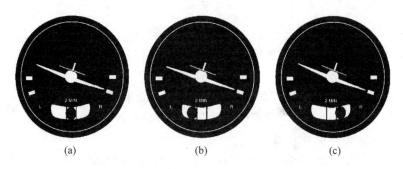

图 8-15　盘旋时转弯侧滑仪的指示
(a) 协调转弯;(b) 外侧滑;(c) 内侧滑

盘旋中坡度正常,蹬舵过少产生内侧滑,产生向外侧的侧力。此时,侧力的垂直分力将使盘旋高度增加,侧力的水平分力使盘旋半径增大。内侧滑还会引起内翼的升力增大,外翼的升力减小,促使飞机坡度减小,进一步使盘旋高度增加,盘旋半径增大。内侧滑时,侧滑仪小球因惯性离心力减小而偏向玻璃管内侧,即表示飞机带有内侧滑。

盘旋中,如发现侧滑仪小球不在中央,飞机带有侧滑时,应先检查坡度是否正确,如果坡度正常,飞机仍带有侧滑,就应向侧滑仪小球偏转一侧蹬舵,使侧滑仪小球回到中央位置,从而消除侧滑。

4. 螺旋桨副作用对盘旋的影响

对螺旋桨飞机,螺旋桨副作用对盘旋状态的保持有一定的影响。现以右转螺旋桨飞机为例,说明螺旋桨副作用对左、右盘旋的影响。

反作用力矩力图使飞机左倾;滑流的扭转作用力图使机头左偏;在左盘旋中,机头水平向左移动,引起的进动作用使机头垂直上抬,产生内侧滑,力图减小坡度;而在右盘旋中,进动作用使机头垂直下移,使飞机产生外侧滑,力图增大坡度。

螺旋桨副作用的影响,在盘旋各阶段均有所不同,现分述如下:

在盘旋进入阶段,飞机旋转角速度较小,进动作用不大,加油门引起的反作用力矩和滑流扭转力矩较明显,飞机有左滚和左偏趋势。故进入向右的盘旋,所需的压盘蹬舵量相对较大,而进入向左的盘旋,所需的压盘蹬舵量相对较小。

稳定盘旋中,飞机保持恒定的旋转角速度,进动作用较明显。在向右的盘旋中,进动作用使机头垂直下移,产生外侧滑,因此飞行员应多回一些舵;向左盘旋则相反。

改出盘旋时,收油门使反作用力矩和滑流扭转力矩减弱,飞机有右滚和右偏的趋势。因此,改出向右的盘旋,压反盘的量应稍大。但同时飞机的旋转角速度逐渐减小,进动作用减弱,原来修正进动作用所蹬的左舵就起蹬反舵的作用,所以,改出时实际蹬反舵的量变化不大。同理,改出左盘旋时,压反盘的量稍小,蹬反舵的量变化不大。

螺旋桨副作用对大、小坡度的盘旋都有影响,只是影响程度不同。坡度越大,发动机功率和飞机的旋转角速度较大,其影响也就比较明显。

8.3 着陆

与起飞相反,着陆是飞机高度不断降低、速度不断减小的运动过程。

飞机最后进近段的目的是控制飞机的俯仰姿态和油门,以 3°下降角下降,并以不小于 $1.3v_{S0}$ 的速度飞越距着陆平面 50ft 的高度。此时,飞机处于进近姿态。在无风的情况下,飞机纵轴对准跑道中心线,发动机处于慢车工作状态,襟翼处于着陆位,起落架处于放下位。

随着高度的进一步降低,飞机接近地面时,必须在一定高度上逐渐后拉驾驶杆,使飞机由进近姿态转入接地姿态,同时速度减小到接地速度,这个过程称为拉平。接地前,控制飞机的下沉率,使飞机以规定的接地姿态和接地速度,以两主轮轻接地。飞机接地后,先两点滑跑,再转入三点滑跑直至停止,这个滑跑减速的过程就是着陆滑跑。

下面分析下降、拉平、接地和着陆滑跑四个阶段的操纵原理。

8.3.1 着陆的操纵原理

1. 下降

下降是飞机最后进近的延续。目视进近中,一般结合矩形起落航线进行。在五边最后进近段,关键是保持下降角(3°)和五边下降速度。飞机以 50ft 高度时的速度过跑道头时,必须将速度调整至 v_{REF},即着陆进场参考速度或称为过跑道头速度。v_{REF} 为当前构型飞机失速速度的 1.3 倍。飞机一般是这样设计的:以 v_{REF} 过跑道,飞行员以正常状态减小功率并拉杆至接地姿态,此时的速度就是预定的接地速度。因此,如果 50ft 高度处的速度控制不好,就会导致随后的着陆过程发生偏差,使修正量过大,造成着陆困难。飞行员应特别重视 v_{REF} 的确定和应用。

在正常着陆中,v_{REF} 由飞机的着陆重量和襟翼位置决定,着陆重量越大,v_{REF} 越大;襟翼角度越小,v_{REF} 越大。飞行员可以根据飞行手册中提供的表格来确定 v_{REF}。

2. 拉平

拉平是飞机由进近姿态平滑过渡到接地姿态的曲线运动过程。着陆中,飞机姿态与高度的关系如图 8-16 所示。在规定高度开始拉杆以减小下降角,拉平一旦开始,就应该是一个连续的过程,直到飞机接地。

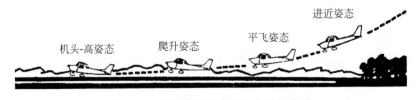

图 8-16 着陆中飞机姿态与高度的关系

拉平中,飞机俯仰姿态和迎角逐渐增大,升力增大,飞机轨迹逐渐变为曲线运动,下降率逐渐减小。迎角增大,飞机的气动阻力也增大,同时,拉平中均匀地收油门,发动机拉力减小,而且由于下降角不断减小,重力沿航迹方向的分力也不断减小,因此飞机的速度随着高度的降低而不断减小。

开始拉平的高度不宜过高,也不宜过低。过高或过低的拉平开始高度都会导致拉杆动作和拉杆快慢偏离正常。例如,拉平开始高度较高,拉平动作就应较慢;反之,开始拉平的高度过低,拉平动作就应较快。过低的拉平开始高度可能造成在尚未拉平的情况下,主轮即已接地。机型不同,开始拉平的高度也不同。通常,小型飞机开始拉平的高度为 $5\sim6\mathrm{m}$,大型飞机开始拉平的高度稍高。开始拉平的高度一般采用目视判断确定。

正常的下降角为 $3°$。在下降速度不变的情况下,下降角大,下降率也大,拉平的动作就应快些;反之,下降角小,拉平的动作就应慢些。

在下降角正常而下降速度较大的情况下,如按正常情况拉杆,则下降轨迹的弯曲程度增大,拉平中降低的高度减小,易形成拉高或拉飘。因为在这种情况下,构成向心力的升力随速度二次方而增大,并起主导作用,超过了下降速度较大导致的下降率大的因素,最终使拉平的曲率半径减小。

因此,实际拉平中应根据飞机离地的高度、下沉的快慢和俯仰姿态的大小来决定拉杆的快慢,这是做好拉平的关键。

此外,在拉平中,还应注意用舵保持好方向,使飞机轨迹与跑道中心线平行。如带坡度,应立即快速用盘修正,此时迎角大,速度小,横侧操纵性弱,副翼效能差。盘的修正量较正常飞行时要大。

在拉平的后段,飞机接地前,其轨迹通常为下降角很小的直线,如图 8-17 所示,这段飞行也称为平飘或飘飞。平飘是拉平的延续,平飘段飞机速度继续减小,俯仰姿态继续增大,高度不断减小。同拉平一样,在平飘中,拉杆快慢也必须和飞机离地的高度、下沉的快慢和俯仰姿态的大小相适应。小型飞机的平飘段相对较长,大型飞机则基本没有平飘段。

图 8-17　拉平前后的下降角

拉平中,应保持一手放在油门杆上,以便在任何突发和危险的情况下立即复飞。正常情况下,根据目测柔和均匀地收油门,最迟在接地前把油门收完。

3．接地

接地时,应按规定的接地姿态和速度,控制好飞机下沉率,两主轮应同时轻盈接地,即轻两点接地。应避免重接地和三点同时接地,以免产生着陆弹跳现象。在无风的情况下,接地时,飞机运动方向和机头方向均对正跑道方向,飞机不带坡度和偏侧。

飞机在接地前会出现机头下俯的趋势。这是因为飞机在接地前的下沉过程中,相对气流从下方过来,迎角要增大,俯仰稳定力矩将使机头下俯。另外,由于飞机接近地面,地面效应增强,形成使机头下俯的力矩。故在接地过程中,还要继续向后带杆,才能保证以所需的接地姿态接地。正常接地姿态如图 8-18 所示。

图 8-18 正常接地姿态

4. 着陆滑跑

着陆滑跑的关键问题是减速和保持滑跑方向。

对于小型前三点式飞机,为减小前轮和刹车装置的磨损,接地后一般要保持一段两点滑跑,这样迎角大,可利用较大的气动阻力使飞机减速。故飞机两点接地后,应继续带杆以保持姿态两点滑跑。随着滑跑速度的减小,气动阻力逐渐减小,待机头自然下沉至前轮接地后,前推驾驶杆过中立位,将飞机转为三点滑跑。由于方向舵脚蹬控制着前轮的偏转,因此前轮接地前,必须将两舵放平,使前轮不带偏侧接地。三点滑跑中,柔和地使用刹车减速,看好参照目标,用舵保持方向。前三点式飞机由于地面的方向稳定性好,滑跑方向容易保持。

对于中大型运输机,由于有强有力的地面滑跑减速装置,为缩短着陆距离,飞机拉平接地后就应使前轮接地转为三点滑跑减速。

整个着陆阶段,飞行员视线及注意力的分配至关重要。为了提供一个宽广的视线和对飞机高度与速度的正确判断,应将头部保持在一个自然、直立的位置,视线不能集中在飞机的任一侧或前方的固定点上,应随飞机前移而自然前移,观察从机头前方一点到接地点间的跑道范围,同时用余光判断飞机距跑道两侧的距离。

8.3.2 着陆中常见的偏差及修正

着陆中的偏差多种多样,下面介绍几种常见的偏差。

1. 拉高和拉低

飞机在较高的高度上,过早地改变姿态会造成飞机姿态和高度不相适应,叫作拉高。飞机在较低的高度上,尚未形成相应的姿态角,称为拉低。拉高和拉低的成因正好相反。

拉开始高度高,若仍按正常的动作拉杆,会形成拉高;反之,便形成拉低。

下滑速度大,若仍按正常的动作拉杆,拉平过程中,飞机降低高度少就会形成拉高;反之,下滑速度小,则形成拉低,如图 8-19 所示。

图 8-19 拉高

下滑角过小,若按正常的动作拉杆,拉平过程中降低高度少,也容易形成拉高;反之,下滑角过大,则容易形成拉低。

视线过远或过近,都将导致高度判断不准,以及收油门和拉杆的动作配合不协调,也可能导致拉高或拉低。所以,拉杆的分量和快慢必须与飞机当时离地的高度、下沉的快慢和飞机的姿态相适应。

在拉平过程中发现有拉高趋势时,应适当减慢或停止拉杆,待飞机下沉到与当时的姿态相适应的高度,再继续拉杆。如果在 2m 左右的高度上飞机形成平飘,应及时稳杆,并稍加油门,待飞机下沉到合适高度再收油门拉杆。如果在 2m 以上的高度形成平飘,应及时果断地加油门复飞。

在拉平过程中发现有拉低趋势时,应特别注意看好地面,适当增大拉杆量,尽快形成与当时高度相适应的飞机姿态角,但应注意防止飞机飘起。发现拉低时,应在不使飞机飘起的前提下,尽快完成着陆姿态,以避免飞机重接地。

2. 拉飘

在拉开始后,飞机向上飘起的现象,叫作拉飘,如图 8-20 所示。

图 8-20　拉飘

拉飘的主要原因是拉杆过多。在拉平中,如高度、速度判断不当,特别是在预计拉平低时,粗猛地拉杆,会导致飞机向上飘起。另外,在大逆风情况下,空速比地速大得多,虽然飞行员看地面的相对移动速度不大,实际空速却很大,如果拉杆动作与无风时相同,就会引起升力过大而造成拉飘。

飞机出现拉飘后,迎角增加引起阻力增加,并且重力沿航迹方向的分力会使飞机速度迅速减小,易导致飞机失速。应根据拉飘程度,进行相应的修正。

(1) 如飞机飘起高度不高,应稳住杆,待飞机下沉时,及时带杆。

(2) 如飘起高度较高,在最初应及时顶杆阻止上飘。待飞机开始下沉时,根据下沉快慢,及时适量地拉杆,使飞机在正常高度上形成两点姿态接地。

(3) 飘起高度超过 2m 时,应果断加油门复飞。

3. 跳跃

飞机接地后又跳离地面的现象,叫作跳跃,如图 8-21 所示。造成飞机着陆跳跃的原因很多,只要接地时飞机升力与机轮弹力之和大于飞机重力,就会产生跳跃。

在下列情况下,接地可能产生跳跃:

(1) 飞机以重两点或重三点接地。飞机三点接地时,三机轮将同时受到地面的反作用力。接地重,反作用力也就大。由前三点式飞机起落架的构造特点可知,主轮减震器吸收的能量比较多,而前轮减震器吸收的能量比较少,即前轮的弹力比较大,机头上仰使迎角增大,

图 8-21　重接地引起跳跃

升力也就增大,使飞机跳离地面,形成跳跃。

（2）飞机以前轮接地。在着陆操纵中,动作不当,或拉飘修正顶杆过多,使前轮首先接地,前轮弹力大,使机头上仰迎角增大,升力也就增大,结果与上一种情况一样,也可能产生跳跃。

（3）接地时拉杆过量。迎角突增,升力增加,也可能产生跳跃。修正跳跃的方法与修正拉飘的方法完全相同。

8.3.3　着陆目测

"目测"问题在日常生活中经常遇到。打篮球时,为了把篮球投进篮筐,需要准确地进行目测。在目视进近着陆过程中,飞行员根据当时的高度及飞机与预定接地点之间的距离进行目视判断,操纵飞机降落在预定接地点,这个过程叫作着陆目测,简称目测。目视进近着陆技术是飞行员的一项基本功,只有打好扎实的目视进近着陆技术基础,才可能学好较为高级的仪表着陆技术。小型飞机目视进近着陆的典型实施环境为矩形起落航线,下面我们结合矩形起落航线,就这个问题进行详细讨论。

1. 目测的基本原理

准确的目测是操纵飞机在预定接地点一定范围内接地。没有达到这一范围就接地,叫作目测低;超过了这一范围才接地,叫作目测高。目测的基本原理有四点:正确选择下滑点,保持规定的下滑角,保持规定的下滑速度,以及正确掌握收油门的时机。

1）正确选择下滑点

飞机着陆进近时,其五边下滑轨迹对准地面的一点,叫作下滑点。下滑点的位置与着陆拉平后的空中飘飞段距离有密切的关系。飘飞距离的长短,主要取决于下滑速度、天气情况、襟翼位置、发动机工作状态等。一般根据经验,选择预定接地点后的一定距离为下滑点。下滑点选定之后,应操纵飞机向着下滑点下降。

如果实际下滑点在预定下滑点之后,易形成目测低;反之,易形成目测高。

2）保持规定的下滑角

在下滑点正确的前提下,必须保持规定的下滑角。飞机进近下降的下滑角一般为3°左右。下滑角过大或过小,直接影响下滑速度,进而导致目测不准。下滑角增大,在同样油门的情况下,下滑速度也增大,易形成目测高;反之,易形成目测低。

由几何关系可知:要保持好规定的下滑角,飞机在下滑过程中必须保持同样的高距比,即下滑过程中飞机的高度和距下滑点水平距离的比值保持不变。这可以用在特定地点上空检查高度的方法来加以实施,特定地点可以是跑道中心延长线上的中指点标（middle marker,MM）、外指点标（out marker,OM）;或检查五边轨迹上的特定地标处的高度值,如道路交叉口、河流、大树等。如在特定地点上空的高度偏大,则说明飞机的下滑角偏大;反之,则说明下滑角偏小。

五边下滑角是否正确还取决于四转弯改出后的位置是否正确,如图 8-22 所示。如改出四转弯后,飞机离下滑点的水平距离正常,但高度较高;或高度正常,但离下滑点的水平距离较近,都会使下滑角增大。反之,则会使下滑角减小。

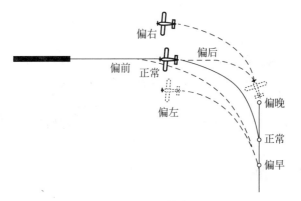

图 8-22　进入与改出四转弯位置的影响

四转弯改出的位置正确与否还取决于进入四转弯时机的早晚、四转弯坡度及四转弯下降率的大小。例如,进入四转弯的时机早,并以正常的坡度转弯,则改出转弯后飞机的位置将偏往跑道中心线的左侧。要想使飞机改出四转弯后处于跑道中心延长线的上空,就必须减小坡度,增大转弯半径。这样,飞机改出四转弯后虽在跑道中心延长线上空,其位置却离预定接地点近了,从而引起下滑角增大。

进入四转弯的位置,还受到四边下降率、四边长度及三转弯进入时机的影响。

可见,为了在五边保持好规定的下滑角以做好目测,实际上,从三转弯开始,就应该根据飞机的状态进行调整和修正。所以说,在起落航线的目视进近着陆中,目测实际上从三转弯就开始了。

3)保持规定的下滑速度

在飞机飞行轨迹正确的前提下,即在下滑点和下滑线正确的前提下,保持好规定的五边下滑速度就成为保证目测正确的重要条件。如果五边速度保持不好,势必引起着陆进场速度不正确,使着陆空中段距离发生变化,进而使目测不正确。如果五边速度大,飞机过跑道头的速度就大,飞机将越过预定接地点接地,形成目测高。反之,下滑速度小,形成目测低。具体如图 8-23 所示。

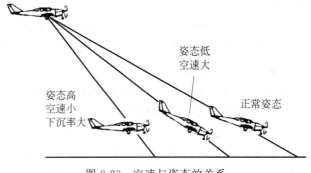

图 8-23　空速与姿态的关系

在保持飞机下滑点和下滑角正确的前提下,下滑速度主要取决于油门位置。因此,着陆下降时,飞行员可以首先固定好下降点与下降角,然后适当调整油门来保持规定的下滑速度。

4）正确掌握收油门的时机

正常情况下,一般在拉平过程中柔和均匀地收油门,拉平结束,油门收完。如果在拉平过程中收油门过早过快,势必造成目测低;反之,则目测高。如果飞机在过跑道头时,速度、高度、下滑角没有达到规定值,就可以根据实际情况,灵活掌握收油门的时机和快慢。如果飞机过跑道头速度偏大,收油门的时机就可以提前并适当加快;反之,收油门的时机就应推迟并适当放慢,最迟在接地前将油门收光,以达到控制飞机在预定接地点接地的目的。

综上所述,要做好着陆目测,飞行员应正确地选择下滑点,保持好规定的下滑角和下滑速度,以及掌握好收油门的时机和快慢,同时根据飞机的实际状态进行调整和修正。

2. 目测的实施

目测的实施可以分为三个阶段,即概略目测、修正目测和精确目测。

1）概略目测

飞机从起落航线的三转弯开始至四转弯改出阶段,称为概略目测阶段。此阶段的关键是控制好四转弯改出的位置和高度,使飞机正好处在 3°下滑道上,为五边目测创造良好的条件。

在正常情况下,正切预定接地点或跑道头后,开始计时至规定时间,然后进入三转弯。三转弯后即可改下降,根据情况调整四边下降率。在四边中,根据飞机纵轴延长线与跑道中心延长线的夹角,决定进入时机、快慢和下降率。

2）修正目测

飞机从改出四转弯下滑至高度 100ft 左右为修正目测阶段。此阶段的关键是控制飞机沿预定的 3°下滑角下滑,飞向预定的下滑点。

改出四转弯后,随时检查高距比和速度,根据程序放襟翼至着陆位。偏差较大时,可用油门和改变放襟翼的时机进行调整。放襟翼着陆位后,飞机处于减速过程,应在高度 300ft 左右使下滑速度相对稳定,并保持规定值。

3）精确目测

高度 100ft 左右至接地前,为精确目测阶段。此阶段的关键是根据实际情况,掌握好收油门的时机和快慢,使飞机降落在预定的接地点。

在高度 100ft 左右,判断飞机与地面的相对运动,注意观察跑道入口。正常情况下,飞机以 50ft 高度进入跑道后,准确判断拉开始高度并开始拉平,同时柔和、均匀、协调地收油门。出现速度、高度等偏差时,可调整收油门的时机和快慢,必要时也可在飞机接地后再将油门收光。

3. 目测的修正

在着陆目测中,由于客观条件的限制,或主观操纵不当,常会使目测发生偏差。因此,飞行员必须学会修正目测的方法。

1）修正下滑点

如发现飞机没有向正常下滑点下降，则应改变飞机的下滑角，重新对准下滑点。这时，飞机的阻力和重力沿航迹方向的分力要改变，下滑速度亦随之改变，故须相应地调整油门以保持规定的下滑速度。

2）修正下滑角

在下滑点正确的前提下，下滑角出现偏差时，需要用杆和油门进行修正，使飞机的高距比恢复正常，然后再让飞机对准正常下滑点下降。

如下滑角过小，应带杆加油门，减小下滑角，待飞机接近正常高距比时，顶杆对准正常下滑点下降，同时适当收小油门以保持规定的下滑速度。反之，如下滑角过大，则应顶杆收油门，在飞机接近正常高距时，带杆对准正常下滑点下降，同时适当增加油门以保持规定的下滑速度，如图 8-24 所示。

图 8-24　下滑角大与下滑角小的修正方法

3）修正下滑速度

下滑速度不正确的原因有：一是下滑角不合适；二是油门不合适。

修正下滑速度应首先保持好规定的下滑点和下滑角，然后检查下滑速度。如速度过大，应适当减油门，随着速度的减小，升力也减小，故应带杆保持下滑角不变；反之，如果速度过小，应适当加油门并顶杆，以保持规定的下滑速度和下滑角。

在修正目测时，必须考虑到油门、下滑角、下滑速度之间的相互影响关系。当油门一定时，下滑角保持不好，下滑速度往往要改变。下滑速度保持不好，也要影响到下滑角的大小和下滑点的位置。油门改变了，下滑速度和下滑角也随之变化。因而检查和修正目测时，要考虑上述诸因素之间的相互联系和相互影响，防止顾此失彼。

综上所述，杆和油门的配合是修正目测高低最主要且常用的方法。此外，其他方法如侧滑下降等也可以改变飞机的下滑角，因而也能修正目测的高低。

4．风、气温及标高对目测的影响

1）顺风、逆风对目测的影响

逆风使目测低，而顺风使目测高。逆风使下滑角增大，下滑距离缩短，拉平及飘飞距离缩短,故造成目测低。反之,顺风使下滑角减小,下滑距离和飘飞距离增长,故造成目测高。

逆风情况下着陆时,目测修正方法可归为两类:一是保持空速,调整下降轨迹;二是保持下降轨迹而调整空速。

第一类方法是空速不变,地速减小,为保持正确的目测,须前移四转弯改出位置,使之靠近跑道头,以使飞机在预定接地点接地。

第二类方法是增加空速,保持正常下降轨迹和地速。通过带杆并加大油门,以增大空速的方式使飞机保持在正常的下降线上,这时,过跑道头空速和接地空速均有所增加,但地速和无风时相同。在逆风较大时,还可采用少放襟翼或不放襟翼的方法来增大进近速度。

由于空管规则的限制,以及大部分情况下均是使用仪表进近,要求飞机保持在正确的五边航迹上,因此上述第二种方法使用得更为普遍。

顺风情况下,若采用保持正常下降轨迹,减小空速的方法,会使飞机失速的危险增加。而且规则规定,飞机以 50ft 的高度过跑道时的最小速度不能小于 1.3 倍着陆构型失速速度。实际中,小顺风一般不加修正,在较大顺风情况下,则需要调整着陆方向或飞往备降场。

2) 侧风对目测的影响

侧风着陆时,小型飞机在第五边常采用侧滑法修正。由于飞机带有侧滑,阻力增大,升阻比减小,下降角增大,实际下降点后移,使飞机进入平飘时离预定接地点的距离增长,同时,阻力增大还使平飘距离缩短,因而使目测低。

逆侧风着陆时,飞机同时受到逆风和侧风的影响,由前面的分析可知,这两种影响都将引起目测低。而顺侧风对着陆目测的影响则不同,顺风使目测高,侧风使目测低,具体结果则取决于这两种影响的综合作用。

3) 气温和标高对目测的影响

飞行员常感到"早晨目测容易低,中午目测容易高",就是由于早晨气温低、中午气温高的缘故。

着陆下降是按照表速进行的。当气温变化时,空气密度要改变,飞机的真空速也要改变。中午飞行时,气温比早晨高,空气密度减小,在同样表速的情况下,中午真空速大,平飘距离要增长,故目测易高。此外,中午气温高,跑道上的上升气流往往比较强,使下滑角减小,下滑距离和平飘距离增长,也会造成目测高。

同理,机场标高高,空气密度小,真空速大,平飘距离长,也容易造成目测高。

8.4 风对起飞、着陆的影响及修正

风是常见的自然现象,飞机经常要在有风的条件下起飞和着陆。因此,研究风对起飞着陆的影响及其修正方法具有重要的现实意义。本节只分析稳定风场对起飞、着陆的影响及其修正方法。

飞行员起飞着陆前,可以通过多种途径得知地面风的状况,典型的如从 ATIS 或塔台处获知,从机场上的风速指示器也可得到地面风的参考信息,如图 8-25 所示。实际当中,风不一定是正侧风或顺逆风,而是从任一方向吹来,飞机的飞行手册中提供有风分量图,如图 8-26 所示,以便于飞行员在这种情况下快速确定当前起飞着陆方向的顺、逆风分量及侧风分量。

在图 8-26 所示的风分量图中,横坐标表示正侧风分量,纵坐标表示顺逆风分量,其中逆

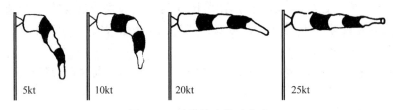

5kt　　10kt　　20kt　　25kt

图 8-25　风袋风速指示参考

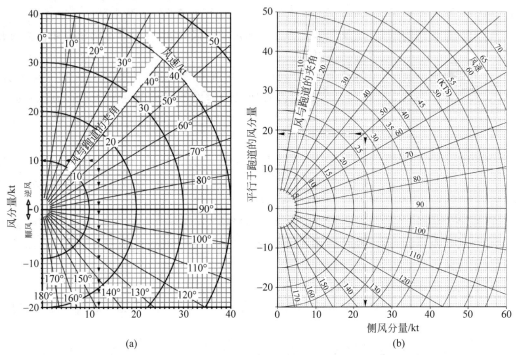

(a)　　　　　　　　(b)

图 8-26　风分量图

(a) SR20 机型；(b) B737-800 机型

风为正。图中的圆弧曲线代表速度的大小，射线代表风与跑道的夹角。例如，SR20 飞机在
36 号跑道上准备起飞，起飞前通过塔台获知风的情况为 310°/15kt，利用图 8-26 中的 SR20
风分量图可以得出顺、逆风分量和侧风分量。具体使用方法如下：首先找到风速为 15kt 的
圆弧线，由于图中没有 15kt 风速的圆弧线，可在 10kt 和 20kt 之间等间距增加一条圆弧线
即为 15kt；风向 310°与起飞的磁航向 360°之间的夹角为 50°，可确定 50°的射线，找到 50°的
射线与风速 15kt 的圆弧线的交点，从交点作水平线到纵坐标，可读出逆风风量为 10kt，从交
点作垂直线到横坐标，可读出正侧风量为 12kt，且为左正侧风。下面分别讨论顺、逆风及侧
风对起飞、着陆的影响。

8.4.1　顺、逆风起飞、着陆的特点

飞机在顺风中起飞、着陆具有以下特点：飞机在顺风中起飞时，保持同样表速抬前轮，
加速到规定抬前轮速度的时机要比无风起飞晚一些，起飞滑跑距离和起飞距离都会增长。
这时应根据跑道长度和飞机性能数据确定飞机能否安全起飞。在顺风中着陆，保持空速不变时,下降和平飘的距离都会增长,如不修正,会造成目测高。应根据风速的大小适当后移下降点。需要指出的是,在顺风情况下,如有可能,应考虑改变着陆方向。

飞机在逆风中起飞、着陆具有以下特点:飞机在逆风中起飞时,保持同样表速抬前轮,达到规定抬前轮速度的时机要比无风起飞早一些,起飞滑跑距离和起飞距离较短,视线中参照物向后移动的速度较小。拉杆抬前轮时注意动作要柔和。初始上升地速小,上升角增大。大风往往伴随着地面空气的紊乱流动,为增强飞机的稳定性和操纵性,保证足够的安全裕量,抬前轮速度和离地速度可比正常速度稍大些,可采用少放襟翼或不放襟翼的方式实现。

飞机在逆风中着陆,保持空速不变时,下降和接地的地速小,下降距离和平飘距离缩短,下降角增大,易造成目测低。为修正目测,可前移下降点。如果采用保持下滑线、增大下降空速的办法,拉平时,舵面效用较强,拉杆动作应柔和,以防拉平高和拉飘。

8.4.2　侧风情况下滑行

飞机在有风的情况下滑行时,如遇到侧风,机轮的摩擦力阻止飞机向侧方运动,但侧风使空速与飞机对称面不平行而形成侧滑。侧滑产生的方向稳定力矩使机头有向上风方向偏转的趋势。侧滑产生的横侧稳定力矩使飞机有向下风方向倾斜的趋势。因此,需要向上风方向压盘,向下风方向抵舵,以保持滑跑方向,如图 8-27 所示。

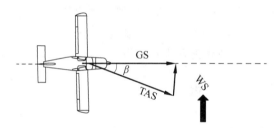

图 8-27　有风情况下的滑行

GS—地速;TAS—真空速;WS—风速

8.4.3　侧风情况下滑跑

有风情况下飞机的滑跑和滑行相比,修正侧风的方法一样,只是所用的盘舵量不一样而已。

由于滑跑的速度比滑行大,对于同样大小的侧风,所需的盘舵量稍小一些。

对于起飞滑跑,随着起飞滑跑速度的增大,舵面效应增强,应相应地减小压盘量,同时用舵保持滑跑方向。滑跑时,适当顶杆,增大前轮正压力,可增加偏转前轮时修正滑跑方向的效率。侧风往往伴随紊乱气流,为使飞机具有较好的安全裕度,可适当增大抬前轮的速度。

在着陆滑跑中,情形正好相反,随着滑跑速度的减小,须相应地增大压盘量,及时发现飞机的运动偏差,用舵保持滑跑方向。

8.4.4　空中侧风导致的偏流及其修正

在正侧风情况下,飞机离地后,阻止飞机向侧方移动的地面摩擦力随即消失,如果不加以修正,经过短暂的时间过渡,飞机即随侧风按同一速度一起漂移,飞机与侧风间不再有相对运动,如图 8-28(a)所示。这种航迹(即地速)与飞机对称面不一致的飞行状态,称为偏流。

产生偏流后,航迹(即地速)偏离飞机对称面,形成了图 8-28(a)所示的速度三角形。此时空速(true air speed,TAS)与地速(ground speed,GS)之间的夹角,叫作偏流角(drift angle,DA)。偏流角的大小视空速、风速及其方向而定。当空速和风向一定时,风速越大,航迹偏离越多,偏流角也越大。风速与风向一定时,空速越大,偏流角就越小,侧风的影响相对减弱。

这里必须注意,本节只讨论飞机进入稳定侧风后的飞行状态,没有讨论进入侧风中的过渡阶段。在正侧风中飞行时,若不加修正,产生偏流以后,飞机随侧风一起向侧方漂移,飞机的侧移速度等于侧风速度,飞机与空气之间并不存在侧向的相对运动。从飞机上看来,相对气流从正前方过来,没有侧滑。因此,偏流对于飞机的空气动力和飞行姿态并不产生影响。如果不使用其他参照,是无法知道侧风的存在的。但在地面看来,飞机的地速却不平行于其对称面。

偏流的存在使飞机地面航迹发生偏斜,不能按原定计划飞向预定目的地,因此必须加以修正。修正偏流有两种方法:一是用改变航向法修正;二是用侧滑法修正。

1.改变航向法修正偏流

既然飞机地面轨迹向下风方向偏离原航向,那么操纵飞机使机头向上风方向偏转一个角度,使飞机改变的航向角正好等于偏流角,则航迹(地速)就与预定航迹一致,不再向下风方向偏离,从而修正了偏流,这种修正方法就称为改变航向法,如图 8-28(b)所示。

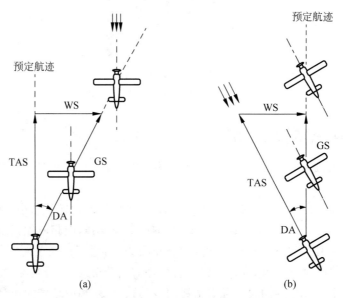

(a)   (b)

图 8-28　航向法修正侧风

TAS—真空速;GS—地速;WS—风速;DA—偏流角

用改变航向法修正侧风时,飞机不带侧滑和坡度。如果没有其他参照,会认为飞机是朝着机头指向方向飞行的。但在地面看来,飞机一方面沿着机头指向方向飞行,另一方面又沿着侧风方向随风下飘,其合速度(地速)就与预定航迹一致。

用改变航向法修正偏流时,航向角的改变量必须与当时的侧风情况相适应,否则飞机的航迹就不能保持预定的方向。例如,在左侧风中五边进近时,可使用改变航向法修正,飞行员先盘舵,协调地操纵飞机朝左偏转一个角度后,回盘回舵,使飞机不带侧滑和坡度,保持飞机航迹对准预定的下降点下降。如果发现下降点在向下风方向移动,则意味飞机向上风方向飘去,说明航向角的改变量大了,应适当减小航向偏转角;反之亦然。可见,飞行员应根据航迹偏离的情况,适当调整航向偏转角,以保持飞机沿预定的航迹飞行。

2. 侧滑法修正偏流

为便于理解侧滑法修正偏流,我们先看一下静风情况下的直线下降侧滑。

在静风情况下的五边进近中,除了前面谈到的正常进近方式外,还可以使用直线下降侧滑,如图 8-29(a)所示。向预定侧滑方向压盘,同时向预定侧滑的反方向蹬舵,飞机即进入直线下降侧滑状态。这时,压盘产生的横侧操纵力矩用于克服侧滑引起的横侧稳定力矩,蹬舵产生的方向操纵力矩用于克服侧滑引起的方向稳定力矩,而带坡度后升力倾斜,升力的水平分量用于克服侧滑引起的侧力。由于飞机带有侧滑和坡度,飞机阻力增大,下降角较大。直线下降侧滑可在不增大进近速度的情况下,增大下降角。

在有风的情况下用侧滑法修正时,操纵动作与无风情况下的直线下降侧滑完全相同。进入侧滑法修正偏流时,飞行员压上风盘,使飞机向上风方向带坡度和侧滑(侧滑角应等于偏流角),同时蹬下风舵,保持机头指向跑道不变。这时,飞机上的力和力矩的平衡关系完全同直线下降侧滑一样。如果没有任何参照,会认为飞机是朝着侧滑的方向飞去。但在地面看来,飞机一方面朝着上风方向飞去,另一方面又随着侧风向下风方向飘移,因此其合速度(地速)即为原预定航迹,如图 8-29(b)所示。

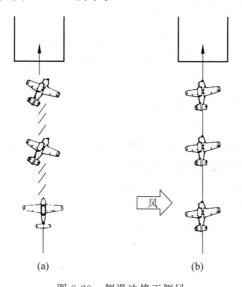

图 8-29 侧滑法修正侧风

(a) 无风时的直线下降侧滑;(b) 有风时的侧滑法修正

用侧滑法修正偏流时,在飞行速度不变的情况下,侧风的大小决定了压盘量、蹬舵量和下降角的大小。压盘和蹬舵的操纵量必须与当时的侧风情况相适应,否则飞机的航迹将偏离预定方向。例如,在左侧风中五边进近,使用侧滑法修正,压盘量以飞机无侧向漂移为准,蹬舵量以飞机机头对准跑道方向为准。如果飞机向上风方向飘去,说明压盘量大了,应适当回盘,同时调整舵量;而如果机头偏向下风方向,说明蹬舵量大了,应适当减小舵量,同时调整盘量。可见,飞行员应根据航迹、航向偏离的情况协调调整压盘和蹬舵量的大小,以保持飞机沿预定航迹、航向飞行。

用侧滑法修正偏流,压盘蹬舵以后,由于升力倾斜,升力的垂直分量将减小,飞机下降角要增大,如需要保持原下降角,可适当带杆并补油门。

3. 侧滑法和航向法的比较

用侧滑法修正偏流时,飞机的航迹与机体纵轴一致,便于根据纵轴方向保持飞机的运动方向,飞机接地前改出侧滑法的修正量较易掌握。但飞机在侧滑中,升力减小,阻力增大,升阻比减小,导致飞机气动性能变差。而且,保持飞机做直线侧滑,蹬满舵所对应的最大侧滑角是一定的。在大侧风的情况下,满舵对应的最大侧滑角可能小于保持直线飞行所需要的侧滑角,此时若只用侧滑方法将无法完全修正偏流。

用改变航向法修正偏流时,飞机不带侧滑和坡度,升阻比大,没有气动性能损失,而且改变航向不受侧风限制,即使侧风很大,也能用改变航向法来修正。但由于航迹与纵轴不一致,飞行员不便于根据纵轴方向保持运动方向,而且飞机接地前改出航向法的修正量不易掌握。

总之,两种方法各有优、缺点,可以单独使用,也可以结合使用。一般而言,小型飞机在绝大部分飞行阶段使用改变航向法修正侧风,只有在起飞、着陆进近阶段,为便于控制飞机的下降方向,才采用侧滑法修正。大型飞机则在所有飞行阶段均采用改变航向法修正侧风。

8.4.5 侧风情况下的起飞

飞机在侧风中起飞滑跑时,为克服横侧稳定力矩,须压上风盘;为克服方向稳定力矩,须抵下风舵。开始滑跑时,舵面效应差,因此压盘量较大,随着滑跑速度的增加,当气动力引起的杆力逐渐出现并增大时,应逐渐减小压盘量。但如果压盘量不够,飞机可能出现上风机翼抬起的现象,这种现象往往表现为一系列的轻微弹跳,在弹跳当中,飞机向下风方向侧移,使起落架受到较大的侧向载荷,严重时甚至损坏起落架。向上风方向压盘的同时,必须用舵保持飞机的滑跑方向,一般情况下,要求抵住下风舵,如图 8-30 所示。

抬起前轮后,应及时调整压盘量。根据侧风大小,允许飞机适当地向上风侧带小坡度离地,如图 8-31 所示。这样有利于飞机在离地后,克服侧风引起的偏流。

飞机离地后,机轮侧向摩擦力消失,如果没有修正或修正不够,在侧风作用下,特别是在大侧风条件下起飞,飞机将向侧风方向侧移,形成偏流。为防止这种侧移,在起飞离地过程中及离地后,应及时向侧风方向压坡度,用升力的水平分力平衡侧滑引起的侧力,同时加大下风舵,保持飞机的起飞方向,用侧滑法克服飞机的侧向漂移。

用侧滑法上升到一定高度后,应将飞机机头转向侧风方向,改平坡度,转入使用航向法继续上升。整个起飞地面航迹应保持原起飞方向,与跑道中心线平行。

在侧风中起飞时,为便于飞机操纵和增加起飞安全裕度,也常常使用增大抬前轮速度、增大离地速度的方法。在这种情况下,飞机以较大的速度离地,使侧滑法带坡度修正侧风时有较好的失速安全裕度。

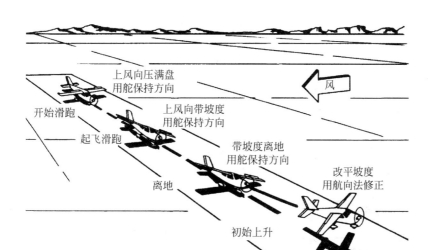

图 8-30　侧风中滑跑起飞

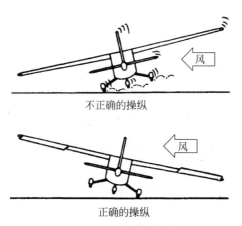

图 8-31　侧风中起飞离地

中、大型飞机的起飞速度和飞机重量比小型飞机要大,侧风对其起飞的影响较弱,不必使用带坡度离地和侧滑法来修正侧风的影响。

8.4.6　侧风情况下的着陆

在最后进近与着陆阶段,可以采用航向法与侧滑法修正侧风。虽然航向法在五边进近时也易于掌握与操纵,但它要求飞行员在飞机接地前的瞬间将飞机从航向法改出,这就要求飞行员必须具备准确的时间判断能力和较高的飞行技术。因此,在小型飞机飞行,特别是训练飞行中,一般推荐采用侧滑法,或侧滑法与航向法相结合的方法修正侧风。

如果五边使用航向法修正,可以在开始拉平前将飞机逐渐转入侧滑法修正。如果在五边中使用侧滑法修正,应将飞机地面轨迹和机头对准跑道中心线,根据飞机的侧向漂移情况,使用上风盘和下风舵进行协调修正。压盘的量取决于飞机的侧向漂移程度,如果飞机向上风方向飘移,则须减小盘量,反之,须加大盘量。舵量的大小则取决于飞机机头偏转的程度,如机头偏向上风方向,则须加大下风舵量,反之,则须减小下风舵量,以使飞机机头和地面航迹对准跑道中心线。换句话说,就是用盘控制飞机的侧移,用舵控制飞机的航向。

拉平中,飞机需要继续保持向上风方向带坡度和侧滑。由于拉平中速度逐渐减小,舵面效率逐渐降低,因此应逐渐增大盘舵量,用盘保持飞机不带侧向漂移,用舵控制飞机机头对准跑道方向。这种状况一直持续到飞机拉平后的飘飞段直至接地。

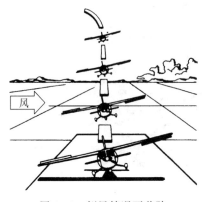

图 8-32 侧风情况下着陆

接地前,应操纵飞机改出侧滑法。应适当回盘,减小坡度至接近改平,使上风侧主轮稍先接地(见图 8-32),同时少量回舵保持机头方向。由于速度不断减小,气动力不断减小,侧滑引起的横侧稳定力矩也在不断减小,在保持盘量不变时,飞机本来就有减小坡度的趋势,所以改平坡度并不需要回盘过多。同样,为了保持机头方向,本应增加舵量,所以伴随回盘的回舵量更少,甚至无须回舵。

两点滑跑后,速度继续减小,舵面效率继续减弱,应继续增加盘、舵量。为易于保持滑跑方向,也可提早放前轮转入三点滑跑。前轮接地前,必须快速放平脚蹬,以防止前轮带偏转接地。前轮接地后,顶杆过中立位置,以防止前轮再次离地。在三点滑跑阶段,适当使用刹车,随着滑跑速度的减小,应继续增加上风盘量,同时抵住下风舵以保持方向。

整个进近着陆过程中,实际的侧风大小和方向不一定是稳定的,在阵风和紊流的情况下,需要飞行员根据飞机状态进行及时、快速的盘、舵修正。

大型飞机一般在接地前的整个飞行中均使用改变航向法修正,在接地前蹬下风舵,使飞机纵轴与跑道平行,同时用盘保持飞机不带坡度,改出航向法。航向法改出过早或过晚,都会使飞机纵轴与运动方向不一致而形成带偏侧接地。

无论用侧滑法还是航向法,如果接地前的改出动作不当或时机不正确,都可能形成带偏侧接地。带偏侧接地有三种情形:第一种为飞机地速平行于跑道,但纵轴与跑道方向不一致;第二种为飞机纵轴平行于跑道,但地速与跑道方向不一致;第三种为前两种的组合。

带偏侧接地时,主轮向侧方滑移,因而产生侧向摩擦力,对于前三点式飞机,主轮上的侧向摩擦力对重心形成的力矩有消除交叉的趋势,使飞机机头偏回地速方向。接地带偏侧不大时,一般可不做修正,在接地的瞬间,应及时注意用舵保持方向,待偏侧消失后,操纵飞机沿跑道中心线滑行。而对于后三点式飞机,带偏侧接地易使飞机进入地转,因此必须向地速方向蹬舵才能加以修正,如图 8-33 所示。

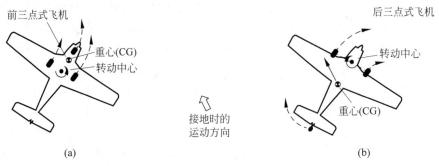

图 8-33 带偏侧接地的受力情况

(a) 前三点式飞机;(b) 后三点式飞机

带偏侧接地产生的侧向摩擦力使起落架承受较大的侧向载荷,严重时可导致起落架支柱结构受损。作用在飞机重心处的惯性力还可能使飞机侧倾,导致偏侧方向的翼尖接地。因此,在平飘中及接地前,应根据产生偏侧的情况,及时、果断、适量地进行修正,及时消除偏侧,使飞机纵轴方向、运动方向与跑道方向趋于一致。

8.4.7 侧风极限

用侧滑法修正侧风时,必须向上风方向压盘,向下风方向蹬舵。侧风速或风角越大,侧滑角越大,修正侧风所需的压盘和蹬舵量就越大。当侧风增大到一定程度时,必须蹬满舵才能保持方向不变,这时的风即为最大可能修正的侧风。如果侧风超过这一值,起飞着陆将无法进行。

起飞滑跑抬前轮时,飞机失去前轮修正方向的作用,这时飞机抵抗侧风的能力在起飞阶段最弱,保持方向需要的蹬舵量最大。这时,蹬满舵能修正的侧风即为理论上的起飞侧风极限。起飞中延迟抬前轮,即增大抬前轮速度,可适当提高飞机起飞侧风极限。

飞机着陆中两点接地时,修正侧风能力在着陆阶段最弱。若修正侧风所需蹬舵量达到满舵位置,飞机就保持不了方向。也就是说,理论上的着陆侧风极限是以飞机接地时蹬满舵所能修正的最大侧风值来确定的。着陆中增加进近与接地速度,或放小襟翼角度,可适当提高飞机着陆侧风极限。

各型飞机的速度、重量不等,方向舵最大偏转角不同,修正侧风能力也不同。CCAR-23.233规定:自1962年以后经过其型号审定的所有飞机(指正常类、实用类飞机),在正侧风不超过飞机着陆构型失速速度(v_{S0})0.2倍的情况下着陆,必须具备满意的空中和地面操纵能力。如果飞机的着陆构型失速速度为60kt,那么飞机应有能力在12kt的正侧风中着陆。

飞机实际允许使用的最大侧风值要小于理论上的侧风极限值,常称为示范侧风速度(demonstrated crosswind)。飞机应经过试飞验证,具备在不超过示范侧风速度情况下起飞、着陆的侧风修正能力。超过示范侧风速度后,应禁止起飞和着陆。

示范侧风速度的大小可以在飞行手册中的风分量图中查到,风分量图不仅规定了该型飞机的最大使用侧风值,还规定了飞机可以使用的最大顺风值和最大逆风值。利用风分量图,我们还可以快速确定任意方向、任意大小风速情况下的侧风分量或顺、逆风分量。

中国民用航空条例CCAR-93.140规定:航空器通常应当逆风起飞和着陆,但是若跑道长度、坡度和净空条件允许,航空器也可以在风速不大于3m/s的顺风中起飞和着陆。如果航空器驾驶员根据飞行手册或航空公司运行手册,请求在大于3m/s的情况下顺风起飞和着陆,在空中交通允许的情况下,塔台管制员应当予以同意。当跑道侧风在航空器侧风标准附近时,是否起飞或着陆,由航空器驾驶员根据机型性能自行决定,管制员负责提供当时的实际风向、风速。

复习思考题

1. 简述飞机起飞和着陆的各个阶段。
2. 飞机直线飞行时,如何操纵飞机进行加减速?

3. 如何操纵飞机由平飞转入上升？如何操纵飞机由上升转入平飞？

4. 如何操纵飞机由平飞转入下降？如何操纵飞机由下降转入平飞？

5. 试说明侧滑的种类及其产生的原因。

6. 在盘旋各阶段中，飞机的各力及力矩是如何平衡的？

7. 试说明不同种类的侧滑对盘旋性能的影响。

8. 试说明着陆中的几种偏差及其修正方法。

9. 简述着陆目测的原理与修正方法。

10. 简述侧风对起飞滑跑的影响，以及采用的修正方法。

11. 空中飞行时遇到侧风会有什么影响？怎样修正？

12. 简述航向法和侧滑法修正偏流的优、缺点。

13. 某飞机准备在某机场 27 号跑道着陆，着陆前通过塔台获知风的情况为 210°/20kt/s，利用图 8-26 中 B737-800 机型的风分量图，计算顺、逆风分量和侧风分量。

第9章

特殊飞行

本章将介绍飞机在飞行中可能遇到的一些特殊情况,主要包括失速、螺旋、双发飞机一发失效后的飞行、颠簸、飞机积冰、低空风切变等,其中,有些属于训练科目。了解这些特殊情况,对于保证飞行安全意义重大。

9.1 失速

运输机使用的迎角一般不大,即使在起飞和着陆阶段使用的迎角较大,也达不到飞机的临界迎角(临界迎角为18°左右)。因此,运输机在正常飞行中出现迎角超过临界迎角而失速的情况很少。但是,若飞行员操纵错误或遭遇强对流天气,有可能使飞机迎角超过临界迎角而造成飞机失速,飞机失速后,如又遭到扰动使机翼自转,飞机就会进入螺旋,这样会危及飞行安全。所以,飞行员应该熟知飞机的失速性能,这样才能防止飞机进入失速和螺旋,即使飞机误进入失速和螺旋,也能正确及时地改出。

9.1.1 失速原因

失速是指飞机迎角超过其临界迎角,不能保持正常飞行的现象。

小迎角时,气流分离不明显,只占据翼型后缘一小部分;随着迎角的增大,分离气流逐渐向前缘移动,导致涡流区进一步增加,形成了较强的涡流区。当迎角超过临界迎角后,上翼面产生强烈的气流分离,形成很强的涡流区,由于气流分离形成的旋涡是逐个从机翼表面产生的,因此飞机会产生气动抖动。同时,由于升力的大量丧失和阻力的急剧增加,紧接着飞机出现飞行速度降低、高度下降、机头下沉等现象,飞机不能保持正常飞行,从而进入失速状态,如图9-1所示。

综上所述,飞机失速的原因可以从两方面来解释:一是姿态变化方面,失速的根本原因就是飞机的迎角超过临界迎角;二是空气流动机理方面,失速的根本原因是气流分离。

飞机失速后,除了产生气动抖动外,由于升力的大量丧失和阻力的急剧增大,飞机还会出现飞行速度迅速降低、飞机下降、机头下沉等现象。速度过低、飞机做盘旋时坡度过大、载荷因数过大及向后带杆过猛等均可能引起失速。此外,失速可以出现在任何空速、姿态和功率设置下(如速度过小、大坡度盘旋、向后拉杆过多、飞机超重等)。

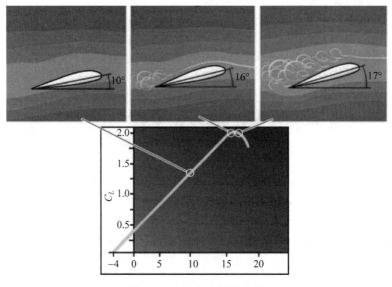

图 9-1　飞机失速原因分析

9.1.2　失速警告

要想防止飞机进入失速,首先需要正确判断飞机是否接近或已经失速。这就要求当飞机接近失速时,给飞行员提供一个准确无误的失速警告,以唤起飞行员的注意,使其及时采取措施,避免飞机进入失速。失速警告分为自然失速警告(也称为气动警告)和人工失速警告。

1. 自然失速警告(气动警告)

飞机接近临界迎角时,由于机翼上表面气流分离严重,会表现出一些接近失速的征兆。主要表现为飞机及驾驶杆和脚蹬的抖动,飞机有一种操纵失灵的感觉。当飞机以大迎角飞行时,一旦出现上述现象,飞行员应及时向前推杆,减小迎角,防止飞机失速。

这是因为飞机接近临界迎角时,机翼上表面的气流发生强烈的分离,产生大量的涡流。这种气流分离具有周期性,涡流时而被吹离机翼,时而又在机翼上产生;机翼表面的气流分离时而严重,时而缓和,使得机翼的升力时大时小,整个机翼升力的这种周期性变化促使飞机产生抖动。气流分离产生的大量涡流陆续流过副翼和尾翼,不断地冲击着各舵面,带动驾驶杆和脚蹬也产生抖动。

2. 人工失速警告

随着机翼翼型设计的改进,流过机翼表面的气流分离大大推迟,飞机失速前的自然警告很不明显,单靠自然失速警告(气动警告)很难防止飞机失速。现代飞机上均安装了人工失速警告,主要形式为失速警告喇叭、失速警告灯、振杆器。

失速警告喇叭和失速警告灯主要用在轻型通用航空飞机上。这种警告系统由装在机翼前缘的简易迎角探测器(风标式失速传感器或压力传感器)和警告喇叭(或警告灯)组成,当机翼接近临界迎角时,迎角探测器被气流激活,电路接通而触发失速警告喇叭或失速警告灯。多数警告系统在速度大于失速速度 5~10kt 时触发失速警告喇叭或失速警告灯。

振杆器主要用于大型飞机,也是由迎角探测器探测飞机迎角,当飞机迎角增大至离临界迎角一定值时(速度大于失速速度的 7%),电路接通、启动电动机,使驾驶杆抖动,发出失速警告。

CCAR-23.207 条对正常类和实用类飞机的失速警告进行了阐述,CCAR-25.207 条对运输类飞机的失速警告进行了阐述。

9.1.3 失速的种类

1. 无功率失速

无功率失速训练科目主要模拟在进近着陆中出现失速的情况。具体做法是:当进近姿态和空速稳定后,柔和带杆增大到一定姿态直到飞机失速。同时用方向舵保持方向控制,用副翼保持机翼水平,用升降舵保持俯仰姿态不变直至失速。

2. 带功率失速

带功率失速训练科目主要模拟在起飞和爬升中出现失速的情况。具体做法是:在建立好起飞或爬升构型后,将飞机减速到正常离地速度,并证实该区域内无其他飞机活动。当达到预定的速度后,开始带杆建立正常爬升姿态,同时应设置起飞功率以模拟起飞失速,或设置爬升功率以模拟离场失速。在增大功率之前减速到离地速度的目的是为了避免飞机在进入失速前长时间处于大姿态飞行。在建立好爬升姿态后,柔和带杆,直至飞机不能维持正常上升的大姿态,并保持该姿态直到飞机失速。对于绝大多数飞机而言,在保持这个大姿态时,随着速度的减小,必须不断向后带杆至最大量,然后飞机会进入完全失速。

3. 升降舵配平失速

升降舵配平失速训练科目是模拟在复飞过程中推满油门却没有有效控制飞机姿态时发生的失速。这种失速可能会出现在正常进近着陆到复飞的过程中、模拟迫降过程中或刚起飞时。该科目说明了柔和加油门、抵制过强的配平力、保持对飞机的有效控制、维持安全的飞行姿态和及时打好配平的重要性。

4. 加速失速

虽然前面讨论的失速都是在某一特定速度下发生的,但我们必须清楚,所有的失速是试图以过大迎角飞行导致的,而不是因为速度小。在飞行中,飞机机翼迎角由许多因素决定,其中最重要的是空速、飞机的总重量和机动动作导致的过载(载荷因数)。

一架飞机在相同的全重、构型、功率设置情况下,如果加速度为零,总是会在相同的指示空速下失速。然而,在大坡度转弯、拉升或飞行轨迹突然改变的情况下,若出现过大的机动载荷,则飞机会在更高的指示空速下失速。在这种情况下出现的失速,学术上叫作"加速失速",与飞机当时的空速并无关系。

在剧烈机动中出现的失速现象比在没有加速度情况下的失速更为迅速和严重,而且由于其失速速度高于正常的失速速度,且(或)俯仰姿态比正常失速时小,因此经验不足的学员会感到非常意外。在发生加速失速时，如果未能立即采取措施改出，可能会导致飞机完全失去控制。

加速失速训练科目并不是为了培养飞行员进入失速的能力，而是为了使其了解失速是如何发生的，培养其迅速识别并果断有效地改出失速的能力。根据练习程度的不同，一旦出现任何失速指示，或判明飞机已经完全进入失速后，应立即采取改出行动，绝不允许有意延长时间。

5. 交叉操纵失速

交叉操纵失速是发生在向一个方向压盘而向另一个方向蹬舵的交叉操纵时。另外，当带杆力过大时，也可能发生交叉操纵失速。交叉操纵失速可能发生在四转弯中。正常情况下，修正四转弯进入晚的正确方法是协调操纵副翼和方向舵以增大转弯率。在高度相对较低的四转弯中，训练不到位的飞行员会因害怕用增大坡度来增加转弯率，而保持坡度不变，试图通过向跑道方向蹬舵来对准跑道中心线。过多的向转弯内侧蹬舵会导致外侧机翼速度增加，因而该机翼上产生的升力更大。此时，飞行员为防止该机翼上偏以保持坡度不变，需要反向压盘。向内蹬舵还会使得机头相对于天地线下俯。因此，需要额外的带杆力来保持俯仰姿态不变，结果形成这样一种转弯操纵动作：向一个方向蹬舵，向相反的方向压盘，并使用很大的带杆力，形成了一种交叉操纵的状态。

训练交叉操纵失速的目的是为了表明不正确的操纵方法会对飞行产生很大的影响，它告诉我们无论何时进行转弯都必须使用协调操纵。

6. 二次失速

二次失速是在前一次失速改出后再次进入的失速。如果在改出失速过程中，在飞机获得足够的速度之前急于改出，就可能引起二次失速。当发生这种失速后，应当再次松开带杆力，就像正常改出失速一样适当稳杆。当重新获得足够的空速之后，可以将飞机恢复至直线平飞状态。

二次失速通常会在以下几种情况下发生：从失速或螺旋改出到直线平飞过程中，飞行员操纵过于粗猛；失速改出过程中，俯仰姿态减小不够，导致飞机迎角减小不够；试图仅靠增大发动机功率来改出失速。

9.1.4　失速的改出

失速警告可以帮助飞行员防止飞机进入失速，但若飞行员思想麻痹或操纵错误，仍有可能使飞机进入失速。因此，飞行员应学会改出失速的方法。

飞机失速是由于迎角超过临界迎角导致的。因此，不论处于何种飞行状态，只要判明飞机进入了失速，都要及时向前推杆减小迎角，当飞机迎角减小到小于临界迎角后（一般以飞行速度大于 $1.3v_S$ 为准），柔和拉杆改出，如图 9-2 所示。在推杆减小迎角的同时，还应注意蹬平舵，以防止飞机产生倾斜而进入螺旋。

值得注意的是，在推杆使飞机下俯减小迎角的过程中，绝不可单以飞机的俯仰姿态作为飞机是否改出失速的依据。因为向前推杆后，机头虽不高，甚至呈下俯姿态，但由于飞机的运动轨迹向下弯曲，飞机的迎角仍会大于临界迎角，若此时飞行员误以为飞机已经改出失

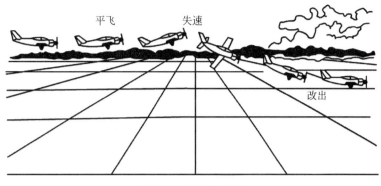

图 9-2 飞机的失速

速,过早地把飞机从不大的俯冲姿态中拉起,飞机势必再次增大迎角,陷入二次失速,以致更难改出,甚至改不出来。所以,掌握好从俯冲中改出的拉杆时机很重要,一方面要防止高度损失过多,速度太大;另一方面要避免改出动作过快,以致陷入二次失速。

9.2 螺旋

螺旋也称为尾旋,是指飞机失速后,产生的一种急剧滚转和偏转的运动状态。伴随滚转和偏转,飞机机头向下,同时绕空中某一垂直轴,沿半径很小和很陡的螺旋线急剧下降。

9.2.1 螺旋产生的原因分析

飞机产生螺旋是由于飞机超过临界迎角后机翼自转引起的。

在螺旋形成前,一定会出现失速。失速是协调的机动飞行状态,因为两个机翼失速程度相同或几乎相同,而螺旋则是两个机翼失速不一致的不协调的机动飞行状态。在这种情况下,完全失速的机翼常常先于另一个机翼下沉,机头朝机翼较低的一边偏转。

例如,当飞机迎角小于临界迎角而处于正常飞行时,若飞机受一扰动后向右滚转,下沉的右翼迎角增大,升力系数也增大;上扬的左翼迎角减小,升力系数也减小,如图 9-3 所示。两翼升力之差对重心构成与滚转方向相反的阻尼力矩阻止飞机滚转,迫使滚转角速度逐渐减慢。

然而,当飞机迎角大于临界迎角而处于失速状态时,情况就完全不同了。飞机受扰动向右滚转,下沉右翼的迎角虽然增大,但升力系数却减小;上扬左翼的迎角虽然减小,升力系数却增大,如图 9-4 所示。这样,两翼升力之差形成的力矩不但不能防止飞机滚转,反而加速了飞机滚转,促使滚转角速度增大。换言之,当迎角超过临界迎角时,只要飞机受一点扰动(如气流、操纵错误等)而获得一个初始角速度,它就会以更大的滚转角速度绕纵轴自动旋转,这种现象称为机翼自转。

飞机进入自转后,主要有两个表现:一是机头会向滚转方向急剧偏转;二是绕空中某一垂直轴,沿半径很小和很陡的螺旋线急剧下降。

原因分析如下:当飞机开始自转后,下沉机翼的阻力远大于上扬机翼的阻力(失速后阻力系数随着迎角的增大而增大得更显著),两翼阻力之差产生很大的偏转力矩,促使飞机绕立

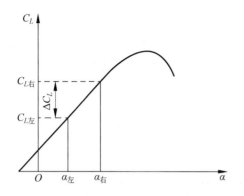

图 9-3　飞机迎角小于临界迎角,飞机滚转时两翼的
升力系数变化曲线

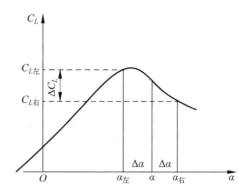

图 9-4　飞机迎角大于临界迎角,飞机滚转时两翼
的升力系数变化曲线

轴向自转方向急剧偏转。飞机自转后,升力不仅降低且方向随着机翼的自转不断倾斜,升力不能平衡飞机重量,飞机迅速掉高度,运动轨迹由水平方向趋于垂直方向。升力趋于水平,起向心力作用,使飞机在下降中还做小半径的圆周运动,如图 9-5 所示。所以在螺旋中,飞机不仅绕纵轴旋转,还绕立轴和横轴旋转。这就使飞机形成了一边旋转,一边沿螺旋线轨迹下降的螺旋状态。

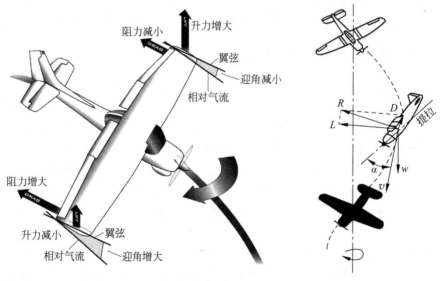

图 9-5　飞机螺旋形成的原因

9.2.2　螺旋的阶段

对于轻型训练飞机,完全的螺旋由三个阶段组成:初始螺旋、螺旋的形成和螺旋的改出,如图 9-6 所示。初始螺旋是指从飞机失速且开始旋转到螺旋全面形成的阶段。螺旋全面形成是指从一圈到另一圈的旋转中,旋转角速度、空速和垂直速度趋于稳定,而且飞行路径接近垂直的阶段。螺旋的改出是从施加阻止螺旋的力开始,直至从螺旋中改出的阶段。

轻型飞机上,初始螺旋通常发生迅速(4～6s),大概由旋转的头两圈组成。大约在旋转半圈时,飞机几乎直指地面,但由于倾斜的飞行路径,迎角大于失速迎角。当旋转接近一圈时,机头恢复朝上,迎角继续增大。随着飞机继续旋转进入第二圈,飞行路径变得更接近垂直,并且俯仰、滚转和偏转运动开始重复,这是螺旋全面形成阶段的开始。在最后阶段,螺旋的改出始于阻止螺旋的力克服延迟螺旋的力。在改出期间,两个机翼的迎角减小到小于临界迎角,且旋转速度变慢。此阶段的范围从 1/4 圈到几圈不等。

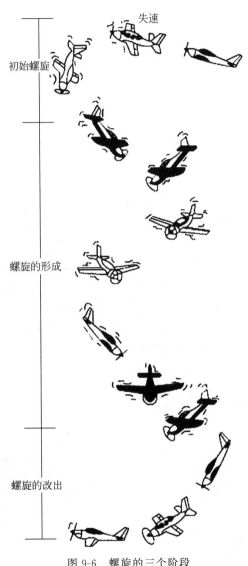

图 9-6　螺旋的三个阶段

9.2.3　螺旋的改出

螺旋是飞机失速后由机翼自转产生的,因此改出螺旋的关键在于阻止机翼自转和改出失速。为改出失速,只要推杆使迎角小于临界迎角即可。阻止机翼自转的有效办法是向螺旋的反方向蹬舵。蹬舵产生的操纵力矩可阻止飞机的偏转,同时造成内侧滑,内翼升力大,外翼升力小,可有效地阻止飞机的滚转。

因为飞机进入螺旋前一定先失速,所以飞行员应做的第一件事是在螺旋形成前尽快使飞机从失速中改出。若反应过慢使飞机进入了螺旋,应将油门收到慢车,盘放在中立位置,向旋转的反方向蹬满舵。当旋转速度减慢时,轻快地推杆减小迎角。当旋转停止时,蹬平舵使方向舵处于中立位置,用足够的力逐渐向后拉杆,使飞机从急剧下俯的姿态中改出。在改出时,应避免过大的空速和过载。在拉起的过程中,过多过猛地向后拉杆、使用方向舵和副翼都可能造成二次失速和再次螺旋。在全面形成的螺旋中,有时由于离心力对燃油系统的作用使发动机停车,因此,在螺旋改出时或许不能立即获得动力。

归纳起来,改出螺旋的基本操纵方法是:首先蹬反舵阻止飞机旋转,紧接着推杆迅速减小迎角,使之小于临界迎角;当飞机停止旋转时,收平两舵,保持飞机不带侧滑;然后在俯冲中积累到规定速度时,拉杆改出,恢复正常飞行。

9.3 双发飞机一发失效后的飞行

发动机故障是飞机所有故障中最危险的情况之一。现代飞机大多数是双发飞机,在所有发动机同时运转时可以保持良好的飞行能力,但当其中一台发动机发生故障时,就会引起很大的安全问题。本节重点介绍双发飞机一发失效后的飞行特点及性能变化。

9.3.1 一发失效后飞机飞行状态的变化

一发失效后作用在飞机上的力和力矩发生了变化,飞机的俯仰平衡和横侧平衡均遭到破坏,飞机将向失效发动机(简称失效发)一侧迅速偏转和滚转。

如果双发飞机出现了一台发动机失效,失效发一侧机翼的阻力将急剧增大,使机头向失效发一侧偏转;再者,工作发动机(简称工作发)产生的拉力也使得机头向失效发一侧偏转。当机头急剧向失效发偏转时,侧滑形成,导致两翼产生升力差,侧滑引起的升力差将使得飞机向失效发一侧滚转,如图 9-7 所示。

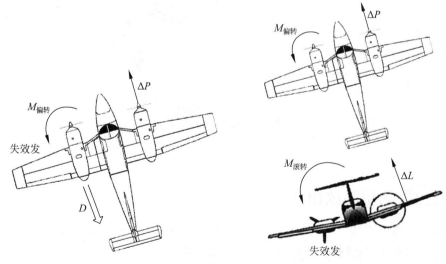

图 9-7 一发失效后机头的偏转和一发失效后飞机的滚转

在偏转和滚转的同时,由于拉力减小和阻力增大,飞机的速度会明显减小,升力也随之减小,飞行高度会下降,在俯仰力矩的作用下,机头还会下俯。

若关键发动机失效,对飞行状态的影响程度将更大。关键发动机是指对飞机的飞行姿态或飞行性能影响最大的那一台发动机。发动机的类型不同,关键发动机的确定方法也不同。对喷气式飞机来说,在空中给主液压系统供压的发动机被认为是关键发动机。在地面上,上风方向的最外侧发动机被认为是关键发动机。然而,对于螺旋桨飞机,关键发动机主要依据螺旋桨的副作用来确定。

下面以双发右转螺旋桨飞机(从驾驶舱方向看)为例来探讨关键发动机的确定方法。

1. 螺旋桨因素(P-factor)

当螺旋桨飞机在大迎角下飞行时,两侧桨叶会出现不对称的拉力,导致飞机机头偏转,这种现象叫作螺旋桨因素。当飞机以大迎角飞行时,螺旋桨的旋转面与水平面不垂直,即切向速度与前进速度不垂直,这样就导致下行一侧桨叶的迎角大于上行一侧桨叶的迎角,所以下行一侧桨叶产生更大的拉力,使机头偏转。下行一侧的桨叶即右侧桨叶和上行一侧的桨叶即左侧桨叶相比,会产生更大的拉力,两侧桨叶的拉力差对飞机重心取力矩会使机头左偏,如图9-8所示。

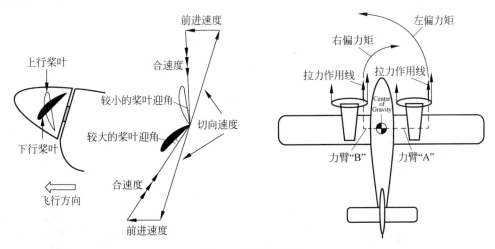

图 9-8 螺旋桨因素

对于双发螺旋桨飞机,由于螺旋桨因素作用的影响,会使得螺旋桨桨叶上产生拉力的作用线偏离发动机对称面,这样导致两台发动机各自产生的拉力到机身纵轴的力臂不一样,进而使对重心形成的偏转力矩大小不一致。螺旋桨产生的拉力均偏在了发动机对称面的右侧,这样右发动机产生的拉力到机身纵轴的力臂大于左边发动机的,如果左边发动机失效,飞机的偏转程度大于右边发动机失效时飞机的偏转程度,因此,可以确定左边发动机就是关键发动机。

2. 螺旋桨吹风作用(accelerated slipstream)

螺旋桨的吹风作用是在螺旋桨因素作用下产生的一种不利于飞行的滚转。由于螺旋桨因素作用的影响,使螺旋桨桨叶上所产生拉力的作用线偏离发动机对称面右侧,如图9-9(a)所示。这样会使从前向后流过螺旋桨桨叶的气流速度不一致,即从右边桨叶流过的气流速度偏大,进而使机翼上升力的作用点偏右,如图9-9(b)所示。如果左边发动机失效,飞机的滚转程度大于右边发动机失效时飞机的滚转程度,因此,可以确定左边发动机就是关键发动机。

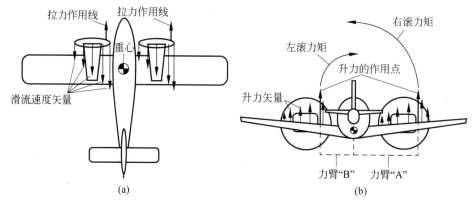

图 9-9　螺旋桨吹风作用

3. 螺旋桨滑流扭转(spiraling slipstream)

螺旋桨转动时,桨叶搅动空气,一方面使空气向后加速流动,另一方面又使空气顺着螺旋桨旋转方向流动,这种受螺旋桨作用向后加速和扭转的气流叫作螺旋桨滑流。

由图9-10可以看出,单发螺旋桨飞机产生的滑流作用在垂尾上,会改变垂尾处的气动力,进而使得机头发生偏转,增加了飞机的方向稳定性。对于双发螺旋桨飞机,只有左边发动机产生的滑流会影响到垂尾上的气动力,而右边发动机的滑流没有影响。如果左边发动机失效,会使得飞机的方向稳定性变差,由此可以确定左边发动机就是关键发动机。

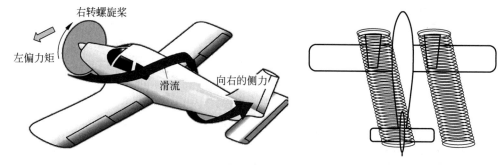

图 9-10　螺旋桨滑流扭转

4. 螺旋桨的反作用力矩(torque)

螺旋桨在转动中,不断地搅动空气,迫使空气沿螺旋桨转动方向旋转。与此同时,空气势必也给螺旋桨和机身一个反方向的力矩,该力矩称为螺旋桨的反作用力矩。在空中飞行时,螺旋桨把这个反作用力矩传给发动机和飞机,迫使飞机向螺旋桨转动的反方向倾斜。

如果双发右转螺旋桨飞机右边发动机失效,左边发动机正常工作,此时左边发动机产生的拉力会使机头右偏,而左边发动机的右转螺旋桨反作用力矩会使飞机向左滚转,这样可以抵消一部分由于发动机失效后飞机产生的右偏力矩;而如果双发右转螺旋桨飞机左边发动机失效,右边发动机正常工作,此时右边发动机产生的拉力会使机头左偏,而右边发动机的右转螺旋桨反作用力矩会使飞机向左滚转,这样加大了由于发动机失效后导致的飞机产生的左偏趋势,由此可以确定左边发动机就是关键发动机,如图 9-11 所示。

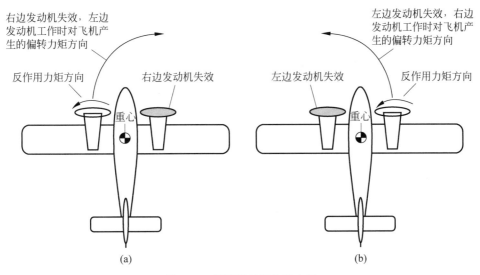

图 9-11 螺旋桨的反作用力矩

通过上述分析可知,对于双发右转螺旋桨飞机,左边发动机为关键发动机。

9.3.2 一发失效后的飞行操纵原理

飞行中,若一发失效,随着时间的延迟,飞机的侧滑角和坡度越来越大,要想恢复飞机的平衡状态,需要的修正量也会更大。一发失效后,飞机出现侧滑并无太大危险,但由侧滑引起的倾斜、滚转却比较危险,而要避免飞机倾斜、滚转,则必须先消除侧滑。

因此,在判明发动机失效后,飞行员应果断地向工作发动机一侧蹬舵,阻止偏转,同时向工作发动机一侧压盘,阻止飞机滚转,保持飞机上力和力矩的平衡。还应根据当时的情况调整油门或姿态以保证速度,合理使用配平以减小杆舵力等。

由于蹬舵、压盘量的不同,一发失效后的飞行状态也不尽一致。根据侧滑的不同,可以分为不带侧滑、向失效发一侧侧滑和向工作发一侧侧滑三种典型的飞行方法,如图 9-12 所示。

1. 不带侧滑,向工作发一侧带坡度的飞行方法

这种飞行方法是向工作发一侧蹬舵和压盘,飞机向工作发一侧带一小坡度(坡度的大小依机型而定,夏延Ⅲ A 飞机大约为 5°,西门诺尔 PA-44 为 2°～3°)。

参看图 9-12(a),向工作发蹬舵产生的操纵力矩与一发失效后的偏转力矩取得平衡,阻止了飞机偏转;向工作发压盘形成坡度,使重力侧向分力正好平衡方向舵侧力,以保持直线飞行。由于螺旋桨滑流的影响,两翼升力不等及垂尾侧力都会形成改平坡度的滚转力矩,因

此需要向工作发压住盘,保持坡度不变。

该方法的特点是:飞机无侧滑,阻力较小,单发性能好;同时,航向与航迹一致,便于保持方向。其不足之处是:侧滑仪的小球在自身重力的作用下,略偏向工作发一侧(夏延ⅢA和西门诺尔 PA-44 1/2 个球径),因此不便于用侧滑仪的小球位置判断飞机是否有侧滑现象。

2. 无坡度,向失效发一侧侧滑的飞行方法

与无侧滑的飞行方法相比,这种飞行方法是向工作发一侧多蹬些舵,少压些盘,保持飞机不带坡度。

参看图 9-12(b),向工作发多蹬些舵的目的,一是阻止飞机偏转,二是使飞机向失效发一侧侧滑。此时,侧滑产生的侧力和方向舵的侧力相平衡。由于飞机向失效发侧滑,只需少压些盘就可以保持飞机无坡度了。

这种飞行方法的特点是:机翼水平,侧滑仪小球在中央位置,在云中和仪表飞行时,便于用姿态仪保持飞机姿态。其不足之处是:蹬舵量较多,且飞机侧滑,阻力较大,气动性能稍差。

3. 向工作发一侧倾斜和侧滑的飞行方法

与无侧滑的飞行方法相比,这种飞行方法是向工作发一侧少蹬些舵(或不蹬舵),多压些盘,向工作发多带些坡度。

参看图 9-12(c),由于向工作发多压了些盘,飞机向工作发一侧带稍大的坡度并侧滑,蹬舵和侧滑产生的方向力矩与偏转力矩平衡,侧滑产生的侧力与方向舵的侧力方向相同,与重力的侧向分力平衡。

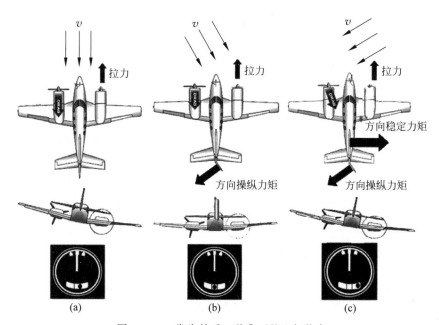

图 9-12　一发失效后三种典型的飞行状态

这种方法的特点是:蹬舵量较少,方向舵余度大。其不足之处是:由于压盘量大,飞机坡度和侧滑角相对较大(在不蹬舵时,坡度可能达到 10°左右),阻力大,性能较差;侧滑仪小球偏离中央位置较多。

上述三种一发失效的飞行方法各有优、缺点,应按各机型操作手册中的要求或根据具体的飞行条件确定。比如双发螺旋桨飞机,一般采用无侧滑的飞行方法,特别是在起飞阶段;对于喷气式飞机,则通常采用两翼水平的飞行方法,而向工作发一侧倾斜和侧滑的飞行方法,由于阻力大,较少使用。

9.3.3 一发失效后的飞行性能

一发失效后,阻力增大。原因是为了保持一发失效后的飞行,需要向工作发一侧压盘蹬舵,方向舵和副翼的额外偏转会产生阻力。如果是螺旋桨飞机,还会有风车阻力。

一发失效后,发动机的拉力或推力将减小,其可用推力或拉力将减小 80%左右。理论上,双发飞机一发失效后的拉力或推力减小 50%左右,但是由于一发失效后阻力的增加,使得发动机不得不先用 50%的推力或拉力中的一部分来平衡阻力。因此,可用的拉力或推力只有 20%左右。

总而言之,一发失效后,飞机气动性能变差。主要表现在:一发失效飞行最小速度增大,最大速度减小,平飞速度范围缩小;加速性能下降,上升率和上升梯度减小,相应的升限降低;最大上升角速度和最大上升率速度减小。

9.4 复杂气象条件下的飞行

当飞机在空中飞行时,如果遇到一些特殊的天气现象,会严重危害飞行安全。本节将介绍遇到扰动气流、积冰和低空风切变时飞机状态变化的特点。

9.4.1 颠簸

飞机在扰动气流中飞行,会产生颠簸、摇晃、摆头及局部抖动等现象,这就是所谓的飞机颠簸。扰动气流是指气流的速度大小和方向均不稳定。扰动气流也可以认为是阵风。

1. 颠簸的形成原因

飞机飞过地表面受热不均匀和地形起伏的上空、暖锋与冷锋的交界面、积雨云或浓积云时,受到不稳定气流(即阵风)的作用,使迎角、侧滑角和相对气流速度改变,引起作用于飞机的空气动力及力矩发生变化,进而引起飞机的平衡和载荷因数发生变化,使飞机产生颠簸。

一般情况下,阵风方向与飞机运动方向不一致,为便于分析问题,可把飞机在飞行中所遇到的各种不同方向的阵风分解为水平阵风(水平气流)、垂直阵风(升降气流)和侧向阵风。侧向阵风会引起飞机摇晃、摆头而破坏侧向平衡,但只有大迎角时才比较明显,一般情况下不予考虑。下面只分析水平阵风和垂直阵风形成的颠簸。

1) 水平阵风形成的颠簸

飞机在平飞中若遇到速度为 u 的水平阵风,如图 9-13 所示,飞机迎角不变,而相对于飞机的气流速度由原来的 v 增大到 $v+u$,引起飞机升力增大。飞机在升力增量 ΔL 的作用下,向上做曲线运动,高度升高,飞机上仰,载荷因数增大,飞行员有压向座椅的感觉。与此相反,若水平阵风从飞机后面吹来,相对气流速度减小,飞机升力减小,飞机向下作曲线运动,高度降低,飞机下俯,载荷因数减小,飞行员有离开座椅的感觉。阵风使相对气流速度时大时小,升力也时大时小,飞机就会忽上忽下形成颠簸。

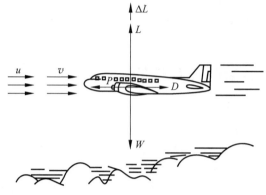

图 9-13　水平阵风引起的飞机升力变化

2) 垂直阵风形成的颠簸

飞机以迎角 α、速度 v 平飞,若遇到速度为 u 的向上垂直阵风,如图 9-14 所示,这时不仅相对气流的速度由 v 增大到 w,且相对气流速度的方向也发生改变,使迎角由原来的 α 增大为 $\alpha+\Delta\alpha$。由于迎角和相对气流速度均增大,引起飞机升力增大。与此相反,当飞机平飞中遇到向下的垂直阵风时,相对气流速度虽也增大,但相对气流速度方向的改变使飞机迎角减小,由迎角减小引起飞机升力的减小量远大于由相对气流速度增大引起飞机升力的增加量,结果表现为飞机升力减小。

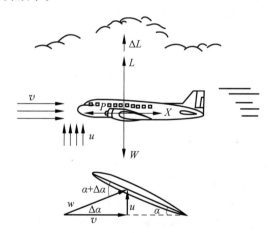

图 9-14　垂直阵风引起飞机的迎角和升力的变化

扰动气流的垂直阵风起伏不定,速度也多变,升力产生时大时小的急剧变化,也就使飞机忽升忽降形成颠簸。若作用在左、右机翼上的垂直阵风的方向和大小不一致,飞机就会产生摇晃。若垂直阵风冲击飞机的时间短促且频繁,还可能引起飞机局部抖动。

在扰动气流中,水平阵风和垂直阵风虽均能引起飞机升力的不规则变化而形成颠簸,但颠簸的强度不一样。在空速和阵风风速均相同的情况下,垂直阵风对飞机形成的颠簸要比水平阵风对飞机形成的颠簸强得多。

这是因为,水平阵风仅改变相对气流速度的大小,由于水平阵风风速比飞机空速小得多,所以对升力的影响比较小;而垂直阵风虽使飞机相对气流速度变化不大,但会使迎角发生较大变化,对升力的影响也就大多了。也就是说,垂直阵风使飞机升力的变化要比水平阵风大得多,所以形成的颠簸也强得多。可见,飞机颠簸主要是由扰动气流中的垂直阵风引起的。

必须指出,飞机在垂直阵风的扰动气流中飞行并不一定会发生颠簸。根据研究,只有当垂直阵风的水平范围与飞机的尺寸相当(对于现代飞机来说为 $10\sim100\mathrm{m}$),或扰动脉动周期与飞机的自然振动周期相近(即产生共振现象)时,才会使飞机升力产生明显变化,从而造成颠簸。如果飞机遇到的是许多范围比飞机尺度小得多的垂直阵风,不论其强度如何,只要是均匀的,则可认为是由若干个垂直阵风同时撞击在飞机各部分,作用的结果大致互相抵消,不会产生颠簸。但若阵风强弱不均匀,也会产生不同程度的颠簸。如果垂直阵风的范围比飞机尺度大得多,比如几千米以上,除飞机进出这个范围的顷刻会产生颠簸之外,飞机进入后,便与空气的运动相适应,随着垂直阵风平稳地上升或下降,不会产生颠簸。

2. 阵风载荷因数和颠簸强度等级的区分

通常用阵风载荷因数衡量颠簸的强弱。由于飞机颠簸主要是由扰动气流中的垂直阵风引起的,因此,下面重点讨论垂直阵风载荷因数。垂直阵风载荷因数是指飞机在垂直阵风作用下的载荷因数与无阵风时飞机的载荷因数的差值,也叫作载荷因数变化量(Δn_y)。

当飞机在平飞中遇到垂直阵风时,如图 9-14 所示,其迎角的增量($\Delta\alpha$)为

$$\Delta\alpha = \frac{u}{v} \tag{9-1}$$

升力系数增量 ΔC_L 为

$$\Delta C_L = C_L^\alpha \Delta\alpha$$

式中　C_L^α——升力系数曲线斜率。

相对气流速度 w 为

$$w = \sqrt{v^2 + u^2} \tag{9-2}$$

此时升力 L 为

$$L = L_0 + \Delta L = L_0 + C_L^\alpha \Delta\alpha \frac{1}{2}\rho v^2 S \tag{9-3}$$

若考虑向下的垂直阵风,则升力可表示为

$$L = L_0 + \Delta L = L_0 \pm C_L^\alpha \Delta\alpha \frac{1}{2}\rho v^2 S \tag{9-4}$$

载荷因数 n_y 为

$$n_y = 1 \pm \frac{C_L^\alpha \Delta\alpha w^2 \rho S}{2W} \tag{9-5}$$

由于 $v \gg u$,取 $w \approx v$,再将式(9-1)代入式(9-5)得

$$n_y = 1 \pm \frac{C_L^\alpha \rho u v S}{2W} \tag{9-6}$$

则载荷因数变化量 Δn_y 为

$$\Delta n_y = \pm \frac{C_L^\alpha \rho u v S}{2W} \tag{9-7}$$

由式(9-7)可知,影响阵风载荷因数的物理量有:

(1)阵风强度。垂直阵风强度越大,阵风载荷因数越大,颠簸越强。

(2)飞行速度。飞行速度增加,阵风载荷因数越大,颠簸越强。

(3)空气密度。高度高,空气密度减小,阵风载荷因数减小,颠簸越弱。

(4)翼载荷。翼载荷是指飞机重量和机翼面积之比,即翼载荷＝W/S。翼载荷越大,阵风载荷因数越小,颠簸越弱。

(5)升力系数曲线斜率。升力系数曲线斜率越大,阵风载荷因数越大,颠簸越强。

飞机颠簸的强度通常根据飞行状态变化的程度来确定,即用感觉和目测的方法来划分飞机颠簸强度的等级。比较客观的方法是按飞机在升力方向上载荷因数的变化量来划分,这可通过载荷因数表准确地测出。

根据在不稳定气流中飞行时飞行状态的变化和载荷因数变化量大小,我国将飞机颠簸强度分为弱颠簸、中度颠簸和强颠簸三个等级。各等级下的飞行状态和载荷因数变化量见表9.1。

表 9.1 飞机颠簸强度的等级

飞机颠簸等级	飞行状态	载荷因数变化量
弱颠簸	飞机轻微摇晃,被轻轻地抛上抛下,空速表指示时有改变	$\|\Delta n_y\| < 0.2$
中度颠簸	飞机抖动,被频繁地抛上抛下、左右摇晃,操纵费力,空速表指针跳动达 10km/h	$0.2 \leqslant \|\Delta n_y\| \leqslant 0.5$
强颠簸	飞机强烈抖动,被频繁剧烈地抛上抛下,高度改变达 20～30m,空速表指针跳动达 15～20km/h	$\|\Delta n_y\| > 0.5$

在实际飞行中,不同颠簸强度等级对旅客和机组的影响不同。弱颠簸主要表现为座位上的人员可能感觉到安全带或者肩带轻微受力,未固定的物体可能稍微移动,行走几乎没有困难,不影响客舱服务。中度颠簸主要表现为座位上的人员能明显感觉到安全带或肩带受力,八成满的饮料会从杯中溅泼出来,客舱服务受到影响,客舱内走动困难,未固定的物体发生移动。重度颠簸主要表现为座位上的人员感到安全带或肩带猛烈受力,未固定的物体前后左右摆动、被抛起,无法进行客舱服务。

3. 颠簸对飞行的影响

飞机在颠簸区中飞行时,由于气流的不规则变化,使飞机高度、速度及姿态也出现不规则的变化。颠簸强烈时,飞机忽上忽下的高度变化通常可达数十米甚至数百米,这样会给飞机的操纵带来很大困难。由于飞机状态的这种强烈变化,飞行员必须花费更多的精力来保持飞机处于正常状态,因而体力消耗大、易疲劳。飞行中产生颠簸时,飞机各部分经受忽大忽小的载荷,颠簸越强,载荷变化越大。如果长时间经受强烈载荷变化的作用,或受到超过其所能承受的最大载荷,飞机的某些部件(如机翼)可能发生变形甚至折断。

1）平飞最大和最小速度的变化

低速飞行中，当迎角增大到一定程度时，机翼局部的上表面附面层气流发生明显分离，会引起飞机抖动，迎角越接近临界迎角，范围越广，气流分离越严重，抖动越明显。这种由迎角大小决定的抖动称为低速抖动。高速飞行中，由于机翼上表面产生了局部超音速区和局部激波，使附面层分离，也会引起飞机抖动，称为高速抖动。飞机开始抖动的迎角称为抖动迎角。

对于现代大型高亚音速飞机，为保证飞行安全，把抖动迎角作为飞行中最大允许迎角，其对应的升力系数叫作抖动升力系数或最大允许升力系数。抖动迎角平飞所对应的平飞抖动速度就是平飞最小允许速度。若只要求飞机不失速，而允许飞机迎角超过抖动迎角，显然，此时的最大允许迎角就是临界迎角，平飞最小允许速度即平飞失速速度。

如前所述，在扰动气流中飞行时，若遇到向上的垂直阵风，飞机迎角要增大，有可能达到抖动迎角或临界迎角。为了使增大后的迎角仍不大于抖动迎角或临界迎角，飞行时使用的最大迎角应该小于抖动迎角或临界迎角。也就是说，在扰动气流中飞行，为了避免飞机迎角超过抖动迎角或临界迎角，平飞最小允许速度应该大于平飞抖动或平飞失速速度。向上垂直阵风越强，迎角增加得越多，为了使得飞机迎角不超过抖动迎角或临界迎角，平飞最小允许速度应该比平飞抖动速度或失速速度大得多。

前面分析了平飞中遇到的上升阵风，由于迎角增大，使飞机升力和载荷因数增大。若载荷因数超过最大允许使用载荷因数，飞机将产生永久变形，甚至破坏。在低空做大速度飞行时，若遇到较大的上升阵风，飞机承受的载荷因数有可能超过其最大允许使用载荷因数。为了使飞机承受的载荷因数不超过其最大允许使用载荷因数，飞机平飞的最大允许速度应减小。

因此，在扰动气流中飞行时，平飞的最大速度将减小，最小速度将增加，如图 9-15 所示。

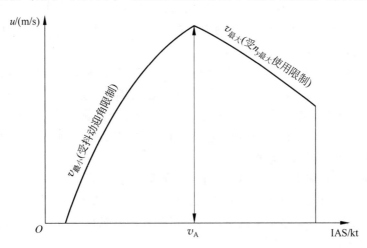

图 9-15　阵风风速对平飞最小速度和最大速度的影响

2）飞行速度的选择

遇到颠簸时，如果选择速度过小，飞机迎角增加过多，有可能超过抖动迎角或临界迎角，引起飞机抖动甚至失速；若选择速度过大，飞机的载荷因数有可能大于最大允许使用载荷因数，引起飞机结构损坏。即在扰动气流中飞行时，必须选择适当的飞行速度，既不能过大也不能过小；速度小，易失速；速度大，易超载。一般应选择机动速度(v_A)，该速度会在机型手册中给出，如图 9-16 所示。

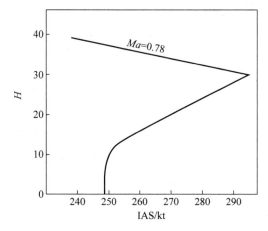

图 9-16　A320 机型的机动速度

3）最大飞行高度的限制

由于抖动升力系数随着马赫数的增大而下降，所以飞行高度升高，飞行马赫数增加，实际飞行的升力系数越接近抖动升力系数，即升力系数裕量小。这样，遇到垂直阵风时，就有可能出现抖动现象。为了保证足够的升力系数裕量，就要限制飞行高度的增加。故为保证飞行安全，颠簸飞行的最大高度比平稳气流中飞行的最大高度应低一些。

4. 在颠簸气流中飞行的操纵方法

（1）在颠簸气流中飞行时，除了会产生机动载荷因数外，还会产生阵风载荷因数。为减小飞机总的载荷因数，必须尽可能减小机动，避免产生机动载荷因数。需要机动飞行时，也应避免动作粗猛，转弯坡度应比正常时小。

（2）一般飞机在迎角达到最大允许迎角时仍具有较好的俯仰稳定性和侧向稳定性。在轻、中度颠簸气流中飞行时，飞行员只需稍用力握盘、抵舵，使舵面不自由偏转，以增强飞机稳定性即可。飞行状态偏差不大时，不必急于修正，应主要依靠飞机本身的稳定性。这是因为阵风的大小、方向是未知的，飞行员的修正动作往往"滞后"于飞机姿态的变化，而且如果修正不当，反而会使飞机的扰动增大。

在轻、中度颠簸气流中飞行，可以采用人工操纵，也可用自动驾驶仪驾驶飞机。在强烈颠簸情况下，应断开自动驾驶仪，因为此时若使用自动驾驶仪将会加剧"滞后操纵"，引起飞机姿态的更大变化，从而造成危险过载。有阻尼装置的飞机在扰动气流中飞行时应打开阻尼装置，以减轻颠簸。

（3）遇到较强的颠簸气流时，飞机偏差较大，而飞机本身的稳定力矩又不能使飞机完全恢复平衡状态，这时飞行员应手脚一致，根据飞机颠簸趋势，适时适量地操纵杆舵进行修正，动作要柔和；同时注意飞行仪表反映的飞机状态的延迟误差，尽可能减小舵面偏角。修正时要注意反复，同时注意保持速度。

（4）飞机接近升限飞行时，由于迎角已接近最大允许迎角，使飞机在扰动气流中飞行的性能变差。此时若遇到强度大的上升阵风，应绕飞或适当降低高度。

（5）飞机一般不宜在中度颠簸以上的扰动气流中飞行。如果飞行区域有中度颠簸以上的扰动气流，应视情况改变飞行时间，或采取绕飞、改变飞行高度的方法脱离颠簸，绝对禁止进入浓积云和雷雨区。

（6）若飞机误入强烈颠簸区，不要力求准确地按高度和速度保持飞机的初始状态，更不要急剧改变坡度和粗猛用杆，而应按地平仪的平均指示，采用"半握盘式"操纵飞机进行飞行。

9.4.2　积冰

飞机积冰是指飞机机体表面某些部位聚集冰层的现象，它主要由云中过冷水滴或降雨中的过冷雨碰到飞机机体后凝固形成，也可由水汽直接在机体表面凝华而成。只要有适当的空气湿度就会产生结冰现象。

飞机积冰作为一种飞行中常见的现象，也是实际运行过程中对飞行安全构成威胁的一大隐患，应引起飞行人员及相关地面人员的重视。飞机积冰会使飞机的空气动力性能、稳定性和操纵性变差，发动机工作不正常，飞机仪表指示出现误差，风挡玻璃模糊不清等，这些都将给飞行带来了一定的困难，甚至危及飞行安全。

现代飞机已装有相当完善的防冰、除冰装置，在对流层上部和平流层底部高速飞行时，一般不会发生危险。但对于没有除冰设备的飞机，在飞行高度和飞行速度都较低的条件下飞行时，积冰有时仍然是严重问题。因此，飞行人员在飞行中若遭遇积冰情况，应积极采取合理措施，妥善清除由积冰产生的负面影响，尽可能将积冰对飞行安全的危害降至最小。

1. 飞机容易积冰的部位和常见的冰层类型

飞机积冰主要发生在中、低云族中飞行时，在雾、冻雨或湿雪中飞行时也可能发生；大气温度在−40～0℃（甚至更低）时有积冰的可能，但发生率最高的在−20～0℃；积冰首先在飞机突出的迎风部位开始，曲率半径越小的部位，单位时间内所积的冰层越厚。飞机容易积冰的部位是机翼、尾翼、螺旋桨叶、发动机进气道前缘、风挡、空速管、天线等。

由于云中含水量、水滴大小、冷却冻结程度及飞行速度不同等原因，飞机上聚积的冰层在结构、附着强度和外观上也各不相同，最常见的有毛冰（楔形冰）、混合冰和明冰（双角冰）等。

2. 飞机不同部位积冰的影响

总的来说，飞机积冰会导致飞机性能变差。积冰不仅会导致发动机工作性能变差、可用推力减小、易发生喘振等，还使飞机的气动特性变差，进而导致飞机发动机耗油率增加，飞机的爬升率减小、下降率增大、航程和航时减小、飞行包线变窄。不同部位积冰的影响有所不同。

1）机翼表面积冰

翼面积冰对飞机的气动性能有很大影响，因此可能对飞行安全构成严重威胁。原因是积冰通过改变气流形状，降低了机翼的最大有效升力，减小了飞机的失速迎角。值得注意的是，在非常小的迎角下飞行时，积冰对飞机有效升力的影响极其微小。机翼在失速迎角下的最大升力系数会降低很多。即使机翼前缘有很薄的冰层,特别是在冰面粗糙的情况下,积冰仍旧会使飞机的失速速度增加很多。积冰会影响气流所产生的阻力,即使在较小的迎角下,积冰仍会对飞机的气动性能产生较大的影响。

轻度积冰会使最大升力系数和飞机的失速迎角降低很多。通常,积冰会带来30%左右的最大升力系数损失,大体积带棱角的积冰一般会导致40%～50%的最大升力系数损失。随着积冰的产生,阻力会趋于稳定增长。由于积冰使空气阻力增长100%是很正常的,一般大体积带棱角的积冰会使阻力增长200%甚至更高。

翼面积冰还会影响飞机的操控性能,在飞机失速之前,气流压力变化会对机翼前缘操纵面的效率产生影响。此外,在飞机起飞、进近过程中,翼面会有不同的气流流过,积冰会对特定构型下的翼面气流产生不同影响。积冰可能会部分地卡阻或者限制操纵面工作,降低飞机操纵面的效率。在地面时,如果翼面积冰过重,会使飞机过重而不能达到飞机起飞重量的限制。因此,在起飞前必须对飞机表面的积冰或积霜予以清除。

2）尾翼积冰

大多数飞机由于重心在压力中心之前,使机头有向下的趋势。尾翼会产生向下的负升力来抵消这种趋势。放下襟翼或者增大速度,会减小尾翼上的负迎角(绝对值增大)。当尾翼积冰时,在放下部分或全部襟翼后可能会导致失速。由于尾翼比机翼薄得多,所以尾翼比机翼更容易积冰。对于大多数飞机,飞行人员很难观察到尾翼积冰是否被彻底清除。因此,飞行人员应特别警惕尾翼失速,尤其是在飞机进近着陆阶段。

3）发动机进气道积冰

积冰出现在发动机进气道口,阻滞气流,使气流发生局部分离,导致压气机叶片失速,引起发动机喘振。积冰还可在进气道口产生大的冰圈,改变空气的动力特性。当冰屑脱离时,会掉入发动机内,从而造成发动机叶片机械损伤,使发动机的功率降低,影响发动机正常工作,严重时可造成发动机损坏或熄火。

4）风挡积冰

风挡积冰对飞行员目视飞行的影响最为直观,会严重妨碍飞行视野,导致飞行员无法判断周围环境,对飞机的起飞和着陆安全造成威胁。尤其是在着陆时,由于不能准确判断着陆高度,可能影响着陆安全。

5）全、静压孔积冰

全、静压孔积冰会对飞机仪表产生影响,使速度表、高度表、马赫数指示器、升降速度表等一些重要驾驶仪表失效或者失真,使飞行员失去判断飞行状态的依据。对于大型飞机,会直接影响大气数据的计算机输入与输出,为自动驾驶提供错误的数据,使飞行姿态出现偏差,影响飞行安全。

6）天线积冰

由于天线尺寸较小且裸露在机体外表面,因而更容易快速积冰。此外,由于天线的特殊功用,不能安装防冰、除冰装置。在具有积冰条件的气象条件下飞行时,天线积冰可能导致信号减弱或者丢失,严重情况下会损坏天线。天线损坏可能导致相关的导航设备失效,对飞行安全构成威胁。

3. 机翼积冰对飞机气动性能的影响

机翼积冰既影响附面层内气流的流动,又改变了机翼原来的形状,破坏了机翼的流态,使升力系数曲线斜率减小,阻力系数增大,同一迎角下的升阻比变小,机翼的最大升阻比降低。机翼积冰后,飞机将以更小的迎角发生气流分离,致使临界迎角和抖动迎角均变小,最大升力系数和抖动升力系数随之降低。总之,机翼积冰使飞机的空气动力性能变差。

4. 尾翼积冰对飞机力矩平衡、稳定性和操纵性的影响

尾翼积冰除了使飞机的阻力增加外,还会破坏飞机的力矩平衡,使飞机的稳定性和操纵性变差。

平尾积冰会造成平尾正、负临界迎角的绝对值急剧减小,保证飞机具有正常俯仰静稳定性和正常升降舵效能的飞行范围也随之大大缩小。尤其在着陆进近阶段,放下大角度襟翼,下洗流增强,平尾负迎角很容易超过平尾的负临界迎角而使平尾失速。一旦出现这种情况,不但平尾产生的抬头力矩大大减小,使飞机失去俯仰力矩平衡,而且升降舵也失去效用,造成拉杆也无法阻止飞机下俯的危险情况。

垂尾积冰与平尾一样,会使垂尾的临界侧滑角减小,当侧滑角超过垂尾临界侧滑角时,垂尾侧力急剧减小,使侧向操纵性变差,甚至出现反常操纵。因此,在积冰条件下操纵飞机时,对侧滑角应有一定的限制。对于螺旋桨飞机,由于螺旋桨扭转气流的影响,常使垂尾两侧积冰强度存在明显区别,迎扭转气流一侧积冰强,而背扭转气流一侧积冰弱,这就造成飞机总是有向一边偏转的趋势,给航行方向的保持带来了困难。

在舵面偏转的情况下,机翼、尾翼前缘积冰,舵面可能出现过补偿,引起操纵异常。现以平尾前缘积冰、升降舵出现过补偿为例加以说明。为了减小枢轴力矩,以减轻飞行员操纵杆、舵的力量,将舵面枢轴安装位置从前缘向后移一定的距离,如图9-17(a)所示。当舵面下偏时,枢轴前边补偿面的空气动力($R_{补偿面}$)对枢轴形成力矩 $R_{补偿面} \cdot b$,方向与枢轴后边舵面上的空气动力($R_{舵}$)对枢轴形成的力矩 $R_{舵} \cdot a$ 相反,减小了舵面的枢轴力矩,从而减轻了杆力。这种装置称为空气动力补偿。一般情况下,$R_{舵}$ 对枢轴形成的力矩比 $R_{补偿面}$ 对枢轴形成的力矩大,飞行员要保持一定的升降舵向下偏角,就需用力推杆。但是,当平尾前缘积冰时,下偏升降舵,会使平尾负迎角更大,导致平尾下表面发生严重的气流分离。枢轴后面的舵面上产生的空气动力($R_{舵}$)大大减小,如图9-17(b)所示,以致使 $R_{舵}$ 对枢轴形成的力矩小于 $R_{补偿面}$ 对枢轴形成的力矩,飞行员要保持一定的升降舵向下偏角,不仅不需用力推杆,反而需要用力拉杆,即出现过补偿。在这种情况下,如果飞行员不及时将原来的推杆力改成拉杆力,升降舵的向下偏角就会继续增大,以致出现机头急剧下降的危险情况。

5. 积冰后飞机飞行性能的变化

飞机积冰后,阻力增大,平飞所需功率或所需拉(推)力增加,平飞最大速度、上升角、上升率和上升限度均减小。飞机积冰后,由于最大升力系数和抖动升力系数降低,所以平飞最小速度(平飞失速速度)和平飞最小允许速度增大,平飞速度范围缩小。

在起飞过程中,机翼表面及襟翼前缘积冰时,不仅飞机的空气阻力显著增大,且在相同的迎角和速度下,飞机升力比不积冰时小,使起飞滑跑过程中的摩擦阻力增大,其结果是飞

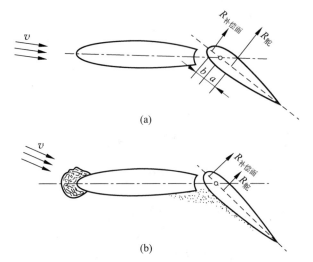

图 9-17 平尾前缘积冰对升降舵枢轴力矩的影响

机加速力减小,起飞滑跑距离大大增长。若保持相同的离地迎角,由于升力系数小,离地速度就要增大;若保持相同的离地速度,离地迎角就应增大,这又将导致机尾擦地。离地后,因飞机阻力增大,剩余功率或剩余推力减小,飞机加速到安全速度的时间增长,起飞后的爬升梯度也减小,增加了越障困难。

飞机积冰后,将使小时燃油消耗量和千米燃油消耗量增大,飞机续航性能变差。

6. 积冰条件下飞行的操纵特点

各型飞机在积冰条件下飞行时,操纵上各有其特点,各型飞机飞行手册中均有详细说明。这里仅就一些共性问题加以简介。

飞行前,应仔细研究航线上特别是起飞和着陆机场区域的气象情况,如云、降水和气温分布情况,特别是 0℃、−2℃、−8℃和−20℃各等温线的位置。资料表明,云中过冷水滴多存在于−20~0℃,而出现积冰频率最大和积冰最严重的范围在−8~−2℃。结合飞行速度等条件判断可能积冰的区域,从而确定绕过积冰区域的途径。当必须与积冰区域相遇时,可选择积冰最弱和通过积冰区域时间最短的航线。

现代飞机一般在易积冰的部位装有防冰装置,飞行前,应仔细检查这些防冰装置工作状态是否良好。起飞前,应清除掉飞机表面上的冰、雪和霜,飞机表面有积冰、雪和霜时严禁起飞。

如果积冰强度不大,对飞行安全没有多大影响,且预计在云中飞行的时间很短,那么可按原定航线和高度飞行。飞行中,当飞机积冰时,应根据积冰强度和各型飞机的具体规定,及时使机翼和尾翼的防冰装置持续工作或间断工作,并注意观察积冰是否除掉。如果积冰严重,防冰装置不能把冰除掉,就应采取改变飞行高度或改变航向的方法,迅速脱离积冰区。

在积冰条件下飞行时,对使用涡轮螺旋桨或涡轮风扇等发动机的飞机,应尽早持续地接通进气口、进气导向叶轮及螺旋桨等的防冰装置。过迟接通进气口和进气导向叶轮的防冰装置,会使已形成的冰块落入发动机,引起发动机损坏和停车。

如果发动机进气口已积冰,对多发动机飞机,不要马上接通所有发动机的防冰装置,可先接通一台或成对两台发动机的防冰装置。每接通一次,要有足够的时间,以便判明发动机是否继续正常工作。

对于涡轮螺旋桨或涡轮风扇发动机飞机,其机翼和尾翼防冰装置的热空气多来自发动机的压缩器,这就使得发动机的功率或推力因压缩器给涡轮的进气量减小而下降。如果不改变发动机的工作状态,飞行速度会减小,若要保持原有的飞行速度,就应增大油门。这在起飞时是无法办到的,所以规定,起飞时一般不允许接通机翼、尾翼的防冰装置。同理,中断着陆进行复飞时,一般应关掉机翼、尾翼的防冰装置,待飞到一定高度后再接通。

在机翼、尾翼都有积冰的情况下着陆时,应尽可能用防冰装置将冰除掉,若除不掉或来不及除掉时,只允许放小角度襟翼,以免出现拉杆也无法阻止飞机下俯的危险情况。

7. 飞机防冰、除冰措施

飞行中在遭遇积冰现象时,飞行员应及时收听自动终端情报服务(ATIS),联系 ATC 并报告积冰,在必要时通过请求改变高度或者航向,尽快脱离积冰区域。同时应严格按照飞行手册采取合理的措施。

对不同的积冰部位,飞机上对应有不同的防冰、除冰装置。飞机的发动机进气口、左右机翼前缘和前风挡玻璃由压气机引气和外界空气混合后的热空气进行加热来防冰。空速管、静压口、发动机吊架进气道和迎角探头为电热加温。左座风挡用酒精防冰作为一个备份系统。尾翼上的水平安定面一般是用气动除冰带除冰。在可能出现积冰的区域,飞行员应及时打开相应的防冰装置。表 9.2 列出了飞行员对不同强度积冰采取的措施。

表 9.2　飞行员对不同强度积冰采取的措施

积冰强度	机身积冰	飞行员措施
弱积冰	积冰可视,积冰率略高于升华率	除非持续时间超过 1h,否则不要求防冰、除冰设备或者也不要求改变高度/航向
轻度积冰	如果在此条件下飞行 1h,积冰可能造成威胁	偶尔需要开启防冰、除冰设备来移除或者防止积冰或者需要改变高度/航向
中度积冰	短期内积冰对飞行安全构成威胁	需要开启防冰、除冰设备或者改变高度/航向
强积冰	防冰、除冰装置已经无效	迅速改变高度/航向

在地面运行中的防冰、除冰也是非常重要的。在做飞行前准备时,飞行人员应通过监听情报通播(ATIS)、查询飞行员报告(PIREPS)等方式充分了解航路中可能存在的积冰条件并做好预防准备,并能根据有关的运行程序采取合理的爬升率、下降率、巡航速度、飞行高度等,以确保飞机的安全性和经济性。飞行人员应对飞机进行全面检查,确保飞机上的防冰、除冰装置工作正常,若飞机上有积冰或者积霜,应确保其被完全移除,相应的静压孔等未被堵塞,机身经过合理的防冰处理(防冰液)以预防飞机在地面滑行中再次结冰。同时,通过上述措施主动减少由于天气因素带来的航班延误现象,提高航班运行的经济性。

9.4.3　低空风切变

风切变对飞行的影响很大,尤其是低空风切变,曾多次导致严重事故。随着大型高速飞机的发展和机场吞吐量的加大,这个问题尤为突出。低空风切变成为影响起飞着陆安全的决定性因素之一。

1. 低空风切变的定义

风向和风速在特定方向上的变化叫作风切变,它是指在同一高度上或在不同高度上的很短距离内,风向风速发生变化,以及在较短距离内升降气流发生变化的一种现象。离地约600m高度以下风的水平或垂直切变称为低空风切变。

风向和风速在水平方向(同一高度的短距离内)的变化叫作水平风切变;在垂直方向(不同高度的短距离内)的变化叫作垂直风切变。由于垂直风切变的影响比水平风切变的大,所以这里主要分析垂直风切变。

风切变不仅影响飞行性能(如风速的垂直梯度会影响爬升率),强烈的风切变还直接威胁着飞行安全。强烈的风切变常出现在高空急流附近和雷雨云体下部。强烈的低空风切变对起落航线上的飞机危害极大。

风切变的强度是以单位距离(或高度)的风速变化值来衡量的。例如,高度变化 30m,风速变化 2m/s,则其强度为 $2/30 s^{-1}$(即 $0.07 s^{-1}$)。对于风切变的强度划分,目前国际上尚无统一的标准,国际民航组织曾建议将低空风切变的强度划分为四级,详见表 9.3。

表 9.3　低空风切变强度等级

等　级	高度变化 30m 时风速的变化值/(m/s)	强度/s^{-1}
轻度	0～2	0～0.07
中度	2.1～4	0.08～0.13
强烈	4.1～6	0.14～0.19
严重	>6	>0.19

2. 低空风切变的形式

风切变的形式很多,有时以单一形式出现,但往往是多种形式同时出现,而以其中一种为主。一般的形式有:

1)顺风切变

顺风切变指飞机从小顺风区域进入大顺风区域,或者从逆风区域进入顺风区域,或者从大逆风区域进入小逆风区域等几种情况。它使飞机空速减小,升力下降,飞机下沉,是一种较危险的风切变形式。

2)逆风切变

逆风切变指飞机从小逆风区域进入大逆风区域,或者从顺风区域进入逆风区域,或者从大顺风区域进入小顺风区域等几种情况。它使飞机空速增大,升力增大,飞机上升,其危害性比顺风切变轻一些。

3)侧风切变

侧风切变指飞机从某一方向的侧风(或无侧风)区域进入另一个方向的侧风区域。它会使飞机发生明显的侧滑,形成侧力,使飞机向一侧滚转和偏转。

4)下冲气流切变

下冲气流切变指飞机从无明显的升降气流区域进入强烈的下降气流区域。有资料认为,下降气流小于3.6m/s时,称为升降气流;大于3.6m/s(相当于一般喷气式飞机离地90m时的起飞上升率或着陆下降率)时则称为下冲气流切变。它会使飞机急剧下沉,这种切变具有猝发性,危害最大。

3. 低空风切变对起飞上升和着陆下降的影响

风切变对起飞上升和着陆下降的影响在性质上是相同的,只是起飞时遇到风切变,由于飞机不断增速,高度不断升高,比着陆下降中遇到风切变更容易处理,不致严重威胁安全。这里以着陆下降为例,说明低空风切变的影响,主要分以下几种典型情况来讨论:

1)飞机着陆下降中遇到顺风切变

图9-18表示飞机着陆下降中遇到顺风切变,即在风的切变层内,从上层到下层,逆风突然转为顺风。飞机进入切变层时,空速会突然减小,升力下降,飞机向下掉。如果有足够的高度,飞行员可以通过反复动作进行修正,保持正常目测着陆。修正动作是:及时加油门增大空速,并带杆减小下降角,接近正常下降线。当飞机超过正常下降线以后,再松杆增大下降角,并收小油门,减少多余的空速,并沿正常下降线下降,完成着陆。如果风切变的高度较低,飞行员只能完成前一半动作,而来不及做后一半的修正动作,那么飞机就会以较大的地速接地,导致滑跑距离增长,甚至冲出跑道。如果风切变层的高度更低,飞行员来不及修正动作,飞机就可能撞地,造成事故。

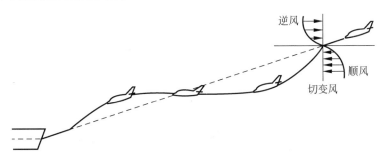

图9-18　顺风切变对着陆下降的影响

2)飞机着陆下降中遇到逆风切变

图9-19表示飞机着陆下降中遇到逆风切变的情况。在风的切变层内,从上层到下层,顺风突然转为逆风(或逆风突然增大)。飞机进入切变层时,空速突然增大,升力增大,飞机突然抬起,脱离正常下降线。这时,飞行员要及早收油门,利用侧滑或蹬舵的方法来增大阻力,使飞机空速迅速回降,并推杆回到预定下降线之下,然后再带杆和补些油门,回到正常下降线下降,完成着陆。这种逆风切变与顺风切变相比,危害稍小。

3)飞机着陆下降中遇到侧风切变

在着陆下降中遇到侧风切变,飞机会产生侧滑,带坡度并偏离预定的下降着陆方向,飞行员要及时修正。如果侧风切变层高度较低,飞行员来不及修正,飞机会带坡度和偏流接地,影响着陆滑跑方向。这种侧风切变的影响较小。

4)飞机着陆下降中遇到下冲气流

在雷暴云下面,常会伴随着强烈的下冲气流,有时下冲气流强度很大,曾经测到的雷暴下冲气流强度高达41m/s。

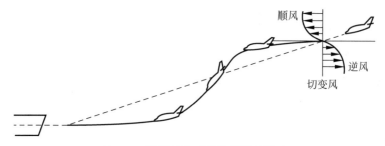

图 9-19　逆风切变对着陆下降的影响

飞机在雷暴云下进场着陆时,常会遇到强烈的下冲气流,并伴随其他形式的风切变。下冲气流使飞机迎角减小,升力下降,并迫使飞机急剧下降。若要保持飞行高度,只有加大油门,使飞机进入上升。只有下冲气流速度小于飞机的上升率,飞机才有能力爬升到安全高度,脱离危险区。如果上升率不够,飞机就会被迫下沉。飞机倘若不能及时冲出下冲气流,就会撞地坠毁。可见,能否有效克服下冲气流的影响,首先取决于飞机本身的上升性能。

下冲气流对飞机着陆下降的影响如图 9-20 所示。

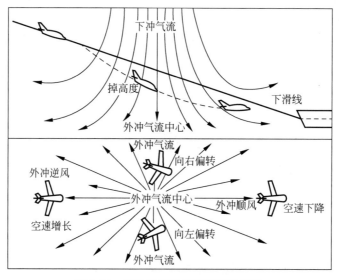

图 9-20　下冲气流对着陆下降的影响

4．低空风切变的判别方法

强的低空风切变难以抗拒,只有避开它才是最有效的办法。及时准确地判断低空风切变的存在、类型和强度,是减轻和避免风切变危害、确保飞机起降安全的重要措施。

1）目视判别法

强烈的风切变通常伴随着强烈的气流或者雷暴活动,因此可以通过云体类型进行判断。

（1）雷暴冷性外流气流的沙暴堤（沙尘暴前缘呈一堵又宽又高的沙壁）

雷暴冷性外流气流前缘的强劲气流会把地面的尘土吹起相当的高度,并随气流移动。它能显现出外流气流的范围和高度,其高度越高,强度越大。一旦这种沙暴堤出现就应高度警惕,立即采取措施,因为紧随其后的就是强烈的风切变。

（2）雷暴云体下的雨幡

雷暴云体下的雨幡是有强烈下降气流的重要征兆。通常,雨幡的下垂高度越低,个体形状越大,色泽越暗,预示着风切变和下击暴流越强。雨幡周围 1～2km 范围内的风场比较复杂,常伴有强风切变。所以,飞机不能穿越雨幡,要与之保持一定的距离。

（3）滚轴状云

在雷暴型和强冷锋型风切变中,强的冷性外流往往有明显的涡旋运动结构,并伴有低空滚轴状云。这种云的出现预示着有强烈的低空风切变。

（4）强风吹倒树木和庄稼

强风或下击暴流所吹倒的成片树林和庄稼,其倒状会呈现出气流的流动状况。

目视判别法比较直观、简便,但是也有局限性,它只能提供粗略的形象特征,并不能判断风切变的强度和范围。如逆温型风切变就是一种出现在晴天的风切变,而且地面风速并不大,容易使人忽视或产生错觉,往往这种风切变才最为危险。因此,我们往往需要借助一些仪器设备来精准测量风切变。

2）座舱仪表判别法

飞机遇到风切变,首先会反映到空速表、高度表、升降速度表和姿态仪这些座舱仪表上,使仪表的显示不同于正常情况。下面主要介绍遭遇风切变时座舱仪表的具体变化。

（1）空速表

空速表是飞机遇到风切变时反应最灵敏的仪表之一。飞机遭遇风切变时,空速表的指示一般会发生急剧变化。所以,空速表一旦出现异常指示,应立即警惕风切变可能造成的危害。波音公司规定,空速表指示突然改变 15～20n mile/h,应中止起飞或进近着陆。

（2）高度表和升降速度表

在飞机遭遇风切变或微下击暴流时,高度表和升降速度表会出现异常,当高度表大幅偏离正常值、升降速度表出现明显的下降率增大时,机组应给予充分注意。一般下降率短时改变达 500ft/min,即认为遇到强风切变,应立即复飞。

（3）姿态仪

风切变会瞬间改变飞机的俯仰姿态,正常的着陆下滑角为 3°,对应的姿态角（以 B737 为例）在＋2°左右,如果姿态角突然改变超过 5°时,即认为遭遇强风切变,应中止进近,立即复飞。

3）用机载专用设备探测低空风切变

目前机载风切变探测设备的性能尚不完善,且有的费用昂贵,已经有近地警告系统（EGPWS）的风切变警告系统和气象雷达（WXR）的前视风切变（PWS）探测系统装备飞机,相信在不久的将来,这两个系统会得到广泛应用。

（1）近地警告系统的风切变警告是进入式风切变警告,即飞机正进入风切变气流区域,其探测原理主要是结合无线电高度及当时的空速和襟翼构型等情况,分析大气数据的变化,判断是否进入了风切变区域。主要警告信息是视觉和听觉的"WINDSHEAR、WINDSHEAR"（风切变、风切变）。

（2）气象雷达的风切变警告是前视风切变警告,在飞机的起飞和进近阶段自动起作用。探测原理是多普勒频移,以气象雷达 T/R 本身发向前方的雷达波来探测飞机前方的气象条件,根据反射回波的频移确定前方是否有风切变气流,主要警告是听觉的"WINDSHEAR

AHEAD、WINDSHEAR AHEAD"（前方风切变、前方风切变），"GO AROUND WINDSHEAR AHEAD"（复飞、前方风切变），"MONITOR RADAR DISPLAY"（监控雷达显示），视觉信息主要显示"WINDSHEAR"（风切变）。

5. 怎样避免低空风切变的危害

应对风切变的根本方法是事先预测、主动回避，这就需要建立和健全风切变的预测和通报系统。由于技术上尚存在一些问题，近期内还难以实现这一目标。当前比较现实的方法则是尽量避免和减轻风切变的危害，在不得已相遇的情况下，力争安全脱离。为此，飞行员应注意以下几点：

（1）飞行员要养成仔细研究气象预报和天气形势报告（尤其是风和大气紊流）的习惯，随时注意前机通报。前机通报发现风切变，后机应警惕并做好应变准备。

（2）飞机飞近雷暴、锋面和强逆温层或飞过地形复杂区域（如滨海机场和山地机场）及夜间飞行（特别是下半夜）时，更要警惕风切变，因为在这些情况下风切变比较容易形成。

（3）飞行中如发现空速突然增加、机头突然上仰、飞机突然上升等情况，飞行员不要过急地收小油门，减小空速，以防风切变消失后，空速过小而造成操纵困难。为了保证着陆安全，应保持一定的速度裕量，以便补偿风切变的影响。当发生操纵困难时，最好复飞，不要勉强着陆。对于那些强度很大、区域较小的风切变，尽可能绕开，以保证安全。

9.5　尾流

飞机尾后的气流称作尾流。飞机产生的尾流虽然对本机飞行没有影响，却影响着后随飞机的飞行。随着大型运输机大量投入使用，同一机场各型飞机起落日趋频繁，这就有可能出现中、小型飞机进入大型飞机尾流并导致事故的问题，也就是所谓的"吃气流"。据统计，中、小型飞机因进入大型飞机尾流而发生的事故，50％发生在着陆阶段，约30％发生在起飞阶段，约20％发生在空中。进入前机尾流的危险性在于尾流是看不见的，其气流速度却很强，这就会导致飞机不受控制地剧烈改变飞行状态。

9.5.1　尾流的物理特性

飞机飞行中的尾流包括螺旋桨产生的滑流、放襟翼和机身产生的紊流、喷气式发动机排出的废气形成的喷流及翼尖涡流，这些在不同程度上影响着后随飞机的飞行，其中对后随飞机影响最大的主要是翼尖涡流形成的尾涡。所以，尾流有时又专指翼尖涡流形成的尾涡。据测定，波音747飞机起飞时，在发动机后面20m处，喷流速度高达150m/s，温度为80℃，因此可能吹毁或烧毁跑道灯等地面设施。下面着重说明翼尖涡流所形成的尾涡及其物理性质。

1. 尾涡的形成

飞行中，当机翼产生正升力时，下翼面的压强高于上翼面的，在上、下翼面的压强差作用下，下翼面气流就绕过翼尖流向上翼面。这样就使下翼面的流线由机翼的对称面向翼尖偏斜，而使上翼面的流线由翼尖偏向翼根。由于上、下翼面的气流在后缘处具有不同的流向，会在机翼后缘形成自由涡。由机翼后缘每一点拖出的自由涡形成一个涡面,叫作自由涡面。自由涡面在机翼后面将卷成两个集中的大涡,叫作翼尖涡。它沿飞行轨迹拖在飞机后部很远,所以常被称为尾涡。

361

2. 尾涡的间隔和强度

两条集中尾涡的间隔通常小于翼展(b)。在中等迎角下,多数机翼两条集中尾涡的间隔约为 $0.8b$;后掠翼和三角翼、平直翼在大迎角下及增升装置放下时,尾涡间隔多为$(0.72\sim 0.75)b$。

对于同一架飞机,尾涡强度与 n_y 成正比,与 ρ、v 成反比。对于不同的飞机,在一定的飞行状态下,尾涡强度与飞机重量成正比,与翼展成反比。一般来说,重型、小翼展高速飞机的尾涡强度比轻型、大翼展低速飞机的尾涡强度强得多。

3. 尾涡的诱导速度和向下移动

在尾涡内部(涡核),空气绕涡心线旋转(如同固体一样),离涡心越远,速度越大。在尾涡外部,空气是无旋流动,离涡心越远,诱导速度越小。

飞机后面的两条集中尾涡各自形成诱导速度,因此,飞机后部气流的向下速度主要是这两个尾涡的诱导速度的叠加,如图 9-21 所示。

根据对 C-5A 飞机的测定,在飞机后面 2.4km 处或飞机通过 30s 之后,向下的速度最大可达 3 600ft/min(18.3m/s)。这个向下的速度与飞机重量成正比,与翼展、空气密度和飞行速度成反比。可见,起飞、着陆时,由于速度比较小,大型、高速飞机的诱导速度特别大,这也是起落时要特别注意大型前机尾流的原因。

尾流离开飞机后要向下移,这是由于两条尾涡互相受对方的诱导作用引起的。美国基于波音 747、C-5A、波音 707 等运输机的飞行试验表明,大型飞机尾流以 2.0～2.5m/s 的速度向下移动(小型飞机则按比例缩小),但当下降到飞行轨迹以下 210～270m 的地方,尾流趋于水平,不再下降,如图 9-22 所示。

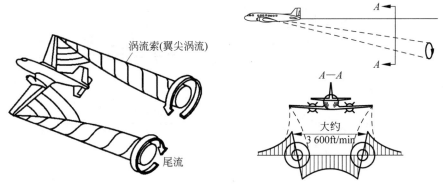

图 9-21 尾涡的形成和后部尾流的速度分布

4. 地面效应和侧风对尾涡的影响

左、右两股尾涡在接近地面时,受地面阻挡,大约在距离地面半个翼展至一个翼展的高

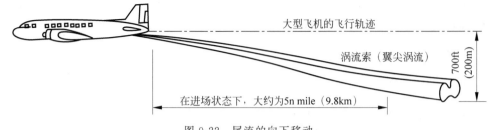

图 9-22　尾流的向下移动

度不再下降,而是逐渐转为横向移动,并以和下移速度相同的速度分别向外横移,互相离开,如图 9-23 所示。

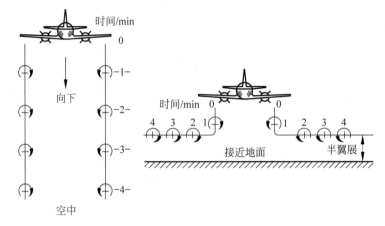

图 9-23　无风、近地面时尾涡的移动

有侧风时,尾涡随风飘移。接近地面时,一股尾涡受侧风影响向外移动的速度减慢,而另一股尾涡随侧风加快向外移动。在一定的风速下,一股尾涡可能停留在地面上方不再移动,如图 9-24 所示。

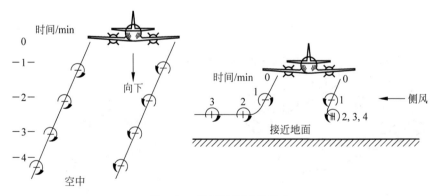

图 9-24　尾涡受侧风的影响

5. 尾涡的衰减和消散

尾涡外缘的切线速度很大,带动大气中具有黏性的静止空气旋转,因而能量不断扩散。

此外,大幅度的温度变化和大气波动也能导致尾流很快消散。

美国曾在地面拍摄波音 747 飞机尾流在 4 900ft(1500m)高度的消散情形。照片显示,飞机飞越头顶 10s 后,两条尾涡很清晰;90~100s 后,两条尾涡已开始消散;130s 之后,两条尾涡完全消散。如放襟翼或大气比较紊乱,尾流消散得更快。离地 5 000ft(1 500m)以下,尾涡的寿命完全取决于风速,风速越大,消散得越快。

9.5.2　前机尾流对后机飞行的影响

由飞机尾涡的特性不难看出,后机以不同的方向和位置进入前机尾流,后机的动态反应会有明显不同,主要有如下典型情形:横穿前机尾涡;从正后方进入前机尾涡;从正后方进入前机的尾涡中心及从前机旁边(前机翼尖外侧)遭遇尾流。详见图 9-25 所示。

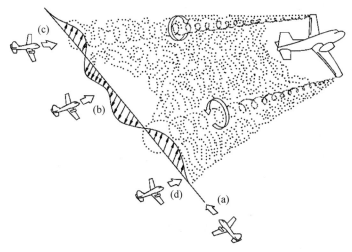

图 9-25　入前机尾涡的四种情形

1. 横穿前机尾涡

如图 9-25(a)所示,横穿前机尾涡中心时,后机会忽上忽下,出现颠簸,承受很大的正、负载荷。开始进入尾涡时,受尾涡向上速度的影响,飞机被吹起,飞行轨迹向上弯曲。此时,如果飞行员顶杆使飞机下俯,飞机有可能正进入尾涡速度向下区域,飞行轨迹变得更加向下弯曲,使飞机承受的负载荷增大。反之,如果飞行员带杆修正,飞机有可能正进入尾涡速度向上区域,使飞机所承受的正载荷增大,有可能超过最大允许使用载荷因数与破坏载荷因数,使结构发生损坏。

飞机横穿前机尾涡时,如果不是正好穿过尾涡中心线,而是在其上、下横穿而过,那么,其所承受的载荷因数要小得多,这也是飞机横穿尾涡很少出现结构损坏而发生事故的原因。

实际上,当飞机横穿尾涡时,尾涡的作用如同冲击载荷一样,使飞机颠簸,但由于逗留时间只有 1/10 秒到几秒,飞机的运动参数来不及变化,故对飞行安全不会构成太大威胁。

2. 从正后方进入前机尾涡

如图 9-25(b)所示，当飞机从正后方进入前机尾涡时，受尾涡向下移动的影响，会出现上升率降低、下降率增大，使飞机颠簸。如果在进场着陆时进入尾涡，若飞行员不加注意，在接近地面的上空，飞机会突然降低高度，此时留给飞行员脱离尾涡的时间又很短促，操纵不当就可能导致事故。

3. 从正后方进入前机的尾涡中心

如图 9-25(c)所示，从正后方进入前机尾涡中心时，飞机一边机翼遭遇上升气流，一边机翼遭遇下降气流，两翼迎角相差很多，飞机承受很大的滚转力矩而急剧带坡度或滚转。图 9-26 是不同型号的飞机进入 C-5A 大型运输机尾涡中心，在其后不同距离上测出的坡度和滚转速度。从图中可以看出，不同飞机均有较大的坡度和滚转速度。

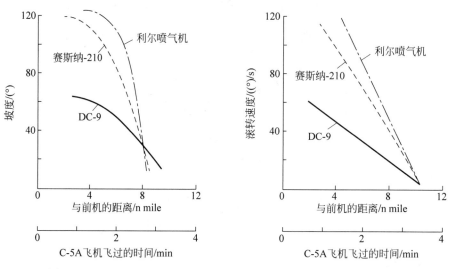

图 9-26 飞机进入 C-5A 飞机尾涡中心之后，呈现出的坡度和滚转速度

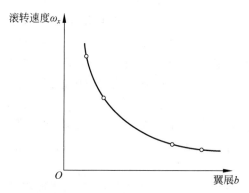

图 9-27 不同翼展飞机进入前尾涡中心所引起的滚转速度的最高值

例如，利尔喷气机和赛斯纳-210 飞机，在 C-5A 飞机后 5～6n mile(9～11km)受尾涡影响，坡度会突然超过 90°，滚转速度也超过 90°/s。在起飞着陆时，进入 C-5A 飞机尾涡中心，显然是危险的；若起飞着陆时规定坡度不得大于 30°，从图上可以找出与前机的距离不得小于 8n mile (15km)。

飞行试验结果还表明，后机翼展长短，对进入前机尾涡中心承受的滚转反应强弱具有重要影响。后机翼展越长，进入前机尾涡中心的滚转反应越弱，如图 9-27 所示。

4. 从前机旁边遭遇尾流

由飞行试验得知,如进入前机翼尖外侧的尾流,由于一侧机翼受到较大的上升气流作用,飞机会向外带坡度,被推出尾流,如图9-25(d)所示。

9.5.3　预防进入前机尾流的措施

目前,一些国家预防进入前机尾流的措施可归纳如下:

(1) 在机场附近进行仪表飞行,距离应保持在 5n mile(9.3km)以上,大型飞机(重量超过 136 000kg 的飞机)距离也应保持在 3n mile(5.6km)以上,高度差最少要保持 1 000ft(300m)。

(2) 在机场附近目视飞行,应至少保持 2min 的时间间隔(相当于 5n mile 或 9.3km)。

(3) 在同一空域飞行,应保持 5n mile(9.3km)的距离和 1 000ft(300m)的高度差。

(4) 中、小型飞机应在大型飞机起飞离地点之后 3 000ft(900m)处开始离地,在大型飞机着陆接地点之前 2 500ft(770m)处着陆接地。

(5) 中、小型飞机与大型飞机飞行轨迹的上、下距离不得少于 1 000ft(300m),并保持在大型飞机飞行轨迹的上风。

9.6　特殊情况下的起飞、着陆

飞行员不仅要掌握好正常和有风条件下的起飞着陆技能,还应掌握在其他不同条件下起飞着陆的技能。本节将分析不放襟翼着陆,高温高原机场起飞、着陆,短跑道上起飞、着陆,软道面上起飞、着陆,冰雪跑道上起飞、着陆,复飞,起落架故障着陆,停车迫降等有关问题。

9.6.1　不放襟翼着陆

正常着陆中,通常放大角度襟翼,即把襟翼放在着陆位。放下大角度襟翼后,飞机升力系数增加,阻力系数增加,升阻比减小。升力系数增加,使飞机可以以更小的速度飞行,从而减小进近速度和接地速度;阻力系数增加可以帮助飞机减速,缩短着陆滑跑距离。但在有些特殊情况下,如侧风过大、逆风过大、风切变、大气紊流等不稳定情况,或襟翼操纵系统发生故障时,为保证飞机具有良好的操稳特性和足够的安全裕度,常常需要放小角度襟翼(如襟翼放在起飞位),甚至不放襟翼着陆,以增大进近速度。不放襟翼着陆是飞行员需要掌握好的一项基本技能。

不放襟翼着陆与放襟翼着陆相比较,有如下特点:

(1) 飞机的下降角小、俯角小、下降速度大。放小角度襟翼或不放襟翼时,飞机升阻比较大,由下降性能分析可知,升阻比大,下降角小,飞机俯角小(见图9-28)。此外,由于飞机升力系数较小,为产生足够的升力,飞机必须增大下降速度。下降速度增大,可增强飞机的稳定性和操纵性,从而提高飞机在不稳定气流中飞行的安全裕度。但下降速度增大,也将使飞机的着陆滑跑距离与着陆距离增长。

(2) 拉平开始高度稍低。放小角度襟翼或不放襟翼,飞机俯角小、速度大,因此飞机减

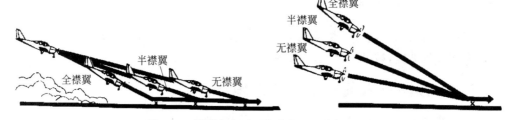

图 9-28　襟翼角度对下滑点与下滑角的影响

速慢、下降慢、拉平过程中高度降低少,所以,拉平开始高度稍低。

(3) 操纵动作应更柔和。放小角度襟翼或不放襟翼,飞机下降速度大,舵面效用较强,因此操纵动作应更加柔和,特别是在拉平中,应根据高度和飞机姿态柔和均匀地拉杆,配合好收油门的动作,防止拉平高和姿态过大。

(4) 易目测高。放小角度襟翼或不放襟翼,不但升阻比大、下滑角小、实际下滑点前移,而且阻力系数小、拉平中阻力小、飞机减速慢;又因升力系数小、速度大,拉平空中距离增长,易目测高。

9.6.2　在高温高原机场起飞、着陆

高温高原机场的空气密度小,飞机性能降低。这种性能的降低包括两方面:一方面,空气密度减小,使进入发动机内的气体质量减小,发动机产生的拉力或推力减小,使飞机增速慢;另一方面,空气密度减小,表速和真空速的差异增大,在同样的抬前轮表速情况下,飞机阻力不变,但抬前轮真空速和地速增大,使加速到这一速度所需要的时间增长,结果使飞机的起飞和着陆性能均降低。

1. 起飞

在高温高原机场起飞时,飞机加速慢,加速到同一表速时的真空速大,滑跑距离和起飞距离都将增长,起飞后的初始上升阶段中上升梯度减小。因此,应注意:

(1) 起飞前必须根据飞机的性能图表确定飞机的起飞滑跑距离与起飞距离,确保飞机在该起飞重量下和预计起飞跑道上可以安全起飞。同时,还需要根据性能图表确定飞机的上升性能,确保飞机有越障能力。

(2) 尽可能利用所有对起飞性能有利的因素起飞,如满油门、顺风、下坡等。适当时可以减小飞机的起飞重量。

(3) 同一表速下,若起飞真空速或地速偏大,应严格按照飞机性能图表上确定的抬前轮表速抬轮。

2. 着陆

在高温高原机场着陆时,若同一表速接地,真空速大,着陆距离和着陆滑跑距离都增长,因此,应注意:

(1) 起飞前必须根据飞机的性能图表确定飞机的着陆滑跑距离与着陆距离,确保飞机在预计着陆重量下和预计着陆跑道上可以安全着陆。

（2）尽可能利用所有对着陆性能有利的因素着陆，如大角度襟翼、逆风、上坡、各种减速装置等。

（3）同一表速时，进近与着陆真空速或地速均偏大，因此易形成目测高。拉平中应根据地速大的特点修正目视感觉，严格按照飞机性能图表上确定的过跑道头速度操纵。

9.6.3　在积水和冰雪跑道上起飞、着陆

当跑道上有积水或冰雪时，会使飞机的起飞、着陆性能发生明显的变化，在操纵方法上也有其特殊的方面。

所谓积水跑道一般是指积水比较深，但水深可测量出来的情况。小型飞机在积水跑道上起飞时，一般对起飞性能影响不大。而着陆时，积水道面能显著地减小轮胎与道面之间的摩擦系数，当水层较厚和滑行速度较高时，轮胎与道面之间的水膜可能会使机轮完全脱离道面，出现"滑水"现象，从而使摩擦系数急剧减小，刹车效能完全丧失，着陆滑跑距离大大增长。对于大型飞机而言，在积水道面上着陆可能会导致严重的安全事故。

冰雪跑道包括结冰跑道和积雪跑道。结冰跑道是指道面结冰时刹车摩擦系数为 0.05 的非常滑的跑道。在结冰跑道上着陆，不仅会使滑跑距离成倍增长，还给飞机在起飞、着陆滑跑中保持方向带来了困难。

积雪跑道特别是半融雪跑道，具有与积水跑道相似的性质。可能在高速滑行时会产生滑水现象；在不滑水的速度上，根据积雪情况，飞机可能要犁雪前进，使滑跑阻力增大。

在积水和雪泥跑道上起飞时，如果飞行手册中有这些情况相对应的性能图表，则应利用这些图表尽可能准确地计算起飞性能；如果没有，须凭经验对正常情况下的起飞着陆数据进行修正，减轻起飞全重，用最大功率起飞。同时，应避免在伴随大侧风的情况下起飞。前三点飞机在积雪道面上起飞时，可采用软道面上的起飞技术。

在结冰的跑道上起飞比较困难，尤其是在伴随侧风或道面不平的情况下，困难更大，很难保持方向，若无较高的个人飞行技术，一般不宜起飞。

在结冰或可能发生滑水的道面上着陆，除应估算着陆性能、减轻着陆重量外，在操纵上还应该注意：

（1）避免顺风和大侧风着陆，因为此时保持方向的难度大大增加。

（2）飞机接地时，不要过分强调落地轻，而应强调扎实和接地点准确。扎实接地可撞透积水，从而减轻滑水现象。

（3）飞机接地后及时使用减速装置，飞机三点滑跑后稳定刹车减速。

9.6.4　在短跑道上起飞、着陆

在短跑道上起飞、着陆的关键是严格保持方向，尽可能缩短起飞、着陆滑跑距离。短跑道通常还伴随着净空条件差等问题，若遇到这种情况，还需要考虑飞机起飞后能否安全越障的问题。

1. 起飞

在短跑道上起飞时，必须确保跑道长度在飞机的极限起飞性能之内，根据飞行手册中的飞机性能图表，可以确定在特定情况下飞机的起飞距离与滑跑距离，根据经验对飞机的实际

起飞性能进行判断和修正；根据机场净空条件正确估算飞机离地后的上升能力，对飞机初始上升阶段进行越障分析，以确保飞机可以在特定条件下安全起飞。尽可能利用所有对起飞性能有利的因素，使用最大功率、逆风、下坡起飞，并尽可能减小飞机的起飞重量。

从短跑道上起飞或上升时，要求飞行员操纵飞机以发挥其极限起飞性能。为使飞机得到最短的滑跑距离和最陡的上升角，飞行员需要练习对飞机姿态和速度的准确控制。任何情况下，如有可能，关于功率设定、襟翼设定、空速值和飞行程序的选择应按照飞行手册中的具体规定执行。

为了安全地获得最大起飞性能，飞行员必须熟悉如何使用和有效利用所飞飞机的陡升速度和快升速度。以陡升速度飞行，上升角最大；而以快升速度飞行，上升率最大。这两个特定速度在飞行手册中均已给出。资料表明：对于推荐的速度，即使只有 5kt(9.3km/h) 的速度偏差，也会使预计上升性能显著降低。因此，精确的空速操纵在这种情况下是至关重要的。

从短跑道上起飞，要求飞机从跑道的最端点开始。在跑道头上，将飞机对准预计起飞方向，在松刹车前，油门加至最大。起飞滑跑前，应将襟翼角度设置为飞行手册中的推荐值。这样，将使飞行员的注意力完全集中在起飞中的飞行技术和飞行性能上。相比较而言，在离地前才放襟翼的做法并无多大优势。

在起飞滑跑过程中，对于前三点式飞机而言，其三点滑跑状态的总阻力最小，因此整个起飞滑跑过程中都应保持三点滑跑，直至飞机加速至离地速度。

为了使飞机在离地后获得最陡的爬升角和最好的越障能力，当加速滑跑至陡升速度时，应平稳坚定地向后带杆使飞机离地。离地后飞机加速增快，用杆使飞机速度保持不变。一旦升空，应保持陡升速度进行直线爬升直到越障；或如果没有障碍物时，直到到达距起飞表面 50ft(15m)。然后，适当减小姿态，加速并保持以快升速度状态上升。如图 9-29 所示。

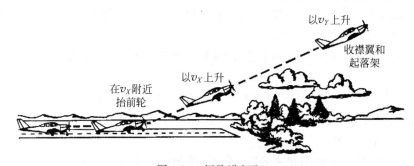

图 9-29　短跑道起飞

从短跑道上起飞时，由于发动机功率相对固定，因此速度的调整是通过姿态的调整来实现的，任何提前升空或爬升过陡的尝试，都可能导致飞机重新接地或不能安全越障。

在飞机已经越障并达到快升速度以后，可以开始收襟翼，通常建议分段收襟翼，以避免升力突然减小。襟翼全部收完后，收起落架，并调整起飞功率至正常上升功率。

2. 着陆

在短跑道上着陆，与在短跑道上起飞一样，要求飞机发挥其最大性能，这种小速度带功率进近着陆与空中小速度飞行技术较为接近，如图 9-30 所示。

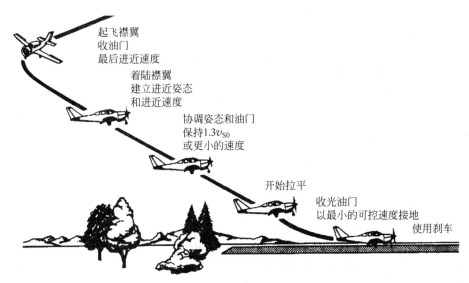

图 9-30　短跑道进近着陆

在正常的进近着陆中,飞机接地的精确地点往往是变动的,因为下滑速度、下滑角及下沉率、风等导致的漂移、姿态的变化,以及拉平后的飘飞等,都对接地点有较大影响。然而,在短跑道或限制区域内着陆时,飞行员必须对飞机的状态有精准的控制,以达到越障进近、实现无飘飞的拉平,然后在最短的距离内将飞机停止下来。

进近时使用全襟翼,在距离接地区域至少 500ft(150m)的高度上建立稳定的最后进近状态。飞行手册中没有指出时,应使用不超过 $1.3v_{S0}$ 的五边进近速度。若进近速度过大,将导致接地点距跑道入口太远,并使滑跑距离超过可用的着陆距离。

在放下起落架和全襟翼后,飞行员应调整飞机功率和俯仰姿态,以维持适当的下滑角和下滑速度。功率和姿态的调整应协调进行,如果飞机越障裕度较大,接地点超过预定接地点而导致跑道长度不够时,应适当收油门,并顶杆增大下降角;反之,如果下降角不足以保证安全越障时,应适当加油门并带杆减小下降角。进近中应避免速度过低,如果速度进入第二范围,带杆和加油门只会使下降率更大。

由于飞机下降角大,速度接近飞机的失速速度,因此必须精确控制飞机的拉平过程,以避免未拉平即接地或拉平过程中失速导致的下沉撞地。下滑速度正确时,应保持飞机拉平后不出现飘飞,在可控状态下接地。

接地速度应控制在飞机的最小可操纵速度附近,而接地姿态保持在无功率失速俯仰姿态。飞机准备接地时,收油门不能过快,因为过快收油门会导致飞机以较大的下沉率接地而造成重接地。

接地后,对于前三点式飞机,只要升降舵还继续有效,就应带杆保持这一姿态,这将导致较大的空气阻力以使飞机减速。一旦主轮接地,即可稳定地使用刹车减速,使滑跑距离达到最短。

9.6.5　在软道面上起飞、着陆

软道面包括草地、沙滩、泥泞地、雪地等道面。在软道面上起飞着陆有如下特点:

370

（1）摩擦力大，起飞滑跑增速慢，同时也使着陆滑跑减速快。

（2）起飞或着陆滑跑时，抬前轮后俯仰姿态不易保持，比如飞机从土质硬的地方滑至土质软的地方，机轮摩擦力与下俯力矩突然增大，使飞机姿态角减小。反之，从土质软的地方滑至土质硬的地方，机轮摩擦力突然减小，上仰力矩突然增大，使飞机姿态角增大。

（3）滑跑方向不易保持。土质软硬不同将造成两轮摩擦力大小不等，引起滑跑方向的改变。摩擦力大小的改变和道面不平造成的冲击还将使机轮受到的载荷增加。高速滑行时，还可能使起落架结构受损。

（4）崎岖不平的场地还可能使飞机滑跑时产生跳跃。

1．起飞

在软道面上起飞时，要求飞机在可能的情况下尽快升空，以减小草地、软沙、泥泞、雪地等道面引起的阻力。在软道面上的起飞技术也同样适用于粗糙不平的道面。

软道面使飞机在起飞加速滑跑时阻力增加，如果使用正常起飞时所使用的技术，飞机加速到正常起飞速度的时机要大大延长，有时甚至达不到。

在这种道面上的起飞程序有别于在坚硬、平滑的短道面。为了减小阻力，应尽快增大机翼升力，从而减小克服飞机重力的地面支撑力。为此，起飞前将襟翼放在起飞位置，在滑进软道面的滑行过程中，若可能，飞机应保持一个较大的滑行速度，直至起飞滑跑；停止滑行可能导致飞机陷入泥泞或积雪。

飞机对正预计起飞方向后，平稳、快速地加油门至最大功率。对于前三点式飞机，向后带杆以减小前轮正压力。在起飞滑跑中，应尽可能早地使用升降舵，将飞机维持在一个较大的迎角或较高的姿态上进行两点滑跑，随着速度的增大，升力增加，地面的摩擦阻力和冲击阻力随之减小。如果飞机的姿态得以很好地维持，飞机最后将以小速度升空，由于地面效应的存在，这个速度甚至小于飞机能安全爬升的速度。

飞机离地后，应柔和地降低机头，使飞机维持在一个刚好离开地面的高度上飞行，平飞加速至快升速度，如果同时伴随着较差的净空条件，则应加速至陡升速度。低高度平飞加速时，必须特别注意控制飞机，以防止飞机重新接地。由于地面效应只在接近地面飞行时才存在，故任何提前爬升的尝试都可能由于地面效应的减弱而导致飞机重新接地。

待飞机建立确定的上升状态且飞机速度超过快升速度以后，再收起落架和襟翼。

在起飞后即须越障的情况下，越障爬升应以陡升速度进行，越障后再加速至快升速度，然后收襟翼和起落架，同时减小发动机功率至正常上升状态。

2．着陆

软道面着陆的要点是：在着陆滑跑中控制飞机，使机翼升力在尽可能长的时间范围内支持飞机重量，减小机轮和道面间的正压力，以减小阻力和机轮受到的冲击。

在较长的软道面上进近时使用的技术和正常进近的技术基本相同，进场着陆时，其区别在于：软道面着陆要求飞机接地前，尽可能保持在离地 1～2ft(0.3～0.6m) 的高度上飘飞减速，使飞机以最小速度接地。

着陆时应使用全襟翼，以减小接地速度。对于下单翼飞机，着陆时机轮上扬起的泥浆、石子或雪浆可能对襟翼造成损坏。尽管如此，不推荐在着陆滑跑过程中收起襟翼，因为着陆中维持对飞机的完全控制更为重要。

对于前三点式飞机,主轮接地后飞行员应带杆抬起前轮,直至气动力不足以保持两点滑跑为止,然后再轻柔地使前轮接地。

滑跑中应避免使用刹车,因为刹车的使用会导致前轮早接地或重接地,从而使前轮承受较大的载荷,滑跑中软道面本身就能提供足够的减速力。在较软的道面上滑跑或滑行时,可能需要带油门保持一定的速度,以使飞机避免陷入道面。

9.6.6 复飞

当着陆场地有障碍或有其他不宜着陆的条件存在时,终止进近并使飞机转入上升的过程叫作复飞。复飞的主要特点是在速度较小和高度较低的情况下保证飞机能迅速增速和安全上升。

引起复飞的原因有多种,比如:着陆场地突然出现飞机或障碍物,着陆目测过高或过低,着陆拉飘过高或弹跳过高,侧风过大或侧风修正不当,飞行员没有着陆信心等。这些都将导致飞机不能正常着陆。

在气象条件不好的情况下,飞机进近下降至一个规定的最低高度,仍然没有足够的目视参考时,必须复飞。对于精密进近,飞机下降至决断高(DH)时,若仍然看不见跑道或进近标志,便要求飞行员及时操纵飞机复飞;对于非精密进近或盘旋进近,此高度则为最低下降高(MDH)。决断高和最低下降高以跑道入口标高为基准。

塔台管制员发出着陆许可时,应当具备下列条件:在航空器进近着陆的航径上,没有其他航空器活动;跑道上无障碍物;符合尾流间隔规定。发出着陆许可后,上述条件有变化的,塔台管制员必须立即通知航空器复飞,同时简要说明复飞原因。复飞航空器高度在100m以下的,跑道上的其他航空器不得起飞。是否着陆或者复飞由航空器驾驶员最后决定,且对决定负责。

如果可能,复飞决定应尽早做出,推迟至最后一刻才决定复飞可能会危及飞行安全。一旦做出复飞决定,应立即将油门推至起飞功率,同时带杆使飞机转入规定的复飞姿态,以减小或停止下降。复飞加油门时,视线看好地面,余光照顾飞机状态,判断离地高度,用盘舵修正螺旋桨的副作用,使飞机保持好预定方向和不带坡度。

在起飞油门下,飞机速度将很快增加,逐渐转入上升。在确保飞机有稳定的正的上升速度后,收起落架。过早收起落架或在飞机没有建立稳定上升的情况下收起落架,如果飞机在复飞过程中二次接地,就可能导致飞机机体撞地事故。

随着速度的增大,应适当稳杆以保持规定姿态,并拉平飞机。速度增加到规定值时,收襟翼至起飞位,进一步增速至规定值后,再收至全收位,同时带杆保持飞机姿态。收襟翼过早或一次性收完,飞机升力降低过多,可能导致飞机高度降低而坠落撞地。同时,收襟翼后飞机失速速度增加,因此必须确保飞机速度大于收襟翼后失速速度的一定值,之后才能收襟翼。

有的飞机由于襟翼与起落架阻力的因素,规定先部分收襟翼,然后再收起落架,具体次序应严格按各型飞机手册中规定的复飞程序执行。

随着高度和速度的增加,至规定值时收油门至上升功率。

复飞后的程序和路线应按照机场使用细则中的规定执行,如图9-31所示。一般先飞往机场附近规定的区域上空进行等待飞行,根据管制员指令再次进近着陆或飞往预定的备降场。

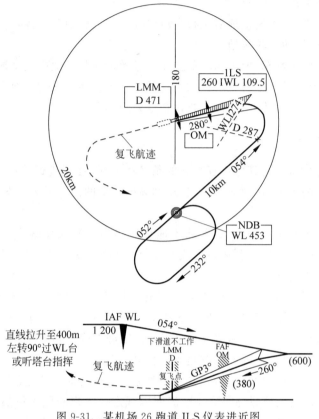

图 9-31　某机场 26 跑道 ILS 仪表进近图

9.6.7　起落架故障着陆

着陆时，可能发生起落架故障，即起落架放不下来，这种情况下的着陆称为起落架故障着陆。典型的起落架故障包括单侧主起落架放不下来和前起落架放不下来两种情况。下面分别加以分析。

1. 单侧主起落架故障

如果飞机左起落架未放下，右主轮接地后，右主轮受到的地面正压力对飞机重心形成滚转力矩，使飞机向左倾斜。同时，右主轮的摩擦力向后，对飞机重心形成偏转力矩，使飞机向右偏转。随着滑跑速度不断减小，机轮与道面间的正压力和摩擦力不断增大，导致滚转力矩和偏转力矩不断增大，如图 9-32 所示。

因此，在一侧主轮未放下的情况下着陆，要求飞行员操纵杆舵保持力矩平衡，维持直线滑跑。飞行员在操纵上应注意：

（1）防止拉高或拉飘，强调轻接地。因为拉高、拉飘以后，飞机的下降率大，导致重接地，接地瞬间产生较大的滚转力矩，使飞机倾斜，严重时会造成翼尖擦地的失控状态。因此，飞机接地前，可向主轮放下一侧稍带坡度接地。

（2）主轮接地后，为便于维持滑跑方向，应尽早放下前轮滑跑，用舵保持方向。随着滑跑速度的不断减小，滚转力矩不断增大，同时舵面效用降低，应不断增大压盘量以保持横侧

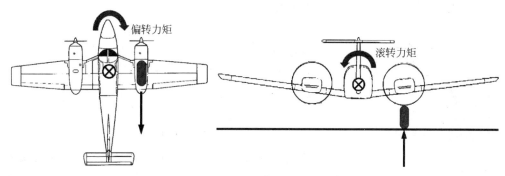

图 9-32 左侧主轮未放下接地时的飞机受力情况

力矩平衡。如果把盘压到底仍不能平衡滚转力矩时,再让翼尖接地。此时速度已经很小,一般不会使飞机受到严重损伤。

(3) 单轮着陆一般不宜使用刹车减速。因为刹车会使机轮的摩擦力和惯性力增大,偏转力矩随之增大,不利于保持滑跑方向。

2. 前起落架故障

在前起落架故障而主起落架正常的情况下,可按正常的着陆程序着陆。此时要求飞行员具有良好的操纵技术,强调轻两点接地,接地后应继续带杆使飞机在尽可能长的时间内保持正常的上仰姿态;两点滑跑阶段不应使用刹车;当带杆到底也不能保持飞机两点滑跑时,可让机头柔和接地。

这种操纵程序在这一情况下被认为是最安全和经济的方法,这样可以牺牲飞机的局部来换取机上人员的安全。

除了起落架因故障放不下来外,有时在紧急情况下需要收起落架着陆。例如,在柔软道面如田地里迫降时,飞行手册一般建议收起落架着陆。

需要指出的是,无论何种情况下,遇到起落架故障时,如果燃油允许就不要急于着陆。大部分飞机除了正常液压收放起落架的方法以外,还普遍安装有多套应急放起落架的设施,如手摇或一次性的高压气瓶放起落架等方式。机组人员在反复尝试各种方法都不能放下起落架后,方可做出带起落架故障着陆的决定。同时,地面应做好应急准备措施,尽量减小人员和飞机可能受到的伤害。

9.6.8 停车迫降

发动机在空中停车的情况固然极少出现,但对于单发飞机,一旦发生空中停车,发动机空中启动不成功时,飞行员就应根据当时的条件,正确操纵飞机进行迫降。为了确保飞行安全,飞行员必须学习正确处理停车迫降的有关知识。

1. 停车后的飞行性能

1) 停车后的附加阻力

对于低速螺旋桨飞机而言,发动机在空中停车后,螺旋桨产生自转或停转,从而产生附加阻力。小型飞机一般没有顺桨装置,停车后应将变距杆拉至最后,使桨叶角达到最大,以减小螺

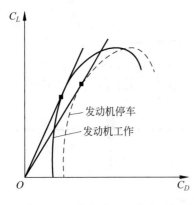

图 9-33 发动机停车对极曲线的影响

旋桨的附加阻力。

图 9-33 是发动机停车和工作两种状态下的极曲线，从图中可以看出，发动机停车后，最大升阻比减小；同时，最大升阻比对应的迎角有所增大，对应的速度有所减小。在无风和零拉力情况下，升阻比即等于滑翔比。

2）下滑速度

下滑速度不同，滑翔比也不同。在无风的情况下，用最小阻力速度下滑，滑翔比最大，下滑同样高度的下滑距离最长；用最小功率速度下滑，下滑率最小，下滑同样高度的留空时间最长。由于最小功率速度偏小，飞机的稳定性和操纵性较差，而且停车迫降选择下滑距离最长更有意义。因此，停车迫降一般选择最小阻力速度下降，即以最大滑翔比方式下降。飞行手册中一般会给出一个停车迫降最佳下滑速度，它是由理论上的最小阻力速度来确定的。

在发动机刚停车时，飞行速度一般较大，这时应该将飞机的动能优势转变为高度优势，尽可能地利用飞机具备的能量。一般采用先升后降的方法减速，即先拉杆使飞机上升，减速至接近停车迫降最佳下滑速度时，再保持该速度下滑。这样，下滑距离更长，飞行员也可以在更大的范围内选择迫降场地。

3）襟翼

放下襟翼后，飞机的升阻比减小，滑翔比随之减小，飞机的飞行速度减小，飞机下滑的距离相应缩短，飞机可以选择的迫降范围缩小。因此，对于停车迫降放襟翼的时机，一般应在飞机飞到迫降场上空以后再根据目测的高低来决定。为减小接地速度，着陆接地前应放全襟翼。

图 9-34 是放襟翼和不放襟翼的飞机极曲线。从图中可以看出，放襟翼后最大滑翔比减小，而最大滑翔比对应的迎角增大、速度减小。

4）起落架

放下起落架以后，阻力增大，升阻比和滑翔比减小，使飞机的滑翔距离缩短。关于停车迫降究竟放不放起落架的问题，要视具体的迫降场地而定。一般来说，在场内迫降应放起落架，而在场外迫降不能放起落架。

图 9-35 是放起落架和不放起落架的飞机极曲线。从图中可以看出，放下起落架，最大滑翔比和获得最大滑翔比的下滑速度均减小。

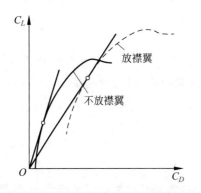

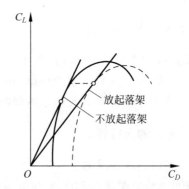

图 9-34 放襟翼和不放襟翼对极曲线的影响　图 9-35 放起落架和不放起落架对极曲线的影响

场内迫降时,放起落架的时机应根据目测进行。如发现目测高,可适当提早放起落架,以增大下滑角,缩短下滑距离;反之,若发现目测低,则应适当延迟放起落架的时机。

场外迫降时,场地一般较松软且凹凸不平。如放起落架迫降,在接地和滑跑中,容易产生剧烈的跳跃、颠簸,起落架插入松软的道面中,极易造成起落架折断,导致飞机失去控制。不放起落架用机身后半部分先接地,则可避免上述不良后果,且阻力大使飞机减速快,可使得飞机在面积较小的场地内迫降。

5) 风向与风速

在高度一定的情况下,逆风下滑时,地速减小,下滑角增大,下滑距离缩短,滑翔比减小。相反,顺风下滑时,地速增大,下滑角减小,下滑距离增长,滑翔比增大。风速越大,对滑翔比的影响也越大。在侧风中下滑时,如用侧滑修正侧风的影响,可使阻力增大,升阻比减小,滑翔比也减小。

由此可知,风对滑翔比和下滑距离的影响较大,所以在停车迫降时,飞行员应考虑到当时风对下滑距离的影响,若有可能,应尽量选择逆风方向迫降以减小接地速度。

在某些情况下,可能无法采用逆风方向迫降,具体包括:转入逆风方向的机动飞行将导致飞机处于一个较低的危险高度,逆风方向着陆的场地长度相较于顺风方向着陆的场地长度短得多,逆风方向着陆为下坡方向或净空条件不好等,此时可采用侧风着陆或顺风着陆。具体实施时,应根据风向和障碍物的情况综合判断迫降方向,如图 9-36 所示。

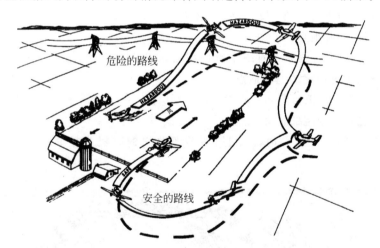

图 9-36　根据风和障碍物综合判断迫降方向

6) 停车后的下滑转弯

发动机停车后,飞行方向不一定恰好对正机场或预备迫降场,这就需要作下滑转弯来改变飞行方向。下滑转弯中,往往要求飞机损失的高度最小,以便有足够的高度来正确处理停车迫降。

转弯坡度大,飞机损失的高度就大,飞行员应在平时的模拟迫降训练中,掌握并熟知所飞机型在典型坡度下下降转弯的高度损失情况,以供停车迫降决策参考。另外,转弯坡度越大,飞机的失速速度也越大。为了防止失速,保持对飞机的有效控制,实际转弯时应根据飞机高度、迫降场地的方向和远近及目测情况来决定使用多大的坡度,一般应使坡度小于 45°。

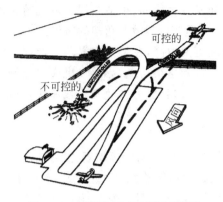

图 9-37　低高度 180°转弯可能导致
飞机失控

如果飞机高度较高,飞机可以在 360°范围内选择迫降场地,实施 180°转弯飞行。但如果高度较低,飞机可能来不及向后作 180°转弯,因而应选择前方 180°范围内迫降,如图 9-37 所示。比如,飞机从机场起飞,一般的起飞方向为逆风方向,低高度上发动机停车,若选择起飞机场为迫降场,180°转弯迫降将导致顺风着陆,在侧风和顺风情况下的转弯将导致高度损失更大,更严重的是,顺风导致地速增大,易使飞行员为控制速度而带杆过多,导致飞机失速而坠地。因此,对于小型飞机一般要求在高度 100m 以下发动机停车时,通常应于前方直线迫降。

2. 停车迫降时修正目测的方法

停车迫降时,由于没有发动机拉力可用,会使目测修正的方法受到限制。一般只能采用下述方法来修正目测:

(1)调整放襟翼的时机和角度。如发现目测高,飞机会超过迫降地点,可早一些放襟翼,增大下滑角,缩短下滑距离;反之,如发现目测低,则应晚一些放襟翼,以增长下滑距离,使飞机到达预定的迫降地点。

(2)用侧滑法修正目测高。直线下降侧滑可以减小升阻比,增大下滑角,缩短下滑距离,而不致使飞机超过预定的迫降地点。

(3)用"S"形转弯修正目测高。作"S"形转弯(即左右交换的下滑转弯)能缩短下滑距离,而不致使飞机超过预定的迫降地点。

(4)在较宽的场地上迫降时,可利用四转弯改出的时机来控制目测高低,如图 9-38 所示。

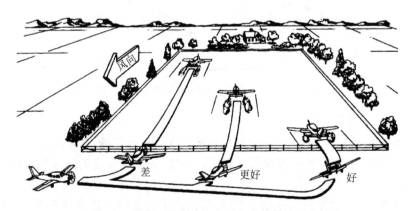

图 9-38　利用四转弯改出的时机来控制目测高低

(5)对于场内迫降,还可调整放起落架的时机来修正目测高。

由上可知,停车迫降、修正目测高的方法较多且容易修正,而修正目测低的方法基本没有。飞行员目测应充分考虑到这个特点,做到停车迫降目测宁高勿低。首先,要确保飞机能够飞至预定的迫降地点；然后，可采用在预定接地点上空盘旋下降、加入起落航线、五边直线进近或其他进近的方式迫降着陆接地。

3．迫降的其他注意事项

（1）迫降时，左右座要明确分工，由机长做出迫降决定，并亲自操纵飞机。副驾驶应积极主动协助，观察和选择迫降场地，及时提醒机长执行迫降程序并适时做好其他工作。

（2）按照飞机停车迫降的应急飞行程序逐项、沉着进行。除了速度调整外，对于小型活塞式发动机飞机，一般还包括：无线电调至规定频率或国际应急频率（121.5MHz）；混合比杆拉至最后即关断位；变距杆拉至最后；磁电机关断；总电门关断；燃油选择器关断；固定或收拾好飞机上可自由移动的东西并松开进出舱门开关；系好机上所有人员的安全带；等等。

（3）迫降场地应尽量选择地形平坦的开阔地带，夜间要避开灯光。在庄稼地迫降时，应将农作物梢部当作地面进行迫降，沿垄沟方向进行；在森林或灌木丛迫降时，应选择一片树木较矮、树梢稍密的地方，将树梢当作地面进行迫降；如有可能，应使飞机按由低到高的方向接地。

（4）接地时仰角可大些。场外迫降时，在不失速和不失控的前提下，飞机接地前的拉杆量可比正常着陆稍大些，使接地迎角比正常着陆时稍大，接地速度比正常着陆时稍小。这样可以减弱飞机与地面的撞击，减少人员伤亡和飞机损坏。

（5）在水上迫降时，通常应与波浪平行，若有可能，应在仍有动力的情况下进行并选择最有利的条件，比如，不放起落架、触水前打开舱门、控制好飞机的下沉率、让飞机机腹先接地并抬高机头以防止飞机钻入水中等。

复习思考题

一、判断题

1．螺旋是飞机失速前由机翼自转引起的。（   ）
2．对于双发右转螺旋桨飞机来说，右发动机为关键发动机。（   ）
3．飞机颠簸主要由扰动气流中的水平阵风引起。（   ）
4．翼载荷越大，阵风载荷因数越小，颠簸越弱。（   ）
5．飞行速度越大，阵风载荷因数越小，颠簸越弱。（   ）
6．飞机的尾流就是翼尖涡流形成的尾涡。（   ）

二、简答题

7．什么是失速？产生失速的根本原因是什么？
8．飞机失速前后的主要现象有哪些？
9．飞机进入失速后如何改出？
10．飞机螺旋的原因是什么？飞机进入螺旋后如何改出？
11．一发失效后飞机的飞行状态是如何变化的？请说明原因。

12. 什么是关键发动机？

13. 简要说明一发失效后飞机的飞行性能特点。

14. 飞机的颠簸是怎样产生的？在扰动气流中飞行的主要特点有哪些？

15. 飞机积冰对气动性能、飞行性能有何影响？在积冰条件下的飞行特点有哪些？

16. 什么是低空风切变？其包含哪些形式？哪种风切变的危害性最大？

17. 飞机的尾涡是如何移动的？前机尾涡对后机有何影响？

18. 尾涡强度主要取决于什么？

19. 不放襟翼着陆相较于放襟翼着陆有何特点？

20. 在高温高原机场起飞和着陆应分别注意哪些事项？

21. 飞机在结冰或可能发生滑水的道面上着陆时，在操纵方面应注意哪些事项？

22. 什么是复飞？请举例说明可能引起复飞的原因。

第10章

机 动 飞 行

为了提高飞行员的基本驾驶技术,飞行训练中还广泛使用各种机动飞行。它能帮助飞行员分析飞机的受力情况,培养飞行员的协调性、时机选择和注意力分配的能力,以及精确控制飞机的良好操纵感觉。因此,本章对这些机动飞行技术做简要介绍。

10.1 小速度飞行

小速度飞行训练的目的是提高飞行员在小速度、大迎角下飞行的能力。通过训练,飞行员能够理解飞机接近失速警告时的飞行特性,识别该阶段的飞行操纵感觉、声音和现象。小速度飞行的特征包括舵面效应减弱和高度保持困难。小速度飞行训练能够帮助飞行员做到以下方面:了解飞机在各种构型下小速度飞行的气动特性,识别即将失速的相关提示,未触发失速警告时平稳管理飞行控制输入,以及触发失速警告时立即纠正。

在起飞、离场、进近和着陆阶段,飞机通常会以大迎角、小速度飞行,容易出现接近失速警告迎角或临界迎角飞行,因此训练小速度飞行十分必要。在小速度飞行训练中,应该柔和、迅速地将飞机从巡航速度减速至进近速度,在此过程中保持高度和航向不变,并通过襟翼和起落架的收放改变飞机的构型,如图 10-1 所示。

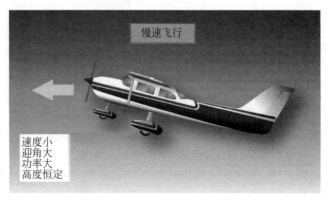

图 10-1　小速度飞行

为安全实施机动飞行,小速度飞行时的速度应高于失速速度,但同时需要足够接近失速警告速度,以便飞行员体验以很低的空速飞行的相关特点。一种确定目标速度的方法是先将飞机减速至特定构型下的失速警告速度,然后稍向前稳杆,消除失速警告。最后,增加功率保持高度,同时监控空速。

在训练小速度飞行时,飞行员应该学会如何在飞机操纵和其他要素之间分配注意力。在小速度飞行时,飞机的操纵感觉能够帮助飞行员理解:随着速度的减小,操纵效率下降,因而气动效应减弱,为实现相同的操纵效果,舵面需要更大的偏角。飞行员称这种操纵效率下降的感觉为"反应迟钝"。

当飞行速度超过最小阻力速度时,只需要发动机功率少量增加就能实现飞机明显增速。当飞行速度低于最小阻力速度时,也称为阻力背区,需要更大的功率输入或者减小迎角才能防止飞机减速。这是因为在阻力背区飞行时,随着飞机迎角不断向临界迎角增加,俯仰姿态的微小变化将会使得诱导阻力非线性增大,从而导致飞机速度连续减小。因此,在小于最小阻力速度下飞行时,俯仰成为控制速度更有效的方法,而功率主要用来控制高度。

特别需要注意的是,低于最小阻力速度飞行时,飞机具有速度不稳定的特性,如果飞行员不采取恰当的操纵,飞行速度将持续减小。例如,如果飞机受到湍流干扰导致飞行速度减小,飞行员没有采取恰当的动作减小迎角或者增加功率,飞机将持续减速,如图 10-2 所示。

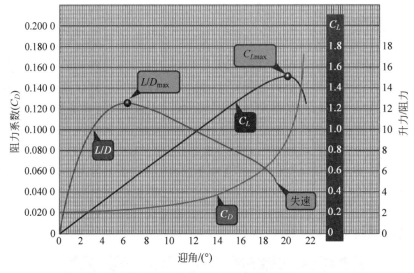

图 10-2　某机型的气动特性曲线

10.2　大坡度盘旋

大坡度盘旋机动飞行是指坡度在 45°～60°,向任意方向的转弯。在训练时,通常会进行单个到多个 360°或 720°的大坡度盘旋,如图 10-3 所示。这种飞行的目的是培养飞行员在飞机接近其极限性能的情况下,完成最大性能转弯时所必需的平稳性、协调性及空间定向、注意力分配方面的操纵技术。

飞机的最大转弯性能是指以最快的转弯率和最小的转弯半径转弯,它们都随空速和坡度的改变而改变。飞机的转弯性能受到发动机功率、飞机的载荷因数极限(结构强度)和气动特性的限制。载荷因数极限决定飞机的最大转弯坡度,一旦突破该坡度,飞机就会出现失

图 10-3 大坡度盘旋

速或超出结构强度的危险。

飞机转弯时,为了在恒定的空速下保持高度不变,需要增加迎角,以确保升力的垂直分量足以维持高度。飞行员根据需要增大发动机功率以保持空速。大坡度盘旋和任何水平转弯一样,升力的水平分量提供了使飞机盘旋所需的力。无论转弯空速有多大或者飞机是何种类型,只要坡度一定,就会产生相同的载荷因数。盘旋时坡度越大,飞机产生的载荷因数越大。如坡度为45°时,产生的载荷因数为1.41,当坡度增大到60°时,产生的载荷因数为2.0。大多数通用航空类型的飞机所能承受的限制载荷因数为3.8。因此,对于此类飞机来说,最大转弯坡度为50°~60°。

在进行大坡度盘旋之前,应该确认该区域内没有其他的飞行活动,以制造商推荐的进入转弯速度或机动速度进入转弯,转弯坡度为45°~60°,转弯建立后则拉杆增大迎角。达到预定的坡度后,增大发动机功率,保持高度和速度不变。当坡度达到飞机的最大坡度时,也达到了飞机的最大性能或结构极限。在转弯过程中,为了保持高度及空间定向,需要清楚飞机机头、天地线、机翼的相对位置及飞机的坡度。

10.3 急盘旋下降

这种机动飞行训练的目的是提高飞行员在空速控制、偏流修正、计划、空间定向和注意力分配方面的操纵技术。急盘旋下降不但是一门很有价值的机动飞行训练科目,而且在实际飞行中,通过绕某一选定点下降,可以作为一种着陆前快速降低高度的有效办法,特别是在紧急迫降时。

急盘旋下降是一种下滑转弯,在下降过程中,绕地面某一选定的参考点的转弯半径是不变的,类似于绕地标转弯,而且转弯坡度不能超过60°。在开始这种机动飞行之前,飞机应该有足够的高度,以确保机动结束时不低于地面标高以上1 500ft(约460m),并且在下降中至少能完成三个360°转弯,如图10-4所示。虽然急盘旋下降和紧急下降之间有相似之处,但使用这两种机动的原因可能不同,空速和构型通常也不同。

在急盘旋下降时,飞行员应根据不同高度下风向和风速的变化,调整坡度以保持转弯半径不变。顺风时增大坡度,逆风时减小坡度。同时,由于空速的变化会导致转弯半径和转弯

图 10-4　急盘旋下降

坡度的改变,因此在整个机动飞行过程中,应该保持空速不变。顺风阶段坡度大,需要机头下俯保持预定的空速;逆风阶段坡度小,需要机头上仰保持预定的空速。

10.4　急上升转弯

急上升转弯是一个 180°上升转弯,该机动飞行要求发挥飞机的最大飞行性能。对于给定的坡度和功率设置,在不失速的前提下使飞机高度爬升至最大,同时,在 180°转弯结束时,飞机速度为最小可控速度,如图 10-5 所示。

图 10-5　急上升转弯

进行急上升转弯训练的目的是锻炼飞行员的协调、空间定位、计划能力,以及对最大性能飞行的感觉。

进入急上升转弯前,襟翼和起落架应收上,飞机处于定常直线飞行,速度可以是不大于设计机动速度的任何速度值,然后协调一致地进入上升转弯。在急上升转弯的第一个 90°转弯中,坡度应始终保持为恒定值,但一般不超过 30°。带杆增加飞机俯仰姿态,使其在 90°航向改变处俯仰姿态达到最大值。在过了第一个 90°参考点后的第二个 90°转弯中,飞机坡度应逐渐改平,但飞机的俯仰姿态应维持不变。在 180°转弯结束时,飞机坡度改平,处于最小可控速度,检查并短暂维持飞机的俯仰姿态,然后柔和地降低俯仰姿态,转入平飞。

10.5 懒"8"字飞行

懒"8"字飞行训练的目的是培养飞行员对变化操纵力的感觉,以及在保持对飞机精确控制的同时,培养空间定位能力。它通过变速飞行下的连续上升转弯和下降转弯给飞行员提供变化的操纵杆力。这种机动常常用于演示和提高飞行员对飞机在最大性能状况下的操纵能力。

一个懒"8"字由两个相反方向的 180°转弯组成,同时在每个转弯飞行中,按对称的方式进行上升和下降。懒"8"字飞行中,飞机在任何时刻均不处于水平直线飞行,而飞机坡度则处于交替变化中,只有在 180°转弯结束,飞机转向反方向转弯的瞬间,飞机坡度才为零,如图 10-6 所示。

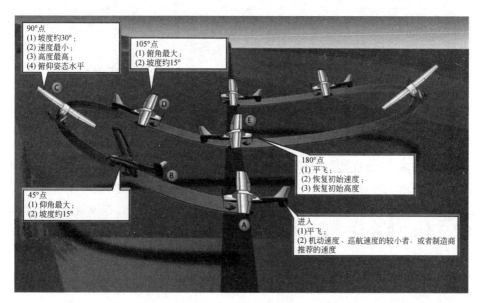

图 10-6 懒"8"字飞行

进入懒"8"字之前,通常在地面上沿 180°航迹上选定 3 个参考点,分别为 45°参考点、90°参考点和 135°参考点。飞机从直线平飞状态进入上转弯,控制飞机在达到 45°参考点时的俯仰姿态达到最大,坡度的变化应使飞机此时的航向改变正好为 45°;然后上升角逐渐减小,以使飞机在 90°参考点时上升角为零,此时飞机坡度达到最大(一般不超过 30°),速度达到最小(高于此时的失速速度 5～10kt);经过 90°参考点之后,飞机进入下降转弯,应使飞机在 135°参考点处的俯仰姿态最低,坡度的变化应使飞机此时的航向改变正好是 135°,然后逐步将飞机拉起,使其在 180°航向改变处正好与进入航向相反,且飞机坡度、下降角均为零。随后的 180°转弯与前一个 180°转弯方向正好相反。

10.6 "S"形转弯

"S"形转弯通常由沿地面直线地标（如道路）所进行的一系列的180°半圆飞行组成。整个机动过程中，飞机高度保持不变，飞机的地面轨迹为一系列恒定半径的半圆。飞机以垂直于直线地标的方向进入，然后进行180°转弯，再以90°垂直穿越直线地标，如此往复进行，如图10-7所示。

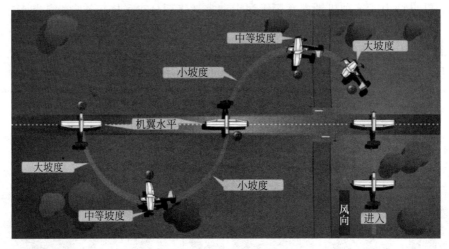

图 10-7 "S"形转弯

在有风的情况下，为保持恒定的地面轨迹，飞机必须对侧风做出修正，因而使整个操纵难度增加。在典型的有风情况下，飞机转弯过程中，采用航向法修正，坡度不再保持恒定，飞机机头偏转的角速度也不再恒定。和无风情况下的正常盘旋相比，有风情况下的盘旋速度要求飞行员具备更高的基本驾驶技术和目视判断能力。

10.7 围绕地标转弯

围绕地标转弯是矩形航线和"S"形转弯机动同一原理的延伸，其训练的目的是提高飞行员的转弯操纵技术和对风的修正能力，培养飞行员的高度敏锐感和注意力分配能力，增强飞行员下意识地控制飞机的能力。

围绕地标转弯中，飞机保持高度不变，围绕一个明显的地面参考点做两个或者更多的360°恒定半径转弯，转弯坡度接近45°，如图10-8所示。

选择的地面参考点要明显且要足够小，这样才能保证在空中容易识别的前提下提供准确的参考。进入转弯时，飞机离参考点的距离应该等于预定的转弯半径。如果在转弯的过程中遇到风，对风修正的方法和原理与"S"形转弯相同。在下风面一侧的半圆转弯中，飞机机头需要向圆内侧偏；在上风面一侧的半圆转弯中，机头则需要向圆外侧偏。

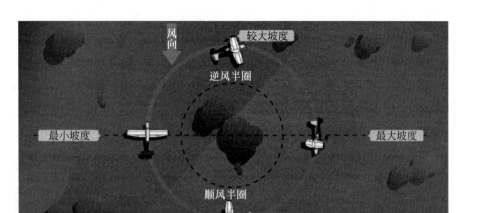

图 10-8 围绕地标转弯

10.8 双标点"8"字飞行

双标点"8"字飞行是最高级也是最困难的低空机动训练科目。飞行员的注意力应主要放在保持参考视线对准标点上,而以较少的注意力完成座舱内的操作。这个机动飞行的目的是培养飞行员在保持地面航迹和观察参考点之间分配注意力的同时,准确操控飞机的能力。

双标点"8"字机动飞行包括绕圈飞行、左右转弯交替、在选定两点周围形成"8"字。如果飞行中有风,飞机与标点之间的距离是会变化的。在机动飞行过程中,飞行员的视线沿着与飞机横轴平行的直线延伸到标点,使视线像枢轴一样固定在标点上,根据此枢轴保持精确的高度和空速,如图 10-9 所示。随着飞机与标点距离的减小,需要增加转弯坡度。

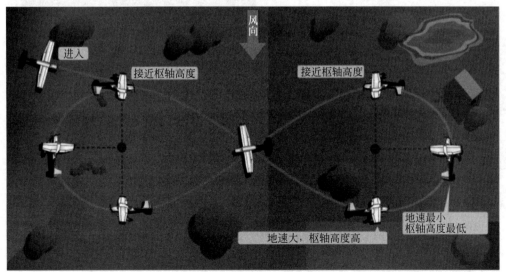

图 10-9 双标点"8"字飞行

双标点"8"字机动飞行的正确飞行高度称为枢轴高度,它受到地速的影响。在解释双标点"8"字时,我们经常把"翼尖"作为参考视线或者飞机的枢轴点。不过这种解释也是不准确的,因为飞行员的视线在上单翼、下单翼、后掠翼和梯形机翼飞机及并排座位的飞机上与翼尖形成的角度是各不相同的,如图 10-10 所示。因此,双标点"8"字的正确参考视线是飞行员从眼睛开始,平行于飞机横轴线。

图 10-10　双标点"8"字飞行中的视线

在枢轴高度上,飞机以指定的地速转弯,参考视线在地面上的投影将会以参考点为轴转动。由于不同飞机的空速不同,地速也不同。因此,每架飞机有自己的枢轴高度,见表 10.1。如果坡度较小,没有影响地速,枢轴高度基本不随坡度变化。在静风中估计枢轴高度(单位为 ft)的快速算法是真空速的二次方除以 15(单位为 mile/h)或者 11.3(单位为 kt)。

表 10.1　速度与枢轴高度

空　　　速		合适的枢轴高/ft
n mile/h	mile/h	
87	100	670
91	105	735
96	110	810
100	115	885

续表

空	速	合适的枢轴高/ft
n mile/h	mile/h	
104	120	960
109	125	1 050
113	130	1 130

　　飞机到标点的距离会影响坡度。高于枢轴高度盘旋时,参考视线在地面上的投影点将向后移动;相反地,在低于枢轴高度飞行时,参考视线的投影点将向前移动,如图10-11所示。由于枢轴高度非常重要,而且它会随着空速的改变而改变。考虑到飞机在转弯过程中从顺风到逆风一直在变化,地速也会随之持续改变,而枢轴高度在整个"8"字飞行中也会改变,因此需要爬升或者下降,以使参考视线保持在地面参考点上。

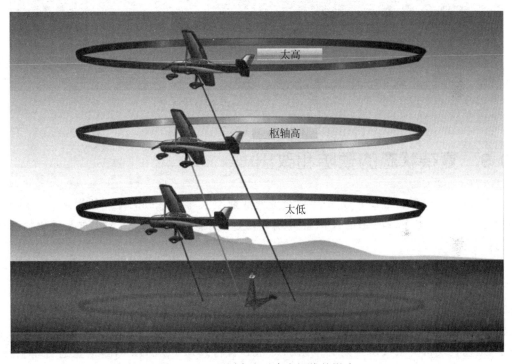

图 10-11　不同高度对参考视线的影响

　　开始此项机动飞行之前,需要选择两个地面参考点,其连线与风向垂直。所选地面参考点之间的距离应该适当,且应在同一高度。飞机在顺侧风中对准第一个地面参考点的下风面一点,从另一地面参考点的对角线位置开始进入"8"字,以便在逆风中进行第一个转弯。当飞机翼尖快要指到地面参考点时,开始压低上风面机翼进入转弯,转弯时参考视线对准地面参考点。随后飞机开始转为逆风飞行,地速减小,枢轴高度降低,必须降低高度以保证参考视线落在地面参考点上。当飞机转过第一个弯时,逐渐变为顺风飞行,开始减小坡度,准确修正偏流,以便飞机飞向下一个地面参考点下风面的对角点。到达该点后,下压上风面的机翼,飞机开始进入反方向的转弯,飞行员的参考视线又一次落在地面参考点上。此后的飞行方法与绕飞第一个地面参考点时相同,只是方向相反。

在双标点"8"字飞行中,坡度的改变并不会改变枢轴高度,如图 10-12 所示。因此,如果发觉参考视线往地面参考点前方移动,则需要增加高度;反之,则需要降低高度。

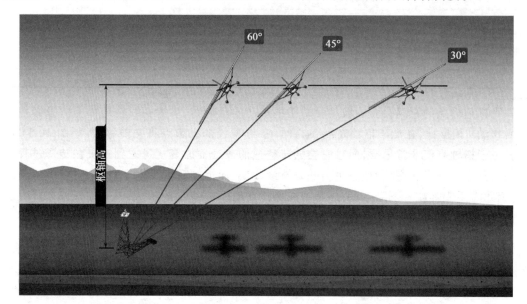

图 10-12　坡度与枢轴高

10.9　复杂状态的预防和改出

飞行中的飞机失控(LOC-I)是导致全球商业航空灾难性事故的主要原因之一。LOC-I包括飞机偏离预定飞行航路的任何重大偏差,这些偏差通常是由于飞机进入复杂状态引起的。

为了指导和帮助航空运营人组织实施飞机复杂状态预防和改出的训练(以下简称UPRT),进一步提高飞行员应对特殊情况的技能水平,中国民航局制定了《航空器驾驶员训练指南——复杂状态预防和改出训练(UPRT)》(AC-91-FS-2015-30)咨询通告,要求航空器运营人按照咨询通告的要求对飞行员实施相应的 UPRT 训练。2018 年,中国民航局又下发了《运输类飞机复杂状态预防和改出训练指导材料》(IB-FS-2018-013)信息通告,其目的是提高运输类飞机飞行员识别和避免导致飞机进入复杂状态的能力,并提高飞行员改出非预期飞机状态偏离的能力。

10.9.1　飞机复杂状态的定义

在 2015 年局方出台的 AC-91-FS-2015-30 咨询通告中,对飞机复杂状态的定义如下:

复杂状态,是指飞行中的一种状况,即飞机无意间超过了沿航线正常飞行或训练期间通常经历的参数值。复杂状态通常指飞机无意中超出下列条件:

(1) 上仰大于 25°,或

(2) 下俯大于 10°,或

(3) 坡度角大于 45°,或

(4) 参数在上述范围内但空速与飞行状态不相符。

而在 2018 年局方出台的 IB-FS-2018-013 信息通告中,对飞机复杂状态的定义有所改变,具体如下:飞机复杂状态是一种非预期的飞机状态,具有非故意偏离正常运行参数的特征。

新版的信息通告把飞机的复杂状态进行了扩展,即任何时候,当飞机偏离飞行员的预期,即出现复杂状态。并使用已建立的非预期飞机状态概念及飞行员对非预期飞机状态的警觉意识,而不是空速或具体俯仰和/或坡度角参数,从而强调识别和预防的重要性。

10.9.2　飞机进入复杂状态的原因

目前,飞机复杂状态训练的核心是如何预防飞机进入复杂状态,这就需要对导致飞机进入复杂状态的原因有所了解。导致飞机进入复杂状态的原因有三种:环境导致、系统导致和飞行员导致。

环境因素可以导致飞机进入复杂状态。由于机组无法改变环境,因此机组很有必要意识到这个风险,从而避免风险或使风险降至最低。可能导致飞机进入复杂状态的环境因素包括气团相关(颠簸、雷暴、积冰)和尾流紊流。

飞机系统故障有的会导致飞机进入复杂状态。如果机组做出正确响应,绝大多数故障是不会导致飞机坠毁的。机组经过训练可以克服并降低单个或叠加故障的不利影响。主要的系统故障包括飞行仪表、自动飞行系统、飞行操纵系统等。

飞行员导致的飞机复杂状态主要包括仪表交叉检查不到位,调整姿态和推力不及时,飞行员疏忽和自满、分心、失能、眩晕或空间定向障碍,飞机自动化系统使用不当、飞行员诱导振荡(PIO)/飞机-飞行员耦合(APC)等。

10.9.3　预防飞机进入复杂状态的措施

1. 积极监控

积极监控是确保情景意识和避免非预期飞机状态的关键,是防止飞行员被惊吓的最有力武器。积极参与飞机监控的机组处于应对非预期飞机状态的最佳位置。积极监控是主动的知识驱动过程,了解并跟踪与感知者及其预期相关的事情,使感知者能采取有意义的措施。积极监控涉及主动搜寻相关信息、使重要信息可获得、过滤无意义的信息、创建新信息及把认知过程放到任务栏中或调整任务栏以支持监控。

对于非预期的飞机状态,积极监控是指监控环境、飞机能量状态和飞行航径。这让飞行员可以预期未来的飞机状态,以及时发现偏离并采取积极的修正措施。对环境、飞机能量状态和飞行航径的有效监控,在很大程度上取决于相应的状态指示,以及飞行员对飞机当前能量状态和飞行航径全面而准确的理解。这种理解可帮助飞行员建立对未来状态的预期及其偏离。然后,这些预期又成为新的监控起点。监控过程涉及:飞行员运用其知识形成理解;飞行员的理解用于建立预期,以引导其分配注意力加以关注。例如,当预期飞机改平时,可能会监控与改平相关的参数;当预期未达到时,飞行员运用知识去巡视、搜寻和感知额外的信息,以弥补其理解偏差。主动搜寻更多信息是采取必要的纠正措施的监控过程的一部分。监控其他参数、改变显示信息及与其他机组成员交流是获得更多信息的方法。

积极监控是所有机组成员的责任,以确保飞机状态得到理解且对于当前所处情况是正确的。每名飞行员应做到:清楚理解所处情况下的预期飞机状态,对预期进行交流,监控当前飞机状态,发现并交流预期的偏离,评估飞行状态并决定应对措施,更新和交流理解,采取及时的纠正措施。

2. 掌握必备的理论知识

飞行员需要积极监控飞机状态参数,始终保持良好的情景意识。当发现飞机逐渐偏离预期状态时,需要及早采取措施,防止飞机继续偏离预期,进而进入复杂状态。对于飞行员,能够采取控制飞机状态的操纵无非是"一杆两舵一油门"。当操纵指令给出时,飞机状态发生改变,归根结底是在飞机上的力和力矩作用的结果。因此,飞行员需要掌握空气动力学和飞行力学基础知识,以正确决定所需的操纵输入量。具体理论知识要求可见《运输类飞机复杂状态预防和改出训练指导材料》(IB-FS-2018-013)信息通告。

3. 合理的模拟机训练

任何时候,飞机偏离飞行员的预期即出现复杂状态。以前的训练做法忽视了非预期飞机状态开始发生时的尽快干预,更多强调的是进入复杂状态后的改出动作。这是由于 AC-91-FS-2015-30 咨询通告将复杂状态定义为超过固定参数(非故意出现俯仰超过 $+25°$ 或 $-10°$,或者坡度角大于 $45°$,或者速度与条件不符)。大多数改出机动训练仅在超出这些参数后进行,没有注意参数偏离的原因。

IB-FS-2018-013 信息通告重新定义了飞机复杂状态,并使用已建立的非预期飞机状态概念及飞行员对非预期飞机状态的警觉意识,而不是空速或具体俯仰和/或坡度角参数,从而强调了识别和预防的重要性。因此,在模拟机训练中应重点练习不同条件下飞行员同样的输入飞机状态的改变。比如演示 v_{REF} 与光洁构型速度及 250kt IAS、v_{MO} 和 M_{MO} 时给定操纵偏转下的俯仰响应;演示低速和高速及低高度和高高度发生大的推力变化时飞机的俯仰响应;演示 v_{REF} 和光洁构型速度、250kt IAS(低于 v_A)的横滚响应;使用方向舵实现所需横滚,以在不同高度进行机动飞行;演示飞机在低、中和高高度时两个速度之间的加速能力。例如,在低、中和高高度从 200kt 加速到 250kt 等科目。

飞行员必须清楚,在任何情况下保持飞机可控是最基本和最重要的责任。针对 UPRT,其核心内容主要包括:

(1) 对飞机能量状态和飞行航径始终保持情景意识的飞行员受到惊吓的可能性更小,从而更可能主动采取行动而不是被动响应。

(2) 适合飞行包线内某点的操纵输入对于包线的另一部分可能不适用。

(3) 飞行员必须具有空气动力学基础知识,以正确确定所需的操纵输入。任何速度下,粗猛的操纵反而会导致载荷超过结构设计限制。

(4) 飞行员在采取合适的动作前必须具有情景意识。

(5) 找出复杂状态产生的原因排在开始改出之后。然而,飞行员在开始改出动作前,仍必须识别和证实所发生的状况。恢复并保持飞机操纵是排在首位的。

复习思考题

1. 小速度飞行训练的目的是什么？
2. 飞机急盘旋下降时，遇到顺、逆风应该怎样调整？
3. 什么叫懒"8"字飞行？简述该机动飞行的过程。
4. 简述复杂状态的定义，并列举诱发复杂状态的常见因素。
5. UPRT 的核心内容包含哪些方面？

参 考 文 献

[1] 杨俊,杨军利,叶露.飞行原理[M].2 版.成都:西南交通大学出版社,2012.

[2] 叶露,陈红英,周泽友.空气动力学与飞行原理[M].大连:大连海事大学出版社,2019.

[3] 范立钦,周鼎义.飞机空气动力学[M].西安:西北工业大学出版社,1989.

[4] 徐华舫.空气动力学基础(上)[M].北京:北京航空航天大学出版社,1987.

[5] 陈再新,刘福长,鲍国华.空气动力学[M].北京:航空工业出版社,1993.

[6] 钱翼稷.空气动力学[M].北京:北京航空航天大学出版社,2011.

[7] 李凤蔚,宋文萍,杨永.空气与气体动力学引论[M].西安:西北工业大学出版社,2007.

[8] 王保国,刘淑艳,刘艳明,等.空气动力学基础[M].北京:国防工业出版社,2009.

[9] 美国联邦航空局.飞机飞行手册(Airplane Flying Handbook)[M].陈新河,译.上海:上海交通大学出版社,2010.

[10] 刘永学.飞机飞行力学[M].北京:航空工业出版社,2020.

[11] 中国民用航空局.民用航空器驾驶员合格审定规则(CCAR-61-R4)[S].2019.

[12] 中国民用航空局.一般运行和飞行规则(CCAR-91-R3)[S].2022.

[13] 中国民用航空局.小型商业运输和空中游览运营人运行合格审定规则(CCAR-135-R4)[S].2022.

[14] 中国民用航空局.大型飞机公共航空运输承运人运行合格审定规则(CCAR-121-R7)[S].2021.

[15] 中国民用航空局.正常类飞机适航规定(CCAR-23-R4)[S].2022.

[16] 中国民用航空局.运输类飞机适航规定(CCAR-25-R4)[S].2021.

[17] 中国民用航空局.航线运输驾驶员执照理论考试知识点(飞机)[S].2017.

[18] 中国民用航空局.商用运输驾驶员执照理论考试知识点(飞机)[S].2016.

[19] 中国民用航空局.私用运输驾驶员执照理论考试知识点(飞机)[S].2015.

[20] 中国民用航空局.运输类飞机复杂状态预防和改出训练指导材料(IB-FS-2018-013)[S].2018.

[21] 郑孝雍.航线运输驾驶员整体课程训练大纲[M].成都:西南交通大学出版社,2013.

[22] 中国民用航空局.驾驶员实践考试标准(AC-61-FS-2015-10R4)[S].2015.

附　　录

Cruise Performance

Conditions:

- Mixture .... Best Power
- Weight .... 2600 LB
- Winds .... Zero
- Shaded Cells: Cruise Pwr above 85% not recommended.

Press Alt	RPM	MAP	ISA - 30°C			ISA			ISA + 30°C		
			PWR	KTAS	GPH	PWR	KTAS	GPH	PWR	KTAS	GPH
8 000	2 700	22.2	82%	157	12.9	77%	157	11.6	73%	154	11.4
	2 500	22.2	73%	150	11.4	69%	150	11.0	65%	147	10.6
	2 500	21.2	69%	146	10.9	65%	146	10.5	62%	143	10.2
	2 500	20.1	64%	142	10.4	60%	142	10.0	57%	139	9.7
	2 500	18.9	59%	136	9.8	55%	136	9.5	52%	134	9.2
	2 500	17.7	53%	131	9.2	50%	131	8.9	48%	128	8.7
10 000	2 700	20.6	76%	155	11.7	72%	155	11.2	68%	152	10.9
	2 500	20.6	68%	148	10.8	64%	148	10.5	61%	145	10.1
	2 500	19.6	64%	144	10.4	60%	144	10.0	57%	141	9.7
	2 500	18.5	59%	139	9.8	55%	139	9.5	53%	136	9.2
	2 500	17.3	54%	134	9.3	50%	134	9.0	48%	131	8.7
12 000	2 700	19.0	70%	153	11.1	66%	153	10.7	63%	150	10.3
	2 500	19.0	63%	146	10.3	59%	146	9.9	56%	143	9.6
	2 500	18.0	59%	141	9.8	55%	141	9.5	52%	138	9.2
	2 500	16.8	53%	136	9.2	50%	136	8.9	47%	133	8.6
14 000	2 700	17.6	66%	151	10.5	62%	151	10.2	58%	148	9.8
	2 500	17.6	59%	144	9.8	55%	144	9.5	52%	141	9.2
	2 500	16.5	54%	142	9.3	50%	142	9.0	48%	139	8.7

• Note •

Subtract 10 KTAS if nose wheel pant and fairing removed. Lower KTAS by 10% if nose and main wheel pants and fairings are removed.

Aircraft with optional Air Conditioning System: Cruise performance is reduced by 2 knots. For maximum performance, turn air conditioner off.

Aircraft with optional Enhanced Vision System: Cruise performance is reduced by up to 1 knot.

图 7-1-1 　SR20 飞机巡航性能图表

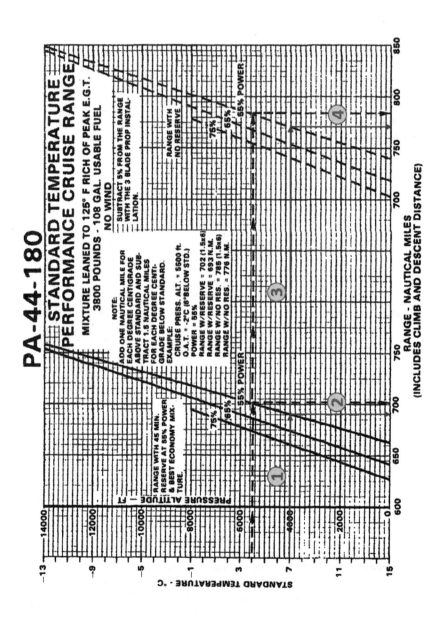

图 7-1-2　PA44 飞机巡航性能图表（航程）

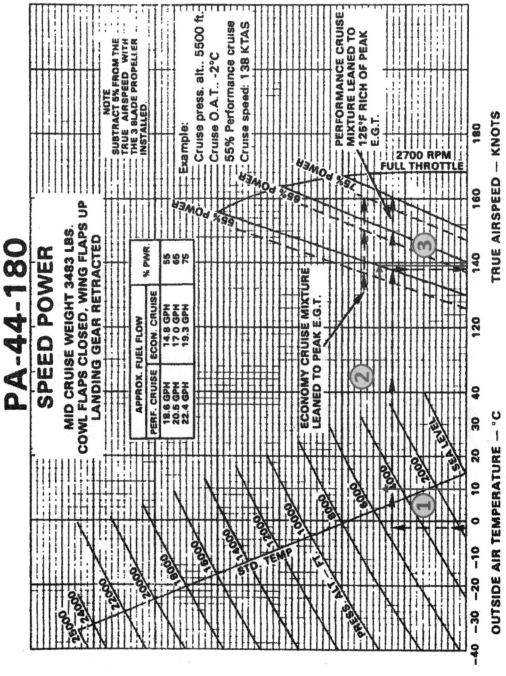

图 7-1-3　PA44 飞机巡航性能图表（巡航速度）

Cruise Performance															
	Outside Air Temperature - [°C]														
Press. Alt. [ft] / [m]	ISA-10			ISA			ISA+10			ISA+20			ISA+30		
	Pwr [%]	FF [US gal/h]	TAS [kt]	Pwr [%]	FF [US gal/h]	TAS [kt]	Pwr [%]	FF [US gal/h]	TAS [kt]	Pwr [%]	FF [US gal/h]	TAS [kt]	Pwr [%]	FF [US gal/h]	TAS [kt]
2000 610	92	16.6	164	92	16.6	166	92	16.6	168	92	16.7	170	89	16.7	169
	75	13.2	152	75	13.2	153	75	13.2	155	75	13.2	157	75	13.2	158
	60	10.3	138	60	10.3	139	60	10.3	141	60	10.3	142	60	10.3	144
	35	6.5	102	35	6.5	103	35	6.5	103	35	6.5	104	35	6.5	104
4000 1219	92	16.6	168	92	16.6	169	92	16.6	171	92	16.7	173	92	16.7	173
	75	13.2	154	75	13.2	156	75	13.2	158	75	13.2	159	75	13.2	161
	60	10.3	140	60	10.3	142	60	10.3	143	60	10.3	145	60	10.3	146
	35	6.5	103	35	6.5	104	35	6.5	104	35	6.5	104	35	6.5	105
6000 1829	92	16.6	171	92	16.6	173	92	16.6	175	92	16.7	176	92	16.7	176
	75	13.2	157	75	13.2	159	75	13.2	161	75	13.2	163	75	13.2	164
	60	10.3	143	60	10.3	144	60	10.3	146	60	10.3	147	60	10.3	149
	35	6.5	104	35	6.5	104	35	6.5	105	35	6.5	105	35	6.5	105
8000 2438	92	16.6	174	92	16.6	176	92	16.6	178	92	16.7	180	92	16.8	181
	75	13.2	160	75	13.2	162	75	13.2	164	75	13.2	166	75	13.2	167
	60	10.3	145	60	10.3	147	60	10.3	149	60	10.3	150	60	10.3	151
	40	7.3	117	40	7.3	118	40	7.3	118	40	7.3	119	40	7.3	120
10000 3048	92	16.6	177	92	16.6	179	92	16.6	181	92	16.7	183	90	16.4	183
	75	13.2	163	75	13.2	165	75	13.2	167	75	13.2	169	75	13.2	170
	60	10.3	148	60	10.3	150	60	10.3	151	60	10.3	153	60	10.3	154
	45	8.1	128	45	8.1	129	45	8.1	130	45	8.1	131	45	8.1	131
12000 3658	92	16.6	181	92	16.6	183	92	16.6	185	92	16.8	187	90	16.2	184
	75	13.2	166	75	13.2	168	75	13.2	170	75	13.2	172	75	13.2	173
	60	10.3	151	60	10.3	152	60	10.3	154	60	10.3	155	60	10.3	157
	45	8.1	129	45	8.1	130	45	8.1	131	45	8.1	132	45	8.1	133
14000 4267	92	16.7	184	92	16.7	186	92	16.8	188	85	15.4	184	80	14.5	182
	75	13.2	169	75	13.2	171	75	13.2	173	75	13.2	175	75	13.2	177
	60	10.3	153	60	10.3	155	60	10.3	156	60	10.3	158	60	10.3	159
	45	8.1	131	45	8.1	132	50	8.8	142	50	8.8	143	50	8.8	144

条件:

襟翼..收上位
起落架...收上
重量..1999 kg

图 7-1-4　DA42 飞机巡航性能图表

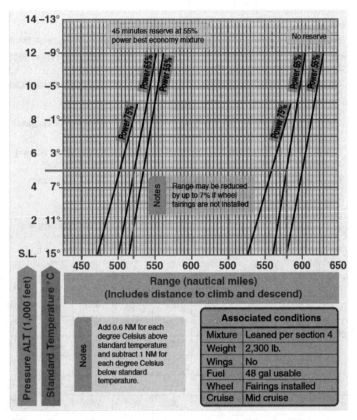

图 7-1-5 某飞机巡航性能图表（航程）

飞行原理

398

Cirrus Design
SR20

Section 5
Performance Data

Takeoff Climb Gradient

Conditions:
- Power ....Full Throttle
- Mixture ....Set per Placard
- Flaps 50%
- Airspeed ....Best Rate of Climb

• Note •

Climb Gradients shown are the gain in altitude for the horizontal distance traversed expressed as Feet per Nautical Mile.

Cruise climbs or short duration climbs are permissible at best power as long as altitudes and temperatures remain within those specified in the table.

For operation in air colder than this table provides, use coldest data shown.

For operation in air warmer than this table provides, use caution.

| Weight | Press Alt | Climb Speed | CLIMB GRADIENT ~ Feet per Nautical Mile | | | | | |
| | | | Temperature ~ °C | | | | | |
LB	FT	KIAS	−20	0	20	40	50	ISA
3 050	SL	89	678	621	568	518	494	581
	2 000	88	587	532	481	433	410	504
	4 000	87	500	447	398	351	330	430
	6 000	86	416	365	318	274	253	358
	8 000	85	336	287	241	199	179	289
	10 000	84	259	212				224
2 500	SL	88	957	880	808	741	710	826
	2 000	87	841	767	698	634	604	729
	4 000	86	730	659	593	531	503	636
	6 000	85	624	555	492			545
	8 000	84	522	456	396			459
	10 000	83	425	362				377

图 7-2-1 SR20 飞机上升性能图表（上升梯度）

Takeoff Rate of Climb

Conditions:

- Power .... Full Throttle
- Mixture .... Full Rich
- Flaps 50%
- Airspeed .... Best Rate of Climb

• Note •

Rate-of-Climb values shown are change in altitude for unit time expended expressed in Feet per Minute.

Cruise climbs or short duration climbs are permissible at best power as long as altitudes and temperatures remain within those specified in the table.

For operation in air colder than this table provides, use coldest data shown.

For operation in air warmer than this table provides, use caution.

Aircraft with optional Air Conditioning System: Maximum rate of climb performance is reduced by approximately 75 feet per minute if system is ON. For maximum climb performance the air conditioner should be off.

Weight	Press Alt	Climb Speed	RATE OF CLIMB ~ Feet per Minute					
			Temperature ~ °C					
LB	FT	KIAS	−20	0	20	40	50	ISA
3 050	SL	89	905	862	817	771	747	828
	2 000	88	807	761	712	663	638	734
	4 000	87	707	657	606	554	528	639
	6 000	86	607	553	499	444	417	545
	8 000	85	504	447	390	333	304	450
	10 000	84	401	341				356
2 500	SL	88	1256	1201	1144	1086	1 057	1 158
	2 000	87	1136	1077	1017	955	925	1 044
	4 000	86	1014	952	888	824	792	929
	6 000	85	892	825	758			815
	8 000	84	768	698	627			701
	10 000	83	643	569				587

图 7-2-2　SR20 飞机上升性能图表（上升率）

Time, Fuel and Distance to Climb

Conditions:

- Power .... Full Throttle
- Mixture .... Full Rich
- Fuel Density .... 6.0 LB/GAL
- Weight .... 3050 LB
- Winds .... Zero
- Climb Airspeed .... Noted

• Note •

Taxi Fuel - Add 1.5 gallon for start, taxi, and takeoff.

Temperature - Add 10% to computed values for each 10℃ above standard.

Fuel flow must be set to the placarded limit for all takeoffs and climbs.

Cruise climbs or short duration climbs are permissible at best power as long as altitudes and temperatures remain within those specified in the table.

Press Alt	OAT (ISA)	Climb Speed	Rate Of Climb	TIME, FUEL, DISTANCE ~ From Sea Level		
				Time Minutes	Fuel U.S. Gal	Distance N. M.
FT	℃	KIAS	FPM			
SL	15	96	880	0.0	0.0	0
1 000	13	96	828	1.3	0.3	2
2 000	11	96	775	2.4	0.6	4
3 000	9	95	723	3.8	1.0	6
4 000	7	95	671	5.2	1.3	8
5 000	5	95	618	6.7	1.7	11
6 000	3	94	566	8.4	2.0	14
7 000	1	94	514	10.3	2.4	17
8 000	–1	93	462	12.3	2.9	21
9 000	–3	93	409	14.6	3.3	25
10 000	–5	92	357	17.2	3.8	29
11 000	–7	92	305	20.3	4.4	35
12 000	–9	91	252	23.8	5.0	41
13 000	–11	91	200	28.3	5.8	49
14 000	–13	90	148	34.0	6.8	60

图 7-2-3　SR20 飞机上升性能图表（上升时间、油耗、距离）

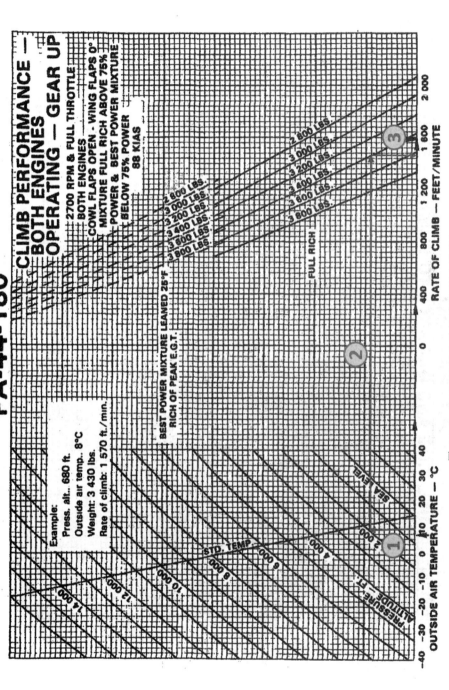

图 7-2-4　PA44 飞机上升性能图表（上升率）

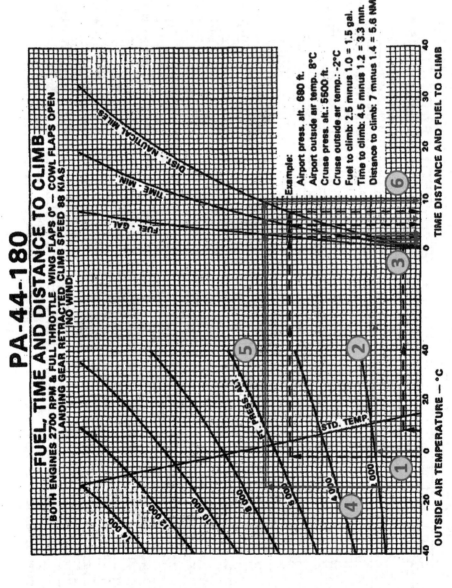

图 7-2-5　PA44 飞机上升性能图表（上升时间、油耗、距离）

Time, Fuel and Distance to Climb										
Flaps: UP										
v_Y: 92 KIAS (above 1 900 kg / 4 189 lb)							Power: 92%			
v_Y: 90 KIAS (up to 1 900 kg / 4 189 lb)							Gear: retracted			
Weight [kg] / [lb]	Press. Alt. [ft]	Press. Alt. [m]	OAT [°C]	OAT [°F]	TAS [kt]	RoC [ft/min]	RoC [m/s]	Time [min]	Fuel [US gal]	Distance [NM]
1999 / 4407	SL		15	59	92	1 115	5.7	0	0	0
	2 000	600	11	52	93	1 110	5.6	2	0.5	3
	4 000	1 219	7	45	95	1 105	5.6	4	1	6
	6 000	1 829	3	38	96	1 095	5.6	5	1.5	9
	8 000	2 438	−1	30	98	1 090	5.5	7	2	12
	10 000	3 048	−5	23	99	1 085	5.5	9	2.5	15
	12 000	3 658	−9	16	101	1 080	5.5	11	3.1	19
	14 000	4 267	−13	9	102	1 070	5.4	13	3.6	22
	16 000	4 877	−17	2	104	1 065	5.4	15	4.2	26
	18 000	5 486	−21	−5	106	1 050	5.3	17	4.7	30
1900 / 4189	SL		15	59	90	1 205	6.1	0	0	0
	2 000	600	11	52	91	1 200	6.1	2	0.5	3
	4 000	1 219	7	45	93	1 195	6.1	3	0.9	5
	6 000	1 829	3	38	94	1 185	6.0	5	1.4	8
	8 000	2 438	−1	30	96	1 180	6.0	7	1.9	11
	10 000	3 048	−5	23	97	1 175	6.0	9	2.4	14
	12 000	3 658	−9	16	99	1 170	5.9	10	2.8	17
	14 000	4 267	−13	9	100	1 160	5.9	12	3.3	20
	16 000	4 877	−17	2	102	1 155	5.9	14	3.8	24
	18 000	5 486	−21	−5	104	1 140	5.8	16	4.4	27

条件

油门杆..两者都在92%功率位置
襟翼...收上位
起落架...收起
空速...v_Y

注意

所示距离是基于无风状态。耗油量不包括启动、滑行和起飞的燃油。当外界大气温度每增加10°C（12°F）时，时间、燃油和距离将增加10%。

图 7-2-6　DA42飞机上升性能图表（上升时间、油耗、距离）

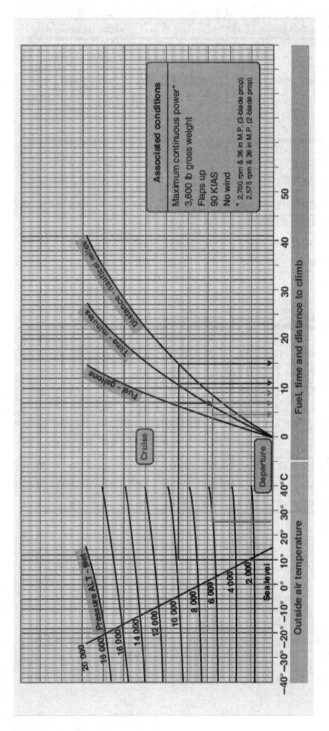

图 7-2-7　某飞机上升性能图表（上升时间、油耗、距离）

SR20   **Performance Data**

Takeoff Distance - 3050 LB

WEIGHT = 3050 LB
Speed at Liftoff = 71 KIAS
Speed over 50 Ft. Obstacle = 77 KIAS
Flaps - 50% · Takeoff Pwr · Dry Paved

Headwind: Subtract 10% for each 12 knots headwind.
Tailwind: Add 10% for each 2 knots tailwind up to 10 knots.
Runway Slope: Ref. Factors.
Dry Grass: Add 20% to Ground Roll.
Wet Grass: Add 30% to Ground Roll.
Air Conditioner: Add 300 feet to ground roll and 400 feet to distance over 50' obstacle if A/C is ON during takeoff.

PRESS ALT FT	DISTANCE FT	TEMPERATURE ~ °C						
		0	10	20	30	40	50	ISA
SL	Grnd Roll	1 319	1 424	1 534	1 648	1 767	1 890	1 478
	50 ft	1 996	2 145	2 300	2 460	2 626	2 797	2 221
1 000	Grnd Roll	1 448	1 563	1 684	1 809	1 940	2 075	1 599
	50 ft	2 183	2 346	2 515	2 691	2 872	3 060	2 396
2 000	Grnd Roll	1 590	1 717	1 850	1 988	2 131	2 279	1 730
	50 ft	2 389	2 568	2 753	2 945	3 144	3 349	2 586
3 000	Grnd Roll	1 748	1 888	2 034	2 185	2 343	2 506	1 874
	50 ft	2 616	2 812	3 015	3 226	3 444	3 669	2 792
4 000	Grnd Roll	1 923	2 077	2 237	2 404	2 577	2 757	2 030
	50 ft	2 868	3 082	3 305	3 536	3 775	4 022	3 017
5 000	Grnd Roll	2 117	2 287	2 463	2 647	2 837	3 035	2 201
	50 ft	3 145	3 381	3 625	3 879	4 141	4 412	3 262
6 000	Grnd Roll	2 333	2 519	2 714	2 916	3 126	3 343	2 388
	50 ft	3 452	3 711	3 980	4 258	4 546	4 843	3 529
7 000	Grnd Roll	2 572	2 777	2 992				2 592
	50 ft	3 792	4 076	4 371				3 820
8 000	Grnd Roll	2 837	3 064	3 300				2 815
	50 ft	4 167	4 480	4 805				4 137
9 000	Grnd Roll	3 132	3 383	3 644				3 059
	50 ft	4 584	4 928	5 285				4 483
10 000	Grnd Roll	3 460	3 737					3 326
	50 ft	5 045	5 424					4 860

图 7-5-1 SR20 飞机起飞性能图表

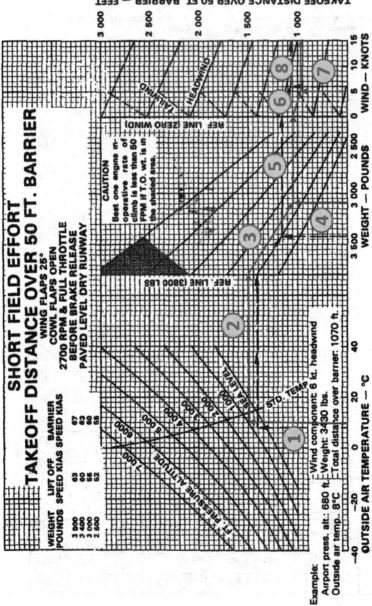

图 7-5-2　PA44 飞机起飞性能图表

Take-Off Distance - Normal Procedure - 1999 kg / 4407 lb								
Weight: 1 999 kg / 4 407 lb					Flaps: UP			
v_R: 76 KIAS					Power: MAX			
v₅₀: 83 KIAS					Runway: dry, paved, level			

Press. Alt. [ft] / [m]	Distance [m]	Outside Air Temperature - [°C] / [°F]						ISA
		0 / 32	10 / 50	20 / 68	30 / 86	40 / 104	50 / 122	
SL	Ground Roll	400	420	440	470	560	680	424
	15 m / 50 ft	730	760	790	870	1 050	1 330	776
1 000	Ground Roll	420	440	470	510	610	730	444
305	15 m / 50 ft	760	800	840	930	1 150	1 450	804
2 000	Ground Roll	440	460	500	540	660	790	462
610	15 m / 50 ft	800	840	890	1 000	1 260	1 570	836
3 000	Ground Roll	460	490	520	590	710	860	485
914	15 m / 50 ft	840	880	940	1 080	1 360	1 710	869
4 000	Ground Roll	490	520	560	640	780	930	505
1 219	15 m / 50 ft	880	920	1 000	1 170	1 490	1 850	906
5 000	Ground Roll	520	550	600	690	840		531
1 524	15 m / 50 ft	920	980	1 070	1 280	1 620		944
6 000	Ground Roll	550	580	640	760	920		556
1 829	15 m / 50 ft	970	1 030	1 140	1 400	1 760		986
7 000	Ground Roll	580	620	680	820	990		582
2 134	15 m / 50 ft	1 030	1 100	1 220	1 530	1 910		1029
8 000	Ground Roll	620	660	730	900	1 080		611
2 438	15 m / 50 ft	1 090	1 170	1 320	1 660	2 080		1 078
9 000	Ground Roll	660	710	800	980	1 180		642
2 743	15 m / 50 ft	1 150	1 240	1 450	1 840	2 280		1 128
10 000	Ground Roll	700	770	900	1100			676
3 048	15 m / 50 ft	1 230	1 360	1 640	2 110			1 182
For the distance in [ft] divide by 0.3048 or multiply by 3.28.								

可以应用下列数据计算特殊情况下的起飞距离：

-逆风：每 14kt(7.2m/s)逆风，降低 10%；

-顺风：每 3kt(1.5m/s)顺风，增加 10%；

草坪跑道，干燥，草长 5cm(2in)：地面滑跑距离增加 10%；

草坪跑道，干燥，草长 5~10cm(2~3.9in)：地面滑跑距离增加 15%；

草坪跑道，干燥，草长 25cm(9.8in)：地面滑跑距离增加 25%；

草坪跑道，干燥，草长大于 25cm(9.8in)：不得试图起飞；

草坪跑道，潮湿：增加干燥草坪跑道距离计算 10%。

软面面：增加地面滑跑距离 45%(除了草坪跑道距离计算，如适用)

上坡面：每 1%坡度增加地面滑跑距离 9%(每 100m 长度，1m高度，或每 100ft 长度，1ft高度)

图 7-5-3 DA42 飞机起飞性能图表

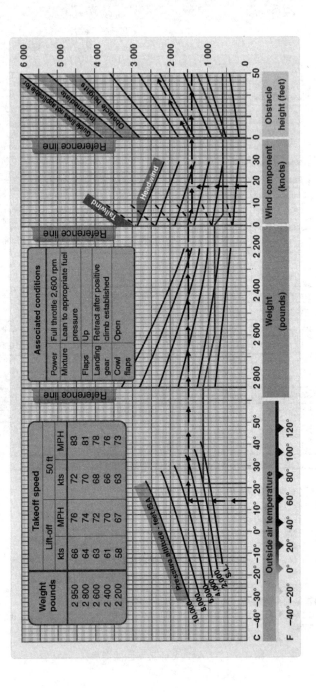

图 7-5-4 某飞机起飞性能图表

Performance Data   SR20

Landing Distance Table - Flaps 100%

WEIGHT: 3050 LB **Speed over 50 Ft Obstacle:** 78 KIAS **Flaps:** 100% **Power:** Idle **Runway:** Dry, Level Paved Surface				**Headwind:** Subtract 10% per each 13 knots headwind. **Tailwind:** Add 10% for each 2 knots tailwind up to 10 knots. **Runway Slope:** Ref. Factors. **Dry Grass:** Add 20% to Ground Roll **Wet Grass:** Add 60% to Ground Roll				

PRESS ALT FT	DISTANCE FT	TEMPERATURE ~ °C						
		0	**10**	**20**	**30**	**40**	**50**	**ISA**
SL	Grnd Roll	809	838	868	897	927	957	853
	Total	2 557	2 609	2 663	2 717	2 773	2 829	2 636
1 000	Grnd Roll	838	869	900	931	961	992	878
	Total	2 610	2 665	2 722	2 779	2 838	2 898	2 682
2 000	Grnd Roll	870	901	933	965	997	1 029	905
	Total	2 666	2 725	2 785	2 846	2 907	2 970	2 731
3 000	Grnd Roll	902	935	968	1 001	1 034	1 067	932
	Total	2 726	2 788	2 852	2 916	2 981	3 048	2 782
4 000	Grnd Roll	936	971	1 005	1 039	1 073	1 108	960
	Total	2 790	2 856	2 923	2 991	3 060	3 130	2 837
5 000	Grnd Roll	972	1007	1 043	1 079	1 114	1 150	990
	Total	2 858	2 928	2 999	3 070	3 143	3 217	2 894
6 000	Grnd Roll	1 009	1 046	1 083	1 120	1 157	1 194	1 021
	Total	2 931	3 004	3 079	3 155	3 232	3 310	2 954
7 000	Grnd Roll	1 048	1 086	1 125	1 163	1 201	1 240	1 052
	Total	3 008	3 086	3 165	3 245	3 326	3 409	3 017
8 000	Grnd Roll	1 089	1 128	1 168	1 208	1 248	1 288	1 085
	Total	3 091	3 173	3 256	3 341	3 427	3 513	3 084
9 000	Grnd Roll	1 131	1 173	1 214	1 255	1 297	1 338	1 119
	Total	3 179	3 265	3 353	3 443	3 533	3 625	3 154
10 000	Grnd Roll	1 176	1 219	1 262	1 305	1 348	1 391	1 155
	Total	3 272	3 364	3 457	3 551	3 646	3 743	3 228

图 7-6-1　SR20 飞机着陆性能图表

410

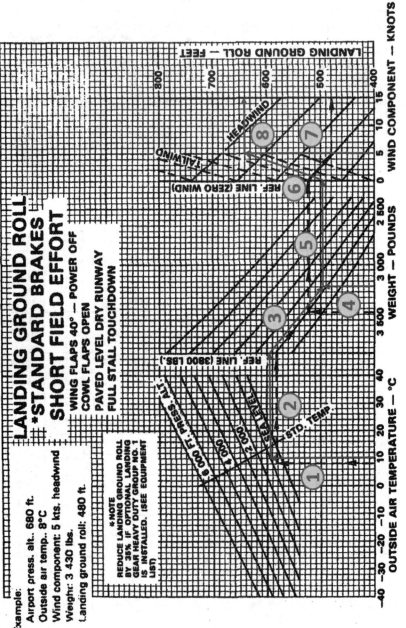

图 7-6-2　PA44 飞机着陆性能图表

Landing Distance - Flaps LDG - 1 999 kg / 4 407 lb								
Weight:	1 999 kg / 4 407 lb				Flaps:	LDG		
v_REF:	86 KIAS				Power:	IDLE		
					Runway: dry, paved, level			
Press. Alt. [ft] / [m]	Distance [m]	Outside Air Temperature - [°C] / [°F]						ISA
		0 / 32	10 / 50	20 / 68	30 / 86	40 / 104	50 / 122	
SL	Ground Roll	370	380	400	410	440	500	387
	15 m / 50 ft	620	640	660	680	730	820	647
1 000 305	Ground Roll	380	400	410	420	470	530	399
	15 m / 50 ft	640	660	680	700	770	860	662
2 000 610	Ground Roll	400	410	430	440	490	550	411
	15 m / 50 ft	660	680	700	720	810	900	680
3 000 914	Ground Roll	410	430	440	460	520	580	422
	15 m / 50 ft	680	700	720	750	840	940	697
4 000 1 219	Ground Roll	430	440	460	490	550	610	435
	15 m / 50 ft	700	720	750	790	890	990	715
5 000 1 524	Ground Roll	440	460	480	510	580		449
	15 m / 50 ft	730	750	770	830	930		734
6 000 1 829	Ground Roll	460	480	490	540	610		461
	15 m / 50 ft	750	770	800	870	980		753
7 000 2 134	Ground Roll	480	500	520	580	650		479
	15 m / 50 ft	780	810	830	930	1 030		780
8 000 2 438	Ground Roll	510	530	550	630	700		507
	15 m / 50 ft	820	850	880	990	1 110		818
9 000 2 743	Ground Roll	550	570	610	690	770		542
	15 m / 50 ft	870	900	950	1070	1 200		862
10 000 3 048	Ground Roll	600	620	670	750			584
	15 m / 50 ft	930	960	1 040	1 160			913
For the distance in [ft] divide by 0.3048 or multiply by 3.28.								

条件:
油门杆..慢车
襟翼..着陆位,进近位或收上位置
跑道..干燥,铺筑,水平
进近速度..v_{REF}

可以用下列数据计算特殊情况下的着陆距离:
逆风:每14kt(7.2m/s)逆风,降低10%;
顺风:每3kt(1.5m/s)顺风,增加10%; 一铺砌跑道,潮湿,增加15%;
一草地跑道,干燥,草长5cm(2in):地面滑跑距离增加10%;
一草地跑道,干燥,草长5~10cm(2~3.9in):地面滑跑距离增加15%;
一草地跑道,干燥,草长大于10cm(3.9in):地面滑跑距离至少增加25%;
一草地跑道,潮湿或软跑道:地面滑跑距离增加10%
一下坡面:每1%坡度增加地面滑跑距离9%(每100m长度,1m高度,或每100ft长度,1ft高度)

图 7-6-3 DA42 飞机着陆性能图表

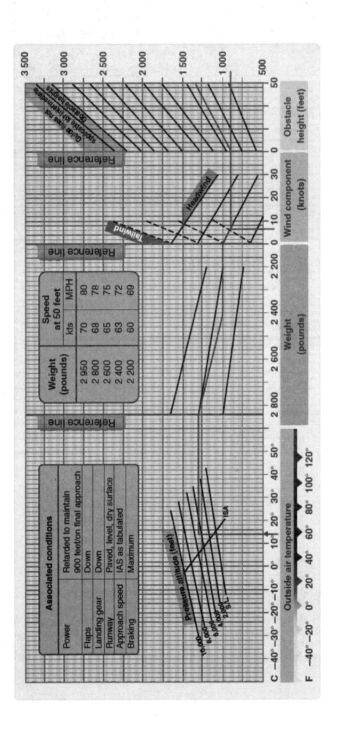

图 7-6-4 某飞机着陆性能图表